Lisa Cronjäger
Umtriebszeiten

Historische Wissensforschung

Band 26

Herausgegeben von Anna Echterhölter,
Bernhard Kleeberg und Andreas Langenohl

Lisa Cronjäger

Umtriebszeiten

Forsteinrichtungskarten und die Umwandlung von Wäldern im 19. Jahrhundert

Wallstein Verlag

Die Druckvorstufe dieser Publikation wurde vom Schweizerischen Nationalfonds zur Förderung der wissenschaftlichen Forschung unterstützt.

Bibliografische Information der Deutschen Nationalbibliothek

Die Deutsche Nationalbibliothek verzeichnet diese Publikation in der Deutschen Nationalbibliografie; detaillierte bibliografische Daten sind im Internet über https://dnb.dnb.de abrufbar.

Publikation: Wallstein Verlag GmbH, Göttingen 2025
Geiststr. 11, 37073 Göttingen
www.wallstein-verlag.de
info@wallstein-verlag.de

Vom Verlag gesetzt aus der Garamond Premier und der Brandon Grotesque
Umschlaggestaltung: Wallstein Verlag
Umschlagbild: Ferdinand Georg Waldmüller: Reisigsammler im Wienerwald, 1855, Österreichische Galerie Belvedere, Inventarnummer 2106.
Druck und Verarbeitung: bookSolutions Vertriebs GmbH, Göttingen
ISBN (Print): 978-3-8353-5835-5
ISBN (Open Access): 978-3-8353-8125-4
DOI https://doi.org/10.46500/83535835

Inhalt

1 Die Forsteinrichtung zur Einführung

Ein zentraler Schauplatz der Umwelt- und Klimakrise ist der Wald. Mit der Verbrennung seiner organischen Überreste, der fossilen Brennstoffe, nimmt nicht nur der Treibhausgaseffekt seinen Anfang, auch unmittelbar im Forst spielen sich Umweltkonflikte ab. Sie sind Teil einer größeren Geschichte der Umwandlung von Wäldern in Forstgebiete mit parallel verlaufenden Baumreihen, die fein säuberlich von Feld und Weide abgetrennt sind – in Hochwälder, in denen Tiere nicht mehr weiden und Menschen ihre vormals geduldeten Agroforstkulturtechniken nicht mehr ausführen. Hierbei geht es um eine Geschichte der nachhaltigen Ressourcenplanung, die mit Parzellen rechnet, welche das vollkommene Gleichgewicht zwischen Abholzung und Neuaufforstung versprechen. Diese Geschichte lässt sich als Wissens- und Mediengeschichte der europäischen Forstverwaltung schreiben, die schlussendlich zu jenen Karten und Tabellen führt, die eine ausgleichbare Ressourcennutzung visualisierten und somit zuallererst vorstellbar machten.

Heute bestimmen die im 19. Jahrhundert auf lange Sicht eingerichteten Hochwälder das Landschaftsbild in Form von Monokulturen. Das Aufforsten von »Ausgleichsflächen« – als Ersatz für gerodete Wälder und für die Bindung von Kohlenstoffdioxid im Boden – prägt gegenwärtig das Nachdenken über Handlungsoptionen in Zeiten der Klima- und Umweltkrise. Die vorliegende Studie fragt nach den wissensgeschichtlichen Gründen sowie nach den Landnutzungskonflikten, welche die Umwandlung von Mischwäldern in Monokulturen im Europa des 19. Jahrhunderts begleiteten.

1.1 Aufforsten und Bilanzieren in der Klimakrise

Auf der Suche nach einem Ausgleich für übermäßige Treibhausgasemissionen kommt Aufforstungspraktiken in Zeiten der Klimakrise eine große Bedeutung zu. Wiederaufforstungen stellen einen Ansatz zur Bewältigung der Klimakrise dar, weil Wälder im besonderen Maße Treibhausgase aus der Atmosphäre binden können. Der *Intergovernmental Panel on Climate Change* (IPCC) empfiehlt daher im sechsten Sachstandsbericht ausdrücklich den Schutz von Wäldern, Aufforstung sowie ein verbessertes Forstmanagement.[1] Allerdings betont der wissenschaftliche Ausschuss, dass es zuallererst notwendig ist, Treibhausgas-

1 Siehe dazu den dritten Band des sechsten Sachstandsberichts: Intergovernmental Panel on Climate Change (Hg.): *Climate Change 2022. Mitigation of Climate Change. Working Group III Contribution to the IPCC Sixth Assessment Report (AR6). Summary for Policymakers*, 4.4.2022. Einsehbar unter: ipcc.ch/report/ar6/wg3 [Stand: 31.1.2025].

emissionen zu vermeiden – und dass eine umfassende Neuorganisation von Wirtschaft und Infrastruktur die unumgängliche Voraussetzung dafür ist. Verspätete Maßnahmen zur Mitigation von Treibhausgasemissionen können laut IPCC nicht ausreichend durch die Bindung von Kohlenstoffdioxid in Wäldern, Mooren und anderen Landnutzungssystemen kompensiert werden.[2] Im öffentlichen Diskurs zeigt sich jedoch oft ein oberflächliches Verständnis von CO_2-Bilanzen – vergleichbar mit einer Waage, auf deren Waagschalen der Ausstoß und die Bindung von Kohlenstoffdioxid abgeglichen werden, so als ob genau berechnet werden könne, wie stark Treibhausgasemissionen ins Gewicht fallen und in welchem Umfang Gegenmaßnahmen erforderlich werden. Bei der Nutzung von CO_2-Rechnern, insbesondere bei dem Erwerb von sogenannten Kompensationsmaßnahmen für individuell berechnete Treibhausgasemissionen, wird selten differenziert, wo und wie die Kalkulationen über das »ausgeglichene« CO_2 generiert worden sind und ob eine langfristige Bindung der Treibhausgasemissionen gewährleistet ist. Angesichts bestätigter Fälle von Landnahme und Vertreibung, die sich oftmals in Ländern des globalen Südens ereignen und dabei über Klimakompensationsmaßnahmen im globalen Norden finanziert worden sind, ist es notwendig, die gesellschaftlichen und ökologischen Folgen von kommerziellen Aufforstungen zu überdenken. Bei der Frage, inwiefern ein Wald Treibhausgase tatsächlich langfristig binden kann, muss also das komplexe Zusammenspiel vieler Faktoren berücksichtigt werden, anstatt diese in einer Nullsummenrechnung zu kaschieren.

Die heutige Bilanzierung von CO_2-Ausstoß und Waldaufforstung weist dabei Ähnlichkeiten auf zu der Vorstellung einer potenziell ausgleichbaren Nutzung des Waldes, die im 18. Jahrhundert aufkam. Schaut man zurück in die Geschichte der europäischen Forstwissenschaft, in die Zeit ihrer Institutionalisierung im 18. und 19. Jahrhundert, finden sich Praktiken der Ressourcenverwaltung, die noch heute die Denkmuster prägen, mit denen wir auf die Klimakrise reagieren. Ein Verständnis von Wäldern als »Vorratskammern«,[3] aus denen stets so viel Holz entnommen werden darf, wie gleichzeitig neu heranwächst, ist ein Kerngedanke des zeitgenössischen und gegenwärtigen Nachhaltigkeitsdiskurses. Dabei steht das Ideal einer nachhaltigen Forstwirtschaft einerseits in einem Zusammenhang mit Kreislaufvorstellungen sowie anderer-

2 »AFOLU [agriculture, forestry and other land use] mitigation options, when sustainably implemented, can deliver large-scale GHG [greenhouse gas] emission reduction and enhanced removals, but cannot fully compensate for delayed action in other sectors. [...] The largest share of this economic potential [the projected economic mitigation potential of AFOLU options between 2020 and 2050] comes from the conservation, improved management, and restoration of forests and other ecosystems (coastal wetlands, peatlands, savannas and grasslands), with reduced deforestation in tropical regions having the highest total mitigation.« Ebd., S. 42 f.

3 Zu dieser Metapher siehe: Carlowitz, Hans Carl von: *Sylvicultura oeconomica oder Haußwirthliche Nachricht und Naturmäßige Anweisung zur Wilden Baum-Zucht*, Leipzig 1713, S. 105.

seits mit einer Fortschrittsgeschichte von unendlichem Holzwachstum. Diesen Zusammenhang analysiert die vorliegende Studie ausgehend von Forstkarten und den auf ihnen wirksamen Notationsverfahren. Die These lautet, dass diese rechnerischen und planerischen Werkzeuge überall dort zum Einsatz kamen, wo Wälder in die heute gewohnte monokulturelle Form umgestaltet wurden.

Im Vordergrund der Untersuchung stehen jene Kulturtechniken, die eine ausgeglichene Ressourcenverwaltung sicherstellen sollten. Für die Planung von Baumbeständen zentral war eine Technik, die zwischen 1760 und 1860 wissenschaftlich fundiert worden ist: die Forsttaxation. Seit Mitte des 19. Jahrhunderts zunehmend als »Forsteinrichtung« bekannt, gilt sie als Voraussetzung für eine nachhaltige Verwaltung, bei der abgeholzte Waldflächen durch Aufforstung ausgeglichen werden sollen. Zu diesem Zweck werden Waldgebiete in Abschnitte eingeteilt, um sie nacheinander im Kreislaufprinzip nach Ablauf einer bestimmten Zahl an Jahren abzuholzen und aufzuforsten. Der als ideal erachtete Zeitabstand zwischen der Pflanzung beziehungsweise Aussaat von Bäumen und ihrer Fällung ist die sogenannte Umtriebszeit. Sie wird in Abhängigkeit von verschiedenen Einflussfaktoren, etwa Bodenqualität, Topografie und Baumbestand sowie dem jeweiligen Wirtschaftsziel bestimmt. Heute ist die Umtriebszeit eine Referenzgröße für die Planung von Waldbeständen und spielt somit auch eine Rolle in Kalkulationen, wie viel CO_2 bestimmte Waldflächen durchschnittlich binden können. Nachvollziehbar wird die Umtriebszeit – ein Lexikon spricht von dem »Zeitraum zwischen Begründung der Kultur und Endnutzung«[4] – erst beim Betrachten von Karten und unter Kenntnisnahme der verschiedenen Arbeitsschritte, mittels derer Umtriebszeiten festgelegt wurden. Die Forschungsarbeit widmet sich deshalb der Kulturtechnik der Forsteinrichtung und ihren im 18. und 19. Jahrhundert standardisierten Bildgebungsverfahren. Forsttaxations- beziehungsweise Forsteinrichtungskarten, die Holzvorräte repräsentieren, fanden in Studien zur thematischen Kartografie des 18. und 19. Jahrhunderts bisher wenig Beachtung.[5] Generell stan-

4 »Umtriebszeit«, in: Stinglwagner, Gerhard K. F./Haseder, Ilse E./Erlbeck, Reinhold (Hg.): *Das Kosmos Wald- und Forst-Lexikon*, 3. Aufl., Stuttgart 2005, S. 863–864. Vgl. die Definition von Hapla, František: »Umtrieb, Umtriebszeit«, in: Lohmann, Ulf (Hg.): *Holzlexikon*, Bd. 2, 4. Aufl., Leinfelden-Echterdingen 2003, S. 543: »Umtrieb, Umtriebszeit, Zeitraum zwischen der Bestandesbegründung und dem Abtrieb, der unter den herrschenden ökologischen Bedingungen und dem gesetzten Forstbetriebsziel als wirtschaftlich optimal bei der Forsteinrichtung festgesetzt wird.«

5 Die Literatur zu thematischen Karten ist umfangreich, wobei die wissenshistorische Untersuchung von Forstkarten bisher ein Forschungsdesiderat darstellt. Zur Pflanzengeografie vgl. Güttler, Nils: *Das Kosmoskop. Karten und ihre Benutzer in der Pflanzengeographie des 19. Jahrhunderts*, Göttingen 2014; Browne, Janet: *The Secular Ark. Studies in the History of Biogeography*, New Haven/London 1983; Phillips, Denise: »Plants and Places: Agricultural Knowledge and Plant Geography in Germany, 1750–1810«, in: Phillips, Denise/Kingsland, Sharon (Hg.): *New Perspectives on the History of Life Sciences and Agriculture*, Cham 2015, S. 9–26; Robinson, Arthur Howard: *Early Thematic Mapping in the History of Cartography*, Chicago/London 1982.

den Forstkarten und die mit ihnen verwandten Risswerke von Bergwerken, landwirtschaftlichen Flächen und Mooren in der Kartografiegeschichte und Wissenschaftsgeschichte eher im Hintergrund.[6] Seit jüngerer Zeit stoßen die Visualisierungsverfahren der Forstkarten in der Kulturwissenschaft, Humangeografie und Anthropologie, in der Bildgeschichte und Medienwissenschaft auf großes Interesse: Verfahren des *remote sensing* sowie digitale Plattformen zur Visualisierung von illegaler Abholzung auf Basis von Satellitendaten werfen Fragen auf, inwiefern sie die Partizipation von betroffenen Bevölkerungs- und Protestgruppen ermöglichen oder ob sie vielmehr einen imperialen Herrschaftsblick aus der Vogelperspektive verstärken.[7] Diese machtpolitischen Fragestellungen finden sich sowohl im Emissionshandel mit CO_2-Zertifikaten als auch in Umweltkonflikten um spezifische Waldabschnitte wieder. Daher sind die historischen Forsteinrichtungskarten und das auf ihnen realisierte Umtriebszeitenprinzip aufschlussreich in Bezug auf gegenwärtige Darstellungsmuster von Umwelt- und Klimawissen.

Zum Einfluss von Karten auf Territorialisierungsprozesse: Rankin, William: *After the Map. Cartography, Navigation, and the Transformation of Territory in the Twentieth Century*, Chicago 2016.

6 Beispielsweise in dieser mehrbändigen Lexikonreihe findet sich kein Eintrag zur Forstkartografie: Edney, Matthew H./Pedley, Mary Sponberg (Hg.): *Cartography in the European Enlightenment*, 2 Bde., Chicago/London 2020. Explizit zu Kartenwerken im Bergbau: Bartels, Christoph: »Vermessungswesen, Karten und Pläne im Montanwesen an der Wende zwischen Mittelalter und Neuzeit – Kontinuitätslinien und Entwicklungstendenzen«, in: Michalsky, Tanja/Schmieder, Felicitas/Engel, Gisela (Hg.): *Aufsicht – Ansicht – Einsicht. Neue Perspektiven auf die Kartographie an der Schwelle zur Frühen Neuzeit*, Berlin 2009, S. 329–350. Reproduktionen von norddeutschen Moorkarten aus dem 18. Jahrhundert finden sich in: Müller-Scheeßel, Karsten: *Jürgen Christian Findorff und die kurhannoversche Moorkolonisation im 18. Jahrhundert*, Fischerhude 2020.

7 Schneider, Birgit/Olman, Lynda: *Global Forest Visualization. From Green Marbles to Storyworlds*, London 2024; Schneider, Birgit/Olman, Lynda: »The Geopolitics of Environmental Global Mapping Services: An Analysis of Global Forest Watch«, in: O'Lear, Shannon (Hg.): *A Research Agenda for Environmental Geopolitics*, Cheltenham (UK) 2020, S. 44–57; Schneider, Birgit: *Klimabilder. Eine Genealogie globaler Bildpolitiken von Klima und Klimawandel*, Berlin 2018a; Gabrys, Jennifer/Westerlaken, Michelle/Fatimah, Yuti Ariani: Actually existing smart forests: A proposal for pluralizing eco-technical worlds, in: *Environment and Planning F*, 2024. Einsehbar unter: https://doi.org/10.1177/26349825241264393 [Stand: 31.1.2025]; Gabrys, Jennifer: »Smart Forests and Data Practices: From the Internet of Trees to Planetary Governance«, in: *Big Data & Society* 7 (1), 2020, S. 1–10. Zur machtpolitischen Frage der zentralen Perspektive: Haraway, Donna J.: »Situated Knowledges. The Science Question in Feminism and the Privilege of Partial Perspective«, in: Haraway, Donna J.: *Simians, Cyborgs, and Women. The Reinvention of Nature*, New York 1991, S. 183–201.

1.2 Nachhaltigkeit im vermessenen Forst

Im 18. Jahrhundert etablierten sich erste Lehrstühle an deutschsprachigen Hochschulen sowie Forstmeisterschulen, an denen die Forsttaxation beziehungsweise Forsteinrichtung unterrichtet wurde. Zeitgenössische Fachbücher hielten jene Verfahren der Forstkartierung fest, die im Verlauf dieser Untersuchung in ihren einzelnen Arbeitsschritten nachvollzogen werden sollen. Aus der zweiten Hälfte des 18. Jahrhunderts zum Beispiel stammt die Kartenvorlage mit dem Titel »Das Revier Freudenberg in ein 100 Jähriges Gehau vertheilet« (Abb. 1.1). Dieser Kupferstich erschien 1767 im Bildanhang des Buches *Anfangsgründe der theoretisch-praktischen Arithmetik und Geometrie.*[8] Es handelt sich um eine schematische Karte von einer Waldfläche im sächsischen Freudenberg, das sich in einer wichtigen Bergbauregion befand. Auffällig im Bildaufbau sind die beiden Gitternetze, die über eine schematisch angedeutete topografische Visualisierung der Forstrevierfläche gelegt worden sind und die Einteilung des Forstreviers strukturieren.

Ausgehend von einer Kompassnadel – dem optischen Mittelpunkt des Kartenbildes – führen Geraden in alle Richtungen über die Grenzen des Forstreviers hinaus bis an den Bildrahmen. An den Geraden befinden sich Abkürzungen für die Himmelsrichtungen. Vergleichbar mit einem Polarkoordinatensystem durchschneiden die Geraden die Fläche des Waldreviers, das zusätzlich vertikal und horizontal in 100 Rechtecke unterteilt wird. Jede der dadurch entstandenen Teilflächen trägt eine Nummer, welche die Reihenfolge anzeigt, nach der Forstarbeiter die Bäume fällen sollten. In jedem Jahr sollte genau eine ausgewiesene Waldfläche gerodet werden, die im Idealfall nach Ablauf der Umtriebszeit von 100 Jahren nachgewachsen sein würde, damit nach einem Umlauf theoretisch für immer in jedem weiteren Jahr 100-jähriges Holz zur Verfügung steht. Dies ist der Grundgedanke des Fällens und Aufforstens im Kreislaufprinzip, welches das Schaubild des hundertjährigen Gehaus eindrücklich präsentiert.

Die mit Hilfe eines Messtisches ermittelten Himmelslinien sollten einerseits dabei helfen, die »Lage der Theile eines Reviers zu bestimmen«,[9] und andererseits die Reihenfolge der Hauung festlegen, denn Wind- und Sonnenrichtung hatten Einfluss auf den Samenflug und das Wachstum der Jungbäume. Zuerst rodete man vorzugsweise Parzellen, die sich im Windschatten anderer Bäume

8 Vierenklee, Johann Ehrenfried: *Mathematische Anfangsgründe der Arithmetik und Geometrie, in so fern solche denjenigen, die sich dem höchstnöthigen Forstwesen auf eine vernünftige und gründliche Weise widmen wollen, zu wissen nöthig sind*, Leipzig 1767. Die hier genutzte zweite Auflage wurde posthum herausgegeben: Vierenklee, Johann Ehrenfried (1767): *Anfangsgründe der theoretisch-praktischen Arithmetik und Geometrie für diejenigen, welche sich dem Forstwesen widmen*, hg. v. Friedrich Meinert, Leipzig 1797.

9 Ebd., S. 605.

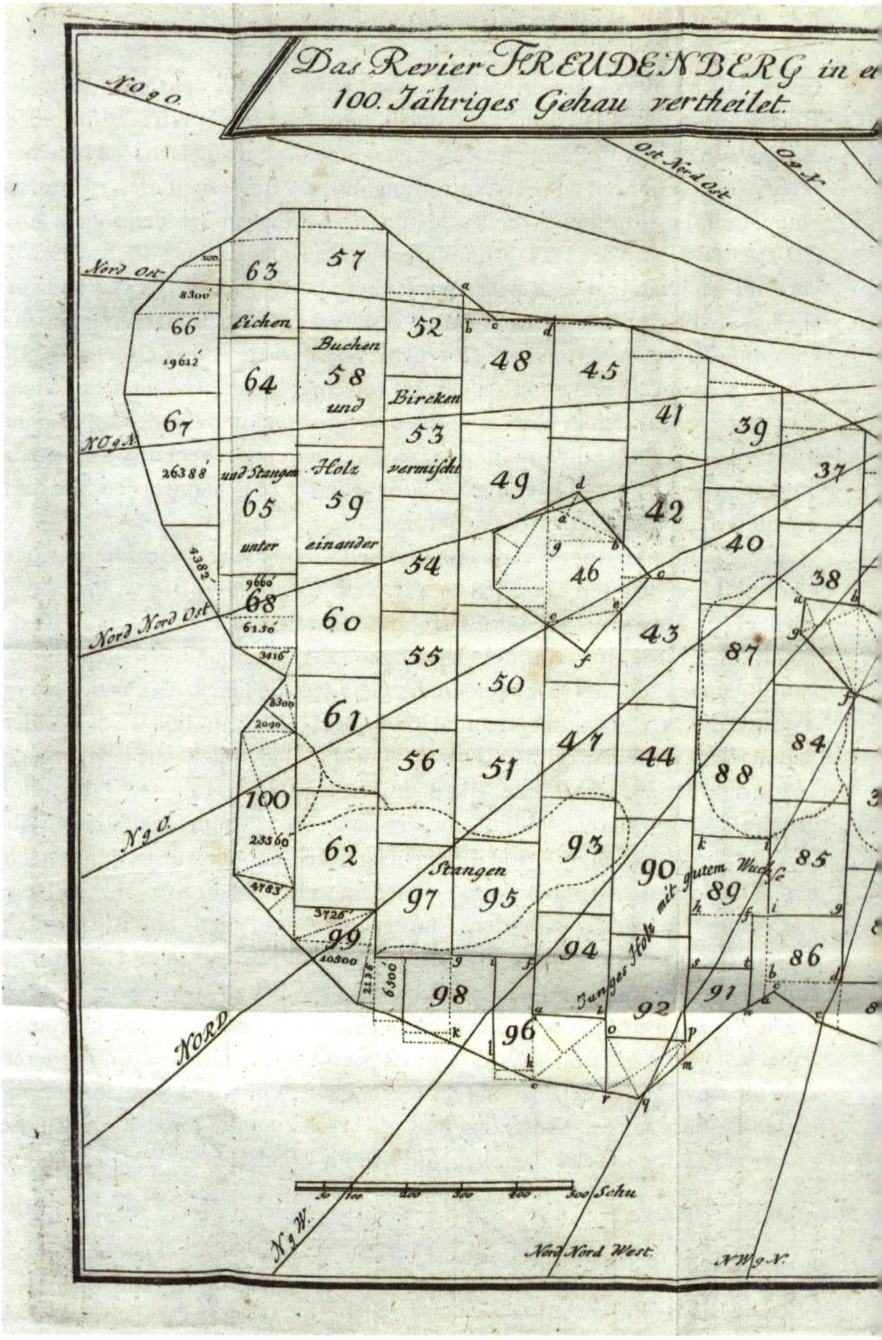
Das Revier FREUDENBERG in e
100. Jähriges Gehau vertheilet.
Eichen
Buchen
und
Birken
und Stangen
Holz
vermischt
unter
einander
Stangen
Junges Holz mit gutem Wuchse
NORD
Nord Ost
Nord Nord Ost
Ost Nord Ost
Nord Nord West
Schu

Abb. 1.1: Johann Ehrenfried Vierenklee: *Das Revier Freudenberg in ein 100 Jähriges Gehau vertheilet*, Kupferstich, 1767.

befanden, um zu begünstigen, dass die Samen auf die frei gewordene Fläche geweht werden, damit sie dank der benachbarten ausgewachsenen Bäume von Wind und Wetter geschützt keimen konnten. Die Orientierung an den Himmelsrichtungen beruht also auf waldökologischen und wirtschaftlichen Gründen. Zudem schrieben sich die Messinstrumente mit ihrem Aufbau und ihrer Funktionsweise unmittelbar in die kartografische Projektion ein. Messtische und die bis in das 18. Jahrhundert genutzten Astrolabien ermöglichten Landesvermessungen ausgehend von den Himmelsrichtungen sowie der Tageszeit, wobei die Rotationsbewegungen der Erde sowie anderer Himmelskörper für die Vermessungsverfahren grundlegende Kategorien darstellten.[10] Die Werkzeuge und ihre Gebrauchsweisen strukturierten also die Visualisierungsverfahren der Forstkarten vor – und diese wiederum prägten die Umgestaltung der Landschaft.

Bei der raumzeitlichen Organisation der Waldwirtschaft spielte die Umtriebszeit, die auf der Lehrkarte exakt 100 Jahre beträgt, eine zentrale Rolle. Handlungsanweisend für die langfristige forstwissenschaftliche Planung waren die Schlaglinien nach dem Rastermuster, die die einzelnen Parzellen voneinander abgrenzen, sowie die Jahresangaben, die den Zeitpunkt der Fällung anzeigen und ausgehend von der Leitgröße der Umtriebszeit bestimmt wurden. Die Binnengrenzen, die auf den Kartenbildern in die Forstreviere gezeichnet wurden, transformierten den Wald vor Ort – spätestens beim Schlagen der Schneisen durch den Wald. Mittels der Karten wurden die Forste also im wahrsten Sinne des Wortes »eingerichtet«.

Typisch für dieses kartografische Verfahren sind ein erhöhter Abstraktionsgrad und eine Vogelperspektive, die eine Waldfläche auf einen Blick erfasst und in das Polarkoordinatensystem sowie in das horizontal und vertikal orientierte Rastermuster einordnet. Die Visualisierung vermittelt einen Ein-

10 In § 32 finden sich unter dem Titel »Aufgabe: Die Himmels- oder Weltgegenden auf eine Reviercharte zu zeichnen, um darnach die Lage der Theile eines Reviers zu bestimmen« detaillierte Anweisungen, wie der Messtisch zur Bestimmung der Himmelsrichtungen genutzt werden sollte: »Man bereite sich in der Gegend, für welche man die Mittagslinie bestimmen will, eine horizontale Fläche, etwa die Ebene des Meßtisches, zeichne aus einem angenommenen Mittelpunkte einen Kreisbogen, und setze in diesen Mittelpunkt einen senkrechten feinen Stift. Nun kehre man das Gesicht nach der Gegend der Sonne, ohngefähr nach Mittag, so daß links Morgen und rechts Abend liegt. In dieser Stellung beobachte man den Ort, wo Vormittags, etwa um 10 Uhr, der Schatten des Stifts den Boden trift und markire denselben, desgleiche gebe man Nachmittags, etwa um 2 Uhr Acht, wo der Schatten des Stifts in den Bogen fällt, und markire auch diesen Punkt.« Vierenklee: *Anfangsgründe der theoretisch-praktischen Arithmetik und Geometrie,* 1797, S. 605. – Bei dem Astrolabium handelte es sich um ein Erde-Himmel-Modell, das auf dem geozentrischen Weltbild beruhte. Das heißt, die vermeintliche Drehung des Himmelsgewölbes beziehungsweise die elliptischen Rotationsbahnen von Himmelskörpern, wie sie von der Erde im Tages- und Jahreszyklus wahrgenommen werden, dienten als Ausgangspunkt für Winkel- und Längenberechnungen. Vgl. Brunold, Martin: »Das Astrolabium«, in: *Cartographica Helvetica. Fachzeitschrift für Kartengeschichte* 23, 2001, S. 19–25; Kern, Ralf: *Wissenschaftliche Instrumente in ihrer Zeit,* Bd. 2, Köln 2010, S. 394–400.

druck von Kontrolle, indem sie auf Papier eine Flächeneinteilung vornimmt, die alle Waldgebiete abzudecken scheint. Diesen Gesamtüberblick überführte das Lehrbuch wiederum in Handlungsanweisungen:

> Man sucht den gesammten Holzbestand des Waldes oder Reviers […] in Kubikmaße, und dividirt denselben durch die Zahl der Jahre, in welchen er geschlagen werden soll. Der Quotient giebt die Anzahl der Kubikfuße, die vom Holzbestande jährlich geschlagen werden können.[11]

Drückt man die auf der Karte visualisierte Flächeneinteilung formal mathematisch aus, ergibt sich also diese Divisionsrechnung, die sich im Verlauf der Forstwirtschaftsgeschichte des 19. Jahrhunderts als »Grundsatz der Nachhaltigkeit«[12] etablieren sollte.

$^{\text{Gesamtfläche}}/_{\text{Umtriebszeit}}$ = Fläche, die pro Jahr in einer nachhaltigen Forstwirtschaft gerodet werden kann

Diese Formel führten die nach dem Umtriebszeitenprinzip eingeteilten Forstkarten vor Augen und ließen somit die Utopie einer auf Dauer angelegten Ressourcenverwaltung ohne Engpässe und Knappheiten in visuelle Erscheinung treten – eine Utopie, die gerade in der zweiten Hälfte des 18. Jahrhunderts eine gewisse Anziehungskraft ausübte, als in vielen Gegenden Mitteleuropas Holznöte beklagt wurden.[13]

11 Vierenklee: *Anfangsgründe der theoretisch-praktischen Arithmetik und Geometrie,* 1797, S. 746.

12 Zu dieser Formulierung siehe u. a.: Berg, Carl Heinrich Edmund von: *Berättelse om Finlands skogar. An den hohen kaiserlichen Senat des Großfürstenthumes Finnland in Helsingfors. Unterthänigstes Memorial des königlich sächsischen Oberforstrathes Freiherrn von Berg, die Forste im Großfürstenthum Finnland betreffend,* Helsinki 1859, S. 19. Als Grundsatz der Nachhaltigkeit stellte Edmund von Berg, Direktor der sächsischen Forstakademie, dem finnischen Senat folgenden Divisionsschritt vor: »Hat man z. B. einen Wald von 10,000 T. L. (Tonnen Land) und eine 200-jährige Umtriebszeit, so würden jährlich 50 T. L. zu hauen sein.« So lautete Edmund von Bergs Berechnung für eine Region in Mittelfinnland während einer forstwissenschaftlichen Auftragsreise.

13 In den 1990er Jahren führte das Konzept der Holznot zu einer wichtigen Debatte in der Umweltgeschichte. Joachim Radkau forderte dazu auf, in den Quellen genannte Holznotwarnungen zu kontextualisieren und zwischen real existierender und als Gefahr imaginierter Holzknappheit zu unterscheiden. Rolf Peter Sieferle hingegen ging von der Existenz einer generellen Holznot im 18. Jahrhundert aus, die Steinkohle als neuen Energieträger unumgänglich machte. Vgl. Radkau, Joachim: »Holzverknappung und Krisenbewusstsein im 18. Jahrhundert«, in: *Geschichte und Gesellschaft* 9 (4), 1983, S. 513–543; Sieferle, Rolf Peter: *Der unterirdische Wald. Energiekrise und industrielle Revolution,* München 1982. Einen gelungenen Überblick über die Debatte bietet: Schenk, Winfried: »Holznöte im 18. Jahrhundert? – Ein Forschungsbericht zur ›Holznotdebatte‹ der 1990er Jahre«, in: *Schweizerische Zeitschrift für Forstwesen* 157 (9), 2006, S. 377–383. Zur Bedeutung der Holzsparmaßnahmen im All-

Johann Ehrenfried Vierenklees Lehrbuch von 1767, dem diese Karte entnommen ist, kommt dem Wissenschaftshistoriker Henry Lowood zufolge die Bedeutung zu, eine der ersten Veröffentlichungen zu sein, in der ein »rudimentäres Konzept von nachhaltigen Erträgen« entwickelt wurde.[14] Schon eine Generation später diente die nachhaltige Ertragsberechnung als ein Fundament des wissenschaftlichen Waldbaus: zum Beispiel in den Publikationen von Georg Ludwig Hartig (1764–1873) und Heinrich Cotta (1763–1844). Ihre Karten werden in den ersten beiden Hauptkapiteln ausführlich analysiert. Das Buch des Forstmathematikers und Pfarrers Johann Ehrenfried Vierenklee (1716–1777) war letztendlich aber nur eine unter vielen Abhandlungen, die in der Mitte des 18. Jahrhunderts zu Forsttaxationsverfahren und -karten publiziert worden sind.[15] In dem Aufsatz »Historicizing Sustainability« behandelt der Umwelthistoriker Richard Hölzl eine ganz ähnliche schematische Karte von 1788.[16] Anstelle eines kreisförmig angelegten Strahlenmusters, das sich an den Himmelsrichtungen orientiert, lag auf der Karte aus dem *Lehrbuch für die pfalzbaierischen Förster* ein streng horizontal und vertikal ausgerichtetes Raster vor, welches das Waldgebiet entsprechend einer Umtriebszeit von 84 Jahren einteilte. Noch frühere Exemplare finden sich im Kontext der Landesvermessungen des 18. Jahrhunderts, etwa die Sachsen-Weimarische Forsteinrichtung unter Anna Amalia von 1763 oder die bereits in den 1730er Jahren im Auftrag des Herzogtums Braunschweig-Wolfenbüttel ausgeführte Landesaufteilung im Harz.[17] Beide Karten fallen im Gegensatz zu den Lehrbuch-

tag der Menschen aus einer geschlechtergeschichtlichen Perspektive siehe: Hausen, Karin: »Häuslicher Herd und Wissenschaft. Zur frühneuzeitlichen Debatte über Holznot und Holzsparkunst in Deutschland«, in: Hausen, Karin (Hg.): *Geschlechtergeschichte als Gesellschaftsgeschichte*, Göttingen 2013, S. 161–185.

14 Lowood, Henry E.: »The Calculating Forester: Quantification, Cameral Science, and the Emergence of Scientific Forestry Management in Germany«, in: Frängsmyr, Tore/Heilbron, J. L./Rider, Robin E. (Hg.): *The Quantifying Spirit in the Eighteenth Century*, Berkeley 1990, S. 337 f.

15 Vgl. Hasel, Karl: *Forstgeschichte. Ein Grundriss für Studium und Praxis*, Hamburg/Berlin 1985, S. 216 f.; Hagen, Clemens: »Die Entwicklung der forstlichen Zustandserfassung in einigen Waldgebieten der Ostschweiz und ihre Beziehung zur allgemeinen Entwicklung. Ein Beitrag zur Geschichte der Forsteinrichtung und Waldwertschätzung«, in: *Mitteilungen der Schweizerischen Anstalt für das forstliche Versuchswesen* 36 (3), 1960, S. 195–199.

16 Grünberger, Johann Georg/Däzel, Georg Anton: *Lehrbuch für die pfalzbaierischen Förster*, Bd. 1, München 1788. Vgl. Hölzl, Richard: »Historicizing Sustainability. German Scientific Forestry in the Eighteenth and Nineteenth Centuries«, in: *Science as Culture* 19 (4), 2010a, S. 431–460, insbes. S. 435.

17 Langen, Johann Georg von: *Atlas der Unteren Forste im Fürstentum Blankenburg*, 1732. 1 Übersichtskarte und 5 Einzelkarten. Papier, 71,80 × 50,50 cm. Niedersächsisches Landesarchiv Wolfenbüttel. STAWO K 20025. Einsehbar unter: https://kulturerbe.niedersachsen.de/objekt/isil_DE-1811-HA_STAWO_K_20025/8/#topDocAnchor [Stand: 31.1.2025]. Vgl. Kaminski, Sophie: *Die Idee der Nachhaltigkeit und die Landschaft des 18. und 19. Jahrhunderts am Beispiel des südlichen Raums Hildesheim*, Göttingen 2020, insbes. S. 140–143.

abbildungen durch ihre kunstvolle Ausgestaltung auf, die das den Wald strukturierende Rastermuster mit dekorativen Elementen umspielt.

Jenseits der Prachtexemplare von Karten aus Landesvermessungen lässt sich die Anwendungsgeschichte der Schlageinteilung von Wäldern bis in das Mittelalter zurückverfolgen. In Forstordnungen geregelte Schlageinteilungen finden sich in Stadt- und Salinenwäldern sowie in Waldungen in der Nähe von Bergwerken und anderem holzverbrauchenden Gewerbe, aber auch in den selbstverantwortlich von Dorf und Stadtgemeinden realisierten Einteilungen von Allmendewäldern, etwa in den Haubergsgenossenschaften im Siegerland (Kapitel 3), in den Bergallmenden der Schweizer Stadt Chur (Kapitel 5) oder den Eichenwäldern der *montados* und *montes* im Süden Portugals und Spaniens (Kapitel 6), wobei sich diese frühen Beispiele durch kurze Umtriebszeiten auszeichneten.[18] Parallel zur Etablierung von Forsttaxationsverfahren im 18. und 19. Jahrhundert kam es tendenziell zu einer Erhöhung der Umtriebszeit je nach Baumart bis zu mehreren hundert Jahren.[19] Die Forstwissenschaft um 1800 priorisierte sogenannte Hochwälder, die Nutzholz produzieren und die Nieder- und Mittelwälder ablösen sollten. Diese Tendenz zu lang andauernden Umtriebszeiten zeigte sich bereits in der unter Jean-Baptiste Colbert ausgearbeiteten französische Forstordnung von 1669. Die *Ordonnance de Louis XIV* ordnete die flächendeckende Anfertigung von Taxationskarten sowie die Festlegung von Umtriebszeiten an – beispielsweise 150 bis 200 Jahre in Eichenwäldern, in denen primär Stämme für den Schiffsbau heranwachsen sollten.[20]

18 Allgemein zur Geschichte der Forsteinrichtung vgl. Mantel, Kurt: *Wald und Forst in der Geschichte. Ein Lehr- und Handbuch*, Alfeld bei Hannover 1990, S. 378–408; Zürcher, Ulrich: *Die Idee der Nachhaltigkeit unter spezieller Berücksichtigung der Gesichtspunkte der Forsteinrichtung*, Zürich 1965. Vor der Verwissenschaftlichung der Forsttaxation bzw. -einrichtung ist von Schlageinteilung oder einfacher Flächen- oder Masseneinteilung die Rede. Vgl. Schwappach, Adam: *Handbuch der Forst- und Jagdgeschichte Deutschlands*, Berlin 1886, S. 439–460. Zu einer zeitgenössischen Historisierung von waldwirtschaftlichen Praktiken vor 1750: Bernhardt, August: *Geschichte des Waldeigenthums, der Waldwirthschaft und Forstwissenschaft in Deutschland. Von den Ältesten Zeiten bis zum Jahre 1750*, Bd. 1, Berlin 1872.

19 Im 18. Jahrhundert rechnete man bei Hochwäldern mit Umtriebszeiten von durchschnittlich 80 bis 100 Jahren. In der ersten Hälfte des 19. Jahrhunderts wurde die Umtriebszeit in deutschen Wäldern auf 120 bis 180 Jahre erhöht. Vereinzelt sind sogar Umtriebszeiten für Eichen von über 400 Jahren überliefert. In der Mittel- und Niederwaldbewirtschaftung hingegen betrug die Umtriebszeit circa 15 bis 40 Jahre. Vgl. Hölzl 2010a, S. 439; Radkau, Joachim: *Holz. Wie ein Naturstoff Geschichte schreibt*, München 2018, S. 164 f. Aus den 1850er Jahren stammt beispielsweise eine finnische Forsttaxationskarte, die eine Berechnung der zukünftigen Holzerträge bis zum Jahr 2013 vornimmt. Vgl. Cronjäger, Lisa: »Bäume für das neue Jahrtausend. Die Vorstellung einer genauen Ressourcenverwaltung im Kreislaufprinzip«, in: Dätwyler, Larissa/Klarskov, Aurea/Knierzinger, Lucas (Hg.): *Imagination und Genauigkeit. Verschränkungen in Künsten und Wissenschaften*, Berlin 2021, S. 137–154.

20 Ludwig XIV.: *Ordonnance de Louis XIV. Roy de France et de Navarre. Sur le fait des Eaux & Forests*, Paris 1669. Vgl. Mukerji, Chandra: »The Great Forestry Survey of 1669–1671: The Use

Die hohen Umtriebszeiten sollten also qualitativ wertvolles Holz für Bau und Handel garantieren. Das langfristige Planen beziehungsweise das Gebot, gegenwärtige, auch noch so geringfügige Waldnutzungen zu unterlassen, um in fernerer Zukunft kräftigere Baumstämme fällen zu können, hatten eine konkrete biopolitische Dimension mit schwerwiegenden Auswirkungen für anwohnende Bevölkerungsgruppen, die in ihrem täglichen Lebensunterhalt auf Holz- und Waldnutzung angewiesen waren.[21] Die Frage nach den Auswirkungen der durch Forstkarten manifestierten Raum- und Zeitregime auf die Lebenswirklichkeit der sich vom Wald ernährenden Bevölkerungsgruppen wird die Analyse der Forsteinrichtungskarten in der vorliegenden Studie stets begleiten.

Bis zum 18. Jahrhundert hatten in Europa Nieder- und Mittelwälder dominiert. Mit ihren niedrigen Umtriebszeiten deckten Niederwälder prioritär den Subsistenzbedarf von Bäuer:innen an biegsamen Ruten, an Weideplatz und an Brennholz.[22] Ein Großteil des Laubbaumbestandes wurde regelmäßig auf den Stock gesetzt, also bis auf die Stämme zurückgeschnitten, woraufhin die Bäume und Sträucher neu austrieben. In den komplexen Nutzungssystemen der Nieder- und Mittelwälder koexistierten Holz-, Ackerbau- und Weidenutzung oder wechselten sich ab. Ausgehend von diesen überregionalen historischen Entwicklungen analysiert die Studie für den Zeitraum von 1760 bis 1860, auf welche Weise Forsttaxationsarbeiten mit einer Reglementierung von Waldnutzungspraktiken einhergingen und somit eine Transformation herbeiführten: vom multifunktionalen Nutzwald mit Waldweide und Feldbau zum Hochwald, der nach einer festgelegten Wachstumsdauer gefällt und neu angepflanzt wurde und regelmäßige, »nachhaltige« Nutzholzerträge gewährleisten sollte.

Konzept- und Begriffsgeschichten verweisen oft auf einen Ursprung des Nachhaltigkeitsdenkens in den deutschen Forstwissenschaften, wobei nicht selten der Eindruck einer linearen Erfolgsgeschichte von Hans Carl von Carlowitz' *Sylvicultura Oeconomica*[23] bis zum Brundtland-Bericht der Vereinten Nationen[24] vermittelt wird, ohne die sozialen und ökologischen Konsequenzen der

of Archives for Political Reform«, in: *Social Studies of Science* 37 (2), 2007, S. 227–253; Rubner, Heinrich: *Forstgeschichte im Zeitalter der industriellen Revolution*, Berlin 1967, S. 41–51, 63 f.

21 Vgl. Nordblad, Julia: »Time for Politics. How a Conceptual History of Forests can help us Politicize the Long Term«, in: *European Journal of Social Theory* 20 (1), 2017, S. 1–19; Nordblad, Julia: »Forest Time and the Passions of Economic Man«, in: Ekström, Anders/Bergwik, Staffan (Hg.): *Times of History, Times of Nature. Temporalization and the Limits of Modern Knowledge*, New York 2022, S. 105–127.

22 Zur Unterscheidung zwischen Hoch-, Mittel- und Niederwald siehe u. a.: Röhrig, Ernst/Bartsch, Norbert/Lüpke, Burghard von (Hg.): *Waldbau auf ökologischer Grundlage*, 7. Aufl., Stuttgart 2006. Zur Mittelwaldbewirtschaftung und ihrer Historisierung: Vollmuth, David: *Die Nachhaltigkeit und der Mittelwald. Eine interdisziplinäre vegetationskundlich-forsthistorische Analyse oder: Die pflanzensoziologisch-naturschutzfachlichen Folgen von Mythen, Macht und Diffamierungen*, Göttingen 2021.

23 Carlowitz: *Sylvicultura oeconomica*, 1713.

24 United Nations World Commission on Environment and Development (Hg.): *Brundtland*

Waldnutzung hinreichend zu beachten.[25] Die eigentlichen Praktiken einer nachhaltigen Forstverwaltung blenden solche historischen Analysen des »Erfolgsrezeptes« Nachhaltigkeit größtenteils aus. Als frühe Quelle, als »Wortschöpf[ung]«[26] oder als begründender Moment heutiger Nachhaltigkeitsdiskurse wird oft eine Monografie des sächsischen Oberbergrats Carl von Carlowitz angeführt.[27] Das Partizip »nachhaltend« fällt in der über 400 Seiten umfassenden *Sylvicultura oeconomica, Oder Hauswirthliche Nachricht und Naturmäßige Anweisung zur Wilden Baum-Zucht* von 1713 an einer Textstelle:

> Wird derhalben die größte Kunst/Wissenschaft/Fleiß/und Einrichtung hiesiger Lande darinnen beruhen/ wie eine sothane Conservation und Anbau des Holtzes anzustellen/ daß es eine continuirliche beständige und nachhaltende Nutzung gebe/weiln es eine unentberliche Sache ist/ ohne welche das Land in seinem Esse nicht bleiben mag.[28]

Vor diesem Satz charakterisiert Carlowitz Wälder als »größte[n] Schatz vieler Länder« sowie als »Vorraths-Kammer«, »darinne die meiste Wohlfahrth [...] dieser Lande besteh[t]«.[29] Das sprachliche Bild einer Vorratskammer zu Krisenzeiten macht Carlowitz als Argument für das Säen, Pflanzen und Züchten von Bäumen stark. »Continuirlich« sowie »beständig« begleiten das Adjektiv »nachhaltend«. Es drängt sich die Kritik auf, dass heutige Theorien zur Begriffsbegründung von Nachhaltigkeit eine Analyse der eigentlichen Verwaltungspraktiken weitestgehend unterlassen und somit deren primär ökonomische Zielsetzung nicht erfassen. Schließlich ging es bei der »nachhaltende[n] Nutzung« der Wälder vor allem darum, in den genannten Wirtschaftssekto-

Report. Our Common Future, Oxford/New York 1987, einsehbar unter: un-documents.net/our-common-future.pdf [Stand: 31.1.2025].

25 Vgl. Grober, Ulrich: *Die Entdeckung der Nachhaltigkeit. Kulturgeschichte eines Begriffs*, München 2013a; Sächsische Hans-Carl-von-Carlowitz-Gesellschaft (Hg.): *Die Erfindung der Nachhaltigkeit. Leben, Werk und Wirkung des Hans Carl von Carlowitz*, München 2013. Zu Begriffs- und Konzeptgeschichten von Nachhaltigkeit, die in der jüngsten Vergangenheit ansetzen und daher nicht in die Geschichte der Forstwissenschaften zurückgehen, siehe: Adloff, Frank/Fladvad, Benno/Hasenfratz, Martina et al. (Hg.): *Imaginationen von Nachhaltigkeit. Katastrophe. Krise. Normalisierung*, Frankfurt a. M. 2020; Caradonna, Jeremy L. (Hg.).: *Routledge Handbook of the History of Sustainability*, London/New York 2018.

26 Grober, Ulrich: »Carlowitz und die Quellen unseres Nachhaltigkeitsbegriffs«, in: *Natur und Landschaft* 88 (2), 2013b, S. 46; Grober 2013a, S. 16–22.

27 Jörg Tremmel, der die Veränderungen von Nachhaltigkeitskonzepten im Zuge des Brundtland-Berichts im deutschen Sprachraum auswertete, sprach etwa davon, dass »der deutsche Begriff ›nachhaltig‹ zunächst in der deutschen Forstwirtschaft entstand«. Tremmel, Jörg: »›Nachhaltigkeit‹ – definiert nach einem kriteriengebundenen Verfahren«, in: *GAIA – Ecological Perspectives for Science and Society* 13 (1), 2004, S. 27 f.

28 Carlowitz: *Sylvicultura oeconomica,* 1713, S. 105 f.

29 Ebd.

ren gleich große oder steigende Erträge sicherzustellen.[30] Dabei darf die Rhetorik der kameralwissenschaftlich geprägten Lehrbücher nicht darüber hinwegtäuschen, dass die Ausführungspraxis der Forst- und Bergbauverwaltung vielerorts Konflikte hervorbrachte, welche selbst die Umsetzung der gepriesenen Erfolgsmethoden gefährdeten.

In der deutschsprachigen Umweltgeschichte des Waldes gibt es zwar lokalhistorische Studien, die Waldnutzungskonflikte anhand von regional eingrenzbaren Quellen im Zusammenhang mit nachhaltigen Forstverwaltungen rekonstruieren.[31] Eher selten aber werden Forstschulen und ihre internationalen Netzwerke zum Ausgangspunkt genommen. Erst in letzter Zeit legten Richard Hölzl, Christian Lotz und Paul Warde transnational ausgerichtete Studien zu forstwissenschaftlichen Nachhaltigkeitskonzepten vor: ausgehend von den Wissenstransferprozessen zwischen Hochschulen, internationalen Kongressen oder den Rezeptionswegen von Standardwerken.[32] Eine Kombination von historischer Landesforschung, Pflanzenökologie und Forstgeschichte leis-

30 Der Archivar und Historiker Herbert Kaden gibt zu bedenken, dass »nachhaltend« nur eines der genutzten Wörter darstellt, sodass eine Alleinstellung von Carlowitz als »Erfinder der Nachhaltigkeit« aus der Quellenanalyse nicht zu rechtfertigen sei. Kaden verweist auf das *Deutsche Rechtswörterbuch*, das die Verwendung des Wortstammes bereits für das 13. Jahrhundert belegt. Siehe: Kaden, Herbert: »Zur ›Erfindung‹ des Begriffs ›Nachhaltigkeit‹ – eine Quellenanalyse«, in: *Sächsische Heimatblätter. Zeitschrift für Sächsische Geschichte, Denkmalpflege, Natur und Umwelt* 4, 2012, S. 384–391; die angeführten Wortbedeutungen für »nachhalten« aus dem *Deutschen Rechtswörterbuch* lauten: »I. etwas freihalten, etwas aufbewahren«, wobei eine Belegstelle als Beispiel das Bürgerrecht anführt, »II. befolgen, nachkommen«, zum Beispiel ein Recht, »III. sein Vieh hinter der Herde selbst hüten«. Siehe: »Nachhalten«, in: Heidelberger Akademie der Wissenschaften (Hg.): *Deutsches Rechtswörterbuch. Wörterbuch der älteren deutschen Rechtsprache*, Bd. 9, Stuttgart 1996, S. 1182 f. Einsehbar unter: drw-www.adw.uni-heidelberg.de/drw-cgi/zeige?term=nachhalten&index=lemmata [Stand: 31.1.2025].

31 Siehe dazu: Grewe, Bernd-Stefan: *Der versperrte Wald. Ressourcenmangel in der bayerischen Pfalz (1814–1870)*, Köln/Weimar/Wien 2004; Schmidt, Uwe Eduard: *Der Wald in Deutschland im 18. und 19. Jahrhundert: das Problem der Ressourcenknappheit*, Saarbrücken 2002; Ernst, Christoph: *Den Wald entwickeln. Ein Politik- und Konfliktfeld in Hunsrück und Eifel im 18. Jahrhundert*, München 2000; Selter, Bernward: *Waldnutzung und ländliche Gesellschaft. Landwirtschaftlicher »Nährwald« und neue Holzökonomie im Sauerland des 18. und 19. Jahrhunderts*, Paderborn 1995. Zur Geschichte der Forstwissenschaften in der Schweiz: Stuber, Martin: *Wälder für Generationen. Konzeptionen der Nachhaltigkeit im Kanton Bern (1750–1880)*, Köln 2008; Stuber, Martin/Bürgi, Matthias: *Hüeterbueb und Heitisträhl. Traditionelle Formen der Waldnutzung in der Schweiz 1800 bis 2000*, Bern 2011. Zur österreichischen und habsburgischen Forstgeschichte siehe: Dargavel, John/Johann, Elisabeth: *Die Geschichte der Forstwissenschaft – eine Geschichte der Hoffnung*, Remagen 2018.

32 Oosthoek, K. Jan/Hölzl, Richard (Hg.): *Managing Northern Europe's Forests. Histories from the Age of Improvement to the Age of Ecology*, New York/Oxford 2018; Hölzl, Richard: *Umkämpfte Wälder. Die Geschichte einer ökologischen Reform in Deutschland, 1760–1860*, Frankfurt a. M./New York 2010b; Lotz, Christian: *Nachhaltigkeit neu skalieren. Internationale forstwissenschaftliche Kongresse und Debatten um die Ressourcenversorgung der Zukunft im Nord- und Ost-*

ten Hansjörg Küsters Arbeiten zur Geschichte von Wald und Landschaft.[33] Außerdem sind vermehrt global angelegte Studien erschienen, etwa in Form einer Materialitätsgeschichte des »Naturstoffes« Holz,[34] einer Verflechtungsgeschichte, welche die Handelsware Holz verfolgt,[35] oder machtkritische Analysen der Forstwirtschaft.[36] In den anthropologisch geschulten Agrarian Studies sowie in der Sozialgeschichtsschreibung finden sich zudem Untersuchungen, die sich auf die sozialen Konsequenzen der Praxis von Forstverwaltungen für die Landbevölkerung spezialisieren.[37] In der Tradition der *Subaltern Studies Group* stehen Historiografien aus der Perspektive jener Menschen, die sich gegen koloniale Forstverwaltungen zum Beispiel in Indien wehrten.[38] Unter anderem Richard Hölzl formulierte den Appell, die von den Postcolonial Studies geprägten Konzepte auch in der Forstwissenschaftsgeschichte des globalen Nordens zu rezipieren. Schließlich sollten auf nachhaltige Erträge ausgerichtete Forstverwaltungen stets dahingehend analysiert werden, wie die Waldnutzungsrechte der Bevölkerung reglementiert wurden.[39] Anna Echterhölter schlägt für die Wissensgeschichte eine vergleichende Epistemologie der Ressourcennutzung vor, welche die kolonialen Administrationen sowie die Verwaltungspraktiken der lokalen Bevölkerung zum Ausgangspunkt nimmt.[40] Anstatt eine affirmativ positive Begriffsgeschichte von Nachhaltigkeit zu reproduzieren, gilt es also, die Art und Weise, wie die Verwaltung und die Schonung natürlicher Ressourcen organisiert werden, aus verschiedenen Perspektiven zu beleuchten – und dabei die globale Verflechtungsgeschichte von Ressourcen-

seeraum (1870–1914), Wien/Köln/Weimar 2018; Warde, Paul: *The Invention of Sustainability. Nature and Destiny, c. 1500–1870*, New York 2018.

33 Vgl. Küster, Hansjörg: *Der Wald. Natur und Geschichte*, München 2019.

34 Radkau 2018.

35 Moore, Jason W.: »›Amsterdam is Standing on Norway‹ Part II: The Global North Atlantic in the Ecological Revolution of the Long Seventeenth Century«, in: *Journal of Agrarian Change* 10 (2), 2010, S. 188–227.

36 Radkau, Joachim: *Natur und Macht. Eine Weltgeschichte der Umwelt*, 2. Aufl., München 2012.

37 Als sozialhistorische Perspektiven auf Waldgeschichten sind für diese Arbeit besonders relevant: Blasius, Dirk: *Kriminalität und Alltag. Zur Konfliktgeschichte des Alltagslebens im 19. Jahrhundert*, Göttingen 1978; Suter, Andreas: *»Troublen« im Fürstbistum Basel (1726–1740). Eine Fallstudie zum bäuerlichen Widerstand im 18. Jahrhundert*, Göttingen 1985. Zu den *Agrarian Studies*: Scott, James C./Bhatt, Nina: *Agrarian Studies. Synthetic Work at the Cutting Edge*, New Haven 2001.

38 Zum Beispiel: Guha, Ramachandra: *The Unquiet Woods. Ecological Change and Peasant Resistance in the Himalaya*, 2. Aufl., Delhi 1994; Shiva, Vandana: *Ecology and the Politics of Survival. Conflicts over Natural Resources in India*, Neu-Delhi/Newbury Park/London 1991; Scott, James C: *Weapons of the Weak. Everyday Forms of Peasant Resistance*, New Haven/London 2008.

39 Hölzl 2010a; Hölzl 2010b.

40 Echterhölter, Anna: »Quantifizierungsdenken im Westpazifik. Für eine Epistemologie der Ressourcen«, in: *Nach Feierabend. Zürcher Jahrbuch für Wissensgeschichte* 15, 2020, S. 125–144; Echterhölter, Anna: »History«, in: Wallenhorst, Nathanaël/Wulf, Christoph (Hg.): *Handbook of the Anthropocene*, Cham 2023, S. 419–425.

regimen und Wissensnetzwerken mitzudenken.[41] Genau dies strebt die vorliegende Arbeit an: Forsteinrichtungskarten reisten als didaktische Lehrkarten von Hochschule zu Hochschule, wurden auf Weltausstellungen präsentiert und fanden ihren Weg in Bibliotheken und Verwaltungsbüros. Schlussendlich trieb die standardisierte Anwendung der vermeintlich nachhaltigen Forsteinrichtungsverfahren eine Kommodifizierung des Waldes voran und löste damit schwerwiegende Ressourcenkonflikte aus.

1.3 Von operativen Kartenbildern und ihren Kulturtechniken

Bilder handeln – so lautet eine Grundthese aus medien- und bildtheoretischen Analysen zu dem Thema der »operativen Bildlichkeit«. Das Operieren der Bilder in der Gesellschaft im Sinne von »handeln, verfahren, Wirkung zeigen«[42] trägt dieses Konzept unmittelbar im Namen. Die Etymologie von »operativ« verweist auf die Gebrauchskontexte der Chirurgie und des Militärs, das lateinische Lehnwort »operare« kann jedoch auch schlicht »Arbeit verrichten, handeln, tätig sein« bedeuten. In den frühen 2000er Jahren prägte der Filmkünstler Harun Farocki das Konzept der operativen Bilder in Bezug auf automatisierte Kameraaufnahmen in militärischen Operationen, während derer die Bilder selbst zu Akteuren bei der Lenkung von Waffen werden.[43] In der Medien- und Bildtheorie der letzten Jahrzehnte vollzog sich generell ein Paradigmenwechsel weg von der »repräsentativen« Funktion von Bildern hin zu der Frage, auf welche Weise Bilder im gesellschaftlichen Handeln aktiv wirksam werden – wie ihre Ästhetik beispielsweise Infrastrukturen oder Prozessabläufe strukturiert. Die Theoriediskussion zur operativen Bildlichkeit ist dabei für den deutschsprachigen Raum eine zentrale Referenz.[44] Der han-

41 Gegenüber der Gelehrtenrepublik oder der *republic of letters* bevorzuge ich den Begriff der Wissensnetzwerke. Dieses Wort bezieht sich weniger auf Autoritäten der Gelehrsamkeit als auf die Praktiken des Wissens, die auch von den vielen unbekannt gebliebenen Wissensarbeiter:innen und lokalen Bevölkerungsgruppen entwickelt, angeeignet, erprobt oder verworfen wurden. Zu einer Geschichte des »Netzwerk-Wissens« im 18. und 19. Jahrhundert siehe: Gießmann, Sebastian: *Netze und Netzwerke. Archäologie einer Kulturtechnik, 1740–1840*, Bielefeld 2015. Zu einer wissensgeschichtlichen Perspektive auf »epistemic networks« zur Zeit der Klimakrise siehe: Renn, Jürgen: *The Evolution of Knowledge. Rethinking Science for the Anthropocene*, Princeton/Oxford 2020.

42 »Operativ«, in: Pfeifer, Wolfgang et al. (Hg.): *Etymologisches Wörterbuch des Deutschen*, Berlin 1993, einsehbar unter: https://www.dwds.de/wb/etymwb/operativ [Stand: 31.1.2025].

43 Siehe insbesondere: Farocki, Harun: »Phantom Images«, in: *Public* 29, 2004, S. 12–24.

44 Als Überblick zu den verschiedenen Theoriepositionen zur operativen Bildlichkeit sei empfohlen: Hoel, Aud Sissel: »Operative Images. Inroads to a New Paradigm of Media Theory«, in: Friedrich, Kathrin/Feiersinger, Luisa/Queisner, Moritz (Hg.): *Image – Action – Space. Situating the Screen in Visual Practice*, Berlin 2018, S. 11–28; Parikka, Jussi: *Operational Images: From the Visual to the Invisual*, Minneapolis 2023. Zu Operationen, die

delnde Charakter von technischen Bildern wurde bereits für diverse Lebens- und Wissenschaftsbereiche untersucht: von der Kriegsführung über die Medizin und andere Wissenschaftsbereiche bis zur digitalen Bildproduktion. Die uns hier interessierenden forsttechnischen Bilder stellen ein offensichtliches Beispiel dafür dar, wie ganze Landstriche nach dem Vorbild der Unterteilungen auf der Karte umgeformt werden. Die Forstkarten der europäischen Verwaltungen ermöglichen Untersuchungen zur Operativität der Kartenbilder in einer längeren historischen Perspektive.

In dem 2023 erschienenen Überblickswerk über Theoriediskurse und Bildgenealogien operationaler Bilder stellt Jussi Parikka die Handlungsmacht heraus, die historischen Messbildfotografien und Karten in Territorialisierungsprozessen zukommt:

> In this fundamental sense, images are interfaces where the epistemic and the operational coalesce. In other words, it is not only the images that we may manipulate but the data and/or territories which those images stem from and return to. Hence, operational. They are formatted and, in the process, become instruments of reformatting.[45]

Als »Instrumente der Reformatierung« üben operationale Bilder einen gestaltenden Einfluss auf jene Umgebungen aus, aus denen die Daten, welche die Kartenbilder konstituieren, ursprünglich generiert worden waren. Mittels der Karten werden diese Werte nicht nur auf standardisierte Weise in eine visuelle Form übertragen, im Anschluss führen die fertigen Kartenbilder den Betrachtenden auch die intendierte Umgestaltung der Landschaft unmittelbar vor Augen. Die Forstkarten, die seit der Standardisierung der Forsttaxation Anfang des 19. Jahrhunderts in Massen angefertigt worden sind, lassen sich auch aus diesem Grund als operative Bilder untersuchen, weil sie als Instrumente der Forstverwaltung dazu dienten, Waldräume zu transformieren. Speziell für je-

Kartenbilder ausführen, siehe: Krämer, Sybille: »Karten – Kartenlesen – Kartographie. Kulturtechnisch inspirierte Überlegungen«, in: Helas, Philine/Polte, Maren/Rückert, Claudia et al. (Hg.): *BILD/GESCHICHTE*, Berlin 2007, S. 73–82; Krämer, Sybille: *Figuration, Anschauung, Erkenntnis. Grundlinien einer Diagrammatologie*, Berlin 2016. Vgl. u. a. Gugerli, David/Orland, Barbara (Hg.): *Ganz normale Bilder. Historische Beiträge zur visuellen Herstellung von Selbstverständlichkeit*, Zürich 2002; Bredekamp, Horst/Dünkel, Vera/Schneider, Birgit (Hg.): *The Technical Image. A History of Styles in Scientific Imagery*, Chicago 2015. Zu operativen Bildern in den Klimawissenschaften: Schneider 2018a; Edwards, Paul N.: *A Vast Machine. Computer Models, Climate Data, and the Politics of Global Warming*, Cambridge (Mass.) 2010.

45 Parikka 2023, S. 96, siehe insbesondere das Kapitel »The Measurement-Image. From Photogrammetry to Planetary Surface«, S. 95–137. Vgl. dazu: Cronjäger, Lisa/Sandoz, Marie: »Review of: Jussi Parikka, Operational Images. From the Visual to the Invisual«, 2023, in: *Transbordeur. Photographie Histoire Société* 8, 2024, S. 202 f.

des Forstrevier erstellt und in regelmäßigen Abständen aktualisiert, prägten sie lange vor den digitalen Bildgebungsverfahren der Gegenwart die Forstwirtschaftsplanung. In ihrem Gebrauchskontext erhalten geblieben sind in erster Linie Forstkarten, die als Lehrkarten in Büchern abgedruckt wurden und im forstlichen Unterricht eine normative, didaktische Funktion hatten. Mit ihren hoch verdichteten Darstellungsinhalten dienten sie als Vorbild für die Anfertigung der vielen Forstkarten, die in der Verwaltung benötigt wurden. Die singulären Lehrkarten stehen somit für ein Regime der Ressourcenkontrolle, das die Produktion einer Vielzahl von weiteren, teils nicht überlieferten, operativen Forstbildern antrieb – und dessen Wirkungskraft auf visuelle Diskurse der Ressourcenplanung bis heute anhält. Daher gilt es anhand von historischen Fallstudien zu untersuchen: Welche konkreten Auswirkungen hatten die Notationssysteme und Visualisierungsformen auf den Lebensraum Wald? Welche Art von Wäldern präsentierten diese Karten als erstrebenswert?

Die in der Medientheorie viel diskutierte Operativität von Karten und anderen Bildern ist dabei für die Kartografiegeschichte, Humangeografie und Anthropologie keinesfalls neu. In seiner weit rezipierten Abhandlung *Seeing like a State* stellte der Anthropologe und Vertreter der Agrarian Studies James C. Scott einen Zusammenhang zwischen der Ästhetik von Forstkarten und der Transformation von Waldräumen in Monokulturen her.[46] In dem Kapitel »Nature and Space« geht er auf das Rastermuster ein, das charakteristisch für Forsttaxationskarten ist. Als »staatliche Simplifikationen« machten sie nur jene Aspekte der Waldnutzung lesbar, die den Prioritäten der jeweiligen Beobachter:innen entsprechen.[47] Die Bildstrategien der Karten selbst stehen dabei jedoch nicht im Fokus von Scotts Analyse. Der Medienwissenschaftler Bernhard Siegert hingegen hat am Beispiel von südamerikanischen Siedlungsplänen Bildanalysen vorgelegt, die verdeutlichen, inwiefern Rastermuster einen speziellen, ordnenden Zugriff auf den Raum und die Menschen ausüben. Er untersuchte also quellennah die Operativität der Karten, ohne aber in einen Dialog mit Studien aus der Anthropologie oder Umweltgeschichte zu treten, deren Stärke gerade die Analyse der umweltbezogenen Folgen verschiedenster Kulturtechniken ist.[48] Umwelthistorische Studien wiederum berücksichtigen bei der Analyse von Mensch-Umwelt-Verhältnissen den Bildaufbau von Kar-

46 Scott, James C.: *Seeing like a State. How Certain Schemes to Improve the Human Condition Have Failed*, New Haven/London 1998.

47 »These state simplifications, the basic givens of modern statecraft were […] rather like abridged maps. They did not successfully represent the actual activity of the society they depicted, nor were they intended to, they represented only that slice of it that interested the official observer.« Ebd., S. 3.

48 Siegert, Bernhard: »(Nicht) Am Ort. Zum Raster als Kulturtechnik«, in: *Thesis. Wissenschaftliche Zeitschrift der Bauhaus-Universität-Weimar* 3, 2003, S. 93–104; Siegert, Bernhard: *Passagiere und Papiere. Schreibakte auf der Schwelle zwischen Spanien und Amerika*, Paderborn/München 2006, insbes. Kapitel 3 (»Vom Passagier zum Siedler II: Raster«), S. 142–158.

ten nur peripher. Medientheoretische Analysen von Karten und ihren Visualisierungsverfahren können diesbezüglich einen wesentlichen Beitrag leisten, denn gerade Forstkarten und ihre Wirkungsweise, die sie als »operative Bilder« entfalten, sind für die Geschichte von Ressourcenverwaltungen entscheidend.[49] Der Dialog zwischen Medien-, Umwelt- und Wissenschaftsgeschichte würde für die Analyse der operativen Kartenbilder und deren Handlungsmacht in der Umgestaltung von Lebensräumen also einen großen Mehrwert darstellen. Einen gemeinsamen Referenzrahmen für die Medienwissenschaft und die Wissenschaftsgeschichte bilden die Science and Technology Studies sowie die Laboratory Studies aus den 1970er Jahren, in denen Praktiken der Wissensproduktion zum Untersuchungsgegenstand wurden, sei es bei der Proteinbiosynthese im Labor, der Entnahme von Bodenproben oder auch bei der Kartierung eines Waldgebietes.[50] In diesem Kontext prägte Bruno Latour die Konzepte der »Übersetzungskette«, der »zirkulären Referenz« und der »rekursiven Operationskette«, um nachzuzeichnen, wie verschiedene Arbeits- und Übersetzungsschritte von einem Schauplatz der Wissensproduktion, etwa dem Wald oder dem Labor, bis zum international publizierten Diagramm in einem Zeitschriftenartikel wissenschaftliche Tatsachen schaffen.[51]

In Anlehnung an Latours Arbeiten macht die Kulturtechnikforschung Fragen zu »rekursiven Operationsketten«[52] produktiv: Welche Arbeitsschritte bauen aufeinander auf? Inwiefern rekurrieren Karten auf vorhergehende Aufzeichnungen und Techniken? Wo findet eine Komplexitätsreduktion statt, wo wird Bedeutung neu generiert? Im Anschluss an diese Überlegungen zur Ope-

49 Zu Seekarten und Küstenlinien im Kontext von Umweltveränderungen siehe: Monmonier, Mark S.: *Coast Lines. How Mapmakers Frame the World and Chart Environmental Change*, Chicago/London 2008. Zur maritimen Kartografie und ihren wissenshistorischen Auswirkungen auf Vorstellungen von Globalität siehe: Schröder, Iris/Schürmann, Felix/Struck, Wolfgang (Hg.): *Jenseits des Terrazentrismus. Kartographien der Meere und die Herausbildung der globalen Welt*, Göttingen 2022. Zu Karten, die die Verbreitung von Walen verzeichneten und damit eine Voraussetzung für die Jagd auf sie und ihre ökonomische Verwertung darstellten: Lüttge, Felix: *Auf den Spuren des Wals. Geographien des Lebens im 19. Jahrhundert*, Göttingen 2020.

50 Zur Rezeption der *Science and Technology Studies* in der Umweltgeschichte und zur Historiografie einer Umweltgeschichte der Technologie siehe: Pritchard, Sara B.: »Toward an Environmental History of Technology«, in: *The Oxford Handbook of Environmental History*, New York 2014, S. 227–258.

51 Latour, Bruno: *Die Hoffnung der Pandora. Untersuchungen zur Wirklichkeit der Wissenschaft*, Frankfurt a. M. 2002; Latour, Bruno: *Science in Action. How to Follow Scientists and Engineers Through Society*, Cambridge (Mass.) 1987.

52 Zur Rezeption Latours in der Kulturtechnikforschung und Medientheorie: Kneer, Georg/Schroer, Markus/Schüttpelz, Erhard (Hg.): *Bruno Latours Kollektive. Kontroversen zur Entgrenzung des Sozialen*, Frankfurt a. M. 2008, insbes. der Aufsatz »Der Punkt des Archimedes. Einige Schwierigkeiten des Denkens in Operationsketten«, S. 234–258; Schüttpelz, Erhard/Thielmann, Tristan (Hg.): *Akteur-Medien-Theorie*, Bielefeld 2013.

rativität der Kartenbilder beleuchte ich die Arbeitsschritte, die Forsteinrichtungskarten mit den für sie charakteristischen Rastermustern in Erscheinung treten ließen. Mit welchen Techniken wurden Forsteinrichtungskarten hergestellt? Welche Praktiken der Waldnutzung legten die Forstkarten nahe, und welche Praktiken sind auf den Kartenbildern nicht vorgesehen?

Um diese Ausgangsfragen beantworten zu können, kombiniere ich praxeologische Ansätze, wie sie in der Umwelt- und Wissenschaftsgeschichte Anwendung finden, mit der Kulturtechnikforschung der Medienwissenschaft, die in der Analyse von wissenschaftlichen Abbildungen versiert ist.[53] Die Kulturtechnikforschung erweist sich für diese Arbeit auch deswegen als eine geeignete Heuristik, weil sie untersucht, wie Praktiken menschliche und nichtmenschliche Akteur:innen, Verwaltungssysteme und Umgebungen miteinander in Beziehung setzen. Mit anderen Worten geht es in dieser Theorietradition darum, wie Praktiken Umweltwissen hervorbringen und welche Rolle Visualisierungen in den sogenannten »Operationsketten« aus Übersetzungsschritten spielen. Die Kulturtechnikforschung untersucht weiterhin, auf welche Weise Techniken mit ihren Werkzeugen, praktischen Verfahren und Zeichensystemen kulturkonstituierende Unterscheidungen prägten: Kultur/Natur, innen/außen, eigen/fremd, Herrschende/Kolonialisierte, legal/illegal – diese für Kultursysteme prägenden Unterscheidungen werden von der Anthropologie bis zur Rechtsgeschichte, von der Philosophie über die Geschlechtergeschichte bis zu den Postcolonial Studies und den Animal Studies in vielen kultur- und geschichtswissenschaftlichen Disziplinen diskutiert.[54] In diesem Kontext stellen Veröffentlichungen der Kulturtechnikforschung allerdings selten tiefergehende Bezüge zur Forst- und Agrargeschichte her, obwohl diese oftmals naheliegen: Insbesondere die Allmendeteilungen würden ein relevantes Thema für gegenwärtige Diskussionen über Natur-Kultur-Unterscheidungen darstellen.[55]

53 Grundlegende Einführungstexte sind u. a.: Maye, Harun, »Was ist eine Kulturtechnik?«, in: *Zeitschrift für Medien- und Kulturforschung* 1, 2010, S. 121–135; Schüttpelz, Erhard: »Die medienanthropologische Kehre der Kulturtechniken«, in: *Archiv für Mediengeschichte* 6, 2006, S. 87–110; Siegert, Bernhard: *Cultural Techniques. Grids, Filters, Doors, and Other Articulations of the Real*, übers. v. Geoffrey Winthrop-Young, New York 2015; Macho, Thomas: »Tiere zweiter Ordnung. Kulturtechniken der Identität und Identifikation«, in: Baecker, Dirk/Kettner, Matthias/Rustemeyer, Dirk (Hg.): *Über Kultur. Theorie und Praxis der Kulturreflexion*, Bielefeld 2015, S. 99–118.

54 Für eine rechtshistorische Perspektive auf Kulturtechniken, die im Kapitel 2.3 ausführlicher diskutiert wird, sind die Arbeiten von Cornelia Vismann relevant: Vismann, Cornelia: *Akten. Medientechnik und Recht*, Frankfurt a. M. 2001; Vismann, Cornelia: »Kulturtechniken und Souveränität«, in: *Zeitschrift für Medien- und Kulturforschung* 1, 2010, S. 171–182.

55 Als Überblicksdarstellungen siehe: Brakensiek, Stefan: *Gemeinheitsteilungen in Europa. Die Privatisierung der kollektiven Nutzung des Bodens im 18. und 19. Jahrhundert*, Berlin 2000; Demélas, Marie-Danielle/Vivier, Nadine (Hg.): *Les propriétés collectives face aux attaques libérales (1750–1914). Europe occidentale et Amérique latine*, Rennes 2003; Linebaugh, Peter/Rediker, Marcus: *The Many-Headed Hydra. Sailors, Slaves, Commoners, and the Hidden*

Auf die Bedeutung von »Culturtechnik« im Sinne von Bodenmelioration, zu der im 19. Jahrhundert neben dem Waldbau auch die Entwässerung von Mooren und Wiesen sowie die Flussbegradigung zählten, verweisen gegenwärtige Publikationen der Kulturtechnikforschung.[56] Die großflächigen Landschaftstransformationen des 19. Jahrhunderts werden bei der Klärung der Etymologie jedoch nicht näher betrachtet. Auch die quellenbasierte Reflexion darüber, für wen Böden verbessert werden sollten, welche Bevölkerungsgruppen in der Folge von Landnahme betroffen waren und welche Landschaftstransformationen die Kulturtechniken des 19. Jahrhunderts legitimierten, blieb bislang in der medienwissenschaftlichen Kulturtechnikforschung aus. Interessanterweise standen auch die Verfahren der Forsteinteilung, die damals als Kulturtechniken galten, bislang noch nicht im Fokus der Aufmerksamkeit. Diesbezüglich ist es lohnenswert, ein Dialogfeld zwischen den medienwissenschaftlichen Theorien der Kulturtechnikforschung, der operativen Bildlichkeit und den Medienökologien einerseits und der zumeist auf Archivquellen basierenden Umweltgeschichtsschreibung andererseits, zu skizzieren. Ein Ansatzpunkt hierfür liegt in methodischen Zugängen, welche die konkreten Praktiken der Nutzbarmachung von Ressourcen und der Zurichtung von Umwelten in den Mittelpunkt stellen.

1.4 Praxisperspektiven in der Umwelt-, Medien- und Wissenschaftsgeschichte

Umwelthistorische Forschungen zeichnen sich dadurch aus, dass sie die sozialen und ökologischen Folgen von Forsteinteilungen in den Blick nehmen. Seit den 1970er Jahren, als sich die Umweltgeschichte nach Nordamerika auch in Europa institutionell zu etablieren begann, hat es sich diese Diszi-

History of the Revolutionary Atlantic, Boston 2013; Warde, Paul: »Imposition, Emulation and Adaptation. Regulatory Regimes in the Commons of Early Modern Germany«, in: *Environment and History* 19 (3), 2013, S. 313–337.

56 Grundlagenwerke zur Kulturtechnik um 1900 sind: Dünkelberg, Friedrich Wilhelm: *Encyclopädie und Methodologie der Culturtechnik. Zum Gebrauch an landwirtschaftlichen und technischen Lehranstalten*, 2 Bde., Braunschweig 1883; Perels, Emil: *Abhandlungen über Kulturtechnik*, Jena 1889; Vogler, Christian August: *Grundlehren der Kulturtechnik*, Berlin 1896. Zu einer semantischen Analyse des Kulturbegriffs, die auch die Sylvikultur miteinbezieht, siehe: Winthrop-Young, Geoffrey: »The Kultur of Cultural Techniques. Conceptual Inertia and the Parasitic Materialities of Ontologization«, in: *Cultural Politics* 10 (3), 2014, S. 376–388; Winthrop-Young, Geoffrey: »Cultural Techniques: Preliminary Remarks«, in: *Theory, Culture & Society* 30 (6), 2013, S. 3–19. Vgl. außerdem: Wickberg, Adam: »Environing Media and Cultural Techniques: From the History of Agriculture to AI-driven Smart Farming«, in: *International Journal of Cultural Studies* 26 (4), 2023, S. 392–409. Eine ausführliche Analyse der historischen Quellen zur Kulturtechnik und Bodenmelioration des 19. Jahrhunderts bleibt in den letztgenannten Publikationen aus.

plin zur Aufgabe gemacht, die Auswirkungen von gesellschaftlichen Praktiken auf Mensch-Umwelt-Verhältnisse zu untersuchen.[57] Verena Winiwarter und Martin Schmid, beide Vertretende der Wiener Schule für Sozialökologie, wiesen darauf hin, dass ein analytischer Blick auf Praktiken helfen könne, »sozionaturale Schauplätze« umfassender zu verstehen, insbesondere wenn man die Gesellschaft als einen »sozialen Metabolismus« begreife, der über Energie- und Materialflüsse im Sinne von Stoffwechselprozessen am Leben gehalten wird. Die Analyse gerade jener Praktiken, die Energiegewinnung und Ressourcenverbrauch regelten, bringt die Wechselwirkungen zwischen den vermeintlich »natürlichen Prozessen« der materiellen Welt und menschlicher Handlungsmacht zum Vorschein.[58] In diesem Sinne kann auch die Forsttaxation als eine Verwaltungspraxis analysiert werden, über die Ressourcenregime und Stoffflüsse organisiert werden und die gleichermaßen soziale wie ökologische Konsequenzen hat.

Einen weiteren umwelthistorischen Zugang, der Praktiken der Ressourcennutzung und ihren Einfluss auf Mensch-Umwelt-Verhältnisse in den Vordergrund stellt, entwickelte der britische Umwelthistoriker Paul Warde in dem 2009 erschienenen Sammelband *Nature's End. History and the Environment.*[59] Warde, der sich mit neuzeitlichen forst- und agrarwissenschaftlichen Quellen auseinandergesetzt hat, spricht beispielsweise Bäuer:innen und ihren Hilfskräften die Handlungsmacht zu, in ihren Praktiken Umwelten konstant neu zu produzieren. Er sieht es als problematisch an, dass Historiker:innen ihr Verständ-

57 Für einen Überblick zur deutschsprachigen Umweltgeschichte siehe: Arndt, Melanie: »Umweltgeschichte. Version 3.0«, in: *Docupedia-Zeitgeschichte. Begriffe, Methoden und Debatten der zeithistorischen Forschung,* 10.11.2015. Einsehbar unter: docupedia.de/zg/Arndt_umweltgeschichte_v3_de_2015 [Stand: 31.1.2025]; Siemann, Wolfram/Freytag, Nils: »Umwelt – eine geschichtswissenschaftliche Grundkategorie«, in: Siemann, Wolfram (Hg.): *Umweltgeschichte. Themen und Perspektiven,* München 2003, S. 9; Jakubowski-Tiessen, Manfred: »Umweltgeschichte als geschichtswissenschaftliche Disziplin in Deutschland«, in: Düselder, Heike/Schmitt, Annika/Westphal, Siegrid (Hg.): *Umweltgeschichte. Forschung und Vermittlung in Universität, Museum und Schule,* Köln/Weimar/Wien 2014, S. 26. Es ist die Rede von der Untersuchung »gesellschaftliche[r] Handlungspraktiken gegenüber Natur und Umwelt«, die »stets unter Berücksichtigung kultureller Implikationen« erfolgen solle. Das analytische Vokabular lässt die medialen Rahmenbedingungen von Praktiken eher außen vor.

58 Vgl. Winiwarter, Verena/Schmid, Martin: »Socio-Natural Sites«, in: Haumann, Sebastian/Knoll, Martin/Mares, Detlev (Hg.): *Concepts of Urban-Environmental History,* Bielefeld 2020, S. 33–50; Winiwarter, Verena/Schmid, Martin: »Umweltgeschichte als Untersuchung sozionaturaler Schauplätze? Ein Versuch, Johannes Colers ›Oeconomia‹ umwelthistorisch zu interpretieren«, in: Knopf, Thomas (Hg.): *Umweltverhalten in Geschichte und Gegenwart. Vergleichende Ansätze,* Tübingen 2008, S. 158–173. Als eine frühe Referenz zu dem Vorschlag einer sozionaturalen Geschichtsschreibung, die »socionatural nexuses of practice and materiality« in Betracht zieht, siehe: Schatzki, Theodore R.: »Nature and Technology in History«, in: *History and Theory* 42 (4), 2003, S. 82–93.

59 Sörlin, Sverker/Warde, Paul: *Nature's End. History and the Environment,* London 2009.

nis von Geschichtsschreibung allzu lang auf gesellschaftliche Ereignisse und auf offensichtliche Schauplätze der Menschheitsgeschichte beschränkt haben, ohne die Relevanz der oft als Naturräume missverstandenen Kulturlandschaften für die Geschichtsschreibung anzuerkennen. Paul Warde wie auch Sverker Sörlin plädieren daher dafür, »environing« als historischen Prozess zu verstehen.[60] Als solche »environing practices« können land- und forstwirtschaftliche Praktiken gelten – und folglich auch die Forsttaxation.

Das Bestreben, ausgehend von Praktiken historisch nachzuvollziehen, wie Unterscheidungen zwischen Menschen und Umwelt(en) geschaffen und stabilisiert werden, ist auch über die Umweltgeschichte hinaus präsent. Zu dem neueren Forschungsfeld der *Environmental Humanities* zählt eine Bandbreite von geisteswissenschaftlichen Disziplinen, die sich mit Mensch-Umwelt-Beziehungen beschäftigen: von der Umweltgeschichte über die Anthropologie, die Philosophie, die Sozial- und Politikwissenschaften, die Literaturwissenschaft und den Forschungsansatz des *Ecocriticism*, die Kunst- und Mediengeschichte, die Film- und Fernsehwissenschaften, die Postcolonial Studies und Gender Studies bis hin zur Wissens- und Wissenschaftsgeschichte.[61] Verschiedene Positionen

60 Mit Rückbezug auf Niklas Luhmanns Systemtheorie definiert Warde: »The history of ›environing‹, the study of how all human activity demarcates and generates an ›environment‹, an outside that haunts the space in which people choose to act.« Warde, Paul: »The Environmental History of Pre-Industrial Agriculture in Europe«, in: Sörlin, Sverker/Warde, Paul (Hg.): *Nature's End. History and the Environment,* London 2009, S. 73. Vgl. außerdem: Sörlin, Sverker/Wormbs, Nina: »Environing Technologies. A Theory of Making Environment«, in: *History and Technology* 34 (2), 2018, S. 101–125. In diesem Aufsatz wird eine ältere englische etymologische Bedeutung von »environ« im Sinne von »encircle«, also »einkreisen«, »umfassen«, aufgegriffen, was ebenfalls die aktive Gestaltung eines Kulturlandschaftsraums beinhaltet. Zur Rezeption von Paul Wardes Konzept des »environing« im Dialog mit der Kulturtechnikforschung: Wickberg 2023; Wickberg, Adam/Gärdebo, Johan (Hg.): *Environing Media*, London/New York 2023.

61 Einige der zahlreichen Überblickswerke zu den *Environmental Humanities* sind: Emmett, Robert S./Nye, David E.: *The Environmental Humanities. A Critical Introduction*, Cambridge (Mass.) 2017; Heise, Ursula K./Christensen, Jon/Niemann, Michelle et al. (Hg.): *The Routledge Companion to the Environmental Humanities*, London/New York 2017; Oppermann, Serpil/Iovino, Serenella (Hg.): *Environmental Humanities. Voices from the Anthropocene*, London/New York 2017; Cohen, Jeffrey Jerome/Foote, Stephanie (Hg.): *The Cambridge Companion to Environmental Humanities*, Cambridge 2021; Schmidt, Matthias/Zapf, Hubert (Hg.): *Environmental Humanities. Beiträge zur geistes- und sozialwissenschaftlichen Umweltforschung*, Göttingen 2021; DeLoughrey, Elizabeth M./Didur, Jill/Carrigan, Anthony (Hg.): *Global Ecologies and the Environmental Humanities. Postcolonial Approaches*, New York/London 2015. Zu *ecocriticism* siehe u. a.: Rueckert, William: »Literature and Ecology: An Experiment in Ecocriticism«, in: *Iowa Review* 9 (1), 1978, S. 71–86; Detering, Heinrich: »Was heißt *Ecocriticism*? Theoretische Fragen und deutsche Debatten«, in: Lützeler, Paul Michael/Kniesche, Thomas W. (Hg.): *Gegenwartsliteratur. Ein germanistisches Jahrbuch. Schwerpunkt: Ecocriticism/Environmental Humanities*, Nr. 19, Tübingen 2020b, S. 23–46.

der *Environmental Humanities* sehen in praxeologischen Ansätzen eine Möglichkeit, Natur-Kultur-Dichotomien zu hinterfragen und eine Perspektive zu entwickeln, die komplexe Dynamiken der Ressourcennutzung und Umweltverschmutzung erfasst und eine exklusiv anthropozentrische Sichtweise hinter sich lässt. Der Medienwissenschaftler Sean Cubitt etwa beschreibt mit dem zusammengesetzten und substantivierten Verb »ecomediation« »materielle Prozesse, die menschliche und nicht-menschliche Ereignisse miteinander verbinden«,[62] womit chemische Reaktionen ebenso wie Öltransporte über Pipelines gemeint sein können.[63] Die Ecomedia Studies thematisieren die materiellen und energetischen Grundlagen zu Herstellung, Gebrauch und Nachleben von Medien unter Gesichtspunkten der Nachhaltigkeit.[64] Die Forderung nach einer »ökopolitischen Medienästhetik« bezieht sich zum einen auf die Beschaffenheit und Wahrnehmung von Infrastrukturen – mit einem besonderen Fokus auf die Ressourcenextraktion, die zum Bau und Erhalt der Infrastrukturen notwendig ist und gleichzeitig die Zerstörung von Ökosystemen und Menschenrechtsverletzungen zur Folge hat. Zum anderen rücken die Formen des Zusammenlebens, die durch Mediennetzwerke kommuniziert werden, in das Zentrum der Aufmerksamkeit.[65] Gewissermaßen spiegelt sich hier die im Kompositum »Medienökologien« angelegte Doppelbedeutung: erstens die infrastrukturellen Netzwerke, die allen Medien zugrunde liegen (Ökologie der Medien), und zweitens die mediale Verfasstheit von ökologischem Wissen (Medien der Ökologie).[66] Dabei geraten die Techniken, die Umwelten prägen und herstellen, in den Blickpunkt wissensgeschichtlich ausgerichteter Medienanalysen. So hat etwa Florian Sprenger in *Epistemologien des Umgebens*[67] vorgeführt, wie sich anhand der »Verfahren der Gestaltung«[68] beziehungsweise der »technischen Modifikation«[69] eine Geschichte über »das Wissen von den

62 Cubitt, Sean: *Finite Media. Environmental Implications of Digital Technology*, Durham 2017, S. 3.

63 Zum Ansatz der *Ecomedia Studies* im Verhältnis zu den *Environmental Humanities* siehe: Cubitt, Sean/Monani, Salma/Rust, Stephen (Hg.): *Ecomedia: Key Issues*, London 2016, insbes. S. 1–14.

64 Starosielski, Nicole/Walker, Janet (Hg.): *Sustainable Media. Critical Approaches to Media and Environment*, New York 2016; Maxwell, Richard/Miller, Toby (Hg.): *Greening the Media*, Oxford 2012; Zemanek, Evi: »Medienwissenschaft«, in: Kluwick, Ursula/Zemanek, Evi (Hg.): *Nachhaltigkeit interdisziplinär. Konzepte, Diskurse, Praktiken*, Wien/Köln/Weimar 2019, S. 396–420.

65 Vgl. Cubitt 2017, insbes. die Kapitel 3 und 4, S. 151–192.

66 Vgl. Löffler, Petra/Sprenger, Florian: »Medienökologien. Einleitung in den Schwerpunkt«, in: *Zeitschrift für Medienwissenschaft* 8 (1), 2016, S. 10–18.

67 Sprenger, Florian: *Epistemologien des Umgebens. Zur Geschichte, Ökologie und Biopolitik künstlicher environments*, Bielefeld 2019.

68 Ebd., S. 10.

69 Ebd.

ökologischen Relationen zwischen Umgebendem und Umgebenem«[70] schreiben lässt. Dabei historisiert Sprenger zwar Umwelt-, Milieu- und Umgebungsbegriffe, Forschungsarbeiten der lange etablierten Umweltgeschichte bleiben aber, abgesehen von einer kurzen Kritik an vier Standardwerken, weitestgehend ausgeklammert.[71] Diesbezüglich ist auffällig, dass Sprenger weder Ressourcenkonflikte noch Subsistenzpraktiken thematisiert, obwohl diese ebenso zur Herstellung »künstlicher environments« beitragen wie die von ihm vorgestellte experimentelle Physiologie der 1920er Jahre oder die Kybernetik der Nachkriegszeit. Eine Vielfalt von Praktiken – von der reproduktiven alltäglichen Arbeit über die medizinische Praxis bis hin zu Protestformen – lässt sich hingegen mit dem Konzept einer »ecology of practices« beschreiben, das die Physikerin und Philosophin Isabelle Stengers mitgeprägt hat.[72] Bei aller Unterschiedlichkeit dieser Ansätze ist in der medienökologischen Forschungslandschaft die Tendenz erkennbar, dass der analytische Blick oft auf materielle und infrastrukturelle Vermittlungsprozesse gerichtet wird. Im Gegensatz zur Umweltgeschichte treten soziale Dimensionen und umweltbezogene Konflikte teilweise in den Hintergrund: zugunsten der Analyse der stofflichen und technischen Verfasstheit von Körpern und Umwelten.

Oft zitierte Referenzpunkte für praxeologische Ansätze in der Umweltgeschichte bilden neben der Akteur-Netzwerk-Theorie die sozialwissenschaftlichen Arbeiten von Pierre Bourdieu, Theodore Schatzki und Anthony Giddens. Die Kulturtechnikforschung, die ab den 2000er Jahren ja ebenfalls von der Akteur-Netzwerk-Theorie beeinflusst wurde, erhielt in der Umweltgeschichte eher wenig Aufmerksamkeit. Auch in allgemeinen Überblickstexten zu Praxeologien wird die Kulturtechnikforschung selten genannt.[73] Dabei weist gerade diese medienwissenschaftliche Heuristik eine Stärke darin auf, dass sie Praktiken als Interaktionen mit Umwelten, aber auch mit technischen und medialen Infrastrukturen, Werkzeugen und Visualisierungen begreift. Ebenso fällt auf, dass sich die Kulturtechnikforschung in ihren Referen-

70 Ebd.

71 Ebd., S. 91, insbes. Fußnote 10.

72 Stengers, Isabelle: »Introductory Notes on an Ecology of Practices«, in: *Cultural Studies Review* 11 (1), 2005, S. 183–196. Vgl. Harrasser, Karin/Solhdju, Katrin: »Wirksamkeit verpflichtet. Herausforderungen einer Ökologie der Praktiken«, in: *Zeitschrift für Medienwissenschaft* 8 (1), 2016, S. 72–86.

73 Vgl. z. B.: Füssel, Marian: »Praktiken historisieren. Geschichtswissenschaft und Praxistheorie im Dialog«, in: Daniel, Anna/Hillebrandt, Frank/Schäfer, Franka (Hg.): *Methoden einer Soziologie der Praxis*, Bielefeld 2015, S. 267–287; Elias, Friederike/Murmann, Henning/Franz, Albrecht et al. (Hg.): *Praxeologie. Beiträge zur interdisziplinären Reichweite praxistheoretischer Ansätze in den Geistes- und Sozialwissenschaften*, Berlin/Boston 2014; Reckwitz, Andreas: »Grundelemente einer Theorie sozialer Praktiken. Eine sozialtheoretische Perspektive«, in: *Zeitschrift für Soziologie* 32 (4), 2003, S. 282–301. In dem letzten Beitrag wird die historische Medienforschung am Beispiel von Lesepraktiken kurz eingeordnet.

zen auf die *Science and Technology Studies* stützt, jedoch die international und interdisziplinär etablierten sozialwissenschaftlichen Theorien des »practice turn« weitestgehend ausklammert und folglich auch die in dieser Tradition stehenden praxeologischen Ansätze der Umweltgeschichte unbeachtet lässt.[74]

Im Rückblick auf das 2001 erschienene Übersichtswerk *The Practice Turn in Contemporary Theory*,[75] das sozialwissenschaftliche Theorieanwendungen und die Akteur-Netzwerk-Theorie wirkungsstark zusammenbrachte, fragten die Herausgeber:innen des Sammelbandes *Connect and Divide. The Practice Turn in Media Studies* im Jahr 2021: »If media theory and practice theory started with their backs to one another, how will they proceed in the future?«[76] Auf diese theoriegeschichtliche Frage reagiert die vorliegende Studie: Anhand des historischen Beispiels der Forsteinrichtung wird analysiert, wie diese Kulturtechnik in ihren einzelnen Arbeitsschritten aufgebaut war und wie sie auf Waldräume als »sozionaturale Schauplätze«, die letztendlich mittels Praktiken konstituiert werden, zurückwirkte. Auf methodologischer Ebene ist es ein Ziel, Forsteinrichtungstechniken sowohl auf ihre medialen und wissensgeschichtlichen Dimensionen zu untersuchen als auch die umwelt- und soziohistorischen Kontexte zu reflektieren.

Die Studie *Umtriebszeiten* strebt also in ihrer Methodik eine Synthese von praxeologischen Ansätzen der Umwelt-, Medien- und Wissenschaftsgeschichte an. Sie widmet sich der Leitfrage, auf welche Weise die Forsteinrichtung mit ihren Taxationskarten europäische Wälder einteilte, Landnutzungspraktiken reglementierte sowie Denk- und Bildmuster prägte, die letztendlich Monokulturen legitimierten. Die Analyse konzentriert sich daher auf die Kulturtechniken der Forsteinrichtung: auf die Vermittlungsarbeit, welche in den Forst-

74 In dem Nachwort zum Themenheft »Cultural Techniques« der Zeitschrift *Theory, Culture and Society* fragte der Medienwissenschaftler Jussi Parikka in Bezug auf die praxeologischen Traditionen nach Michel Foucault, Marcel Mauss, Pierre Bourdieu und Raymond Williams: »In short, aren't (German) cultural techniques just like (Anglo-American) cultural practices?« Parikka, Jussi: »Afterword: Cultural Techniques and Media Studies«, in: *Theory, Culture & Society* 30 (6), 2013, S. 147–159, hier S. 149. Parikka kommt zu der Schlussfolgerung, dass die Kulturtechnikforschung sich durch eine Affinität zu material- und technikorientierten Untersuchungen auszeichnet, die ein Verständnis von komplexen mathematischen Abläufen miteinschließen. Er schlägt eine Annäherung der Kulturtechnikforschung an neue kapitalismuskritische Zugänge (»the cultural techniques of cognitive capitalism and control societies«, ebd., S. 156) sowie an die philosophischen Strömungen des *New Materialism* vor, bei denen die Interaktionen zwischen menschlichen und nichtmenschlichen Entitäten im Vordergrund stehen. Parikkas Einordnung zielt auf ein Zusammendenken mit anderen praxeologischen Ansätzen ab – ähnlich wie es diese Studie in Bezug auf die Umweltgeschichte anstrebt.

75 Schatzki, Theodore R./Knorr-Cetina, Karin/Savigny, Eike von (Hg.): *The Practice Turn in Contemporary Theory*, London/New York 2001.

76 Schüttpelz, Erhard/Bergermann, Ulrike/Dommann, Monika/Stolow, Jeremy/Taha, Nadine (Hg.): *Connect and Divide. The Practice Turn in Media Studies*, Zürich 2021, S. 11.

einrichtungskarten eine Materialisierung fand, und auf die Art und Weise, wie durch sie Umwelten »eingerichtet« wurden.

1.5 Die Quellenauswahl: Lehrbücher, Forstkarten und Rechtstexte

Lehrbücher und -karten zählen zu den wichtigsten Primärquellen für eine Historisierung der Forsttaxation. Im 18. und 19. Jahrhundert setzte sich der Terminus »Forsteinrichtung« in den Titeln der Fachbücher durch, wobei Forsttaxation und -einrichtung synonym gebraucht werden können. Die Quellengattung der Lehrbücher ermöglicht es, die Etablierung der Forstwissenschaft und ihrer Karten nachzuvollziehen. Praktische Erfahrungen aus Taxationsaufträgen flossen in die ausführlichen Beschreibungen der einzelnen Arbeitsschritte ein, die eine Grundlage für den Unterricht bildeten. Aus diesem Grund vermitteln die überregional an Forsthochschulen genutzten Bücher einen Eindruck davon, wie Kulturtechniken gelehrt wurden und wie die idealtypische Taxationskarte aussah. Als normative Quellen enthalten Lehrbücher und -karten Informationen darüber, welche als störend erachteten Waldnutzungspraktiken über Verbote hinweg weiterhin üblich waren. Da die Quelleninterpretation von Lehrbüchern jedoch nur begrenzt zielführend ist, wenn es um die Perspektive der lokalen Bevölkerung geht, wird zusätzlich mit Hilfe von Rechtstexten rekonstruiert, welche Waldnutzungskonflikte sich im Kontext von Forsttaxationen abspielten. Um die wenig dokumentierte Perspektive der von Forsteinteilungen betroffenen Landbevölkerung zu berücksichtigen, orientiert sich die Quellenauswahl insgesamt an dem Ideal einer Perspektivenvielfalt – mit dem Ziel, nicht nur forstwissenschaftliche Publikationen, Briefquellen und Archivmaterial der Forstakademien, sondern gleichermaßen Rechtsquellen, Strafregister und sozialhistorische Aspekte zum Ausgangspunkt der Analyse zu nehmen.[77] Die Konzentration auf Praktiken lenkt den Blick auf leicht zu übersehende Details der Text- und Bildquellen. Gerade jene Praktiken, die in Lehrbüchern und Rechtstexten beiläufig als Frevel charakterisiert werden, erweisen sich oft als ein Indiz für Waldnutzungskonflikte und legen somit eine Spur zu den selten verschriftlichten Subsistenzwirtschaftsformen der ländlichen Bevölkerung – sowie zu den sozialökologischen Konsequenzen der Forsteinrichtungsverfahren.

Wertvolle Bestände zur forstwissenschaftlichen Lehre in deutschsprachigen Gebieten des 19. Jahrhunderts befinden sich im Archiv der Technischen Universität Dresden, insbesondere in der Zweigbibliothek für Forstwissenschaften in Tharandt, in der forsthistorischen Sammlung der Universität Freiburg (Breis-

77 Weitere Möglichkeiten zu einer Perspektivenvielfalt in der Auswahl forsthistorischer Quellen zeigte Uwe Eduard Schmidt auf: Vgl. Schmidt 2002, S. 14–19.

gau), dem Universitätsarchiv der ETH Zürich, dem *Centre de Documentation Forestière* in Nancy sowie der Sektion »Lehre« der *Food and Agriculture Organization* der Vereinten Nationen in Rom.[78] Aus diesen Archiven stammen die in dieser Arbeit genutzten Hauptquellen zu den Forsttaxations- beziehungsweise Forsteinrichtungsmethoden.

Von der königlich-sächsischen Forstakademie in Tharandt aus lässt sich ein Netzwerk von Schülern identifizieren, die an diese renommierte Hochschule entsandt worden waren, um Forsteinrichtungsverfahren zu erlernen. In dem Universitätsarchiv der Technischen Universität Dresden können heute Anträge, Zeugnisse, Aufnahme- und Abgangsprüfungen sowie Matrikellisten der internationalen Studierenden eingesehen werden.[79] Eine Besonderheit der Zweigbibliothek Forstwissenschaften in Tharandt ist, dass Schüler der Forstakademie die später in eigener Sprache verfassten Publikationen an die ehemalige Ausbildungsinstitution zurückschickten, zum Beispiel aus Italien, Portugal, der Schweiz und Finnland.[80] Die in Tharandt archivierten Lehrbücher bezeugen, wie sich Studierende, die im Auftrag ihrer Regierungen an deutschsprachigen Hochschulen Ausbildungsjahre verbrachten, Forsteinrichtungsverfahren aneigneten und für ihre Herkunftsländer nutzbar machten.

Nach einem ersten Einblick in die internationale Vernetzung der Forsthochschulen gilt es, anhand ausgewählter waldreicher Schauplätze, nämlich Tharandt in Sachsen, der Haubergwirtschaft im Siegerland, Eberswalde bei

78 Vgl. zur Geschichte der in Rom eingesehenen Buchsammlung des *Centre International de Sylviculture* (C. I.S., auf Deutsch: Internationale Forstzentrale): Ball, Jim/Kollert, Walter: »The Centre International de Sylviculture and its historic book collection«, in: *Unasylva* 64, 2013, S. 19–25; Dister, Sarah: »Chapter 3: The Foundation of the FAO Library«, in: Food and Agriculture Organization of the United Nations (Hg.): *The Story of the FAO Library – 65th Anniversary 1952–2017*, Rom 2017, S. 45–64; Johann, Elisabeth: *Aufgaben und Tätigkeiten des Centre International de Sylviculture (C. I.S) bzw. der Internationalen Forstzentrale (IFZ) in Berlin 1939 bis 1945. Unveröffentlichter Arbeitsbericht*, Rom 2007. Ursprünglich zusammengestellt wurden die Lehrbücher und -programme in der Großherzoglich-Sächsischen Forstakademie in Eisenach, die 1915 aufgelöst wurde. Von 1939 bis 1945 befand sich der Eisenacher Bibliotheksbestand in Berlin. Mitarbeitende transportierten die kostbare Buchsammlung Ende des Zweiten Weltkrieges nach Salzburg und schließlich nach Genf. Nach der Einrichtung der Hauptverwaltung der Welternährungsorganisation in Rom fand die forsthistorische Sammlung 1951 dort ihren endgültigen Standort.

79 Im Folgenden verwende ich durchgängig die aktuelle Schreibweise der Ortschaft Tharandt, abgesehen von Quellenzitaten, in denen die historische Schreibweise »Tharand« vorliegt. Zu den skandinavischen Studierenden in Tharandt siehe: Schweitzer, Robert: »›In Tappes Tapfen‹ oder ›von Berg zu Berg‹? Verbindungen zwischen Finnland und der Forstakademie Tharandt (Sachsen) im 19. Jh.«, in: Schweitzer, Robert: *Finnland, das Zarenreich und die Deutschen. Gesammelte Studien zum europäischen Nordosten*, hg. v. Uta-Maria Liertz, Helsinki/Lübeck 2008, S. 327–348.

80 Sächsische Landes- und Universitätsbibliothek (SLUB), *Zweigbibliothek Forstwissenschaft in Tharandt*, einsehbar unter: slub-dresden.de/oeffnungszeiten-und-standorte/bibliothek-tharandt-forstwesen [Stand: 31.1.2025].

Berlin, Chur und Basel in der Schweiz sowie zweier Nationalwälder in der Nähe der portugiesischen Küstenstadt Nazaré, nachzuverfolgen, wie Forsteinrichtungsverfahren eingeführt und Waldnutzungsrechte verhandelt wurden. Für die konfliktbezogenen Recherchen erwiesen sich Rechtstexte und Strafregister als hilfreiche Quellen. Zur Rechtsgeschichte der Wälder ist in der Schweiz umfangreiches Quellenmaterial überliefert. Das Staatsarchiv Basel-Stadt verfügt beispielsweise über eine gut erhaltene Serie von Waldordnungen aus dem Mittelalter bis ins 19. Jahrhundert, an der sich ablesen lässt, wie sich die Regeln für einzelne Waldnutzungspraktiken änderten, und die daher die Grundlage für das Kapitel 7 »Das Recht im vermessenen Wald« bilden. Die gesichteten Holzfrevelstrafregister sind – wie der Großteil der Abteilung »Land- und Wald« – noch nicht wissenschaftlich bearbeitet worden. Aufgrund ihrer Vollständigkeit ermöglichen die Waldordnungen und -akten einen repräsentativen Einblick in die Sanktionierung von Holzfrevel, also den Verstoß gegen Forstordnungen, in Basel.[81] Die Frevelvorfälle der Region Basel lassen sich anschließend mit ähnlichen Konfliktkonstellationen in anderen Gegenden vergleichen. Die Geschichte der Deliktkategorie »Frevel« führt schlussendlich von einem Strafregister aus Basel zu den überregional wahrgenommenen Debatten zu den preußischen Holzdiebstahlgesetzen bis in die indische Kolonialforstverwaltung und die internationale Verfolgung der Deliktkategorie »forest offence« in Portugal und Spanien hinein. Diese Arbeit vertritt den Anspruch, Wissensnetzwerke in ihren transnationalen Verflechtungen zu analysieren und gleichzeitig lokale Waldnutzungskonflikte, die sich im Zuge von Forsttaxationsarbeiten entwickelten, zu rekonstruieren.[82]

Der Aufbau der Arbeit orientiert sich an den für die Forsttaxationsverfahren zentralen Orten der Wissensproduktion sowie an den zirkulierenden Büchern und Karten. Anhand eines Lehrbuches von Georg Ludwig Hartig und der darin skizzierten Arbeitsschritte untersucht das Kapitel 2 die Forsttaxation als Kulturtechnik, wie sie zunächst im Umfeld der von Hartig privat geführten Forstschule in Nassau-Dillenburg, ab 1821 dann an der Berliner Universität und ab 1830 an der Königlich-Preußischen Forstakademie in Eberswalde bei Berlin gelehrt wurde. Dabei werden im Kapitel 3 auch jene Formen der Niederwaldbewirtschaftung auf Haubergen untersucht, in denen kurze Umtriebszeiten vorherrschten und zu denen Hartig ebenfalls publiziert hatte. Ausgehend von der Forstakademie in Tharandt und dem Lehrbuch ihres Begründers Heinrich Cotta zeichnen die Kapi-

81 Serie »Holzfrevel (1753–1899)«, Staatsarchiv Basel-Stadt (StABS), Land und Wald H 13.

82 Zu einem ähnlichen methodischen Ansatz, der Protest- und Umweltwissen ausgehend von lokalen Schauplätzen und gleichzeitig innerhalb von überregionalen Infrastrukturen untersucht, vgl. Güttler, Nils: »›Hungry for Knowledge‹: Towards a Meso-History of the Environmental Sciences«, in: *Berichte zur Wissenschaftsgeschichte* 42 (2–3), 2019, S. 235–258.

tel 4 und 5 die Wissensnetzwerke nach, innerhalb derer die dort unterrichteten Forsteinrichtungsverfahren Wirkung entfalteten. Die beiden um 1800 publizierten Lehrbücher von Hartig und Cotta bilden mit ihren idealtypischen Forsteinrichtungskarten den Ausgangspunkt für die ausführlichen Bildanalysen. Sie wurden aufgrund ihrer Bedeutung für die Entwicklung von Forsttaxationsmethoden sowie der nachweislichen Rezeption an ausländischen Forstschulen ausgewählt. Auf die wissenschaftlichen Austauschprozesse zwischen Portugal und Tharandt konzentriert sich das Kapitel 6 am Beispiel einer Forsteinrichtungskarte für einen portugiesischen Nationalwald, die der Ingenieur Bernardino Barros Gomes während seiner Ausbildungszeit in Tharandt zeichnete, wobei er die deutschsprachige Fachliteratur rezipierte, bevor er später ein selbst verfasstes Forsttaxationslehrbuch nach Tharandt zurücksandte.

Welche Vorschläge entwickelten die Bücher in Bezug auf bisher übliche Waldnutzungspraktiken, die dem Ziel von nachhaltigen Holzerträgen angeblich entgegenwirkten? Diese Frage führt zu einem zweiten Argumentationsbogen, der sich über die publizierten forstwissenschaftlichen Texte hinaus auf die sogenannten Nebennutzungen fokussiert, die aus dem Blickwinkel der lokalen bäuerlichen Bevölkerungsgruppen überlebenswichtige Praktiken der Subsistenzwirtschaft darstellten. Die einzelnen Kapitel gehen auf jeweils eine Waldnutzungspraktik mit ihren lokalspezifischen Anwendungsgeschichten ausführlicher ein: Die abwechselnde Nutzung von Niederwäldern ist charakteristisch für die in Kapitel 3 analysierte Haubergwirtschaft im Siegerland; das Sammeln von Laub und Waldstreu wird am Beispiel von Tharandt und Chur in Kapitel 5 thematisiert, die Waldweide und der Waldfeldbau auf den portugiesischen *montados* in Kapitel 6. Die Weide von Vieh, Schweinen und Ziegen sowie das Sammeln von Brennholz und Waldstreu stellten länderübergreifend Konfliktthemen dar, weshalb sich das siebte Kapitel schwerpunktmäßig der Reglementierung dieses sogenannten Frevels widmet. Dabei offenbart sich ein gewisses Spannungsverhältnis einerseits zwischen diesen durch das Gewohnheitsrecht legitimierten Waldnutzungspraktiken, die oftmals in den Zuständigkeitsbereich von Frauen und Kindern fielen, und andererseits den überregional standardisierten Kulturtechniken der Forsttaxatoren.

Mit einem Fokus auf die Gründungsphase der Forstakademien und die sich parallel ereignenden Waldnutzungskonflikte steckt diese Studie einen zeitlichen Rahmen ab, der das Jahrhundert von 1760 bis circa 1860 umfasst. Gerade in dieser Zeit befürwortete die wissenschaftliche Lehrmeinung hohe Umtriebszeiten von 80 bis zu 200 Jahren, um langfristig gleichmäßig hohe Bauholzerträge aus Hochwäldern generieren zu können, was wiederum das Verbot ehemaliger Gewohnheitsrechte aus der Mittel- und Niederwaldnutzung bedingte. Gleichzeitig waren große Teile der ländlichen Bevölkerung für ihren Lebensunterhalt weiterhin von der Waldnutzung abhängig: In dem sogenannten »hölzernen Zeitalter«[83] brauchte man Holz zum Heizen, Kochen, Bauen, zur Möbel- und Werkzeugherstellung; Waldgebiete dienten generell der Feld- und Weidewirtschaft sowie dem Sammeln von Kräutern, Pilzen, Beeren und anderen Nahrungsmitteln. Daher hatte der Ausschluss dieser subsistenzwirtschaftlichen Praktiken aus den Hochwäldern Hungersnöte und Proteste zur Folge.

Das Aufzwingen von Forsteinrichtungsverfahren in deutschen Kolonien würde ein eigenes Thema darstellen, zu dem es verschiedene Vorarbeiten gibt, die sich auf die Zeit nach der Berliner Konferenz von 1884/85 beziehen.[84] Darüber hinaus wäre es lohnenswert, Studien zu tropischen Kolonialforstverwaltungen um eine spezifische Fragestellung zur Bedeutung der Forsttaxation bei der Disqualifizierung von agrarischen und pastoralen Waldnutzungssystemen zu erweitern.[85] Die Enteignung und Entrechtung von Bevölkerungsgruppen in kolonialen Kontexten ist im Hinblick auf die zugrundeliegende rassistische Ideologie nicht mit europäischen Waldnutzungskonflikten vergleichbar. Parallelen zeigen sich allerdings darin, dass Forsttaxationsverfahren auch hier eine Legitimationsgrundlage für die Transformation von Wäldern sowie die Aberkennung von Landnutzungsrechten bildeten.

Der in dieser Arbeit gewählte Fokus auf vorwiegend mittel- und westeuropäische Wissensnetzwerke, auf deren beispielhafte Bündelung in einer preußischen und einer sächsischen Forstakademie sowie auf die Austauschprozesse mit portugiesischen, spanischen, französischen, italienischen, finnischen und schweizerischen Hochschulen sowie der britischen Kolonialverwaltung in Indien soll kein Diffusionsmodell nach dem Motto »von deutschen Hochschulen

83 Sombart, Werner: *Der moderne Kapitalismus*, Bd. 2: *Das europäische Wirtschaftsleben im Zeitalter des Frühkapitalismus, vornehmlich im 16., 17. und 18. Jahrhundert*, 6. Aufl., München/Leipzig 1924.

84 Als Regionalstudien zur Forstverwaltung in deutschen Kolonien erschienen u. a.: Kreye, Lars: *»Deutscher Wald« in Afrika. Koloniale Konflikte um regenerative Ressourcen, Tansania 1892–1916*, Göttingen 2021; Sunseri, Thaddeus Raymond: *Wielding the Ax. State Forestry and Social Conflict in Tanzania, 1820–2000*, Athens 2009; Flitner, Michael (Hg.): *Der deutsche Tropenwald. Bilder, Mythen, Politik*, Frankfurt a. M./New York 2000. Zur 1898 gegründeten Deutschen Kolonialschule Witzenhausen, an der Professoren der nahe gelegenen Forstakademie Hannoversch-Münden Forstwirtschaft unterrichteten: Linne, Karsten: *Von Witzenhausen in die Welt. Ausbildung und Arbeit von Tropenlandwirten 1898 bis 1971*, Göttingen 2017. Für nähergehende Untersuchungen zur kolonialen Verwendung von Forsteinrichtungsmethoden und Nachhaltigkeitskonzepten sind die Reiseberichte folgender Botaniker und Forsthochschullehrer aufschlussreich: Jentsch, Fritz/Büsgen, Moritz: »Forstwirtschaftliche und forstbotanische Expedition nach Kamerun und Togo«, in: *Beihefte zum Tropenpflanzer. Wissenschaftliche und praktische Abhandlungen über tropische Landwirtschaft* XIII (9), 1909, S. 185–310.

85 Ein Standardwerk zu kolonialen Ökonomien auf tropischen Inseln und zur Geschichte von Umweltbewusstsein im kolonialen Kontext ist: Grove, Richard H.: *Green Imperialism. Colonial Expansion, Tropical Island Edens and the Origins of Environmentalism, 1600–1860*, Cambridge 1996.

in die Welt« reproduzieren. Stattdessen macht das gesichtete Archivmaterial transnationale Verflechtungen nachvollziehbar, innerhalb derer auch andere Hochschulen ins Zentrum der Wissensnetzwerke gerückt werden könnten. Das 1803 gegründete Forstinstitut von Sankt Petersburg beispielsweise oder die Berg- und Forstakademie Banská Štiavnica in der heutigen Slowakei zogen bereits Studierende vieler Länder an, bevor die zentraleuropäischen Akademien gegründet worden waren.[86] Ein weiteres Beispiel stellt die Forstschule in Mariabrunn bei Wien dar, von der ausgehend – so zeichnet das vierte Kapitel als eine von vielen Fallgeschichten nach – Austauschbeziehungen nach Italien bestanden, die letztendlich die Gründung der italienischen Forstakademie von Vallombrosa beeinflussten. Die *École des Eaux et Forêts* in Nancy war ebenfalls mit Institutionen in vielen europäischen Ländern sowie in den USA, Australien, der Türkei, Rumänien, Indien und Japan vernetzt und darüber hinaus in die französischen und britischen Kolonialforstverwaltungen involviert.[87] Ob jedoch im russischen Zarenreich oder Österreich-Ungarn,[88] im italienischen Königreich[89] oder in französischen Kolonialgebieten wie etwa in Algerien[90] –

86 Zur internationalen Vernetzung russischer Forstversuchsstationen: Fedotova, Anastasia A./Loskutova, Marina V.: »Forests, Climate, and the Rise of Scientific Forestry in Russia. From Local Knowledge and Natural History to Modern Experiments (1840s–early 1890s)«, in: Phillips, Denise/Kingsland, Sharon (Hg.): *New Perspectives on the History of Life Sciences and Agriculture*, Dordrecht 2015, S. 113–137; Fedotova, Anastasia: »Forestry Experimental Stations. Russian Proposals of the 1870s«, in: *Centaurus. International Magazine of the History of Mathematics, Science, and Technology* 56, 2014, S. 254–274.

87 Vgl. Guyot, Charles: *L'Enseignement forestier en France. L'École de Nancy*, Nancy 1898. Zur Forstverwaltung im britischen Mandat Palästina, dessen Personal dem britischen Kolonialministerium unterstand und am *Imperial Forestry Institute* in Oxford oder zuvor an der *École des Eaux et Forêts* in Nancy ausgebildet worden war, sowie zu den durch Aufforstung und Weideverbote verursachten Landnutzungskonflikten: Bieling, Mona: *Landscape and Power in Mandate Palestine, 1917–1948*, Dissertation, Graduate Institute of International and Development Studies, Genf 2024; Bieling, Mona: »British Environmental Orientalism and the Palestinian Goat, 1917–1948«, in: *DIYÂR – Zeitschrift für Osmanistik, Türkei- und Nahostforschung* 3 (1), 2022, S. 67–84.

88 Siehe zum Beispiel: Fedotova, Anastasia/Korchmina, Elena: »Cattle Pasturing as a Traditional Form of Forest Use and Conflicts between Peasants and Forestry Administration in the Long Nineteenth Century (the Case of Bialowieza Primeval Forest)«, in: *Global Environment* 13 (3), 2020, S. 525–554; zu Wald- und Landnutzungskonflikten in der Tatra zwischen Polen und der Slowakei, wo ebenfalls die Weidehaltung eine zentrale Rolle spielte: Hoenig, Bianca: *Geteilte Berge. Eine Konfliktgeschichte der Naturnutzung in der Tatra*, Göttingen 2018.

89 Bonan, Giacomo: *The State in the Forest. Contested Commons in the Nineteenth Century Venetian Alps*, Winwick/Cambridgeshire 2019.

90 Ford, Caroline: »Reforestation, Landscape Conservation, and the Anxieties of Empire in French Colonial Algeria«, in: *The American Historical Review* 113 (2), 2008, S. 341–362; Davis, Diana K.: *Resurrecting the Granary of Rome. Environmental History and French Colonial Expansion in North Africa*, Athens (Ohio) 2007.

bei der wissenschaftlich legitimierten Einführung von Forsttaxations- beziehungsweise Forsteinrichtungsverfahren kam es vielerorts dazu, dass die lokale Bevölkerung ihre gewohnten Waldnutzungspraktiken verteidigen musste. Deswegen ist es umso dringlicher, jene Kulturtechnik zu analysieren, die Forstverwaltungen im Verlauf des 19. Jahrhunderts in verschiedensten Regionen zur Anwendung brachten. Je nach Standort der Ausbildungsstätten passten die beteiligten Akteure forstwissenschaftliche Methoden an die lokale Flora, Fauna und Nutzungsökonomie an.[91] Anhand der lokal unterschiedlich ausgearbeiteten Techniken der Forsttaxation lassen sich Dynamiken rekonstruieren, die im Verlauf der Studie von den Forstakademien, ihren Lehrbüchern und Karten in die Waldnutzungssysteme und Ressourcenkonflikte hineinführen.

91 Brock, Emily K.: »New Patterns in Old Places. Forest History for the Global Present«, in: Isenberg, Andrew (Hg.): *The Oxford Handbook of Environmental History*, New York 2013, S. 154–177.

2 Karte und Kalkül

Die Transformation von Wäldern durch die Forsttaxation

Welchen Wert haben Wälder? Beziehungsweise: Auf welche Weise wird Wäldern Wert zugeschrieben? Nach welchen Kriterien bestimmten europäische Forstwissenschaftler im 18. und 19. Jahrhunderts den Wert eines Forstes? Antworten auf diese Fragen finden sich in den Abläufen der Forsttaxation als Praktik der Wertermittlung, wie sie in den klassischen Lehrbüchern beschrieben worden ist. Die Anfangsphase der Forstwissenschaft stand in der Tradition der Verwaltungspraxis und ökonomischen Theorie des Kameralismus, nach der die Ressourcen der königlichen Kammern in Mittel- und Nordeuropa des 17. und 18. Jahrhunderts verwaltet worden waren. Die erste Generation der Forstwissenschaftsprofessoren hatte dementsprechend eine kameralistische Ausbildung erhalten. Als Klassiker der forstwissenschaftlichen Lehre gelten insbesondere die Publikationen von Georg Ludwig Hartig (1764–1873) und Heinrich Cotta (1763–1844). Beide wirkten um 1800 als Direktoren wichtiger Akademien in Preußen und Sachsen. Ihre Lehrbücher wurden in viele Sprachen übersetzt und sind daher nicht nur für eine Ideengeschichte der Forstwissenschaft interessant, sondern auch aufgrund ihrer weiten Verbreitung und ihrer Anwendung in der Lehrpraxis ideale Quellen, um zu verstehen, wie die Forsttaxation gelehrt und standardisiert wurde. Sie enthalten wissenschaftliche Begründungen dafür, wie Forste »eingerichtet« werden sollten. In den Lehrbüchern sind zu diesem Zweck Forsttaxations- beziehungsweise Forsteinrichtungskarten abgedruckt. Im Unterricht dienten sie der Veranschaulichung der Arbeitsschritte sowie der Muster, nach denen Eingriffe in die Waldräume vonstatten gehen sollten. Letztendlich legten die Forsttaxationsverfahren und ihre Karten die Prioritäten bei der Verwaltung von Wäldern fest.

Auf welche Weise Wäldern Wert zugeschrieben wurde und nach welchen Maßstäben eine Transformation von Wäldern erfolgte, analysiert dieses Kapitel anhand der einzelnen Arbeitsschritte der Forsttaxation. Ausgehend von der detaillierten Analyse dieser für die Forstwissenschaft charakteristischen Quantifizierungspraxis eröffnen sich allgemeinere Fragen. Was passiert, wenn Wälder – mit ihrem unberechenbaren, intrinsischen Wert und ihrer essenziellen Bedeutung für Lebenszusammenhänge – in monetäre Wertsphären übersetzt werden?

2.1 Taxieren für nachhaltige Holzerträge: Die Lehrbücher von Georg Ludwig Hartig

> Die Taxation der Forste, oder die genaue Bestimmung des gegenwärtigen und künftigen nachhaltigen Holzertrages der Waldungen [...] ist unstreitig einer der wichtigsten Gegenstände im höheren Forstwesen, denn es lässt sich keine dauerhafte Forstwirthschaft denken und erwarten, wenn die Holzabgabe aus den Wäldern nicht auf Nachhaltigkeit berechnet ist.[1]

Bereits im ersten Satz seines weit rezipierten Lehrbuches erklärte Georg Ludwig Hartig Nachhaltigkeit zu einem Hauptziel der Forsttaxation. Die Berechnung der »Holzabgabe aus den Wäldern [...] auf Nachhaltigkeit« wurde in dieser zweiten Auflage seiner *Anweisung zur Taxation und Beschreibung der Forste* zur Bedingung einer »dauerhafte[n]« Forstwirtschaft. Die Holzerträge der Gegenwart und Zukunft sollten genau bestimmbar sein. Eine Kontinuität zu heutigen Nachhaltigkeitsvorstellungen lässt sich in der Zukunftsbezogenheit und dem kalkulierten Umgang mit Ressourcen erkennen. Im Unterschied zu dem gegenwärtigen Verständnis von nachhaltiger Entwicklung nach dem Brundtland-Bericht der Vereinten Nationen erhob die Definition von Taxation keine Ansprüche auf inter- oder intragenerationelle Gerechtigkeit.[2] Die Forsttaxation zielte nicht darauf ab, die umfassenden Bedürfnisse gegenwärtiger und zukünftiger Generationen in Betracht zu ziehen. Allein der »künftige« Holzertrag und dessen genaue Berechenbarkeit war für das forstwirtschaftliche Nachhaltigkeitsverständnis um 1800 ausschlaggebend. Um diese Ertragsnachhaltigkeit sowie um das Kalkül, mit dem Forsttaxationskarten gleichbleibende Holzerträge in Gegenwart und Zukunft vorführen sollten, geht es in diesem Kapitel. Es behandelt die einzelnen Arbeitsschritte, die die Forsttaxation ausmachten, sowie die Art und Weise, wie diese Methode der Wertermittlung wissenschaftlich fundiert worden ist. Indem die Lehrbuchautoren die Forsttaxation zu einem der »wichtigsten Gegenstände im höheren Forstwesen« erhoben, wurde sie nicht nur zum Aushängeschild für die gerade in Entstehung begriffene akademische Disziplin, sondern auch zur Entscheidungsgrundlage in der Planung und Reglementierung von Wäldern.

1 Hartig, Georg Ludwig (1795): *Anweisung zur Taxation und Beschreibung der Forste*, 2. Aufl., Gießen/Darmstadt 1804, S. 1.

2 »Sustainable development is development that meets the needs of the present without compromising the ability of future generations to meet their own needs. It contains within it two key concepts: the concept of ›needs‹, in particular the essential needs of the world's poor, to which overriding priority should be given; and the idea of limitations imposed by the state of technology and social organization on the environment's ability to meet present and future needs.« United Nations World Commission on Environment and Development: *Report of the World Commission on Environment and Development: Our Common Future (Brundtland Report)*, Oxford/New York 1987, S. 54.

Als er den Wortlaut dieses Einstiegssatzes festlegte, arbeitete Georg Ludwig Hartig im Fürstentum Nassau-Dillenburg. Dort war er 1804 für die Verwaltung und Anlage der Forste zuständig. Der »fürstlich Oranien-Nassauische Oberforstrat« und seine Ehefrau Theodora Hartig hatten zusammen erfolgreich eine private Forstschule etabliert. Viele der Schüler wohnten anfangs im Haus der Familie Hartig. Die abendlichen Tischgesellschaften sah man als wichtigen Bestandteil der umfassenden Bildung an. Neben mathematischen Grundlagen vermittelte die Lehranstalt in Dillenburg schwerpunktmäßig die Forsttaxation, die im Verlauf des 19. Jahrhunderts unter dem Namen Forsteinrichtung als Methode weiterentwickelt werden sollte. »Dies wichtige, lehrreiche Geschäft zog sehr viele junge Leute aus weit entfernten Ländern herbei«,[3] resümierte Theodora Hartig 1826 in der von ihr verfassten *Kurzen Lebens- und Familiengeschichte*: »Das Lehrinstitut, wobei mehrere geschickte Männer auf Kosten Hartigs als Lehrer angestellt waren, wuchs nun so bedeutend heran, daß oft 50 bis 60 Eleven zur gleichen Zeit sich in Dillenburg aufhielten, wovon sehr viele eigene Reitpferde und einige Grafen Equipagen hielten. Durch diese kleine Forstakademie kam zu Dillenburg viel fremdes Geld in Umlauf und die kleine Stadt wurde noch lebhafter.«[4] Der überregional bekannte gute Ruf der vorerst privat geführten Forstschule zog also junge Männer aus vorrangig adligen Familien in die vom Bergbau geprägte Gegend von Dillenburg. Allesamt verfolgten sie das Ziel, die Forsttaxationsmethode nach Hartig zu erlernen.

1795 war die Erstausgabe von Georg Ludwig Hartigs *Anweisung zur Taxation der Forste* noch in bescheideneren Verhältnissen erschienen. Hartig wirkte damals als Forstmeister in Hungen in der Wetterau, nachdem er vorher bei seinem Onkel im Harz als Jäger und bei seinem Vater in Gladenbach am Rande des Westerwaldes in der Forstverwaltung ausgebildet worden war und an der Universität Gießen studiert hatte.[5] Dieser Lebenslauf macht deutlich, dass weder vereinheitlichte Taxationsmethoden noch eine spezialisierte forstwissenschaftliche Ausbildung im deutschsprachigen Raum zu dieser Zeit üblich waren. Im letzten Drittel des 18. Jahrhunderts führten kameralwissenschaftliche Fakultäten, zum Beispiel in Freiburg, Frankfurt an der Oder, Gießen, Göttingen und Heidelberg, forstwissenschaftliche Vorlesungen ein, nachdem zuvor fernab von Universitäten in waldreichen Regionen wie dem Harz sogenannte

3 Hartig, Theodora (1826): *Georg Ludwig Hartig im Kreise seiner Familie. Kurze Lebens- und Familiengeschichte des Staatsrats und Oberlandforstmeisters Georg Ludwig Hartig*, hg. v. Karl Hasel und Wilhelm Mantel, Göttingen 1976, S. 56.

4 Ebd.

5 Vgl. Heß, Richard: »Hartig, Georg Ludwig«, in: *Allgemeine Deutsche Biographie*, Bd. 10, Leipzig 1879, S. 659; Weinmann, Hans Joachim: »Hartig, Georg Ludwig (1764–1837)«, in: Georg-Ludwig-Hartig-Stiftung (Hg.): *Biographien bedeutender hessischer Forstleute*, Frankfurt a. M. 1990, S. 263–270.

Meisterschulen forstliche Ausbildungen angeboten hatten.[6] Der oben zitierte erste Satz aus Hartigs Lehrbuchs fiel 1795, als sich noch keine Forstakademien etabliert hatten, auffallend anders aus als in der Zweitauflage zehn Jahre später:

> Die Taxation der Forste, oder die Bestimmung des gegenwärtigen und zukünftigen Holzertrags der Wälder, oder die Errichtung eines sicheren Forst-Etats, ist ohnstreitig einer der wichtigsten Gegenstände im höheren Forstwesen; denn es lässt sich keine vernünftige Benutzung der Wälder denken, ohne auf eine möglichst zuverlässige Art ausgemittelt und berechnet zu haben: wie viel und was für Holz die Forste jährlich abgeben können, wenn sie immer in möglichst gutem Stand bleiben sollen.[7]

Wortlaut und Inhalt des Satzes sind ähnlich. Jedoch fehlen die Adjektive »nachhaltig« und »genau«. Stattdessen wird Nachhaltigkeit paraphrasiert, es fallen die Worte »vernünftig« und »zuverlässig«. Eine mögliche Erklärung, warum eine Charakterisierung der zu erzielenden Holzerträge als nachhaltig in der anfänglichen Gegenstandsbestimmung der Taxation anscheinend vermieden wird, findet sich im Folgesatz:

> Schon Manches ist darüber gesagt und geschrieben worden, wie man den nachhaltigen Holzertrag der Forste finden soll, demohngeachtet ist mir doch noch keine Art bekannt, auf welche Weise man möglichst genau erfährt, was man eigentlich wissen muß.[8]

Dass in der ersten Auflage des Lehrbuches das Wort »nachhaltig« erst zögerlich und in der zweiten Auflage dann selbstbewusst angeführt wurde, verweist auf Bedeutungsverschiebungen in der sich gerade erst institutionell etablierenden Forstwissenschaft. Der Vergleich der Textstellen lässt einen Aneignungsprozess und eine Verstetigung im Wortgebrauch erkennen. Indem die Hartigs und ihre Schüler Taxationsmethoden erprobten und verfeinerten – sie im Dialog mit anderen Schulen diskutierten, verbesserten und abgrenzten –, kristallisierte sich bei den praktischen Anwendungen im Verlauf der Zeit anscheinend heraus, was eine »möglichst zuverlässige« Methode der nachhaltigen Holzertragsberechnung ausmachen sollte.

Rund dreißig Jahre später lehrten Georg Ludwig Hartig und Theodor Hartig, eines seiner elf Kinder, als Professoren an der Berliner Universität. 1834 veröffentlichten sie gemeinsam ein *Forstliches und forstnaturwissenschaftliches*

6 Einen Überblick zur »Geschichte der forstwissenschaftlichen Ausbildung« gibt Hasel 1985, S. 241–247.

7 Hartig, Georg Ludwig: *Anweisung zur Taxation der Forste, oder zur Bestimmung des Holzertrags der Wälder. Ein Beytrag zur höheren Forstwissenschaft*, Gießen 1795, S. 1.

8 Ebd.

Conversations-Lexikon. »Nachhaltig« erhielt in dem Nachschlagewerk ganz selbstverständlich ein eigenes Lemma:

> Nachhaltig nennt man die Forstwirthschaft, wenn jährlich nicht mehr Holz geschlagen wird, als aus dem Forste für immer jährlich genommen werden kann. – Die Ausmittelung des nachhaltigen jährlichen Material-Ertrages ist eine Aufgabe, die nur durch die Forstabschätzung gelöst werden kann. S. Forsttaxation.[9]

Das Taxieren beziehungsweise die Forstabschätzung präsentierten die renommierten Forstwissenschaftler als eine Technik, mittels derer ein nachhaltiger jährlicher Holzertrag berechnet werden könne. Das Lemma verweist weiter auf den Wörterbucheintrag »Forsttaxation«. Dieses Kapitel folgt diesem Hinweis und schlägt weitere Definitionen zeitgenössischer Fachlexika nach. Im Folgenden wird nachvollzogen, wie die Taxation die langfristige Planung von Holzerträgen ermöglichen sollte. Mit der Etablierung der Forstwissenschaft als Disziplin mit eigenen Lehrinstituten vollzog sich eine Standardisierung dieser Quantifizierungspraktik. Im Zuge dieser Prozesse setzten die Taxatoren neue Selbstverständlichkeiten in der forstlichen Planung durch, deren praktische Umsetzung die physisch-materielle Gestalt des Waldes radikal veränderte: Mit der Einteilung des Waldraumes in Parzellen und dem Schlagen von Schneisen wurden letztendlich ganze Landstriche umgestaltet. Um diese Umwandlung von Wäldern in forstwirtschaftlich vermessene Parzellen mit genau berechenbaren Holzerträgen zu verstehen, lohnt sich ein Blick in die Geschichte der Taxationspraxis zur Zeit des Kameralismus.

2.2 Eine Datenpraktik im Naturhaushalt des Kameralismus

> Insbesondere aber heißt taxiren nichts anders, als bestimmen und vorschreiben, was ein Guth werth seyn möchte.[10]

Taxieren wird in *Zedlers Universal-Lexicon* als »Schätzung« des Wertes einer Sache definiert. Die dort ausgeführte lateinische Etymologie von *taxa* verweist jedoch nicht nur auf den Preis oder Wert, sondern auch auf Praktiken der »Mäßigung, [...] Scheltung, Tadelung«.[11] Eine weitere Referenz findet sich in Xeno-

9 »nachhaltig«, in: Hartig, Georg Ludwig/Hartig, Theodor (Hg.): *Forstliches und forstnaturwissenschaftliches Conversations-Lexikon. Ein Handbuch für Jeden, der sich für das Forstwesen und die dazu gehörigen Naturwissenschaften interessirt,* Berlin 1834, S. 594.

10 »Tax, Taxe, Taxation, Taxirung«, in: Zedler, Johann Heinrich: *Grosses vollständiges Universal-Lexicon aller Wissenschafften und Künste.* Bd. 42, Halle (Saale)/Leipzig 1731–1754, S. 463–465.

11 Ebd., S. 463.

phons *Oikonomikós*, den Schriften zur Haushaltsführung. *Taxis* bezeichnet dort die Ordnung von Gerätschaften und Vorräten in der Hauswirtschaft. Die hierfür zuständige Frau solle jedem Platz genau ein Ding zuweisen, um es schnell wieder auffinden zu können und um stets einen Überblick darüber zu haben, was fehlt oder repariert werden muss: »Denn der Platz selbst wird nach dem verlangen, was nicht da ist, und was der Wartung bedarf, wird der prüfende Blick ausfindig machen, und das Wissen, wo jedes sich befindet, wird es schnell in die Hand geben, so daß man nicht in Schwierigkeiten kommt, will man es verwenden.«[12] Analog dazu sollten auch die Forsttaxationskarten »dem prüfenden Blick« offenbaren, wo Holzvorräte vorhanden sind, wann sie geschlagen werden dürfen und wo Aufforstungen stattfinden.

Forstwirtschaftliche Taxationsverfahren wurden zur Zeit des Kameralismus entwickelt. Der Kameralismus gilt heute als ein Oberbegriff für eine Wirtschaftstheorie und -praxis, die vor allem im deutschsprachigen Raum sowie in Skandinavien, Russland, Italien, Spanien und Portugal vom 16. bis zum 18. Jahrhundert verbreitet war.[13] Charakteristisch für den Kameralismus ist, dass Königreiche und Fürstentümer Rohstoffe und Güter zentral in der »Kammer« erfassten. Im Unterschied zum Merkantilismus Frankreichs hatten die Bevölkerungsentwicklung, die Landwirtschaft und die Verwaltung von Ressourcen einen höheren Stellenwert als der Außenhandel. Im Prinzip ging es um eine gewinnbringende Planung der internen Steuereinnahmen. Zu diesem Zweck gaben Landesherr:innen im großen Maßstab Landesaufnahmen und Bevölkerungszählungen in Auftrag. Kameralistische Verwaltungen arbeiteten zudem Berg- und Forstordnungen aus, in denen Holzzuteilungen und -abgaben festgelegt wurden. Diese Anwendungsbeispiele der kameralistischen Verwaltung bildeten einen wichtigen Entstehungskontext für die forstwirtschaftlichen Taxationsverfahren.

Der Wissenschaftshistoriker Andre Wakefield kritisiert die auch heute noch gängige verengte Vorstellung des Kameralismus als eine primär intellektuelle, theoretische Arbeit. Er bemängelte, dass der Kameralismus oft ausschließlich als ökonomische Theorie rezipiert wird, und plädierte dafür, die für den Kameralismus charakteristischen Verwaltungspraktiken verstärkt in den Blick zu nehmen.[14] Ganz in diesem Sinne interpretiert auch diese Studie kameralwissen-

12 Xenophon: *Oikonomikós*, 8, S. 9 f., in: Audring, Gert/Brodersen, Kai (Hg./Übers.): *Oikonomika. Quellen zur Wirtschaftstheorie der griechischen Antike*, Darmstadt 2008, S. 71.

13 Der Kameralismus wird heute beschrieben als ein politisch-wirtschaftliches »Feld von Denkenden, das in dem dynamischen intellektuellen Milieu der Europäischen Aufklärung situiert ist«; Nokkala, Ere/Miller, Nicholas B. (Hg.): *Cameralism and the Enlightenment. Happiness, Governance and Reform in Transnational Perspective*, New York 2020, S. 3.

14 Wakefield, Andre: *The Disordered Police State. German Cameralism as Science and Practice*, Chicago/London 2009. Eine Position, die sich weniger auf die kameralistische Praxis konzentriert und eine Neuinterpretation der »theoretischen Fundierung« (S. 3) des Kameralismus in Naturgesetzen vorschlägt, vertritt: Nokkala, Ere: *From Natural Law to Political Economy. J. H. G. von Justi on State, Commerce and International Order*, Zürich 2019.

schaftliche Lehrbücher, zu denen auch die ersten forstwissenschaftlich ausgerichteten Publikationen zählen, im Zusammenhang mit den tatsächlich ausgeführten administrativen Praktiken. Dabei gilt es, die Diskrepanz zwischen – oft normativ geprägter – Theorie, wie sie in kameralistischen Veröffentlichungen festgehalten ist, und realer Verwaltungspraxis wahrzunehmen. Die einschlägigen Monografien überliefern Wakefield zufolge Modelle von geordneten »Polizeystaaten« und guter Kameralistik. Da es die Aufgabe der Kameralisten war, die Finanzverwaltung der Könige und Herzöge in Publikationen positiv zu repräsentieren, wurden Probleme und gescheiterte Wirtschaftsführungen tendenziell verschwiegen. Im kameralistischen Wirtschaftsmodell sollten die Einnahmen des Staates eigentlich aus Staatsdomänen generiert werden, zum Beispiel aus dem Holzverkauf, dem Bergbau und der Landwirtschaft. In der Praxis jedoch befanden sich fiskalische Interessen und Gemeinwohlorientierung allzu oft miteinander in Konflikt: So kam es dazu, dass Fürst:innen die Steuern auf Getreide erhöhten, obwohl die Bevölkerung Hunger litt. Während das Idealbild des »guten Kameralisten« die Sorge für das Wohlergehen des Herzogtums und seiner Bewohner:innen in den Vordergrund rückte, skizzierten Satiren und andere Quellen den Kameralisten als unsympathische Figur, die der Bevölkerung ihren Lebensunterhalt streitig machte. Anstatt eine »vollkommene« Verwaltung aller Wirtschaftsbereiche anzustreben, wie es die Rhetorik der kameralistischen Lehrbücher versprach, achte der Kameralist nur darauf, die Ausgabeninteressen der Landesherr:innen zu befriedigen. Die Funktion eines Kameralisten bestehe schlussendlich darin – so beschreibt es Maria Machiavels Satire »Der vollkommene Kameraliste«[15] –, seine Vorgesetzten langfristig mit Kapital zu versorgen, das der Bevölkerung genommen werde. Die Satire und Andre Wakefields Analysen zeigen also: Die Rhetoriken einer möglichst idealen Forstverwaltung müssen in ihrer Diskrepanz zur realpolitischen Situation eingeordnet werden – insbesondere dann, wenn genau berechenbare, nachhaltige Erträge für das »Staatswohl« in Aussicht gestellt werden.

Der Kameralismus bildet mit seinen theoretischen und tatsächlich realisierten Verwaltungspraktiken den wissenshistorischen Kontext, um zu verstehen, wie die Forsttaxation etabliert wurde. Eine Praxisgeschichte des Kameralismus kann aufzeigen, wie Verfahren der kameralistischen Wertermittlung Stoffe und Lebensräume in verwaltbare Ressourcen übersetzten – und auf welche Widerstände sie dabei trafen. Unabhängig davon, ob die Anliegen einzelner Kameralisten scheiterten oder glückten, entwickelte die Standardisierung dieser Wertermittlungsprozesse Dynamiken, die international den verwaltenden Zugriff auf Umwelten prägten.

Die Forsttaxationsverfahren dienten dem Ziel, eine Übersicht über die Holz-

15 Machiavel, Maria: *Der vollkommene Kameraliste*, übers. aus dem Italienischen von U., Frankfurt a. M./Leipzig 1763; vgl. Wakefield 2009, besonders Kapitel 1 (»Bad Cameralists and Disordered Police States«), S. 1–25.

ressourcen von Territorien zu erlangen. Im 18. Jahrhundert ließen König:innen und Herzog:innen Landesvermessungen durchführen, an denen sich unter anderem Forstbeamte beteiligten, die mehrheitlich an den seit 1727 gegründeten kameralwissenschaftlichen Lehrstühlen eine Ausbildung erhalten hatten.[16] Als Beispiele sind die sachsen-weimarische Forsteinrichtung unter Anna Amalia von 1763, die josephinische Landesaufnahme der 1760er bis 1780er Jahre und die preußische Forsteinrichtung unter Friedrich II. hervorzuheben.[17] Aus heutiger Sicht erscheinen die Landesvermessungen als großräumige Operationen zur Sammlung von Bevölkerungs-, Umwelt- und Wirtschaftsdaten, die zentral verwaltet und archiviert wurden. Gerade diese Landesvermessungen bildeten einen zentralen Kontext, innerhalb derer Forsttaxationsverfahren im Auftrag der jeweiligen Landesherr:innen großflächig zur Anwendung kamen.

Außerhalb der königlichen oder herzoglichen Kammer organisierten sich gelehrte Gesellschaften, deren Mitglieder praktische Naturforschung betrieben und ihre Ergebnisse systematisierten. Auch Georg Ludwig Hartig war Mitglied mehrerer gelehrter Gesellschaften, deren Namen er auf den Titelseiten seiner Bücher abdrucken ließ. Unter den Aufzählungen finden sich die Gesellschaft Naturforschender Freunde zu Berlin, die Sozietät der Forst- und Jagdkunde in Sachsen, die Naturforschende Gesellschaft in der Wetterau sowie weitere französische und polnische Gesellschaften.[18] Diese Organisationen übten mit ihren überregionalen Verwaltungsstrukturen einen großen Einfluss auf die Standardisierung der umweltbezogenen Datenpraktiken aus. Ihr diesbezüglicher Beitrag ist in der Wissenschaftsgeschichtsschreibung allzu lang vernachlässigt worden.[19] In der zweiten Hälfte des 18. Jahrhunderts hatten sich ungefähr 200 deutschsprachige ökonomische, naturforschende oder patriotische Gesellschaften gegründet.[20] Physiker, Mediziner, Apotheker, Kaufleute, Forstwirte, Pastoren und andere Interessenten konnten Mitglieder werden. Nicht nur theoretische, sondern auch ganz praktische Themen fanden in den Gesellschaften eine Diskussionsplattform – etwa der Bau von

16 Vgl. Lowood 1991, S. 20 f.

17 Vgl. Rubner 1967, S. 66 ff. Zu den Auswirkungen der Landeserhebung *Indaganda* in südpreußischen Gebieten Polens und zum bürokratischen Wissen als Regierungstechnologie: Olesko, Kathryn: »The Indaganda Survey of the Prussian Frontier: The Built World, Logistical Power, and Bureaucratic Knowledge in the Polish Partitions, 1772–1806«, in: *Journal for the History of Knowledge* 1 (1), 2020, S. 1–17.

18 Eine Auflistung der insgesamt neun Mitgliedschaften findet sich außerdem in der Biografie von Theodora Hartig (1826): *Georg Ludwig Hartig im Kreise seiner Familie*, 1976, S. 95.

19 Vgl. Lowood, Henry E.: *Patriotism, Profit and the Promotion of Science in the German Enlightenment. The Economic and Scientific Societies, 1760–1815*, New York/London 1991. Speziell zu naturforschenden Gesellschaften in der Pflanzengeografie: Phillips, Denise: »Friends of Nature. Urban Sociability and Regional Natural History in Dresden, 1800–1850«, in: *Osiris* 18 (1), 2003, S. 43–59; Güttler 2014.

20 Lowood 1991, S. 3.

effizienten Öfen oder die Kultivierung von Pflanzen. Regelmäßig wurden im Rahmen von Wettbewerben Forschungsfragen ausgeschrieben. Die Mitglieder erprobten neue Techniken, führten Experimente durch und erstatteten über ihre Beobachtungen Bericht. Zeitungen wurden ins Leben gerufen, Sammlungen und Bibliotheken angelegt.[21] Die Gesellschaften verbanden Dilettantismus und bürgerliches Engagement mit wissenschaftlicher Neugierde und Erfahrungsaustausch. Kathryn Olesko spricht von »grassroot organizations«, die in der Bevölkerung Aufmerksamkeit für Naturgeschichte, Medizin, Technik, Verwaltungsfragen und andere Wissensbereiche weckten.[22] Viele der Gesellschaften verband eine patriotische Grundhaltung, weshalb sie ihr Wissen in den Dienst des Staatswohls stellten. Im Gegensatz zu den flachen Hierarchien von Graswurzelbewegungen war die Mitgliedschaft an klare Anforderungen gebunden. Zum Beispiel verlangte die Gesellschaft Naturforschender Freunde zu Berlin die Publikation von Schriften zur Naturgeschichte sowie ein eigenes Naturalienkabinett als Aufnahmebedingungen, was weite Teile der Bevölkerung ausschloss.[23] Laut Henry Lowood waren diese gemeinnützigen Gesellschaften in der ersten Hälfte des 19. Jahrhunderts wegbereitend für Hochschulgründungen und die Institutionalisierung neuer Wissenschaftsbereiche.[24] Erst zum Ende des 18. Jahrhunderts, so der Befund Oleskos, begannen sich Wissensformen und -praktiken, die unter der Kameralwissenschaft subsumiert wurden, zu eigenen Disziplinen auszudifferenzieren. Die Trennung zwischen Staatswissenschaften, Natur- und Ingenieurwissenschaften ist ihr zufolge ein Phänomen des 19. Jahrhunderts.[25] Die Entwicklung der Forsteinrichtungsverfahren vollzog sich zur Zeit des Kameralismus also einerseits im Rahmen der groß angelegten Forstvermessungen und andererseits im Kontext der ökonomischen und naturforschenden gelehrten Gesellschaften. Weitere wichtige Orte der Wissensproduktion waren zunächst die kameralwissenschaftlichen Lehrstühle und Bergakademien und später die eigens gegründeten Forstmeisterschulen und -akademien. Ab dem 18. Jahrhundert wurden aus

21 Siehe dazu folgende Überblicksdarstellung: Phillips, Denise: »Academies and Societies«, in: Lightman, Bernard (Hg.): *A Companion to the History of Science*, Hoboken (NJ)/Chichester (West Sussex) 2016, S. 224–237.

22 »These grassroot organizations reflected the public's growing interest in using the natural sciences, medicine, and technology to manage resources. They also served as seedbeds for generating patriotic sentiment.« Olesko, Kathryn: »Cameralism«, in: Heilbron, John L. (Hg.): *The Oxford Companion to the History of Modern Science*, Oxford 2003. Einsehbar unter: oxfordreference.com/view/10.1093/acref/9780195112290.001.0001/acref-9780195112290-e-0102 [Stand: 31. 1. 2025].

23 Böhme, Katrin: »Im Tempel der Natur. Naturgeschichte, Esoterik und Traditionen in der Gesellschaft Naturforschender Freunde zu Berlin«, in: Zaunstöck, Holger/Meumann, Markus (Hg.): *Sozietäten, Netzwerke, Kommunikation*, Berlin/Boston 2003, S. 61.

24 Vgl. Lowood 1991.

25 Olesko 2003.

den herrschaftlichen Schatzkammern kameralwissenschaftlich ausgerichtete Lehrstühle und Ausbildungsinstitutionen finanziert, um professionelle Verwalter der Staatsgüter auszubilden. Renommierte Bergakademien befanden sich zum Beispiel im sächsischen Freiberg[26] und im habsburgischen Schemnitz – Banská Štiavnica in der heutigen Slowakei.[27] Diese Knotenpunkte in den akademischen Netzwerken zogen Studierende aus ganz Europa an. Geognosie, Chemie, Metallurgie, Mineralogie und andere technische Disziplinen genossen dort den Status eigenständiger Fächer und galten nicht mehr nur, wie an den Universitäten üblich, als Hilfswissenschaften. Zum Lehrplan künftiger Kameralisten gehörten Praktika und Studienreisen zu Bergwerken ins In- und Ausland. Erfolgreichen Absolventen wurde der Titel des Bergrats verliehen. In dieser Position waren sie für die Verwaltung und Finanzierung von Bergwerken zuständig. Auch angehende Forsträte durchliefen im 18. Jahrhundert zunehmend kameralwissenschaftliche Ausbildungen. Schließlich sicherte eine stabile Holzversorgung die Existenz von Bergwerken, Salinen, des Verhüttungswesens und anderer Industriezweige.

Nach den Zerstörungen des Dreißigjährigen Krieges war die Sicherstellung langfristiger Reserven zu einer Priorität der Kameralverwaltungen geworden. Lexikoneinträge zur Geschichte des Kameralimus nennen den Westfälischen Frieden von 1648 als eine Zäsur.[28] Kameralisten suchten den durch Kriegszerstörungen entstandenen Schaden durch Steuereinnahmen zu begleichen, die sie steigern wollten, indem sie ihre Verwaltungstätigkeiten auf sämtliche Staatsdomänen ausweiteten. Das Auftreten von Rohstoffknappheit, vor allem Holznot und Getreidemangel, der Hungersnöte mit sich brachte, galt es mit allen Mitteln zu verhindern. Im Gegensatz zum Merkantilismus in Frankreich ging es nicht darum, hohe Exporte zu erreichen, sondern um die interne Erfassung sowie die Organisation der Rohstoffe und produzierten Güter.[29] In diesem Kontext war vom »Natur- und Staatshaushalt« die Rede. Ausgehend von diesem Vokabular der Naturinventarisierung sprechen Lea Haller, Andrea Westermann und Sabine Höhler von einer Epoche der »kameralistischen Natur-

26 Felten, Sebastian: »The History of Science and the History of Bureaucratic Knowledge. Saxon Mining, circa 1770«, in: *History of Science* 56 (4), 2018, S. 403–431; vgl. Kapitel 2 (»Science and Silver for the Kammer«), in Wakefield 2009, S. 26–48; Klein, Ursula: *Nützliches Wissen. Die Erfindung der Technikwissenschaften*, Göttingen 2016, S. 14–46.

27 Schleiff, Hartmut/Konečný, Peter (Hg.): *Staat, Bergbau und Bergakademie. Montanexperten im 18. und frühen 19. Jahrhundert*, Stuttgart 2013.

28 Vgl. Olesko 2003; Tribe, Keith: »cameralism«, in: *The Encyclopedia of Enlightenment*, 2002. Einsehbar unter: oxfordreference.com/display/10.1093/acref/9780195104301.001.0001/acref-9780195104301-e-102?rskey=7xIby5&result=102 [Stand: 31. 1. 2025].

29 Vgl. Albritton Jonsson, Fredrik: »Island, Nation, Planet. Malthus in the Enlightenment«, in: Mayhew, Robert J. (Hg.): *New Perspectives on Malthus*, Cambridge 2016, S. 128–152, hier S. 135 f.

ökonomie«[30] von 1700 bis 1900, in der sich kaufmännische Praktiken und Techniken der Naturbeobachtung gegenseitig beeinflussten.[31] In der Bürokratie der kameralistischen Naturökonomie und somit auch bei Forsttaxationsarbeiten spielten Staatstabellen eine große Rolle.

Die vom Kameralismus geprägten Verwaltungspraktiken, die sich im 18. und 19. Jahrhundert ausdifferenzierten, wurden in den letzten Jahrzehnten vermehrt zum Gegenstand medienwissenschaftlicher und wissenshistorischer Forschung. Besondere Aufmerksamkeit kommt bürokratischen Praktiken zu – und damit jenen Praktiken des Umgangs mit Papier, die Verwaltungsstrukturen konstituieren und gleichzeitig in ihrer Materialität von Holzfasern oder Lumpen abhängen.[32] »Paper tools« gelten als epistemische Werkzeuge, da sie das, was gedacht und aufgeschrieben wird, vorstrukturieren – zum Beispiel in Form von Tabellen in der doppelten Buchführung.[33] »Bürokratisches Wissen« oder auch »Papierwissen«[34] umfasst neben Techniken der Papierbogenaufteilung auf der Mikroebene auch jene Ordnungssysteme, welche die Gesamtheit der Papiere, Tabellen, Karten oder Karteikarten organisieren, um das verzeich-

30 Haller, Lea/Höhler, Sabine/Westermann, Andrea: »Einleitung: Rechnen mit der Natur: Ökonomische Kalküle um Ressourcen«, in: *Berichte zur Wissenschaftsgeschichte* 37 (1), 2014, S. 9.

31 Heesen, Anke te: »Die doppelte Verzeichnung. Schriftliche und räumliche Aneignungsweisen von Natur im 18. Jahrhundert«, in: Harald Tausch (Hg.): *Gehäuse der Mnemosyne. Architektur als Schriftform der Erinnerung*, Göttingen 2003, S. 263–286 oder in der englischen Version: Heesen, Anke te: »Accounting for the Natural World. Double-Entry Bookkeeping in the Field«, in: Schiebinger, Londa/Swan, Claudia (Hg.): *Colonial Botany. Science, Commerce, and Politics in the Early Modern World*, Philadelphia 2005, S. 237–251.

32 Siehe zum Beispiel das Themenheft »Histories of Bureaucratic Knowledge«, hg. v. Sebastian Felten und Christine von Oertzen, *Journal for the History of Knowledge* 1 (1), 2020. Bis zur zweiten Hälfte des 19. Jahrhunderts wurde Papier vor allem aus Textilfasern hergestellt, die Lumpensammler:innen zuvor zusammengetragen und sortiert hatten. Vgl. Weber, Heike: »Den Stoffkreislauf am Laufen halten. Restearbeit und Resteökonomien des 20. Jahrhunderts«, in: Espahangizi, Kijan/Orland, Barbara (Hg.): *Stoffe in Bewegung. Beiträge zu einer Wissensgeschichte der materiellen Welt*, Zürich/Berlin 2014, S. 145–172. Siehe außerdem: Trischler, Helmuth: »Recycling als Kulturtechnik«, in: Kersten, Jens (Hg.): *Inwastement – Abfall in Umwelt und Gesellschaft*, Bielefeld 2016, S. 227–243, insbes. S. 231 f. Zu einer konzisen Geschichte der Papierherstellung siehe: Zemanek 2019, S. 401 ff.

33 Becker, Peter (Hg.): *Little Tools of Knowledge. Historical Essays on Academic and Bureaucratic Practices*, Ann Arbor 2004. Siehe zu den Vorarbeiten auf Papier, die eine Grundlage für Carl von Linnés Lehrbuch zur Naturgeschichte darstellten: Müller-Wille, Staffan: »Linnaean Paper Tools«, in: Curry, Helen Anne/Jardine, Nicholas/Secord, James A. et al. (Hg.): *Worlds of Natural History*, Cambridge 2018, S. 205–220. Zur doppelten Buchführung als »paper tool«: te Heesen 2005.

34 Vgl. Felten, Sebastian/Oertzen, Christine von: »Bureaucracy as Knowledge«, in: *Journal for the History of Knowledge* 1 (1), 2020, S. 1–16; Gitelman, Lisa: *Paper Knowledge. Toward a Media History of Documents*, Durham 2014.

nete Wissen langfristig abrufbar zu machen.[35] Diese Datenpraktiken sind in den meisten Fällen zwangsläufig ökonomische Praktiken, denn sie verfolgten das Ziel, einen Überblick über wirtschaftlich relevante Güter des »Naturhaushalts« zu erzeugen.[36] Jene Praktiken, die Daten visualisieren und organisieren, sind also eine Vorbedingung für die Verwertung der Informationen in der Wirtschaftsplanung.[37] Dies trifft auch für die Taxationsverfahren und -karten zu, denn sowohl Forstverwaltungen als auch -akademien waren den staatlichen Finanzverwaltungen unterstellt.

Bei der Forsttaxation handelt es sich um eine Forstinventarisierung, also um Datenerhebungen in Bezug auf den Naturstoff Holz, wobei der Forst als Inventar im Sinne eines »eingerichteten« Naturhaushaltes imaginiert wird. Selbst wenn im Forst-Manual zunächst eine Vielfalt an Beobachtungen und Messungen beschrieben wurde, fanden am Ende nur die relevantesten forstökonomischen Informationen ihren Weg auf die Forsteinrichtungskarten. Am rechten Rand einer Tabellenzeile im Forst-Manual war oft die Summe der Holzertragsangaben eingetragen, die zuvor durch Praktiken der kartografischen Erfassung, Messungen auf Versuchsflächen, die tabellarische Anordnung der Messergebnisse und darauf aufbauende Rechenoperationen ermittelt worden waren. Die Forsttaxationsverfahren, die ab der ersten Hälfte des 19. Jahrhunderts bevorzugt als Forsteinrichtungsmethoden bezeichnet wurden, beruhten folglich auf einem Konglomerat verschiedener Datenpraktiken mit ineinander übergehenden Übersetzungsschritten. Die historische Kontextualisierung der Taxationstechniken mit ihren Zwischenschritten und Übersetzungsprozessen von der Geländekarte über das Manual mit seinen Erfahrungstabellen bis zur fertigen Forsteinrichtungskarte stellt somit einen Beitrag zu einer Geschichte der umweltbezogenen Datenpraktiken dar. Diese frühe Form der Umweltdatenerhebung war dem Ideal verpflichtet, nachhaltige, also gleich groß bleibende Holzerträge zu garantieren – und letztendlich sozionatural geprägte Landschaftsräume in eine Forstkultur zu transformieren, die an dem Verwaltungskalkül ausgerich-

35 Krajewski, Markus: *Zettelwirtschaft. Die Geburt der Kartei aus dem Geiste der Bibliothek*, Berlin 2015.

36 Dommann, Monika/Suter, Mischa/Speich Chassé, Daniel: »Einleitung: Wissensgeschichte ökonomischer Praktiken«, in: *Berichte zur Wissenschaftsgeschichte* 37 (2), 2014, S. 107–111; Echterhölter, Anna: »Ökonomische Praktiken«, in: Echterhölter, Anna/Ladewig, Rebekka/Kammerer, Dietmar (Hg.): *ilinx – Berliner Beiträge zur Kulturwissenschaft*, Bd. 3: *Ökonomische Praktiken*, Hamburg 2013, S. VII–XXIV. Vgl. außerdem: Haller/Höhler/Westermann 2014.

37 Zu einer Historiografie der Datenpraktiken siehe: Oertzen, Christine von: »Die Historizität der Verdatung: Konzepte, Werkzeuge und Praktiken im 19. Jahrhundert«, in: *N. T. M. Zeitschrift für Geschichte der Wissenschaften, Technik und Medizin* 25 (4), 2017, S. 407–434; Aronova, Elena/Oertzen, Christine von/Sepkoski, David: »Introduction: Historicizing Big Data«, in: *Osiris* 32, 2017, S. 1–17; Müller-Wille, Staffan: »Names and Numbers: ›Data‹ in Classical Natural History, 1758–1859«, in: *Osiris* 32 (1), 2017, S. 109–128. Datenpraktiken der Forstwirtschaft spielen in den genannten Übersichtsbeiträgen keine Rolle.

tet ist. Ebendiese Kulturtechniken der nachhaltigen Holzerträge bildeten die Grundlage für die Bürokratie der kameralistischen Naturökonomie.

2.3 Linien, Grenzziehungen und Allmendeteilungen: Eine kulturtechnische Perspektive

Das Erlernen von Techniken, das Nachdenken über sie und die Handhabung von Hilfsmitteln ist Gegenstand der Kulturtechnikforschung. Technische, körperliche und symbolische Dimensionen von Praktiken stehen dabei sowohl in gegenseitiger Abhängigkeit als auch in Wechselwirkung zu ihren Umwelten. Aus der Perspektive der Kulturtechnikforschung drängen sich zur Forsttaxation mehrere Fragen auf: Welche Übersetzungsprozesse vom Wald auf Papier erfolgen während der Taxationsarbeiten? Welche Repräsentationsformen und Werkzeuge sind dabei involviert? Wie wirkt das Zeichnen von Linien auf Papier schließlich auf Landschaftsräume zurück? Der methodische Zugriff der Kulturtechnikforschung setzt bei den einzelnen Arbeitsschritten an und beleuchtet dabei auch die Handlungsmacht der Kulturtechniken in Rechtsordnungen und in der Kulturlandschaft.

Bruno Latours Konzept der »Operationskette« erweist sich als hilfreich, um die komplexen Kulturtechniken der Forsttaxation nachzuvollziehen. Innerhalb von Operationsketten greift eine Handlung das Ergebnis einer vorhergehenden Handlung auf.[38] Dabei werden Zwischenergebnisse oftmals auf Papier festgehalten. Als Inskriptionen dienen sie als Grundlage für Revisionen und folgende Arbeitsschritte. In der Kulturtechnikforschung ist auch von rekursiven Operationsketten die Rede. In Anlehnung an die Definition des Logikers Gottlob Frege beschreibt die Rekursion die Möglichkeit, »dieselbe Operation auf Resultate einer Operation anzuwenden«.[39] Verfahren zur Einteilung von Wäldern beispielsweise können in bereits unterteilten Forstabschnitten erneut zur Anwendung kommen. Dies ist keinesfalls als linear ablaufende Reihenfolge zu verstehen. Stattdessen betont die Kulturtechnikforschung die vielfältigen Rück- und Querbezüge auf Zwischenresultate, im Fall der Forsteinrichtung beispielsweise auf Taxationskarten und Holzertragstabellen.

Bei der Analyse historischer Praktiken kommt Lehrbüchern eine besondere Bedeutung zu, denn sie ermöglichen es, die relevantesten Arbeitsschritte wie auch miteinander interagierende Werkzeuge, Zeichen- und Ordnungssysteme zu rekonstruieren. Neben Handlungsanleitungen stellte die Kulturtechnikforscherin und Rechtshistorikerin Cornelia Vismann »Notationen, Prozessord-

38 Vgl. Schüttpelz 2008; Schüttpelz/Thielmann 2013, Heilmann, Till A.: »Zur Vorgängigkeit der Operationskette in der Medienwissenschaft und bei Leroi-Gourhan«, in: *Internationales Jahrbuch für Medienphilosophie* 2 (1), 2016, S. 7–30.

39 Schüttpelz 2006, S. 89.

nungen, Durchführungsbestimmungen« und »Regelungen in Kanzleischriften« als ideale Quellen heraus.[40] Sie vermitteln auch Nicht-Praktizierenden ein Praxiswissen über historische Kulturtechniken. Des Weiteren führte Jasmin Meerhoff in *Read me! Eine Kultur- und Mediengeschichte der Bedienungsanleitung* vor, wie das Erlernen (historischer) Techniken anhand von Handlungsanweisungen und Illustrationen aus der Gebrauchsliteratur nachvollzogen werden kann.[41] *Die Anleitung zur Taxation der Forste*, die Hartig auch als »Leitfaden« bezeichnet und der er ein »Taxations-Manual« mit konkreten, auf einzelne Distrikte bezogenen Handlungsanweisungen beifügt, richtete sich an die »jungen Forstleute in [seinem] Institute«[42] – 1796 noch im hessischen Dillenburg, später in der Nähe von Stuttgart, in Berlin sowie im nahegelegenen Eberswalde. Schließlich rezipierten aber auch viele andere Lehrende an verschiedenen Forsthochschulen Europas dieses Lehrbuch. Mit Rückbezug auf Vismanns rechtshistorisches Kulturtechnikverständnis wird im Folgenden analysiert, wie sich schriftliche Handlungsanleitungen, visuelle Repräsentationen auf Papier und das praktische Umsetzen der Lehre im Wald bei der Einübung dieser Forstkulturtechnik wechselseitig beeinflussten.

Ausgehend von der historischen Semantik von *colere* im Sinne von »anbauen, bearbeiten, Ackerbau betreiben« legte Vismann eine Interpretation von Kulturtechniken der Urbarmachung vor, zu denen beispielsweise das Bewässern, Pflanzen, Zähmen und Umzäunen zählen.[43] Vismann geht es um eine »elementare und archaische« Kulturtechnik, die auch für sämtliche waldbaulichen Arbeiten eine Grundlage darstellt, wenn auch in der Forstwirtschaft meistens kein Pflug zum Einsatz kommt:

> Das Ziehen einer Linie im Boden – um gleich bei einer elementaren und archaischen Kulturtechnik einzusetzen – wird vom Pflug ausgeführt. Dieses agrarische Gerät bestimmt den politischen Akt. Und es ist die Operation, die das Subjekt hervorbringt, das sich dann zum Herrscher über Gerät und Handlung gleichermaßen aufschwingen wird. So ist das Imperium Romanum Effekt der Linienziehung – einer Handlung, die im römischen Recht nicht zufällig als heilig galt. Ebenso rückt jemand in die rechtliche Position des Eigentümers durch den Akt des Linienziehens, des Umgrenzens eines eigenen Raumes, und nicht etwa gibt es ihn schon vor dieser Handlung.[44]

40 Vismann 2010, S. 176.

41 Meerhoff, Jasmin: *Read me! Eine Kultur- und Mediengeschichte der Bedienungsanleitung*, Bielefeld 2011.

42 Hartig: *Anweisung zur Taxation und Beschreibung der Forste*, 1804, S. 3.

43 Vismann 2010, S. 177.

44 Ebd., S. 171.

Dieses Zitat verdeutlicht zwei Thesen, mit denen Vismann die Kulturtechnikforschung um eine rechtshistorische Perspektive bereicherte und die zudem das Potenzial haben, neue Sichtweisen auf Forsttaxationstechniken zu eröffnen: Erstens resultieren gerade Linienziehungen in Landschaftsräumen aus der Gebrauchsweise der genutzten Hilfsmittel, seien es Äxte, Sägen, Messketten, Astrolabien oder Karten. Zweitens bringen Kulturtechniken politische Subjekte als Entscheidungsträger:innen hervor. Besonders offensichtlich ist dies bei Kulturtechniken, die Grenzziehungen realisieren.[45] Den Taxationsverfahren, den involvierten Werkzeugen und Visualisierungen kommt daher Handlungsmacht zu – und nicht nur den menschlichen Ausführenden der Linienziehung, die erst über das Erlernen der Kulturtechnik ihr Berufsverständnis als Geometer oder Taxatoren erhalten. Auch Eigentümer:innen kann es nur aufgrund von Gemarkungssteinen und Katastern geben. In der Konsequenz ist es relevant, die Taxation als Raumeinteilungsverfahren zu analysieren, auf das Landesvermessungen, Rechtsordnungen und Gesetze aufbauten. Von grundlegender Bedeutung sind dabei also nicht nur die ausführenden Personen, sondern auch die angewandten Verfahren. *De jure* sind Geometer und Taxatoren die menschlichen Akteure. *De facto* geben die vereinheitlichten Arbeitsschritte der Forsttaxation vor, wie ein Wald eingeteilt wird, wer zur Nutzung des Waldes berechtigt ist und wer nicht.[46]

Die neuen, lehrbuchmäßig vermittelten Kulturtechniken der Forsttaxation brachten nicht nur neue Einteilungen der Waldgebiete hervor, sie begründeten zugleich auch neue Auffassungen von Eigentumsverhältnissen. Der historische Kontext um 1800 war von der Aufteilung der Allmenden geprägt – der Auflösung der gemeinschaftlich genutzten Marken und ihrer Umwandlung in Privateigentum und Staatswälder. Europaweit fanden die Allmendeteilungen zu unterschiedlichen Zeiten in lang andauernden, diskontinuierlichen Prozessen statt. Im deutschsprachigen Raum begannen Allmendeteilungen im 16. Jahrhundert im Zuge der Bauernkriege. Die Schweizerische Eidgenossenschaft und andere Alpenregionen bilden in Europa insofern eine Ausnahme, als dass Allmendekorporationen, die Wald- und Weideflächen selbst verwalten, in einigen Kantonen bis zum heutigen Zeitpunkt fortbestehen.[47] In Preußen wurden die Gemeinheitsteilungen ab 1769 initiiert, in anderen Regionen

45 Vgl. Vismann, Cornelia: *Das Recht und seine Mittel*, hg. v. Markus Krajewski und Fabian Steinhauer, Frankfurt a. M. 2012. Insbesondere der Teil IV, »Land, Linien, Leseordnungen«, S. 277–362, ermöglicht rechtsphilosophische Vergleiche zwischen dem Vertrag von Tordesillas (1494), der eine Demarkationslinie zwischen den portugiesischen und spanischen Kolonialgebieten in Südamerika und im Atlantik bestimmte, und den europäischen Allmendeteilungen. Vgl. zudem das Kapitel »Beyond Abyssal Thinking: From Global Lines to Ecologies of Knowledges«, in: Santos, Boaventura de Sousa: *Epistemologies of the South. Justice Against Epistemicide*, London/New York 2014, S. 118–135.

46 Vgl. Vismann 2010, S. 172: »Man muss also unterscheiden zwischen Personen, die *de jure* souverän handeln, und Kulturtechniken, die *de facto* das Vorgehen bestimmen.«

47 Head-König, Anne-Lise/Lorenzetti, Luigi/Stuber, Martin et al. (Hg.): *Kollektive Weiden*

begannen sie im 19. Jahrhundert.[48] Ein wichtiger Referenzpunkt war die *Déclaration des Droits de l'Homme et du Citoyen* von 1789, die auch Privatbesitz zum Menschenrecht erklärte.[49] Mit den Allmendeteilungen einher ging die Aufhebung der traditionellen Gewohnheitsrechte, die es den Mitgliedern der jeweiligen Nutzungsgemeinschaft gestattet hatten, ihre Wälder als Dorfallmenden zu nutzen und gewissen Subsistenzpraktiken auch in Wäldern fremden Eigentums nachzugehen.[50] Vor dem 18. Jahrhundert hatten Bäuer:innen oft Zustimmung erhalten, wenn sie auf ihren traditionellen Gewohnheitsrechten bestanden.[51] Seitdem jedoch ab den 1820er Jahren zuerst Preußen und dann auch andere Regionen Holzdiebstahlgesetze erlassen und die Strafverfahren standardisiert hatten, wurde Brennholzsammeln zunehmend als Diebstahl geahndet. Im Zuge der Allmendeteilungen erwarben tendenziell vor allem Adlige, Großgrundbesitzende oder der Staat zusätzliche Landflächen. Kleinbäuer:innen und die unteren Bevölkerungsschichten verfügten dagegen wesentlich seltener über finanzielle Mittel, um Land zu kaufen. Aber sie waren subsistenzwirtschaftlich davon abhängig, weiterhin Brennholz, Reisig und Laub im Wald zu sammeln und ihre Ziegen, Schweine und Kühe dort weiden zu lassen. Durch die Aufteilung der Allmenden änderten sich sowohl die Waldnutzungspraktiken als auch das Landschaftsbild. Grenzziehungen ordneten ehemals multifunktional genutzte Flächen jeweils einer Wirtschaftsform zu.[52] Auf Karten wurden Forste, Äcker und Koppeln voneinander geschieden und mittels durchgezogener Linien, Schraffierungen und Farbgebung deutlich voneinander abgesetzt. In waldhistorischen Abhandlungen ist deshalb retrospektiv von einer »landschaftliche[n] Monotonisierung« und »neue[n] Landschaftsgrenzen« zwischen Forst, Weide und Feld die Rede.[53] Daher ist es so wichtig, jener Kul-

und Wälder. Ökonomie, Partizipation, Nachhaltigkeit/Pâturages et forêts collectifs. Economie, participation, durabilité, Zürich 2019.

48 Zückert, Hartmut, »Allmende«, in: Jaeger, Friedrich (Hg.): *Enzyklopädie der Neuzeit Online*, 2019. Einsehbar unter: dx.doi.org/10.1163/2352-0248_edn_a0101000 [Stand: 31.1.2025]. Vgl. Radkau 2018, S. 170 f.

49 Vgl. Demélas/Vivier 2003; insbes.: Vivier, Nadine: »Les biens communaux en France«, in: Demélas, Marie-Danielle/Vivier, Nadine (Hg.): *Les propriétés collectives face aux attaques libérales (1750–1914). Europe occidentale et Amérique latine*, Rennes 2003, S. 139–156.

50 Zum Gewohnheitsrecht siehe: Teuscher, Simon: *Erzähltes Recht. Lokale Herrschaft, Verschriftlichung und Traditionsbildung im Spätmittelalter*, Frankfurt a. M./New York 2007, insbes. Kapitel 3.3 (»Gewohnheiten, Rechte oder Rechtsgewohnheiten?«), S. 131–149.

51 Vgl. Trossbach, Werner: »Widerstand als Normalfall: Bauernunruhen in der Grafschaft Sayn-Wittgenstein-Wittgenstein 1696–1806«, in: *Westfälische Zeitschrift*, 135, 1985, S. 25–111, insbes. S. 68 ff.

52 Vgl. Küster, Hansjörg: *Geschichte des Waldes. Von der Urzeit bis zur Gegenwart*, München 2008, S. 178 ff.

53 Schmoll, Friedemann: *Erinnerung an die Natur. Die Geschichte des Naturschutzes im deutschen Kaiserreich*, Frankfurt a. M./New York 2004, S. 69.

turtechnik Aufmerksamkeit zu schenken, die diese Grenzziehungen realisierte und den Ausschluss vieler Bewirtschaftungsformen aus dem Wald erzwang.

»Techniken sind Systeme der Aneignung und Transformation von Natur«,[54] so lautet die Definition des Kulturwissenschaftlers Hartmut Böhme in einem Aufsatz zur historischen Semantik von Kultur. Die oben bereits erwähnte Etymologie von *colere* im Sinne von »anbauen, bearbeiten, Ackerbau betreiben« impliziert Umwandlungsprozesse von Natur in Kultur.[55] Eine weitere Wortbedeutung ist »ansässig sein, bewohnen« im Gegensatz zum Nomadentum. Das Aneignen eines Naturraumes, um mittels Techniken der Agrikultur eine langfristige, sesshafte Selbstversorgung zu ermöglichen, trifft Böhme zufolge einen Bedeutungskern des Wortfeldes von *colere.* »Die historische Semantik zeigt, daß es bei jedweder Kultivierung auf die Sicherung von räumlicher Ständigkeit und zeitlicher Stetigkeit ankommt.«[56] Die Techniken der nachhaltigen Holzertragsermittlung zielten in diesem Sinne auch auf die Einteilung von stabilen Raum- und Zeitordnungen ab: Der Wald wird in Distrikte unterteilt, denen der Taxationsplan Zeitabschnitte zuordnet, in denen Rodungen oder Fällungen stattfinden sollen. Praktiken, die der auf Taxationskarten festgelegten Raum- und Zeitordnung entgegenwirkten, galt es zu unterbinden. Deshalb beeinflusste die Taxation auch Waldnutzungsverbote, die sich an nicht »sesshafte« Menschen richteten. Wenn heute der Kulturtechnikbegriff genutzt wird, sollte daher die im historischen Wortgebrauch implizierte Diskriminierung von Kulturen des Wanderfeldbaus und alternierender Agroforstsysteme nicht reproduziert werden. Stattdessen sollte es darum gehen, zu analysieren, wie Kulturtechniken Grenzziehungen und Oppositionen entwerfen, verarbeiten, festigen, bestätigen oder verwerfen. Insbesondere in Bezug auf Waldnutzungskonflikte spielt die Frage nach der Aushandlung von wünschenswerten und nicht wünschenswerten Praktiken eine große Rolle. Forsteinrichtungsverfahren als Kulturtechniken zu analysieren, macht es notwendig, kritisch zu hinterfragen, wie Ideale von vollkommenen Waldbeständen und »nachhaltigen Erträgen« auf die sozionaturalen Umgebungen zurückwirkten. Im Verlauf der Studie gilt es herauszuarbeiten, wie kulturtechnische

54 Böhme, Hartmut: »Vom Cultus zur Kultur(wissenschaft). Zur historischen Semantik des Kulturbegriffs«, in: Glaser, Renate/Luserke, Matthias (Hg.): *Literaturwissenschaft – Kulturwissenschaft. Positionen, Themen, Perspektiven*, Opladen 1996, S. 48–68, hier S. 63.

55 In der Naturrechtslehre von Samuel von Pufendorf (1632–1694) gilt die bearbeitete Kultur als ein Gegenbegriff zur »werklosen« Natur und wird als Status absolut gesetzt. Im *Historischen Wörterbuch der Philosophie* wird darauf hingewiesen, dass das lateinische *cultura* zuvor vorwiegend in Verbindung mit einem Genitiv genutzt wurde. Neben der landwirtschaftlichen Sinnebene *(cultura agri)* nutzten frühchristliche und mittelalterliche Schriftsteller *cultura* auch im Sinn von »Verehrung«, zum Beispiel als *cultura Christi.* Vgl. Perpeet, Wilhelm: »Kultur, Kulturphilosophie«, in: Ritter, Joachim/Gründer, Karlfried (Hg.): *Historisches Wörterbuch der Philosophie*, Bd. 4, Basel 1976, Sp. 1309.

56 Böhme 1996, S. 53.

Verfahren als Reflexion zweiter Ordnung andere Kulturtechniken der Waldnutzung reglementierten und als Techniken der Raum- und Zeiteinteilung spezifische Landschaftsräume mit klaren Abgrenzungslinien hervorbrachten. Es ist kein Zufall, dass in der ersten Hälfte des 19. Jahrhunderts, als Forstwissenschaftler die Taxationsverfahren zum Zeichnen der Karten standardisierten und in Lehrbüchern festhielten, gleichzeitig eine Transformation von bäuerlich genutzten Mischwäldern in staatlich oder privat verwaltete Monokulturen stattfand. Die Taxation soll nun als eine Abfolge von Übersetzungsschritten vom Wald zur Karte und weiter zum eingeteilten Forst rekonstruiert werden. Zu fragen ist, auf welche Weise die Operationen auf Papier eine Handlungsmacht in der Waldlandschaft entfalteten.

2.4 Die Taxationskarte in Aktion: Übersetzungsschritte vom Wald auf das Papier

Betrachten wir eine solche Taxationskarte eines Waldgebiets (Abb. 2.1), so fällt zuallererst die Übersichtlichkeit und Ordnung auf, die die Zeichnung dem Gebiet auferlegt: Auf den ersten Blick dominieren Linien. Parallel zueinander verlaufend, sich senkrecht durchkreuzend oder in Zackenform dienen sie der Abgrenzung zwischen Forst und umliegenden Äckern. Die Linien unterteilen den Forst im Sinne der Taxationsmethode Hartigs in Distrikte, Abteilungen und Unterabteilungen. Der im Lehrbuch abgedruckte Taxationsplan von 1804 trägt den Titel *Die Herrschaftlichen Waldungen im Dianenburger Forste*. Angefertigt wurde diese »illuminirte Forstkarte«[57] von den Oberförstern Friedrich Carl Löwenstein und Wilhelm Eichel.[58] Abgesehen von den Titeln sind keine weiteren Informationen über die beteiligten Taxatoren und Geometer erhalten. Eine Signatur am unteren Kartenrand identifiziert den Kupferstecher: Johann Conrad Susemihl (1767–1846). Lange Zeit hatte er als Hofkupferstecher in Hessen-Darmstadt gedient, bevor er einen eigenen Verlag aufbaute, der auf Reproduktionsgrafiken in Architektur und Naturgeschichte spezialisiert war. Für seine Leistungen im Bereich der ornithologischen Abbildungen ehrte ihn die Wetterauische Gesellschaft für Naturkunde, in der auch Hartig Mitglied war.[59] Der Verlag Georg Wilhelm Friedrich Heyer, in dem Hartig die ersten

57 Hartig, Georg Ludwig/Löwenstein, Friedrich Carl/Eichel, Wilhelm: *Anweisung zur Taxation und Beschreibung der Forste. Zweyter oder practischer Theil. Nebst einer illuminirten Forstkarte und mehreren Tabellen*, 2. Aufl., Bd. 2, Gießen/Darmstadt 1805, Titelblatt.

58 Ebd., S. VII.

59 Vgl. »Susemihl, Johann Conrad«, in: Nagler, Georg Kaspar (Hg.): *Neues allgemeines Künstler-Lexicon oder Nachrichten von dem Leben und den Werken der Maler, Bildhauer, Baumeister, Kupferstecher, Formschneider, Lithographen, Zeichner, Medailleure, Elfenbeinarbeiter, etc.*, Bd. 18, München 1848, S. 2–4. Von 1800 bis 1817 fertigte Susemihl Kupferstiche von Vögeln an für das vielbeachtete Werk: Borkhausen, Moritz Balthasar/Lichthammer, Ernst Friedrich/

Auflagen des Taxationslehrbuchs publizieren ließ, war in Gießen und Darmstadt ansässig und hatte den stadtweit bekannten Kupferstecher und Zeichner möglicherweise beauftragt.

Im Kontrast zu der geometrischen Ästhetik, die das Kartenwerk strukturiert, stehen einzelne dekorative Elemente: Zum Beispiel lehnt unten an moosbewachsenen und pflanzenumrankten Holzscheiten eine Steintafel, auf der in Schreibschrift der Titel der Karte »eingemeißelt« ist. Auf der Karte selbst deuten gewundene Relieflinien Höhenunterschiede an und brechen somit ebenfalls mit der Ästhetik der geraden Linien. Weiterhin fallen die Mäander eines Flusses auf, der den Namen »Krumm Fluß« trägt.

Das Lehrbuchkapitel »Ueber die Gegenstände, welche der Geometer aufnehmen und auf die Karte zeichnen soll« empfiehlt den übenden Lesenden, »die Figur der [im Distrikt] befindlichen Berge oder Abhänge so deutlich und richtig, als möglich, zu zeichnen oder zu schraffiren«.[60] Um dieses Ziel zu erreichen, war es den Geometern überlassen, ob sie das Astrolabium, die Boussole, die Scheibe, den Messtisch oder andere Vermessungswerkzeuge nutzten.[61] Erklärungsbedürftiger als die Auswahl der Messinstrumente, die von dem individuellen Ausbildungsweg und den praktischen Vorlieben abhing, waren die Papierpraktiken und die einzelnen Arbeitsschritte, die zur Taxationskarte führen sollten. Dabei galt es, den Anspruch auf exakte Darstellung topografischer Bedingungen zu erfüllen. Kombinationen des Adjektivs »genau« mit den Verben »messen«, »kartieren« oder »zeichnen« sind in Hartigs *Anweisung zur Taxation und Beschreibung der Forste* daher omnipräsent: »Ueberhaupt sollen alle zu bemerkenden Gegenstände genau und so scharf, als möglich, gezeichnet, und zur Ausarbeitung der Karten dauerhafte Farben, und feines, starkes und sehr weißes Papier genommen werden.«[62] Aber wie wurde dieser hohe Anspruch realisiert?

Bei der Übersetzung eines Waldgebiets auf Papier dienten letztendlich Geraden und bunte Farbflächen als zentrale Bildelemente. Was passierte nun mit jenen Charakteristika des Waldraumes, die nicht in Form von Linien »deutlich und richtig« abgezeichnet werden konnten? Hartig plädierte dafür, die jeweils vorherrschende Baumart einer Fläche mit einer Farbe zu repräsentie-

Bekker, Georg (Hg.): *Teutsche Ornithologie oder Naturgeschichte aller Vögel Teutschlands in naturgetreuen Abbildungen und Beschreibungen*, Darmstadt 1817.

60 Hartig: *Anweisung zur Taxation und Beschreibung der Forste*, Bd. 1, 1804, S. 17.

61 »Hat man aber einen Geometer anstellen müssen, der mit allen Instrumenten zu messen nicht versteht – dagegen mit seinem gewohnten Instrumente sehr genau messen kann, wie dies nicht selten der Fall ist, so zwinge man einen solchen Geometer nur nicht, mit einem andern Instrumente zu messen, wenn man richtige Arbeit gemacht haben will. Ich kenne Geometer, die mit dem Meßtischgen einen großen Forst äußerst genau aufgenommen haben, die aber nicht im Stande sind, mit der Boussole oder mit einem andern Instrumente nur einen Acker richtig zu messen.« Ebd., S. 16. Zusätzlich verwies Georg Ludwig Hartig auf die Publikationen seines Bruders Friedrich Karl Hartig, der selbst Astrolabien herstellte.

62 Ebd., S. 23.

N:o 2.
Terrain-Karte von dem Niederwalde im Dianenburger Forst-Reviere mit darauf bemerkter Schlag-Eintheilung
Der Rehberg
N:o I
N:o II
Der Donnerberg
N:o I
N:o II
Erklærung der Farben in obiger Terrain-Karte
1) Braun bedeutet guten Bode
2) Gelb mittelmæßigen
3) Blau Schlechten Boden
Erklærung der Farben und andern Zeichen
Farben zur Bezeichnung der dominirenden Holzarten
Eichen
Buchen
Birken
Nadelholz
Zeichen um die Vermischung anzudeuten
Eiche
Buche
Hainbuche
Birke
Zeichen um den Boden zu beschreiben
Dammerde
Lehm
Thon
Kies
gebrochene Steine
Fels
Farben-Umfassung wodurch die periodischen Wirthschafts-Theile bezeichnet sind
I Periode
II Periode
III Periode
IV Periode
N:o 1.
Thalheimer Heia
Der Rehberg
VI. Per: N. 2.
Der Auwald
I. Per: N. 1.
IV. Per: Die Pracht
Thalheimer
Ackerfeld
Flur
Maasstab von 120 Ruthen auf einen R

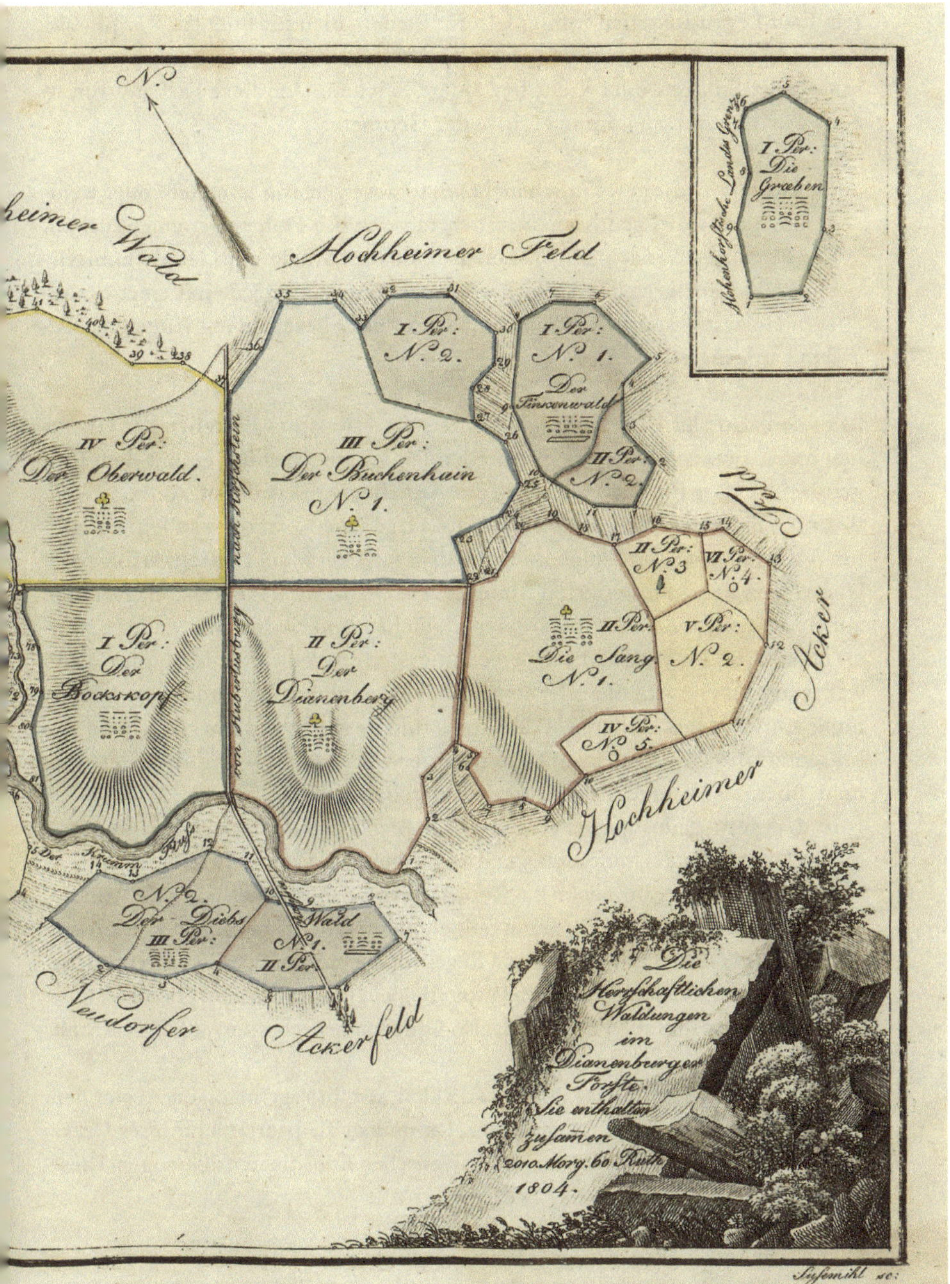

Abb. 2.1: Georg Ludwig Hartig, Friedrich Carl Löwenstein, Wilhelm Eichel: *Die Herrschaftlichen Waldungen im Dianenburger Forste*, 1804, Kupferstich, signiert von Johann Conrad Susemihl.

ren. Laut Legende stehen somit Gelb für Eichen, Blau für Buchen, Rot für Birken und Grün für Nadelholz (Abb. 2.3). Weiß bleiben sollen Baumbestände mit großen Lücken oder nicht bewaldete Flächen. Um diese Farbzuordnungen verwirklichen zu können, müsse der Geometer:

> die Holzarten, die gewöhnlich nicht scharf absetzen, sondern mehr oder weniger tief ineinander geflossen da stehen, mit wenigen Linien zu trennen suchen, diese nur zum Visiren aufgehauenen Linien im Walde mit kleinen numerirten Pfählchen bezeichnen, sie auf die Karte tragen, und jede mit einer besondern Holzart bestandene Fläche mit der zu ihrer Bezeichnung vorgeschriebenen Farbe matt decken.[63]

Es finden also vier Übersetzungsschritte statt: zuerst das Einteilen des eigentlich nur schwer in Holzarten einzuteilenden Waldes, verbunden mit dem Eingeständnis, dass für das Visieren – das Anpeilen von erhöhten Punkten – zu Beginn nur »wenige Linien« im Wald »aufgehauen« werden sollen. Daraufhin ordnet man diesen Linien Zahlen auf »Pfählchen« zu. Drittens erfolgt das Übertragen der nummerierten Linien sowie der somit abgegrenzten Flächen auf eine Karte, und viertens werden die Flächen je nach dominierender Baumart eingefärbt. Im Verlauf der Übersetzungsschritte verschwindet das im Wald wahrgenommene »Ineinanderfließen« der Baumarten. Es findet eine Entfernung von dem tatsächlichen Wald statt, und es entsteht die »künstliche Repräsentation«[64] der Karte, auf die man verweisen kann – und die es ermöglicht, über das Waldgebiet abstrakt zu sprechen.

In dem foto-philosophischen Essay *Der Pedologenfaden von Boa Vista* nutzt Bruno Latour die Terminologie der Übersetzungen, Repräsentationen und Inskriptionen, um unter anderem das Zuordnen von Zahlen innerhalb eines Waldes analytisch fassen zu können. Seine teilnehmenden Beobachtungen entstanden während einer Forschungsreise in ein Regenwaldgebiet bei Boa Vista im nordbrasilianischen Bundesstaat Roraima. Latour begleitete eine Geomorphologin, eine Botanikerin sowie einen Pedologen, also Bodenwissenschaftler, auf ihrer Arbeit.

> Sie [Edileusa Setta-Silva, Botanikerin] hat also in regelmäßigen Abständen eines dieser kleinen Schilder angebracht und so die paar Hektar ihres Untersuchungsfeldes mit einem Netz von kartesischen Koordinaten überzogen. Diese

63 Zuvor sollen die »Umfanglinien des Waldes« bestimmt, angrenzende Grundstücke eingezeichnet und »merkwürdige, unbewegliche und dauerhafte Gegenstände«, wie etwa Felsen oder Brunnen, vermerkt werden. Hartig: *Anweisung zur Taxation und Beschreibung der Forste*, Bd. 1, 1804, S. 16 f.

64 Latour, Bruno: »Der ›Pedologen-Faden‹ von Boa Vista – eine photo-philosophische Montage«, in: Latour, Bruno: *Der Berliner Schlüssel. Erkundungen eines Liebhabers der Wissenschaften*, übers. v. Gustav Roßler, Berlin 1996, S. 191–248, hier S. 197.

> Nummern werden ihr später helfen, die Unterschiede im Wachstum und im Vorkommen der Arten festzuhalten. […] Der quadrierte Urwald bietet sich bereits dar zur Sammlung von Informationen auf kariertem Papier.[65]

Übersetzungsschritte, die im Wald als Schilder beginnen, können in Form von Inskriptionen in Labore oder Bibliotheken anderer Orte transportiert werden und schließlich in Publikationen innerhalb der Wissenschaftsgemeinschaft zirkulieren. Latours theoretisches Konzept rund um diese »zirkulierende Referenz« bieten sich an, um die Forsttaxationsarbeiten und die in den Lehrbüchern festgehaltenen Arbeitsschritte besser zu verstehen. Übersetzungsschritte, auf die weitere folgen und aufbauen, bilden auch bei Hartig die Grundlage dafür, dass mit Hilfe einer Repräsentation des Waldes auf Papier Entscheidungen über eine nachhaltige Forstwirtschaft getroffen werden können. Die Konsequenz zeigt sich hier ebenfalls in Form eines »quadrierte[n] […] Urwald[es]«:[66] einer Umgestaltung, die sich im Dianenburger Forst zunächst durch das Aufhauen von Linien und das Anbringen von nummerierten Pfählen äußert – anhand einer strikt geplanten Reihenfolge von Schlägen, die die Taxationskarte visualisiert. Der komplexe Lebensraum Wald wird nicht nur, wie Latour schreibt, »mit einem Netz […] überzogen«,[67] sondern zugleich auf bestimmte Informationen reduziert, die auf Papier festgehalten werden. Neben der Komplexitätsreduktion findet gleichzeitig eine »Amplifikation« statt, eine Anreicherung mit weiteren Informationen: Es wird ein neues, verdichtetes Zeichenbild geschaffen, auf das in den weiteren Bearbeitungsschritten und in der Verwaltung verwiesen werden kann, das nachträglich ergänzt oder revidiert werden kann – ein standardisiertes Medium, das zirkuliert und fortan eine tragende Referenz innerhalb der Operationsketten von Wissenschaft und Verwaltung bildet.

Im Fall der Forsteinrichtungskarte bleibt die Komplexitätsreduktion nicht ohne Folgen: Die Taxationskarte erweckt beim ersten Betrachten den Anschein, als bestünde die gelb gefärbte Unterabteilung des Auwaldes nur aus Eichen, der rechte grüne Teil nur aus Nadelholz (Abb. 2.2). Erst nach genauerem Studieren der Legende (Abb. 2.3) bemerkt man »Zeichen um die Vermischung anzudeuten«. Diese Baumpiktogramme stehen für die zweithäufigste Baumart. So befindet sich auf dem grün hinterlegten Auwald in Flussnähe auch ein Zeichen für die Eiche. Ob das Nadelholz eindeutig dominiert oder ob es verhältnismäßig viele Eichen gibt, ist auf der Karte nicht verzeichnet. Für die dritt-, viert- und fünfthäufigsten Baumarten sind weder Piktogramme noch andere Notationsformen vorgesehen. An dieser Stelle der Übersetzungskette zeigt sich

65 Latour, Bruno: »Zirkulierende Referenz. Bodenstichproben aus dem Urwald am Amazonas«, in: Latour, Bruno: *Die Hoffnung der Pandora. Untersuchungen zur Wirklichkeit der Wissenschaft,* übers. v. Gustav Roßler, Frankfurt a. M. 2002, S. 45.

66 Ebd.

67 Ebd.

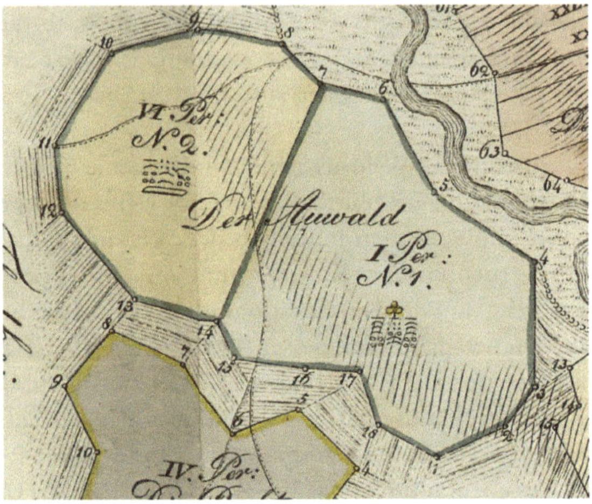

Abb. 2.2: Detailansicht des Auwaldes. Hartig/Löwenstein/Eichel: *Die Herrschaftlichen Waldungen im Dianenburger Forste*, 1804.

Abb. 2.3: Detailansicht der Legende. Hartig/Löwenstein/Eichel: *Die Herrschaftlichen Waldungen im Dianenburger Forste*, 1804.

in aller Deutlichkeit die Operativität der Karten und ihrer Bildpraktiken. Die Komplexitätsreduktion zugunsten der häufigsten Baumarten trägt dazu bei, dass sich einheitlich bestandene Waldflächen als neues Ideal etablieren. Die Karte repräsentiert nicht nur, sie wird zum Akteur. Homogene Waldflächen – im heutigen Sprachgebrauch Monokulturen – führt die Forsttaxationskarte als Standard vor Augen.

Die Notationsverfahren und ihre einzelnen Verzeichnungsschritte enthalten weitere Hinweise darauf, wie umweltbezogene Daten generiert werden. Unterhalb der Baumpiktogramme erläutert die Legende »Zeichen um den Boden zu beschreiben«: Drei Kreuze stehen für Tonerde, drei Punkte für Kies, eine geschwungene Linie für Lehm und Striche für Dammerde. Diese Zeichen sind untereinander angeordnet, womit die Taxatoren eine Analogie zur Veränderung der Bodenarten in Abhängigkeit von der Bodentiefe herstellen. Um die »aufeinander liegenden Erdschichten durch angenommene Zeichen«[68] auf der Karte »notiren« zu können, hatten sie zuvor in jedem Distrikt mehrere »zwey bis drey Fuß«[69] tiefe Löcher geschlagen. Dieses Notationssystem verdichtet also Ergebnisse, zu denen die Taxatoren und ihre Mitarbeitenden bei Bodenproben in den jeweiligen Walddistrikten gelangt waren.

Bei der Notation spielen jedoch nicht nur die Farbflächen eine große Rolle, sondern auch die sogenannten Umtriebszeiten. Als vierte Zeichenkategorie führt die Legende eine »Farben-Umfahrung wo durch die periodischen Wirtschaftstheile bezeichnet sind« auf. Die Periode eines Wirtschaftstheils wird auf der Karte mit römischen Zahlen und der Abkürzung »Per.« angegeben. Sie bezeichnet den Zeitraum, nach dem eine Waldfläche komplett gefällt und neu angepflanzt oder ausgesät werden soll.[70] Die Periode eines Wirtschaftsteils, wie sie in der Legende vermerkt ist, dauert gemäß dieser Taxationskarte zehn Jahre (Abb. 2.3 und 2.1). Die grün eingerahmten Flächen der ersten Periode sollen in zehn Jahren gefällt werden, die rot gerahmten Flächen der zweiten Periode in 20 Jahren und so fort. Nach 40 Jahren soll sich der Turnus wiederholen, weil nach jeder Rodung eine Fläche zur Neuaussaat oder Anpflanzung frei wurde, auf der die Bäume in der Zwischenzeit nachwachsen konnten. Nach 40 Jahren steht theoretisch also erstmals und fortan für immer eine Fläche mit 40-jährigen Bäumen zum Fällen zur Verfügung.

68 Hartig: *Anweisung zur Taxation und Beschreibung der Forste*, Bd. 1, 1804, S. 32.

69 Ebd.

70 »Periode. Bei der Forsttaxation oder Forstbetriebseinrichtung theilt man die Benutzung der Holzbestände in Perioden ab, und zählt mehrere Perioden zu einer Umtriebszeit oder zu einem Turnus. Wenn z. B. die Umtriebszeit für einen Fort auf 120 Jahre festgesetzt ist, so theilt man sie in 6 zwanzigjährige Perioden, und bestimmt für jede Periode so viele Holzbestände, als nöthig sind, um in jeder Periode, also auch in jedem Jahre, eine gleich große Holzmasse benützen zu können. – Die Bestimmung der Länge der Perioden ist willkührlich, doch müssen sie alle gleich lang seyn.« Vgl. »Periode«, in: Hartig/Hartig: *Forstliches und forstnaturwissenschaftliches Conversations-Lexikon*, 1834, S. 599.

Schlussendlich erweckt die Taxationskarte mit ihrer Einteilung in Umtriebszeiten und Perioden also die Illusion eines selbsterhaltenden Systems. Diese Hypothese soll im Verlauf dieses Buches in verschiedenen Kontexten überprüft werden: im Hinblick auf die Handlungsmacht der Karten, Tabellen und anderen papiernen Medien, die Operationen der Hauung und Neuanpflanzung anleiten und übersichtlich präsentieren.

2.5 Auf einen Blick: Die Handlungsmacht der Karten und Tabellen

Forstkarten sollen einen schnellen Überblick über ein Gebiet ermöglichen und den Blick orientieren auf das, was von forstwirtschaftlichem Interesse ist. Legenden und deren Kategorisierungen treffen Vorentscheidungen darüber, was dargestellt werden kann – und was nicht. Aber wie hatten Zeichnende und Taxatoren dabei vorzugehen? Eine einseitige »Vorschrift zur Zeichnung der Forstkarten« (Abb. 2.4) legt ganz am Anfang des Buches einheitliche Piktogramme und Farbsymboliken für Holzarten, Bodenarten, Grenzzeichen und die periodische Einteilung fest. Auf diese standardisierte Systematik der Zeichen und Farben konnten die Taxatoren zurückgreifen, wenn sie die Legende für das jeweils zu taxierende Waldgebiet entwickelten. Dabei fällt auch hier auf, dass diese Vorlage für Legenden keine Zeichen für Mischwälder enthält, sodass diese in der Konsequenz auch auf den Taxationskarten fehlten. Angaben zur Zusammensetzung von Mischwäldern machte lediglich das beiliegende Taxations-Manual in ausgeschriebenen Sätzen. Weil die Legendensystematik vorgab, dass in jedem Distrikt eine dominierende Baumart farblich hervorgehoben werden muss, fanden Mischwälder auf Karten keine Repräsentation. Somit verfestigte die Darstellungslogik der Taxationskarte – als Produkt einer strikten Abfolge von Übersetzungsschritten – einen Eindruck von Monokulturen.

In dem Unterkapitel »Ueber die zweckmäßigste Art, die Forstkarten zu zeichnen und zu illuminiren«[71] rechtfertigt Hartig die Auslassung von Informationen über gemischte Waldbestände:

> Will der Zeichner ein dem Walde wirklich ähnliches Bild hinwerfen; so wird es ihm nicht möglich seyn, dasselbe so vollkommen zu bearbeiten, daß selbst der größte Kenner von Zeichnungen beym ersten Blicke auf die Karte die Holzarten unterscheiden könnte. Es wird den Einen immer viele Mühe kosten, ein solches Bild zu zeichnen, und den Andern, es zu verstehen.[72]

71 Hartig: *Anweisung zur Taxation und Beschreibung der Forste*, Bd. 1, 1804, S. 21 ff.

72 Ebd., S. 21.

Bei der Taxationskarte geht es also nicht primär darum, eine Analogie im Sinne einer Ähnlichkeitsbeziehung zum Wald herzustellen. Aus Gründen der Übersichtlichkeit erscheint es als pragmatischste Lösung, die Holzarten mit verschiedenen Farben zu repräsentieren und Hinweise zu geben, wie die beiden häufigsten Baumarten geschätzt werden sollen. Damit weisen Taxationskarten formale Ähnlichkeiten zu Pflanzenverteilungskarten auf, deren Gestaltungsprinzipien im 18. und 19. Jahrhundert ebenfalls ausdifferenziert und standardisiert wurden. Beide Kartentypen sind Variationen von thematischen Karten.[73] Im Gegensatz zu Pflanzenverteilungskarten sind botanische Charakteristika und die Verteilung der Baumarten bei Taxationskarten von geringerem Interesse als die Ertragsleistungen und Altersklassen der Bäume sowie die Differenzierung zwischen Holzkategorien. Auffällig ist, dass sich die Zeichner:innen der Forsttaxationskarten nicht nur auf einen Sachverhalt konzentrierten, sondern verschiedene Informationskategorien kombiniert zur übersichtlichen Darstellung brachten. Ein Alleinstellungsmerkmal stellt dabei das räumliche und zeitliche Einteilungsprinzip der Umtriebszeiten dar.

»Beym ersten Blick«[74] ist ein von den Forsttaxatoren häufig gewählter Ausdruck, der die Übersichtlichkeit und Anschaulichkeit – die Prägnanz[75] – der Informationen verdeutlichen soll und der über eine lange Anwendungsgeschichte verfügt, die an dieser Stelle für den deutschsprachigen Diskurs überblicksartig nachgezeichnet werden soll.[76] Schon Gottfried Wilhelm Leibniz lobte im

73 Allgemein zur Geschichte thematischer Karten siehe u. a.: Robinson 1982. Zu Pflanzenverteilungskarten: Güttler 2014; Güttler, Nils: »Drawing the Line: Mapping Cultivated Plants and Seeing Nature in Nineteenth-Century Plant Geography«, in: Phillips, Denise/Kingsland, Sharon (Hg.): *New Perspectives on the History of Life Sciences and Agriculture,* Cham 2015, S. 27–52.

74 Hartig: *Anweisung zur Taxation und Beschreibung der Forste*, Bd. 1, 1804, S. 21.

75 Vgl. Schneider, Birgit: »Prägnanz als Kriterium für die Präzision diagrammatischer Bilder«, in: Bruhn, Matthias/Hillnhütter, Sara (Hg.): *Bilder der Präzision. Praktiken der Verfeinerung in Technik, Kunst und Wissenschaft*, Berlin/Boston 2018b, S. 259–267. Die Etymologie bezieht Schneider auf das lateinische »praegnans« für »schwanger, trächtig, gehaltvoll, umfassend, gedrängt« und das mittelhochdeutsche »bræchen, præchen« (prägen) im Sinne von »einpressen, abbilden«. »Prägnanz wird hergestellt, indem mittels Linien charakteristische Eigenschaften des Dargestellten in einer Weise abstrahiert und kondensiert werden, dass eine schnelle einprägsame und verständliche Figur dabei entsteht.« Ebd., S. 261 f.

76 Zur Historisierung des Ausdrucks »auf einen Blick« beziehungsweise »à coup d'œil« vgl. außerdem Bigg, Charlotte: »Das Panorama, oder La Nature A Coup d'Œil«, in: *Nach Feierabend. Zürcher Jahrbuch für Wissensgeschichte*, 2005, S. 33–55; Cronjäger, Lisa/Schöning, Antonia von: »Auf einen Blick«, in: Krajewski, Markus/Schöning, Antonia von/Wimmer, Mario (Hg.): *Enzyklopädie der Genauigkeit*, Konstanz 2021, S. 16–29. Lorraine Daston spricht von »All-At-Once-Ness«, einer »condensation of laborious, step-by-step procedures into an immediate *coup d'œil*«; Daston, Lorraine: »On Scientific Observation«, in: *Isis* 99 (1), 2008, S. 108. An anderer Stelle schreibt Daston einen »god-like glance« Alexander von Humboldt zu. Den »Humboldtian gaze« charakterisiert sie als »a way of seeing that was at once morphological and numerical, aesthetic and scientific, local and global.« Daston, Lorraine: »The Humboldtian Gaze«, in: Epple, Moritz/Zittel, Claus (Hg.): *Science as Cultural Practice.*

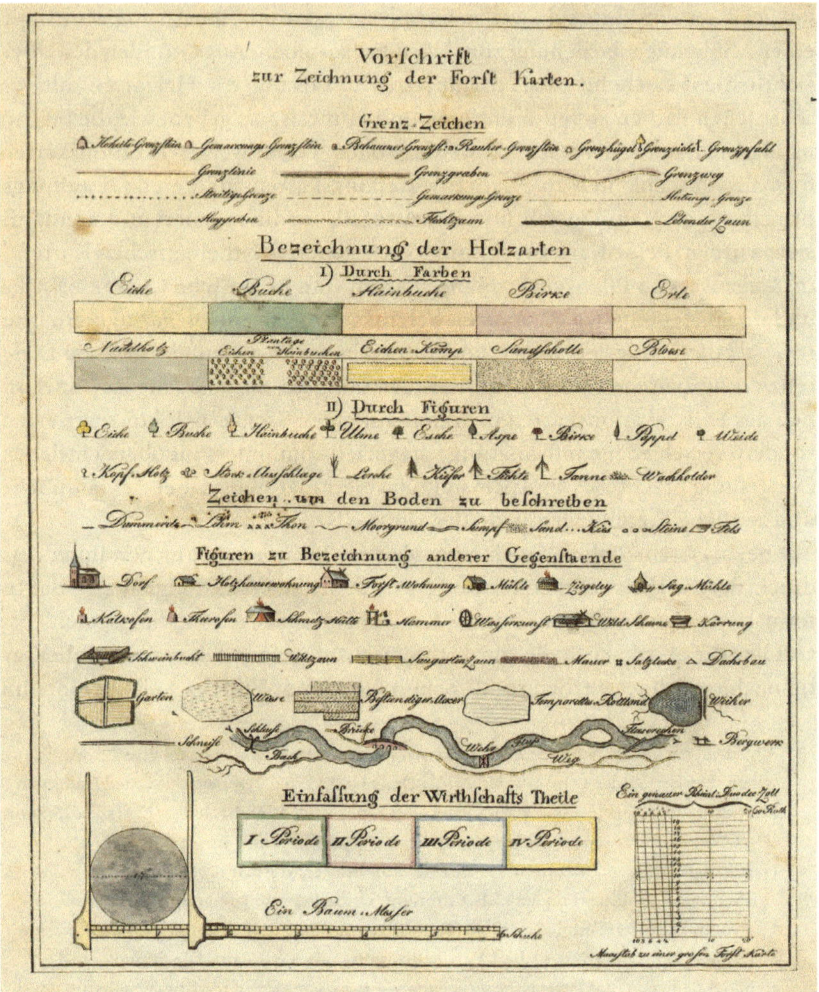

Abb. 2.4: *Vorschrift zur Zeichnung der Forstkarten*, gegenüber der Titelseite des Buches. Hartig: *Anweisung zur Taxation und Beschreibung der Forste*, Bd. 1, 1804.

Jahr 1680 »Staatstafeln« im Tabellenformat dafür, dass sie es möglich machten, alle Staatsdinge »gleichsam in einen Augenblick zu übersehen.«[77] In kameralistischen Handbüchern, etwa von Veit Ludwig von Seckendorff und Julius Eberhard von Massow, fanden Variationen des Ausdrucks »auf einen Blick« ebenfalls Verwendung. Cornelia Vismann zufolge kann der Überblick über Menschen und Rohstoffe als ein zentrales Regierungsziel des Kameralismus und des »Policeywesens« gelten. Mit Verweis auf Michel Foucault spricht sie von einem »Dispositiv der Sichtbarkeit« – etabliert auf Tabellen und Staatstafeln.[78]

Johann Heinrich Gottlob von Justi beschrieb in den *Grundsätzen der Policeywissenschaft* von 1756 Verfahren, wie Holzerträge bestimmt werden sollten. In diesem viel gelesenen Standardwerk adressiert der Kameralist die Forstwirtschaft als die »zweyte Hauptart der Oeconomien des Landes«,[79] direkt nach der Landwirtschaft. Um sicherzustellen, dass es allen Menschen möglich sei, Feuer zu machen, und – so schreibt er an anderer Stelle – um die Holzpreise für die großen holzverbrauchenden Gewerbe, etwa den Bergbau und die Salinenwirtschaft, möglichst gering zu halten, sei es erforderlich, dass die »Landes-Policey« den Überblick über vorhandene Holzvorräte wahre. Wörtlich heißt es, die Polizei müsse »die Sachen gründlich und gleichsam auf einen Blick im Zusammenhange übersehen«[80] können. Zu diesem Zweck empfahl Justi, einen »genaue[n] Ueberschlag«[81] und »genaue Risse und Charten, nebst umständlichen Beschreibungen«[82] zu machen und mit Hilfe von »Extracte[n] und Tabelle[n]« zu bestimmen, »wie viel daraus jährlich wirthschaftlicher Weise geschlagen werden kann«.[83] Nach diesem Prinzip ging auch Hartig in seiner Anleitung zur *Taxation der Forste* vor. Von zuvor erstellten Erfahrungstabellen las er die Ertragsfähigkeit von Bäumen in Abhängigkeit von der Region, dem Boden, der Bewirtschaftung und dem Alter ab. Davon ausgehend ließ sich für die jeweilige Waldregion bestimmen, in welchem Alter die Bäume am besten gefällt werden sollten (Abb. 2.7). Die Kameralwissenschaft prägte also nicht nur die Datenpraktiken und Medien-

Cultures and Politics of Research from the Early Modern Period to the Age of Extremes, Berlin 2010, S. 45. Zum sogenannten »god trick«, der mit einer männlichen Wissenschaftspersona assoziiert ist, die alles von überall beobachten kann, siehe: Haraway 1991. Siehe auch das Kapitel 5 der vorliegenden Arbeit, in dem die Forsttaxationskarten in Bezug auf Alexander von Humboldts Naturgemälde diskutiert werden.

77 Leibniz, Gottfried Wilhelm (1680): »Entwurff gewisser Staatstafeln«, in: *Sämtliche Schriften und Briefe*, hg. v. der Akademie der Wissenschaften der DDR, Bd. 3, Berlin 1986, S. 343.

78 Vgl. Vismann 2001, besonders das Unterkapitel IV.1.a (»Tabellen«), S. 204–217.

79 Justi, Johann Heinrich Gottlob von (1756): *Grundsätze der Policey-Wissenschaft in einem vernünftigen, auf den Endzweck der Policey gegründeten, Zusammenhange und zum Gebrauch Academischer Vorlesungen abgefasset*, 2. Aufl., Göttingen 1759, S. 104.

80 Ebd., S. 340.

81 Ebd., S. 104.

82 Ebd.

83 Ebd.

formate der Forstwissenschaft, sondern auch das Selbstverständnis des Faches, das just in dem Ausdruck »auf einen Blick« Resonanz findet.

Die zunehmende Anfertigung von Forsttaxationskarten nach standardisierten Mustern fällt in eine Zeit, die als Revolution der Statistik historisiert wurde – in der laut dem Wissenschaftshistoriker Ian Hacking eine »Lawine der gedruckten Zahlen«[84] ins Rollen kam. Obwohl Hacking die gedruckten Zahlen vor allem auf Statistiken und Tabellenwerke im Zusammenhang mit der Gründung von statistischen Instituten im 19. Jahrhundert untersucht, könnte man im Zuge der Institutionalisierung der Forsttaxationslehre auch von einer Lawine der gedruckten oder gezeichneten Forsttaxationskarten sprechen. Von einem Wandel in der Statistikgeschichte, der sich darin äußert, dass um 1800 neben Tabellen auch vermehrt auf räumlich-topografische Repräsentationen von Informationen zurückgegriffen wurde, spricht auch Birgit Schneider. In der Monografie *Klimabilder. Eine Genealogie globaler Bildpolitiken von Klima und Klimawandel* thematisiert sie die Vorgeschichte von Wetterkarten und anderen Notationsformen des Klimas.[85] Wetteraufzeichnungstabellen verortet Schneider in einem visuellen Diskurs, zu dem neben astronomischen Tabellen und Staatstafeln auch die forstwissenschaftlichen Holzertragstabellen zu zählen sind. Ende des 18. Jahrhunderts ergänzten Wissenschaftler:innen und das Verwaltungspersonal verschiedener Disziplinen Tabellen immer häufiger durch Karten, auf denen sie die wichtigsten Daten verzeichneten. Für die Forstwissenschaft lässt sich diese Entwicklung bestätigen. Auf den Karten verdichteten Taxatoren Ergebnisse, die sie zuvor in Feldversuchen ermittelt und in Tabellen eingetragen hatten. Auf die topografischen Karten fügten sie die aggregierten Daten mit Hilfe von Einfärbungen, Piktogrammen und Ziffern ein. Daher lassen sich Taxationskarten auch als Vorformen der grafischen Statistik einordnen, die sich in der zweiten Hälfte des 19. Jahrhunderts durchsetzte. Statistische Büros sowie andere Verwaltungsinstanzen griffen vermehrt auf grafische Statistiken zurück, um wirtschaftlich und administrativ relevante Daten in eine bildliche Darstellung zu übersetzen. Karten dienten nun in vielen Fällen als schematischer Hintergrund und somit als eine Art Organisationshilfe für die Informationen, um deren visuelle Repräsentation die Statistiker:innen bemüht waren. In der zweiten Hälfte des 19. Jahrhunderts präsentierten Ländervertretungen die aufwendig gestalteten Grafiken auf internationalen Kongressen und Weltausstellungen, was den repräsentationspolitischen Charakter der statistischen Karten verdeutlicht.[86] Oftmals gehörten auch Taxations- beziehungsweise Forsteinrichtungskarten zu den Ausstellungsobjekten.

84 Hacking, Ian: »Biopower and the Avalanche of Printed Numbers«, in: *Humanities in Society* 5, 1982, S. 279–295.

85 Schneider 2018a, insbes. Teil II »Genealogie. Die Sichtbarmachung von Wetter und Klima«, S. 63–117.

86 Speziell zur Geschichte der grafischen Statistik in diesem Zusammenhang: Schöning,

Gemein ist allen hier besprochenen Darstellungsformen – Tabellen, Pflanzenverteilungskarten, Taxationskarten und anderen Varianten der thematischen Kartografie –, dass sie bei den Betrachter:innen einen Überblick über die jeweils für relevant erachteten Aspekte vermitteln sollten. Im *Forstlichen Conversations-Lexikon* etwa vertraten Georg Ludwig und Theodor Hartig den Anspruch, dass »man aber die Verschiedenheit der Holzgattungen im Forste mit einem Blicke auf der Karte übersehen«[87] können müsse. Fast zweihundert Jahre später weist Bruno Latour in seinem foto-philosophischen Essay auf die Doppeldeutigkeit des Verbs »übersehen« hin: einen Überblick haben und Aspekte aus den Augen verlieren: »Indem man den Urwald verliert, gewinnt man das Wissen über ihn.«[88] Indem der Lebensraum Wald insbesondere hinsichtlich ausgewählter »interessanter Gegenstände«[89] interpretiert wird, findet nach jedem Übersetzungs- und Verzeichnungsschritt eine Komplexitätsreduktion statt, in unserem Fall zugunsten der häufigsten Baumarten. Dies trägt dazu bei, dass sich »vollkommen« bestandene, homogene Waldflächen als Ideal etablierten. Die Taxationskarte repräsentiert nicht nur die für relevant erachteten Informationen, die zuvor vom Wald über Tabellen, schriftliche Notizen auf eine Karte übersetzt wurden. Vielmehr werden diese Medienformate mit ihren zwangsläufig reduzierenden Lesarten zu Akteuren. Sie legen die Übersicht über einheitliche Waldbestände als etwas Anzustrebendes nahe. Wie Forsttaxationskarte, Erfahrungstabellen und Taxationsmanual zusammenwirkten und die Transformation von Mischwäldern zu »vollkommenen Waldbeständen« herbeiführen sollten, wird im Folgenden nachvollzogen.

2.6 Der »vollkommene« Waldbestand: Ein Maßstab auf Versuchsflächen und Erfahrungstabellen

Forstkarten lassen das Ideal »vollkommener Holzbestände« in Erscheinung treten. In einem »vollkommenen« Forstdistrikt finden sich ausschließlich Bäume einer einzigen Holzart und Altersklasse. So heißt es in Hartigs Taxations-Manual: »Die Unterabtheilung a hat ganz vollkommenen Bestand von 15jährigem Alter. Sie ist vor 15 Jahren ausgesäet worden, und auf ihr stehen gar keine älteren Eichen.«[90] Die Forsttaxation und das angestrebte Prinzip der

Antonia von: *Die Administration der Dinge. Technik und Imagination im Paris des 19. Jahrhunderts*, Zürich 2018, insbes. Kapitel 4.1 (»Das Leben der Zahlen: Rechnende Karten«), S. 225–242; Cronjäger/von Schöning 2021 sowie generell: Tufte, Edward R.: *The Visual Display of Quantitative Information*, Cheshire 2001.

87 »Forsttaxation«, in: Hartig/Hartig: *Forstliches und forstnaturwissenschaftliches Conversations-Lexikon*, 1834, S. 300.

88 Latour 2002, S. 51.

89 Ebd., S. 21.

90 Hartig: *Anweisung zur Taxation und Beschreibung der Forste*, Bd. 1, 1804, S. 164.

Umtriebszeiten – die Rodung ganzer Unterabteilungen im Kreislaufprinzip – sind darauf angelegt, langfristig Waldbestände zu kreieren, die dem Ideal der Vollkommenheit entsprechen. Bäume der »unregelmäßig« bestandenen Waldflächen sollen dabei möglichst früh gefällt werden, wofür der »Diebswald« im unteren Teil der Karte ein Beispiel ist (Abb. 2.5).

Der Diebswald erregt nicht nur durch seinen Namen, sondern auch aufgrund seiner Farblosigkeit Aufmerksamkeit. Dieser Waldbereich ist zwar blau eingerahmt, aber nicht eingefärbt, da er laut Taxations-Manual zu viele »leere Stellen« aufweist, als dass man eine dominierende Baumart hätte bestimmen können. Als Ursache wird »Weidfrevel« angeführt, der »in der Kindheit des Bestandes«[91] erfolgt sei (Abb. 2.6). Die Waldweide – aus der Perspektive der Forstwissenschaftler eine Nebennutzung – verunmögliche »vollkommene Holzbestände«, da Schafe und Ziegen Keimlinge zertreten, junge Triebe anfressen und das Ziel eines dichten Bestandes an Bäumen einer Altersklasse gefährden würden. Aus diesen Gründen enthält das beiliegende Taxations-Manual die Forderung, die Waldweide im Dianenburger Forst zu verbieten (Abb. 2.6). Leere Stellen seien aufzuforsten, und in der dritten Periode solle die gesamte Fläche des Diebswaldes gerodet und neu angelegt werden, daher die blaue Rahmung und Periodenbezeichnung III (Abb. 2.5). Letztendlich steht also auch diesem unregelmäßigen Waldbestand die Umwandlung in eine einheitliche Altersklasse bevor. Auf der Karte kann diese Veränderung problemlos ergänzt werden: Die bisher weiße Papierfläche des Diebswaldes lässt sich nachträglich mit dem Farbton, der für die angepflanzte Baumart steht, einfärben.

Für die Flächeneinteilung und Periodenzuschreibung im Verlauf der Taxation war eine Kategorie entscheidend: die Umtriebszeit – nach Hartig das für ideal befundene Alter, in dem die jeweiligen Bäume »abgetrieben und verjüngt«[92] werden sollen. Zur Bestimmung der Umtriebszeit führten die Taxatoren Versuche in den Forstdistrikten durch, die ihrer Zuständigkeit unterlagen. Die ausgewählten »vollkommenen« Versuchswälder bildeten laut Hartig einen »Maaßstab des Zuwachses und des Holzertrages«[93] für die Taxation aller anderen Baumbestände des Forstdistriktes. Vom Idealzustand ausgehend, das heißt von dicht bewachsenen Wäldern mit möglichst nur einer Baumart, ließen sich die Werte theoretisch an alle anderen Waldzustände anpassen. Ziel der Versuche war es, einerseits die Holzmenge zu berechnen, die in einer bestimmten Zeitdauer auf einem definierten Gebiet in Abhängigkeit von der Baumart,

91 Ebd., S. 165.

92 »Umtrieb« in: Hartig/Hartig: *Forstliches und forstnaturwissenschaftliches Conversations-Lexikon*, 1834, S. 855 f. Eine weitere Lehrbuchdefinition lautet: »Die Zeit, wann der Wald entsteht, ist folglich der Anfangspunct, und die Zeit, wann er abgetrieben wird, ist der Endpunct einer jeden Waldwirtschaft. Der Zwischenraum dieser beyden Zeitpuncte wird in der Forstsprache die Umtriebszeit genannt.« Hartig: *Anweisung zur Taxation und Beschreibung der Forste*, Bd. 1, 1804, S. 44.

93 Ebd., S. 43.

Abb. 2.5: Detailansicht des Diebswaldes. Hartig/Löwenstein/Eichel: *Die Herrschaftlichen Waldungen im Dianenburger Forste*, 1804.

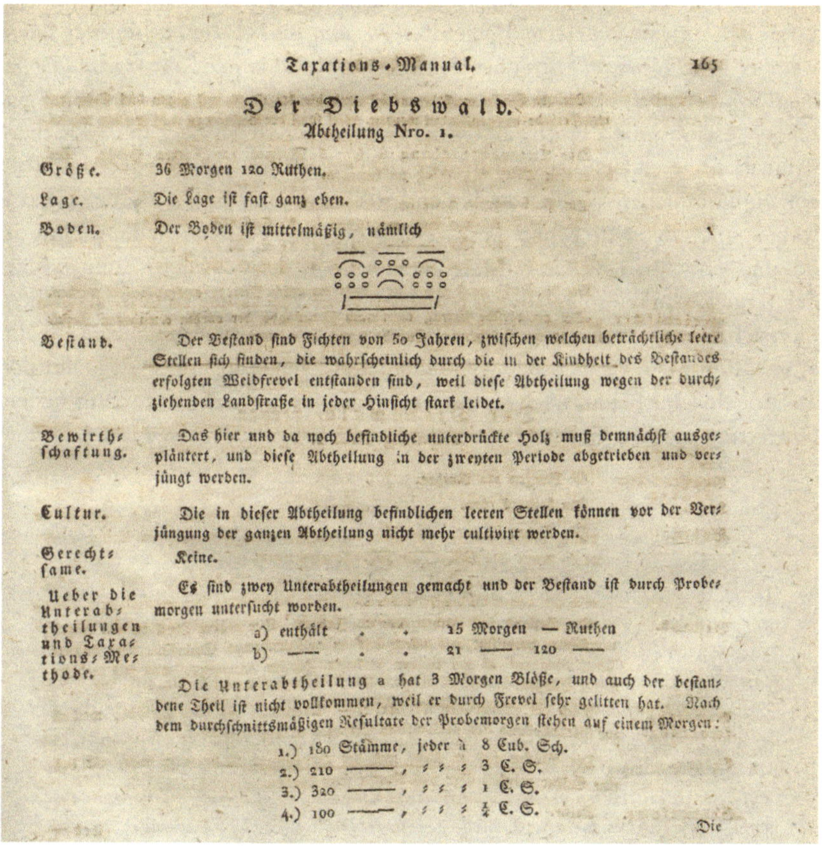

Taxations-Manual. 165

Der Diebswald.

Abtheilung Nro. 1.

Größe. 36 Morgen 120 Ruthen.

Lage. Die Lage ist fast ganz eben.

Boden. Der Boden ist mittelmäßig, nämlich

Bestand. Der Bestand sind Fichten von 50 Jahren, zwischen welchen beträchtliche leere Stellen sich finden, die wahrscheinlich durch die in der Kindheit des Bestandes erfolgten Weidfrevel entstanden sind, weil diese Abtheilung wegen der durchziehenden Landstraße in jeder Hinsicht stark leidet.

Bewirthschaftung. Das hier und da noch befindliche unterdrückte Holz muß demnächst ausgeplantert, und diese Abtheilung in der zweyten Periode abgetrieben und verjüngt werden.

Cultur. Die in dieser Abtheilung befindlichen leeren Stellen können vor der Verjüngung der ganzen Abtheilung nicht mehr cultivirt werden.

Gerechtsame. Keine.

Ueber die Unterabtheilungen und Taxations-Methode. Es sind zwey Unterabtheilungen gemacht und der Bestand ist durch Probemorgen untersucht worden.

a) enthält . . 15 Morgen — Ruthen
b) —— . . 21 —— 120 ——

Die Unterabtheilung a hat 3 Morgen Blöße, und auch der bestandene Theil ist nicht vollkommen, weil er durch Frevel sehr gelitten hat. Nach dem durchschnittsmäßigen Resultate der Probemorgen stehen auf einem Morgen:

1.) 180 Stämme, jeder à 8 Cub. Sch.
2.) 210 ——, " " " 3 C. S.
3.) 320 ——, " " " 1 C. S.
4.) 100 ——, " " " ½ C. S.

Die

Abb. 2.6: Der Diebswald im Taxations-Manual. Hartig, Georg Ludwig: *Anweisung zur Taxation und Beschreibung der Forste*, 2. Aufl., Bd. 2, Gießen/Darmstadt 1805, S. 165.

der Bodenqualität und der Bewirtschaftungsmethode generiert werden kann, und andererseits »den Zeitpunkt des größten Zuwachses pro Morgen«[94] für den jeweiligen Wald in Bezug auf die genannten Faktoren zu bestimmen. An diesem forstökonomisch idealen Baumalter sollten sich die Forsttaxatoren bei der Festlegung der Umtriebszeit orientieren.[95] Wie aber wurde bei diesen Versuchen vorgegangen, und wie arbeiteten die Forsttaxatoren mit den dabei gewonnenen Daten?

Die auf den Versuchsflächen ermittelten Ergebnisse stellten die Taxatoren in jeweils eigenen Erfahrungstabellen dar. Diese Erfahrungstabellen dienten der übersichtlichen Organisation der von verschiedenen Umweltfaktoren abhängigen ökonomischen Daten. Die in Hartigs *Anweisung zur Taxation der Forste* abgedruckten Erfahrungstabellen tragen lange und informationsreiche Titel, die definitiv weniger gut auf einen Blick zu erfassen sind als die Taxationskarte: *Erfahrungs-Tabelle, woraus man den periodischen und totalen Holzertrag und den Zuwachs der Stämme auf einem Morgen Eichen- und Buchen-Hochwald sehen kann, wenn er von Jugend an geschlossen bestanden ist, und in der Folge regelmäßig bewirthschaftet wird.* »Regelmäßig« kann als ein Synonym für »nachhaltig« gelten. »Geschlossene« Hochwaldbestände, zwischen deren Buchen und Eichen keine niedrigeren Gehölze oder Büsche zu erwarten sind, würden Hartigs Ideal von vollkommenen Waldbeständen entsprechen, die es für die Versuche auszuwählen gilt: zuerst ein Morgen mit 30- bis 40-jährigen Buchen, dann mit 60-, 90- und schließlich mit 120-jährigen Buchen im dichten Bewuchs. Zum Zwecke der Vergleichbarkeit sollten die Taxatoren die vier Versuchsflächen so auswählen, dass sich die topografische Lage, die Bodenqualität und die Baumanzahl ähneln. Waren die idealen Versuchsfelder gefunden und »genau abgesteckt«,[96] fällte der Taxator einzelne Bäume nach bestimmten Kriterien, um den durchschnittlichen Holzertrag pro Jahr berechnen zu können. In Hartigs Anleitung heißt es dazu:

94 Hartig/Hartig: *Forstliches und forstnaturwissenschaftliches Conversations-Lexikon*, 1834, S. 856.

95 Im Verlauf des 19. und 20. Jahrhunderts etablierte sich eine Differenzierung von Umtriebszeiten je nach Zielsetzung. Hartigs Methode kann retrospektiv der »Umtriebszeit des höchsten Massenertrages« zugerechnet werden, wobei Hartig darauf bedacht war, die Zwischenerträge vor Ende der Umtriebszeit einzukalkulieren. Im Gegensatz dazu wird mit der »Umtriebszeit des höchsten Bodenreinertrags« eine Verzinsung des eingesetzten Kapitals angestrebt. Zusätzlich kann der geleistete Arbeitsaufwand in die Rechnung einbezogen werden (»Umtriebszeit der höchsten Arbeitsproduktivität«). Als weitere Bestimmungskriterien für die Umtriebszeit gelten heute: der Zustand bzw. die Reife des Holzes (»physische Umtriebszeit«), der sozioökonomische Nutzen (»volkswirtschaftliche Umtriebszeit«) sowie die »landeskulturelle oder ökologische Umtriebszeit«. Letztere wird in Bezug auf sogenannte Waldfunktionen bestimmt, zum Beispiel klimatische Auswirkungen und der Erholungseffekt für Spaziergänger:innen. Vgl. »Umtriebszeit«, in: Stinglwagner/Haseder/Erlbeck 2005, S. 863–864.

96 Hartig: *Anweisung zur Taxation und Beschreibung der Forste*, Bd. 1, S. 45.

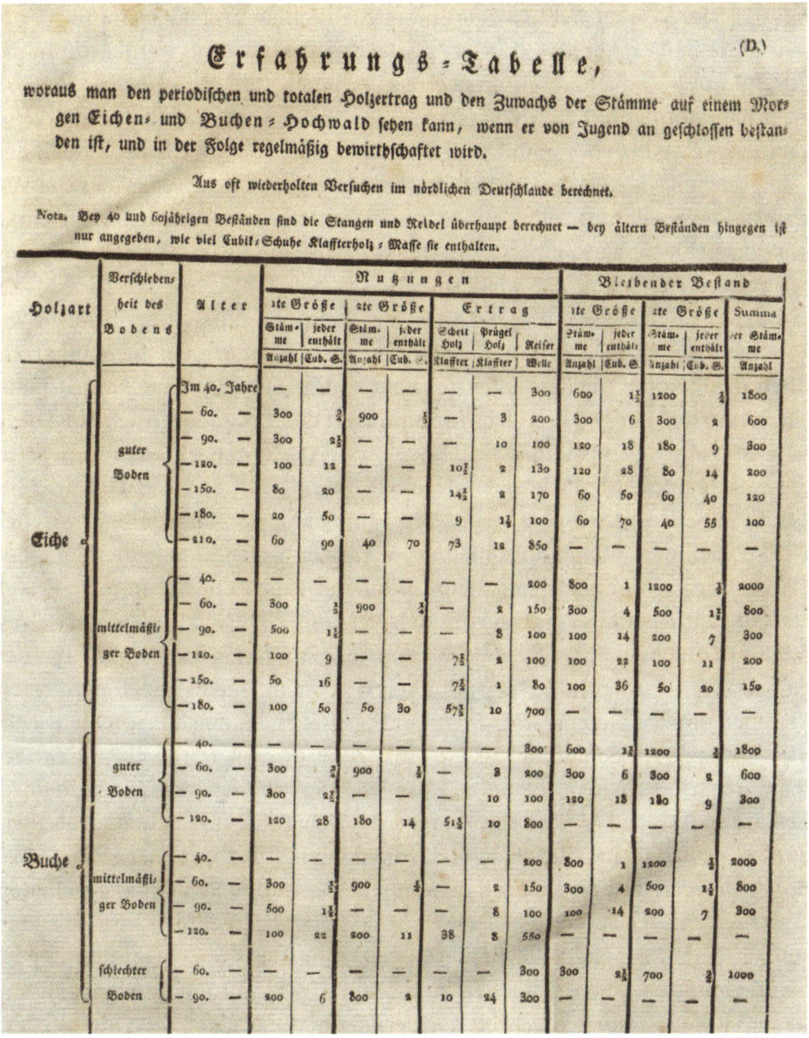

(D.)

Erfahrungs-Tabelle,

woraus man den periodischen und totalen Holzertrag und den Zuwachs der Stämme auf einem Morgen Eichen- und Buchen-Hochwald sehen kann, wenn er von Jugend an geschlossen bestanden ist, und in der Folge regelmäßig bewirthschaftet wird.

Aus oft wiederholten Versuchen im nördlichen Deutschlande berechnet.

Nota. Bey 40 und 60jährigen Beständen sind die Stangen und Reidel überhaupt berechnet – bey ältern Beständen hingegen ist nur angegeben, wie viel Cubik-Schuhe Klafterholz-Masse sie enthalten.

Holzart	Verschiedenheit des Bodens	Alter	Nutzungen: 1te Größe: Stämme (Anzahl)	Nutzungen: 1te Größe: jeder enthält (Cub. S.)	Nutzungen: 2te Größe: Stämme (Anzahl)	Nutzungen: 2te Größe: jeder enthält (Cub. S.)	Nutzungen: Ertrag: Scheit Holz (Klafter)	Nutzungen: Ertrag: Prügel Holz (Klafter)	Nutzungen: Ertrag: Reiser (Welle)	Bleibender Bestand: 1te Größe: Stämme (Anzahl)	Bleibender Bestand: 1te Größe: jeder enthält (Cub. S.)	Bleibender Bestand: 2te Größe: Stämme (Anzahl)	Bleibender Bestand: 2te Größe: jeder enthält (Cub. S.)	Summa der Stämme (Anzahl)
Eiche	guter Boden	Im 40. Jahre	–	–	–	–	–	–	300	600	1 1/2	1200	1/4	1800
		– 60. –	300	3/4	900	1/3	–	3	200	300	6	300	2	600
		– 90. –	300	2 1/2	–	–	–	10	100	120	18	180	9	300
		– 120. –	100	12	–	–	10 1/2	2	130	120	28	80	14	200
		– 150. –	80	20	–	–	14 1/2	2	170	60	50	60	40	120
		– 180. –	20	50	–	–	9	1 1/3	100	60	70	40	55	100
		– 210. –	60	90	40	70	73	12	850	–	–	–	–	–
	mittelmäßiger Boden	– 40. –	–	–	–	–	–	–	200	800	1	1200	1/3	2000
		– 60. –	300	1/2	900	3/4	–	2	150	300	4	500	1 1/2	800
		– 90. –	500	1 1/6	–	–	–	8	100	100	14	200	7	300
		– 120. –	100	9	–	–	7 1/2	2	100	100	22	100	11	200
		– 150. –	50	16	–	–	7 1/2	1	80	100	36	50	20	150
		– 180. –	100	50	50	30	57 1/2	10	700	–	–	–	–	–
Buche	guter Boden	– 40. –	–	–	–	–	–	–	300	600	1 1/2	1200	1/2	1800
		– 60. –	300	3/4	900	1/3	–	3	200	300	6	300	2	600
		– 90. –	300	2 1/2	–	–	–	10	100	120	18	180	9	300
		– 120. –	120	28	180	14	51 1/2	10	800	–	–	–	–	–
	mittelmäßiger Boden	– 40. –	–	–	–	–	–	–	200	800	1	1200	1/2	2000
		– 60. –	300	1/2	900	1/2	–	2	150	300	4	500	1 1/3	800
		– 90. –	500	1 1/3	–	–	–	8	100	100	14	200	7	300
		– 120. –	100	22	200	11	38	8	550	–	–	–	–	–
	schlechter Boden	– 60. –	–	–	–	–	–	–	300	300	2 1/2	700	1/2	1000
		– 90. –	200	6	800	2	10	24	300	–	–	–	–	–

Abb. 2.7: Erfahrungstabelle. Hartig, Georg Ludwig: *Anweisung zur Taxation und Beschreibung der Forste*, 2. Aufl., Bd. 2, Gießen/Darmstadt 1805, Anhang, Seite D.

Man notire den durch diese Operation erfolgten Holzertrag, zähle die stehen gebliebenen Stangen, nach ihrer Classification in Rücksicht ihrer Stärke, messe ihre Länge und Dicke, berechne ihren cubischen Gehalt und schreibe alles genau auf.[97]

97 Ebd., S. 45.

Auf den vier Versuchsfeldern mit unterschiedlichen Altersklassen musste immer dieselbe Vorgehensweise vier- bis sechsmal wiederholt werden, »um dadurch Mittel- und Durchschnittswerte zu erhalten, und der Wahrheit so nahe, als möglich, zu kommen, weil man niemals finden wird, daß nur zwey solche Versuche [...] ganz vollkommen gleiche Resultate geben werden«.[98] Nach der erfolgreichen Kalkulation der Durchschnittswerte galt es, jeweils vier neue Versuchsfelder zu identifizieren, auf denen die Bodenqualität entweder mittelmäßig oder schlecht zu sein hatte, um die Versuchsabfolge unter Anpassung dieses weiteren Kriteriums zu wiederholen.

Die Messergebnisse notierte man immer nach demselben Prinzip auf einem Tabellenformular: Die ersten drei Spalten von links benennen die Baumarten, die Bodenqualität und das Alter der Bäume. Danach folgt eine Doppelspalte für die Anzahl der gefällten Baumstämme mit der durchschnittlichen Klafterholz-Masse pro Baumstamm in Cubik-Schuh. An sie grenzt eine Ertragsspalte, die zwischen Scheitholz, Prügelholz und Reiserholz differenziert. Das abschließende Tabellendrittel ganz rechts führt auf, wie viele Baumstämme welcher Größe nach der Fällung übrigbleiben. Verfolgen Betrachtende die Höhe der Ertragswerte in der jeweiligen Spalte, können sie die Zeile bestimmen, in welcher die antizipierten Erträge, zum Beispiel von Scheitholz, am höchsten ausfallen. Bei Eichen, die auf gutem Boden stehen, sei dies nach 150 Jahren der Fall. Danach würde die Ertragsfähigkeit des Waldgebietes abnehmen. Nach Erstellen und Studieren dieser Ertragstabelle sei es demnach empfehlenswert, die Umtriebszeit nicht höher als 150 Jahre anzusetzen. Die Tabelle präsentiert die durchschnittlichen Ergebnisse aus »oft wiederholten Versuchen im nördlichen Deutschland«.[99] Hartig empfahl, das Tabellenformular überall als Standard zu benutzen, um die lokal unterschiedlichen Mittelwerte der Holzerträge dort eintragen und vergleichen zu können. Die in den Spalten angegebenen Werte rekurrieren auf weitere Tabellen, die Zwischenergebnisse und Hilfsmessungen enthalten. Nach all diesen Übersetzungsschritten – von den Experimenten auf den Versuchsflächen zu den finalen Erfahrungstabellen – konnten der jeweils beste Ertragswert abgelesen und die Umtriebszeit identifiziert werden. Die Umtriebszeit wurde zur entscheidenden Kategorie bei der Forsteinrichtung und -planung. Sie bestimmte, ob Hoch-, Mittel- oder Niederwälder beibehalten oder neu eingerichtet werden sollten. Sowohl am Anfang des Versuchsablaufs als auch am Ende der Forsteinrichtung stand eines: das Idealbild eines vollkommenen Waldbestandes – ein Zirkelschluss mit fatalen Folgen.

98 Ebd., S. 46.

99 Die Notiz befindet sich unterhalb des Tabellentitels. Hartig: *Anweisung zur Taxation und Beschreibung der Forste*, Bd. 2, 1805, Anhang, Seite D.

2.7 Techniken zur »Vervollkommnung der Landescultur«?

Nicht nur die Tabellen, die Kalkulationen und die Bemühungen um eine Übersicht über die in einem Territorium verfügbaren Rohstoffe lassen sich in kameralistischen Diskursen verorten, auch »vollkommene Waldbestände« – in Übereinstimmung mit dem Ziel der Vervollkommnung aller Aspekte des Staatswesens – finden sich in zeitgenössischen Publikationen des Kameralismus: Wälder, die »Cultur des Landes«, die »Landes-Policey«, Waren und das Eigentum – alles sollte vollkommen sein beziehungsweise vollkommen gemacht werden.

Vollkommenheit gehört neben der Wohlfahrt und der Glückseligkeit des Staates zu den substantivierten Adjektiven, die in den Schriften Johann Heinrich Gottlob von Justis mit Bedeutung aufgeladen sind. Justi und andere Kameralisten des 18. Jahrhunderts fanden Inspiration in der Naturrechtslehre von Christian Wolff. Bekannt für seine Systematisierungsleistungen in der Tradition von Gottfried Wilhelm Leibniz sowie für seine »begriffliche Exaktheit und gedankliche Präzision«,[100] vertrat Wolff die Auffassung, dass Philosophie die »menschliche Glückseeligkeit und Perfektibilität«[101] vorbereite. Da Letzteres die Voraussetzung für die »Wohlfahrt des Staates« sei, müsse auch die politische Ordnung darauf abzielen, allen Menschen zu ermöglichen, ihr Handeln auf Vervollkommnung und Glückseligkeit auszurichten.[102] Beeinflusst waren Wolffs Theorien – und als eine Folge Justis Ausrichtung an diesen Begriffen – von Leibniz' Grundprinzip der Vollkommenheit[103] sowie der aristotelischen Tugendethik. Das Verhalten der Bewohner:innen eines Staates galt in Aristoteles' praktischer Philosophie als ein Anliegen von Politik.[104] Weitere Diskurse, in denen der Vervollkommnungsbegriff von zentraler Bedeutung war, finden sich in der Aufklärung des 18. Jahrhunderts, etwa in der Diskussion von Jean-Jacques Rousseaus *Über*

100 Weber, Walter: »Wolff, Christian«, in: Lutz, Bernd (Hg.): *Metzler Philosophen-Lexikon. Von den Vorsokratikern zu den neuen Philosophen*, 2. Aufl., Stuttgart/Weimar 1995, S. 930.

101 Ebd., S. 932.

102 Vgl. Sandl, Marcus: *Ökonomie des Raumes. Der kameralwissenschaftliche Entwurf der Staatswirtschaft im 18. Jahrhundert*, Köln 1999, S. 49 ff. Zu einer Interpretation von Justis und Wolffs Glückseligkeitskonzept im Zusammenhang mit Freiheit und Liberalismus, bei der eine Kritik am Fortschrittsdenken ausbleibt, siehe: Nokkala, Ere: »From Fatherly Government to an Economic State: Late Cameralists on Natural Rights, Freedom, and Pursuit of Happiness«, in: *History of Political Economy* 53 (3), 2021, S. 479–495, sowie das Kapitel »Rethinking the Pursuit of Happiness«, in: Nokkala 2019, S. 84–119.

103 »Vollkommenheit nenne ich alle Erhöhung des Wesens, denn gleich wie die Krankheit gleichsam eine Erniedrigung ist, und ein Abfall von der Gesundheit, also die Vollkommenheit etwas, so über die Gesundheit steiget.« Leibniz, Gottfried Wilhelm: »Scientia generalis. Caracteristica«, in: Leibniz, Gottfried Wilhelm: *Die philosophischen Schriften*, hg. v. Carl Immanuel Gerhardt, Bd. 7, Hildesheim 1961, S. 12, zit. n. Bunke, Simon/Roselli, Antonio (Hg.): *Kleines Lexikon der Aufrichtigkeit im 18. Jahrhundert*, Hannover 2014, S. 238.

104 Vgl. Sandl 1999, S. 54 f.

den Ursprung der Ungleichheit,[105] in der Kunstgeschichte und der Rezeption Giorgio Vasaris[106] und in theologischen Reformbewegungen wie dem Pietismus.[107] Denis Diderot und Jean-Baptiste le Rond d'Alembert verschrieben sich in der *Encyclopédie* dem Ideal einer »Vervollkommnung der Sprache« – als Grundbedingung für alle Wissenschaften und Künste.[108] In diesem Kontext scheint es kein Zufall zu sein, dass sich Justi als Herausgeber einer frühen Übersetzung der Enzyklopädie ins Deutsche betätigte.[109] Weiterhin belegt Johann Georg Krünitz' *Ökonomisch Technologische Enzyklopädie*, dass das semantische Feld von »Vollkommenheit«[110] in der gelehrten Sprache der ersten Hälfte des 19. Jahrhunderts eine gewisse Präsenz einnahm. Verbesserungsbestrebungen bezogen sich sowohl auf den menschlichen Körper, der durch Gymnastik eine »physische Vollkommenheit« erlangen könne, als auch auf die »moralische oder ethische«, die »künstlerische« und die »wissenschaftliche« Vollkommenheit. Zu guter Letzt nennt Krünitz' Lemma »Vervollkommnungsfähigkeit« mit den Synonymen »Perfectibilität, Vervollkommnungstrieb« Kulturtechniken, die Menschen an Tieren und Pflanzen zur Anwendung bringen:

> Auch bei den Thieren hat der Mensch eine größere *Vervollkommnung ihres Körpers und ihres Ertrages* mit dem glücklichsten Erfolge zu erzielen versucht; so hat man die Schafe, die Pferde, das Rindvieh etc. veredlet, und dadurch so ver-

105 Rousseau deutete menschliches Streben nach Vervollkommnung negativ – als eine Ursache für das Verlassen des Naturzustandes und als ein Unterscheidungsmerkmal zum Tier: »Es wäre traurig für uns, wenn wir uns eingestehen müßten, daß diese uns auszeichnende, fast unbegrenzte [Vervollkommnungs-]Fähigkeit, die Quelle alles Unglücks des Menschen ist, daß gerade sie ihn mit Hilfe der Zeit aus dieser Anfangslage treibt, in der er ruhige und unschuldige Tage verleben würde; daß gerade sie ihn auf die Dauer zum Tyrannen seiner selbst und der Natur macht.« Rousseau, Jean-Jacques (1755): Über den Ursprung der Ungleichheit unter den Menschen *[Discours sur l'origine de l'inégalité parmi les hommes]*, in: Rousseau, Jean-Jacques: *Schriften zur Kulturkritik*, hg. v. Kurt Weigand, Hamburg 1995, S. 109. Siehe zudem: Reitemeyer, Ursula: *Perfektibilität gegen Perfektion. Rousseaus Theorie gesellschaftlicher Praxis*, 2. Aufl., Münster 2013.

106 Ein noch älteres Beispiel stellen Giorgio Vasaris (1511–1574) Schriften zur Vollkommenheit (*perfectibilita*) der Kunst dar. Vasari, Giorgio: *Kunstgeschichte und Kunsttheorie. Eine Einführung in die Lebensbeschreibungen berühmter Künstler*, hg. v. Matteo Burioni und Sabine Feser, übers. v. Victoria Lorini, Berlin 2010.

107 Siehe dazu: Baron, Konstanze/Soboth, Christian (Hg.): *Perfektionismus und Perfektibilität. Streben nach Vollkommenheit in Aufklärung und Pietismus*, Hamburg 2018.

108 »Von der Vollkommenheit des Idioms hängt die Genauigkeit in den exakten Wissenschaften ab, aber auch der Geschmack in den schönen Künsten und folglich die Unsterblichkeit der Werke auf diesem Gebiet.« Diderot, Denis: *Enzyklopädie. Philosophische und politische Texte aus der »Encyclopédie« sowie Prospekt und Ankündigung der letzten Bände*, mit einem Vorwort von Ralph-Rainer Wuthenow, München 1969, S. 104.

109 Justi, Johann Heinrich Gottlob von (Hg.): *Schauplatz der Künste und Handwerke, oder vollständige Beschreibung derselben*, Berlin 1762–1805.

110 »Vollkommenheit«, in: Krünitz: *Ökonomisch-technologische Enzyklopädie*, Bd. 231, 1855, S. 255.

> vollkommnet, daß sie den darauf verwendeten Fleiß hinlänglich durch ihren Ertrag etc. belohnen; und was ist nun in der Vegetation geschehen, was in der Gartenkunst, der Forstkultur und dem Feldbaue. Alles dieses zeigt den Trieb, die Vervollkommnung überall zu verbreiten; überall die dazu sich zeigende Fähigkeit auszubilden, das Anstreben zur Vollkommenheit durch die thätigste Nachhülfe rege zu erhalten.[111]

Die Kulturtechniken der Pflanzenveredelung, der Tierzucht sowie des Wald- und Ackerbaus zielten laut Krünitz explizit auf Ertragssteigerungen ab.[112] Der Ausdruck »vollkommene Cultur des Landes«[113] bündelte diese Bestrebungen. In der kameralwissenschaftlichen Logik stand die »Cultur« in einem Wechselverhältnis zur Bevölkerungsentwicklung. Die »Cultur des Landes« bezweckte nichts weniger als die Ernährung der Bevölkerung, wie es Justi in den *Grundfesten zu der Macht und Glückseeligkeit der Staaten* – im ersten Band, der unter anderem der »vollkommenen Cultur des Bodens« gewidmet ist, und darin im ersten Buch »Von der Cultur der Oberfläche des Landes« – unmissverständlich formulierte:

> Man kann sich niemals auf eine vollkommene Cultur des Landes Rechnung machen, wenn nicht eine starke Bevölkerung derselben die Hand biethet. [...] Gleichwie aber die Bevölkerung die Cultur des Landes unterstützet; eben also wird die Bevölkerung von der Cultur des Bodens befördert; und ohne diese Cultur kann unmöglich eine starke Bevölkerung statt finden, weil es denen Menschen an Unterhalte und insonderheit an Stellen, sich zu nähren, fehlen würde.[114]

Justi entwarf eine Wachstumsspirale, deren Dynamik sich im steten Wechselspiel von gesteigerter Bodenproduktivität und verstärktem Bevölkerungswachstum entfaltete: Eine verbesserte Landwirtschaft ermögliche Bevölkerungswachstum. Je größer das Bevölkerungswachstum, desto mehr Arbeit könne der Kultivierung des Bodens dienen, beziehungsweise desto mehr »rohe Materialien«[115] könnten städtische Arbeiter:innen »verbessern und zu vollkom-

111 »Vervollkommnungsfähigkeit«, in: Krünitz: *Ökonomisch-technologische Enzyklopädie*, Bd. 218, 1854, S. 492–494, hier S. 494 [kursive Hervorhebung d. Verf.].

112 Zur Pflanzenveredlung als Kulturtechnik siehe: Wirth, Uwe (Hg.): *Impfen, Pfropfen, Transplantieren*, Berlin 2011.

113 Justi, Johann Heinrich Gottlob von: *Die Grundfeste zu der Macht und Glückseeligkeit der Staaten; oder ausführliche Vorstellung der gesamten Policey-Wissenschaft. Erster Band, welcher die vollkommene Cultur des Bodens, die Bevölkerung, den Anbau, Wachstum und Zierde der Städte, desgleichen die Manufacturen, Fabriken und Commercien, und den Zusammenhang des gesamten Nahrungsstandes abhandelt*, Königsberg/Leipzig 1760, S. 32.

114 Ebd.

115 Ebd., S. 34.

menen Waaren«[116] machen. Je höher die Nachfrage an Feldfrüchten ausfalle, desto eher werde die »Arbeitsamkeit der Landleute ermuntert, die Oberfläche immer besser zu cultivieren«,[117] wozu auch wieder mehr Arbeitskräfte benötigt würden. Am Ende der Argumentationsfolge steht theoretisch wieder das Bevölkerungswachstum.

In diesem Zusammenhang erklärte Justi das Konzept des »vollkommenen Eigentums«, das ebenfalls zur Bedingung des Fortschritts der Landescultur wurde. Das anzustrebende »vollkommene Eigenthum« – oder ein Synonym ist »beständiges Eigenthum« – steht laut Justi in einem Gegensatz zum »abwechselnden Eigenthum«.[118] Dieses sei »weder der Wohlfahrt einzelner Familien, noch dem gemeinschaftlichen Besten zuträglich«,[119] weil die »Cultur und Verbeßerung des Grundstückes«[120] nachlässiger ausgeübt werde. Damit schloss das kameralwissenschaftliche Vollkommenheitsideal von Justi gewisse Nutzungsformen des Waldes kategorisch aus: insbesondere jene Praktiken der Weide und der landwirtschaftlichen Zwischennutzung, die Menschen in Gemeindewäldern oder Staatswäldern ausübten, die sie nicht selbst besaßen, sondern auf die sie gewohnheitsrechtlichen Anspruch hatten. Justi zählte zwar Nutzungsgemeinschaften auf, die gemeinsam in festgelegter Reihenfolge Acker und Wald bewirtschafteten. Allerdings war es für ihn eine Selbstverständlichkeit, die keinen weiteren »Beweis« verlange, dass Privateigentum mit mehr Fleiß kultiviert werde.[121] Schon 1760 äußerte Justi also eine verallgemeinernde Skepsis gegenüber der Ressourcenbewirtschaftung auf Allmendeland und verknüpfte dieses Plädoyer für Privatbesitz mit Vorstellungen von »vollkommenem Eigenthum« und »vollkommener Cultur«. Ende des 20. Jahrhunderts wird Elinor Ostrom in ihrem Werk *Die Verfassung der Allmende* diese häufig vertretene Grundannahme des Wirtschaftsliberalismus, laut der Ressourcen am effizientesten in Privatbesitz zu verwerten seien, historisch einordnen und anhand empirischer Beispiele hinterfragen.[122]

116 Ebd.
117 Ebd., S. 35.
118 Ebd., S. 14.
119 Ebd.
120 Ebd.
121 Ebd.
122 Ostrom, Elinor (1990): *Die Verfassung der Allmende. Jenseits von Staat und Markt*, übers. v. Ekkehard Schöller, Tübingen 1999. Ostrom reagierte auf einen Aufsatz in *Science* zur sogenannten »Tragik der Allmende«. Auf Grundlage spieltheoretischer Versuche und Gedankenmodelle wie dem Gefangenendilemma argumentierte Garret Hardin, dass Nutzer_innen von Allmenden – aufgrund unvollständiger Informationen zum Verhalten anderer – automatisch dazu neigten, die Ressourcen zu ihrem eigenen Vorteil auszunutzen. Vgl. Hardin, Garret: »Tragedy of the Commons«, in: *Science* 163, 1968, S. 1243–1248. Zur Widerlegung dieses Arguments bezog sich Elinor Ostrom auf Feldforschungen und empirische Untersuchungen, die u. a. der Anthropologe Robert Netting in Allmendewirtschaften in der Schweiz durchgeführt hat. Netting, Robert: *Balancing on an Alp. Eco-*

Neben dem geteilten und wechselhaft bewirtschafteten Gemeineigentum nennt Justi als weitere »Hindernisse« für die »Cultur des Landes« – und damit für die Wohlfahrt und Glückseligkeit des Staates – sich ausbreitende Gewässer und Wälder, die das Bewohnen und Bearbeiten des Bodens erschweren würden. Deshalb müssten Feuchtgebiete trockengelegt, mäandernde Flüsse kanalisiert sowie großflächige Wälder gefällt und in Ackerland umgewandelt werden. In der zweiten Hälfte des 19. Jahrhunderts führten Hochschulen Studiengänge ein und Ingenieurwissenschaftler veröffentlichten Lehrbücher, die sich explizit diesen Techniken widmeten: Culturtechniken. *Brockhaus' Kleines Konversationslexikon* definierte 1911, also rund 150 Jahre nach Justis Ausführungen, den Kulturtechnikbegriff wie folgt:

> Kulturtechnik, die Lehre von allen mit der Bodenkultur in Verbindung stehenden Arbeiten, bes. die praktische Vermessungskunst, der Wasserbau (Regulierung der kleinen Gewässer und ihre Nutzbarmachung für Bewässerung der Wiesen, Anlage von Wasserleitungen etc.) und die Kenntnis des landw. Maschinenwesens.[123]

Bereits in den vorangehenden Jahrzehnten wurde »Kulturtechnik« in diesem Sinne zum Gegenstand akademischer Lehre. Die landwirtschaftliche Akademie zu Bonn-Poppelsdorf hatte 1876 ein erstes kulturtechnisches Kursprogramm ins Leben gerufen. Seit 1883 gab es an der Landwirtschaftlichen Hochschule Berlin eine geodätisch-kulturtechnische Abteilung und an der Universität für Bodenkultur in Wien einen dreijährigen Kurs in Kulturtechnik und Wasserwirtschaft. Zeitgleich erschien ein viel rezipiertes Lehrbuch: Friedrich Wilhelm Dünkelbergs *Encyclopädie und Methodologie der Culturtechnik. Zum Gebrauch an landwirtschaftlichen und technischen Lehranstalten*, das in den 1890er Jahren von einer mehrbändigen Reihe, den *Grundlehren der Kulturtechnik*, ergänzt wurde.[124] Es besteht offenbar eine Kontinuität von kameralistischen Diskursen zur Verbesserung der »Cultur des Landes« und der »Cultur des Bodens« zu den in der zweiten Hälfte des 19. Jahrhunderts etablierten kulturtechnischen Kursen, welche »die Lehre von allen mit der Bodenkultur in Verbindung stehenden Arbeiten«[125] zum Gegenstand hatten. Die im letzten Drittel des 19. Jahr-

logical Change and Continuity in a Swiss Mountain Community, Cambridge 1981; Netting, Robert: »What Alpine Peasants have in Common. Observations on Communal Tenure in a Swiss village«, in: *Human Ecology* 4, 1976, S. 135–146.

123 »Kulturtechnik«, in: *Brockhaus' Kleines Konversations-Lexikon*, 5. Aufl., Bd. 1, Leipzig 1911, S. 1033.

124 Dünkelberg, Friedrich Wilhelm: *Encyclopädie und Methodologie der Culturtechnik. Zum Gebrauch an land-wirtschaftlichen und technischen Lehranstalten*, Braunschweig 1883; Vogler, Christian August: *Grundlehren der Kulturtechnik*, Berlin 1896. Vgl. dazu Winthrop-Young 2014, S. 380 f.

125 »Kulturtechnik«, in: *Brockhaus' Kleines Konversations-Lexikon*, 5. Aufl., Bd. 1, 1911, S. 1033.

hunderts begründete Lehre der Kulturtechnik sollte also im Hinblick auf das Narrativ der »Vervollkommnung« der »Cultur des Landes« überprüft werden.

»Kulturtechnik« ist im Gegensatz zu Praxis kein neutraler Begriff, der Tätigkeiten jeglicher Art bezeichnen kann. Vielmehr rekurriert er auf einen ganz spezifischen Kulturbegriff, dessen Geschichte – insbesondere in deutschen Diskursen des Kameralismus – mit einer Fortschrittsrhetorik verbunden ist: Ertragssteigerungen in der Land- und Forstwirtschaft waren ein explizites Ziel von Kulturtechniken der Bodenmelioration. Dieses Ziel sollte durch den Einsatz ingenieurwissenschaftlicher Techniken erreicht werden, die Wälder, Feuchtgebiete, Heide- und andere Kulturlandschaften nach Kriterien der Verwertbarkeit klassifizierten und sie in Forste, Felder, Weiden und Wasserläufe verwandelten. Kulturwissenschaftler:innen verwiesen oft auf die begriffsgeschichtlichen Ursprünge von »Kultur« in der *cultura agri*, dem Ackerbau, und der *cultura horti*, der Gartenkultur.[126] Zu diesem Wortfeld zählen auch der Waldbau, die *sylvicultura*, sowie die komplexen Bewirtschaftungsformen der *Paludikultur*, welche ausgehend vom lateinischen *palus* (Sumpf) die Be- und Entwässerung sowie den Pflanzenanbau in Moorgebieten beschreibt.[127] Wenn Kanäle zurückgebaut, Moore wiedervernässt und Landschaftsräume renaturiert werden, verschwimmen die Grenzen einer zuvor praktizierten strikten Unterteilung von Landschaftsräumen. Dies ist auch bei agrosilvopastoralen Landbewirtschaftungsformen der Fall, da sie Feld-, Wald- und Weidewirtschaft in einem komplexen, kulturell ausgehandelten Landnutzungssystem kombinieren. In der kameralistischen Praxis der Staatsressourcenverwaltung und in der Folge auch in der Forsttaxation wurden aber, dem Ideal der »vollkommenen Waldbestände« entsprechend, agrosilvopastoral genutzte Mischwälder als weniger wertvoll erachtet als einheitlich bestandene Hochwälder.

Von dem kameralwissenschaftlichen Verständnis von »Landeskultur« Mitte des 18. Jahrhunderts über die Reflexionen der Aufklärung um 1800 zur »Vervollkommnung der Kultur« bis hin zu den kulturtechnischen Studiengängen des späten 19. Jahrhunderts – die in diesem Kapitel untersuchten Diskurse zur Verwaltungspraxis von Kulturlandschaften basierten allesamt auf Fortschrittsnarrativen. Das Ziel der Bodenmelioration, die »Vervollkommnung der Erträge« von Äckern und Forsten, war in dieser Logik nicht mit Landnutzungssystemen im Gemeinbesitz sowie der abwechselnden Nutzung von Wäldern als Äcker und Weiden vereinbar. Die Narrative zur Verbesserung der Landes-

126 Zum Beispiel: Krämer, Sybille/Bredekamp, Horst: »Kultur, Technik, Kulturtechnik: Wider die Diskursivierung der Kultur«, in: Krämer, Sybille/Bredekamp, Horst (Hg.): *Bild, Schrift, Zahl*, München 2003, S. 11–20.

127 Vgl. Wichtmann, Wendelin/Schröder, Christian/Joosten, Hans (Hg.): *Paludikultur – Bewirtschaftung nasser Moore. Klimaschutz – Biodiversität – regionale Wertschöpfung*, Stuttgart 2016; Jäger, Cornelie: *Klimaschutz braucht Moorschutz. Warum Moorböden unsere besondere Aufmerksamkeit verdienen und was wir für sie tun können*, München 2020, insbesondere S. 96 ff.

kultur und die gleichzeitig etablierten Quantifizierungs- und Kartierungsverfahren zur Wertermittlung von Wäldern stellten Subsistenzpraktiken, die an gemeinschaftlich bewirtschaftetes Allmendeland gebunden waren, als minderwertig dar. Die Rhetorik der Vollkommenheit und Übersichtlichkeit ist in den kameralwissenschaftlichen Verwaltungspraktiken omnipräsent. Sie äußert sich in standardisierten Techniken der Forsttaxation, die einheitlich bestandene, »vollkommene« Waldbestände einer Altersklasse zum Vorbild stilisierten. Diese Technik zur Wertermittlung von Wäldern hatte einen konkreten Effekt in der Umgestaltung der Landschaftsräume: von Mischwäldern mit abwechselnden Nutzungsformen und geteilten Eigentumsverhältnissen zu hochgewachsenen Monokulturen, deren Holzressourcen auf Karten präsentiert und deren Erträge genau berechnet werden können. Dabei drängt sich die Frage auf, ob dieses auf klaren Abgrenzungen beruhende Kulturverständnis, welches bei der Kolonialisierung von Lebensräumen an verschiedenen Orten zur Anwendung kam, nicht ausführlicher historisiert werden müsste. Eine gleichermaßen medien-, wissens- und umwelthistorisch informierte Kulturtechnikforschung sollte kritisch reflektieren, auf welchen Werturteilen und Fortschrittsnarrativen ihr Begriffsverständnis beruht – mit einem besonderen Fokus auf die Praktiken der Ressourcenverwaltung, die dem Kulturtechnikbegriff des 19. Jahrhunderts zugrunde lagen.

3 Umtriebige Epistemologien

Das Kreislaufprinzip der Waldallmenden

Die Kategorie der Umtriebszeit, die für Forsteinrichtungskarten charakteristisch war, steht in einem denkwürdigen Verhältnis zu Wachstumsvorstellungen – zum Pflanzenwachstum, wirtschaftlichen Wachstum oder, in den Worten des Kameralismus: der verbesserten »Landescultur«. Die im Folgenden zu erkundende Etymologie der Umtriebe verrät uns einiges mehr über diese Vorstellungen und führt dabei zu jenen allmendewirtschaftlichen Subsistenzpraktiken, die durch die Taxationsverfahren zunehmend reglementiert wurden. Offensichtlich widersprach die Allmendewirtschaft mit ihrem geteilten Eigentum und den vielfältigen Nutzungsansprüchen den Erwartungen einer »vollkommenen« Forstwirtschaft. Und dennoch finden sich in den europäischen Hochwäldern mit ihren festgelegten Umtriebszeiten Traditionslinien, die auf die Allmenden des Niederwaldes zurückgehen: Die diversen Nutzungsformen der immer wieder neu austreibenden Laubbäume haben ihre Spuren in der Begriffs- und Wissensgeschichte der Umtriebszeiten hinterlassen.

3.1 Umtrieb, Abtrieb, Vortrieb und Revolutionen. Begriffsgeschichten aus dem Niederwald

Das Verb »umtreiben« als »etwas um sich selbst drehen machen«[1] lässt sich in einem komplexen semantischen Feld verorten. Die lebensweltlichen Vergleiche, die beispielsweise Krünitz' *Ökonomisch-Technologische Enzyklopädie* im Eintrag »Umtrieb« aufführt, reichen von Mühlen und anderen Maschinenrädern mit einer klar definierbaren »äußerlich treibenden Kraft«[2] über den Blutkreislauf im Körperinneren bis zum Umtrieb von Waren im Sinne einer abstrakt gedachten Zirkulation.[3]

1 »Umtreiben«, in: Krünitz, Johann Georg: *Ökonomisch-technologische Enzyklopädie, oder allgemeines System der Staats-, Stadt-, Haus- und Landwirthschaft*, Bd. 194, Brünn 1847, S. 558.

2 »Umtrieb«, in: Krünitz: *Ökonomisch-technologische Enzyklopädie*, Bd. 194, 1847, S. 558 f.

3 Ebd., S. 558. Den »Umtrieb des Geldes« und der Waren führt *Adelungs Grammatisch-kritisches Wörterbuch* als lebensweltliche Beispiele auf, bei denen die verursachende Kraft abstrakt bleibt. Der Eintrag zum Verb »umtreiben« benennt die Herkunft der ausgeübten Kraft konkret: »Das Wasser treibt das Rad um. Der Töpfer muß die Scheibe mit seinen Füßen umtreiben. […] Die Pferde in der Mühle umtreiben.« »Umtrieb« und »Umtreiben«, in: Adelung, Johann Christoph: *Grammatisch-kritisches Wörterbuch der Hochdeutschen Mundart*, 2. Aufl., Bd. 4, Leipzig 1793–1801, S. 822. Zu den Parallelen zwischen dem Blutkreislauf und dem kameralistischen Denken von Wirtschaftskreisläufen: Vogl, Joseph: »Kreisläufe«, in: Anja Lauper (Hg.): *Transfusionen. Blutbilder und Biopolitik in der Neuzeit*, Berlin 2005, S. 99–117.

Neben dem »Vertreiben«[4] von Waren oder dem »Betreiben«[5] von Bergwerken ergeben Veränderungen des Präfixes weitere Varianten des Wortstammes: »Abtreiben« bezeichnet das Fällen von Bäumen, wobei die Wurzeln und Stümpfe stehen gelassen werden, sodass Laubbäume neu »austreiben« können.[6] Zu derselben Wortfamilie gehört somit der Pflanzentrieb. Wird hingegen auch das Wurzelwerk aus dem Boden gehoben, ist nicht mehr von Abtreiben, sondern von Ausrotten oder Roden die Rede.

Auffällig ist, dass die Wortbedeutungen von Abtreiben, Austreiben und den Umtrieben in einer spezifischen Waldbewirtschaftungspraxis eine entscheidende Rolle spielten: dem Niederwald. In weiten Teilen Europas stellten Niederwälder lange die dominierende Waldnutzungsform dar, wovon in Deutschland noch viele Ortsnamen zeugen. In Südosteuropa ist die Niederwaldbewirtschaftung auch gegenwärtig weit verbreitet.[7] In Deutschland wird die historische Niederwaldbewirtschaftung in vielen Regionen neu eingeführt, um die Artenvielfalt zu erhöhen und sie als Möglichkeit zu erproben, um die Forstwirtschaft besser an die Herausforderungen des Klimawandels anzupassen.

In Nieder- und Mittelwäldern treiben Laubbäume und -büsche, die in vergleichsweise kurzen Zeitabständen am Stamm zurückgeschnitten werden, immer wieder neu aus. Hochwälder hingegen setzen sich ausschließlich aus hochgewachsenen Bäumen zusammen, für die längere Umtriebszeiten eingeplant werden, die also am Ende ihrer Lebensdauer von 50 bis über 100 Jahren komplett gerodet und durch Neuaussaat oder -anpflanzung neu aufgeforstet wer-

Zur Denkfigur der Zirkulation in der Aufklärung von der Wirtschafts- und Medizingeschichte bis zur geisteswissenschaftlichen Ideenzirkulation vgl. außerdem: Schmidt, Harald/Sandl, Marcus (Hg.): *Gedächtnis und Zirkulation. Der Diskurs des Kreislaufs im 18. und frühen 19. Jahrhundert*, Göttingen/Bristol 2002, sowie zum gegenwärtigen Gebrauch des Zirkulationsbegriffs in der Globalgeschichte: Gänger, Stefanie: »Circulation. Reflections on Circularity, Entity, and Liquidity in the Language of Global History«, in: *Journal of Global History* 12 (3), 2017, S. 303–318.

4 »Umtrieb«, in: Krünitz: *Ökonomisch-technologische Enzyklopädie*, Bd. 194, 1847, S. 558.

5 Ebd.

6 »Abtreiben«, in: Grimm, Jacob/Grimm, Wilhelm: *Deutsches Wörterbuch*, Bd. 1, Leipzig 1854, Sp. 141–142.

7 Bis heute sind circa zehn Prozent der Waldfläche Europas Niederwald, wobei die Anteile stark variieren: In Bosnien und Herzegowina beispielsweise wird rund die Hälfte aller Wälder als Niederwald genutzt, während in Skandinavien fast gar kein Niederwald mehr wächst. Vgl. Becker, Gero/Unrau, Alicia: »Coppice Forests in Europe – A Traditional Landuse with New Perspectives«, in: Unrau, A./Becker, G./Spinelli, R./Lazdina, D./Magagnotti, N./Nicolescu, V. N./Buckley, P./Bartlett, D./Kofman, P. D. (Hg.): *Coppice Forests in Europe*, Freiburg (Breisgau) 2018, S. 19. In einigen deutsch- und französischsprachigen Gemeinden im Elsass, im Saarland und anderen linksrheinischen Gebieten ist die Niederwaldbewirtschaftung aufgrund von spezifischen Eigentumsverhältnissen bis heute erhalten geblieben. Anteile an den Niederwaldallmenden werden dort traditionsgemäß innerhalb von Familien vererbt und nicht verkauft. Vgl. Schmidt 2002.

Abb. 3.1: Buche, die am Stamm mehrfach neu ausgetrieben ist. Bäume mit Stockausschlag sind typisch für Nieder- und Mittelwälder, wie hier zum Beispiel in der Nähe des Flusses Doubs im Kanton Jura in der Schweiz.

den. Eine Besonderheit von Niederwäldern mit ihren kurzen Umtriebszeiten ist also, dass die Waldverjüngung im Gegensatz zu Hochwäldern nicht durch Neuaussaat oder Neuanpflanzung (generative Vermehrung), sondern durch Stockausschlag (vegetative Vermehrung) erfolgt. Laubbäume, die nah am Boden abgetrieben beziehungsweise zurückgeschnitten, »auf den Stock gesetzt« werden, treiben neu aus, weil das Wurzelwerk und der Stammbaum erhalten bleiben. Charakteristisch für Niederwälder sind Laubbäume, aus deren Stämmen mehrere Äste auf einmal wachsen.

Die Niederwälder, in denen Birken, Weiden, Erlen, Buchen und andere Laubbäume regelmäßig zurückgeschnitten wurden, deckten den Bedarf an biegsamen Flechtruten: für den Hausbau, für Zäune, Netze, Körbe und andere Gebrauchsgegenstände.[8] Der Schiffsbau benötigte ebenfalls speziell ge-

8 Der Philologe und Mediävist Jost Trier analysierte die kulturelle Bedeutung der mittelalterlichen Niederwaldbewirtschaftung sprachwissenschaftlich. Folgende Einschätzung und Aufzählung verdeutlicht, wie wichtig Weidenrouten aus Niederwäldern für die mittelalterliche

bogene Eichenäste – sogenanntes Krummholz, das zu einem großen Teil aus den Niederwäldern am Rhein bezogen wurde und nach dem Flößen in die Hafenstädte in den dortigen Werften zum Bau von Schiffsrümpfen verwendet wurde.[9] In Konkurrenz zum Holzexport benötigten die Anwohner:innen von Niederwäldern Brennholz, Futterlaub und Weidefläche, teilweise nutzten sie die Niederwälder auch für den Ackerbau. Niederwälder spielten also für die lokale Subsistenzwirtschaft eine entscheidende Rolle. Das Recht auf ihre Nutzung hing dabei von lokalen Regelungen ab, die sich oftmals an der sogenannten Umtriebszeit orientierten.

Sowohl bei den Niederwäldern mit kurzen Umtriebszeiten als auch bei den um 1800 standardisierten Forsttaxationsverfahren mit hohen Umtriebszeiten reiht sich das Abtreiben von Bäumen in eine Serie von aufeinanderfolgenden Arbeitsschritten ein, die sich im Jahrestakt wiederholten. Die Umtriebszeit gibt in allen Waldbewirtschaftungsformen – also im Nieder-, Hoch- und Mittelwald – die Taktung vor. Sie bezeichnet die Zeitdauer, nach der eine Baumgruppe abgetrieben oder gerodet wird. Gleichzeitig operiert die Umtriebszeit als eine Kategorie, über die Forstplanende und Waldgenossenschaften ihre Waldflächen räumlich organisierten. Die Umtriebszeit wirkt also – ob auf Forstwirtschaftskarten oder *in situ* im Wald – als ein Operator in Raum und Zeit. Sie konstituierte ein Denkmodell für Ressourcenplanungsprozesse, mit dessen Hilfe Menschen ausgehend von der vorkalkulierten Lebensdauer eines Baumbestandes dem Waldwirtschaftsraum eine Ordnung auferlegten: ein Raster, das den Raum in rechtwinklige Flächen unterteilte, und einen Zyklus, der den zeitlichen Rhythmus von Fällung und Aufforstung bestimmte – ein Ordnungssystem also, das sich vor Ort in die Ökosysteme und Landschaftsbilder einschrieb.

In seiner Wortbedeutung basiert der Umtrieb auf einer »Bewegung im Kreise«,[10] wobei diese »in irgend einer beliebigen gebogenen oder gebrochenen Linie« erfolgen kann, »so daß das Ende der Bewegung immer wieder an den Anfang derselben zurückkehrt«.[11] Doch sind auch beim forstlichen Umtrieb

Hauswirtschaft waren: »Nun spielte das Flechtwesen im Wohnbau (Rundhütte mit Kuppel, später Wandfüllung, Dachbildung) und in der Geräte- und Waffenherstellung (Körbe, Kisten, Bienenstöcke, Töpfe, Krippen, Wagenkästen, Schiffe, Schilde, Netze, Matten, Hürden, Bänke, Hofeinfriedigungen, Pferche, Feldzäune, Befestigungen, Besen, Schanzen, Wegebaumittel) eine große Rolle, eine sehr viel größere als in Zeiten entwickelter Zimmermannskunst, Stellmacherei, Schreinerei und Töpferei, und überall war Gleichmäßigkeit und bequeme Erreichbarkeit des Rohstoffs, ein regelmäßiger und verläßlicher jährlicher Anfall der Holzernte bei Massenverbrauch erwünscht. Gleichmäßige Flechtmittel in regelmäßiger Ernte liefert der Niederwald, nicht der Hochwald oder Urwald.« Trier, Jost: *Holz. Etymologien aus dem Niederwald*, Münster/Köln 1952, S. 19.

9 Vgl. Küster 2019, S. 86.

10 »Umtrieb«, in: Krünitz: *Ökonomisch-technologische Enzyklopädie*, Bd. 194, 1847, S. 558.

11 Ebd.

die nacheinander abzutreibenden Waldabschnitte nicht zwangsläufig im Kreis angeordnet. Dass die Kreislaufbewegung keinesfalls in Form eines perfekten Kreises an den Ausgangspunkt zurückkehren muss, spiegelt sich auch in der Geschichte des Konzeptes des Lebenszyklus. Seit dem frühen 19. Jahrhundert imaginierten Biolog:innen, Zoolog:innen, Physiolog:innen und Naturhistoriker:innen das Aufeinanderfolgen von Generationen, also den eigentlich irreversiblen Zeitverlauf von der Geburt bis zum Tod, als einen Lebenszyklus.[12] In visuellen Darstellungen der Evolution des Lebens griff zum Beispiel Jean-Baptiste Lamarck auf ein Kreislaufkonzept zurück, um den Zerfall der Körper in Nährstoffe als einen Ausgangspunkt für neue Lebensprozesse zu präsentieren.[13] Auch Ernst Haeckel, der wegen seiner frühen Definition von Ökologie rezipiert wird, beschrieb den Wachstumsprozess von einem »mütterlichen Ei bis zum kindlichen Ei« als »geschlossenen Cyclus aufeinander folgender Formzustände«, der sich »in rhythmischem Wechsel [...] beständig wiederhol[e]«.[14] Die Dauer eines Lebens wurde in seinem kontinuierlichen Verlauf der Zeit also auf ähnliche Weise als ein Zyklus imaginiert wie die Lebensdauer eines Baumbestandes von der Aussaat bis zur Rodung. Die Aneinanderreihung von Generationen stellte dabei den entscheidenden Impuls für das Denken in Kreisläufen dar. Die Abfolge von Baumgenerationen im Verlauf der Zeit übersetzten die Taxatoren und Waldgenossenschaften, die Schläge einteilten, mit dem Konzept des Umtriebs in eine räumliche Form: als eine Bewegung im Waldraum, die – mehr oder weniger kreisförmig gedacht – an einen Ausgangspunkt zurückkehrt, sobald eine Umtriebszeit vergangen ist.

Eine parallele Bedeutungskonnotation, die explizit eine Bewegung im Raum benennt, bezieht sich auf das Treiben von Vieh: »Von der Alp abtreiben« lautet einer der vielen Beispielsätze im *Deutschen Wörterbuch* der Brüder Grimm für den Eintrag »Abtreiben«.[15] Das Treiben von Kühen, Ziegen oder Schafen zu verschiedenen Weideplätzen war in vielen Waldwirtschaftsformen unmittelbar mit dem Abtreiben von Gehölzen verbunden. Ein Belegzitat aus Goethes *Schriften zur Kunst* verdeutlicht diesen Zusammenhang: »den

12 Vgl. Hopwood, Nick/Müller-Wille, Staffan/Browne, Janet et al.: »Cycles and Circulation: a Theme in the History of Biology and Medicine«, in: *History and Philosophy of the Life Sciences* 43 (89), 2021, S. 1–39. Siehe außerdem: Sprenger, Florian: »Zirkulationen des Kreises. Von der Regulation zur Adaption«, in: *Zeitschrift für Medienwissenschaft* 12, 2020, S. 41–54, sowie Sprenger, Florian: »Figures of Closure: Circles and Cycles in the History of Ecological Knowledge«, in: *Grey Room* 97, 2024, S. 118–139.

13 Vgl. Corsi, Pietro: Jean-Baptiste Lamarck: »From Myth to History«, in: Gissis, Snait B./Jablonka, Eva/Zeligowski, Anna (Hg.): *Transformations of Lamarckism: From Subtle Fluids to Molecular Biology*, Cambridge (Mass.) 2011, S. 9–18; Hopwood/Müller-Wille/Browne et al. 2021, S. 13.

14 Haeckel, Ernst Heinrich Philipp August: *Generelle Morphologie der Organismen*, Bd. 2: *Allgemeine Entwicklungsgeschichte der Organismen*, Berlin 1866, S. 28 f.

15 »Abtreiben«, in: Grimm/Grimm: *Deutsches Wörterbuch*, Bd. 1, 1854, Sp. 141.

wald, das gehölz abtreiben, ursprünglich das junge reisich, ein aufgeschossenes dickicht vom vieh abweiden lassen, hernach überhaupt die bäume tilgen, wegschaffen: dasz starke wälder hier abgetrieben werden.«[16] Dabei gilt es zu bedenken, dass die Tiere nicht nur Gras, sondern auch Laub, Reisig, junge Pflanzentriebe und Zweige fraßen. Sie konnten also, wie in diesem Belegzitat angedeutet, für den Abtrieb der Baumvegetation auf eine Waldweidefläche getrieben werden.

Generell war das Wort »Abtreiben« in diversen Lebens- und Wirtschaftsbereichen geläufig: vom Schwangerschaftsabbruch über den Erzabbau und die Treibjagd bis zur Imkerei.[17] Indem der Imker auf den Bienenkorb trommelt und auf diese Weise »die Bienen beunruhigt«,[18] soll der Schwarm aus dem Bienenkorb in einen aufgesetzten Korb vertrieben werden, um den Honig abzuschöpfen. Mit dem Arbeitsschritt des Abtreibens geht in verschiedenen Bereichen der Naturalwirtschaft ein Kraftakt einher, der die Lebewesen – seien es ein Bienenschwarm, eine Viehherde oder Jagdwild – zeitweise an einen anderen Ort treibt, in der Aussicht auf einen Ertrag, zum Beispiel Honig, Milch oder Fleisch, und in der Hoffnung auf eine neue Generation der jeweiligen Lebewesen oder die Nachbildung der entwendeten Stoffe.

Ein weiteres Wort, das für das semantische Feld von »Umtrieb« von Interesse ist, ist »Vortrieb«. Ursprünglich war es in der Weidehaltung als »Vortriebsrecht«[19] etabliert, das Wort ist aber auch im Bergbau geläufig: Der »Vor-

16 Goethe, Johann Wolfgang von: *Schriften zur Kunst*, Abt. 1, Bd. 48, 1800–1816, S. 165, zit. n. »Abtreiben«, in: Grimm/Grimm: *Deutsches Wörterbuch*, Bd. 1, 1854, Sp. 142.

17 Ebd., Sp. 142. »Ein Kind abtreiben« führt das *Deutsche Wörterbuch* in einer Aufzählung an, deren Beispielsätze sich meistens auf Naturalwirtschaften beziehen. Diesbezüglich wäre es lohnenswert, die Wortbedeutung von Abtreiben im Kontext des Ressourcenabbaus weiter zu verfolgen. In *The Death of Nature*, einer Studie zu Natur- und Weiblichkeitskonzepten nach der wissenschaftlichen Revolution von 1500, wies Carolyn Merchant darauf hin, dass im Bergbau ein Verständnis von Boden als »Mutter Natur« vorherrschte. Vgl. Kapitel 1 (»Nature as Female«), in: Merchant, Carolyn: *The Death of Nature. Women, Ecology, and the Scientific Revolution*, San Francisco 1980, S. 1–41. In einigen Bergbaukulturen ging dem Durchdringen der Erdkruste der »nährenden« Mutter Erde eine Zeit der sexuellen Abstinenz und des Fastens voraus. Der Schmelzofen wurde mit der Gebärmutter, die Mine mit der Vagina verglichen. Vgl. ebd., S. 4. Inwiefern das Abtreiben von Erzen, die damals als (nach)wachsende und lebende Materie im Boden imaginiert wurden, mit dem Abtreiben eines Fötus aus dem Frauenkörper parallelisiert wurde, ist eine weiterführende Fragestellung. Zu einer aktualisierten Lesart von Carolyn Merchants *The Death of Nature* vgl. Hähnle, Mirjam: »Carolyn Merchants »Death of Nature« und die sozio-ökologischen Utopien der Frühen Neuzeit. Eine Relektüre in Zeiten der Klimakrise«, in: *L'Homme. European Journal of Feminist History* 34 (2), 2023, S. 33–48.

18 »Abtreiben«, in: Krünitz: *Ökonomisch-technologische Enzyklopädie*, Bd. 1, 1773, S. 165.

19 »das recht, sein vieh eher als andere auf die weide zu treiben, im gegensatze des nachtriebes oder der nachtrifft.« »Vortrieb«, in: Grimm/Grimm: *Deutsches Wörterbuch*, Bd. 26, 1951, Sp. 1788.

trieb eines Stollens«[20] bezeichnet den Ausbau der Gruben, um fortwährend neue Erzquellen zu erschließen. Anstatt die bereits erschlossenen Erze zunächst abzutragen, soll der Vortrieb langfristig stabile, möglichst steigende Renditen gewährleisten.[21] Nicht nur das forsttechnische Konzept der Umtriebszeit ist somit an das Ziel von nachhaltigen, also mindestens gleich groß bleibenden Erträgen gebunden, sondern auch der Stollenvortrieb im Bergbau. Besonders frühe Beispiele von Schlageinteilungen nach dem Umtriebszeitenprinzip können in der Nähe von Bergwerken lokalisiert werden, denn Landesherrschaften und Bergwerksbetreibende hatten ein Interesse daran, dass Forste mit strikter Schlageinteilung langfristig stabile Mengen an Holz oder Holzkohle für den Bergwerksbetrieb bereitstellten.

Auch die Standorte einiger früher Forsthochschulen befanden sich im Umfeld von Bergwerken. Dies trifft sowohl auf Hartigs Forstmeisterschule in Dillenburg in der Grafschaft Nassau zu als auch auf die Königlich-Sächsische Akademie für Forst- und Landwirte in Tharandt. In beiden Mittelgebirgsregionen war der Ackerbau erschwert. Da Bäume und Büsche in Niederwäldern ständig zurückgeschnitten oder abgetrieben wurden, galten sie mit ihren kurzen Umtriebszeiten »als effiziente Brennholzlieferant[en]«[22] für holzverbrauchende Gewerbe. Ausschlaggebend dafür waren die Köhler, die mitten im Forst wohnten und dort in selbst gebauten Kohlemeilern Holzruten aufschichteten, um auf diese Weise Holzkohle herzustellen. Bergwerke, Hütten- und Hammerwerke benötigten Brennholz und Holzkohle für die Erzverarbeitung.[23] In den Niederwaldregionen im Umfeld von Bergwerken musste die Bevölkerung ihre Zugangsrechte zum Wald immer wieder neu aushandeln, wobei Rechtstexte oftmals auf eine Ausweitung der Nutzungsansprüche von Seiten der Bergwerke schließen lassen. Die Niederwaldbewirtschaftung nach dem Umtriebszeitenprinzip ermöglichte abwechselnde, kleinteilig organisierte Flächennutzungen auf gebirgigem Gelände, bei der Waldabschnitte gleichzeitig als Weide, Feld und Holzanbaufläche dienen konnten. Im Kontext dieses zeitlich und räumlich getakteten Ressourcenregimes offenbart der Begriff der Umtriebszeit(en) eine Doppelbedeutung, die neben dem Denken in zeitlichen Zyklen und waldräumlichen Zuteilungen einen Imaginationsraum der politischen Aushandlungsprozesse eröffnet.

Die Übersetzung von Umtriebszeit basiert in den romanischen Sprachen auf der lateinischen Etymologie von *(re)volvere* als rollen, drehen beziehungsweise

20 »Vortrieb«, in: Grimm/Grimm: *Deutsches Wörterbuch*, Bd. 26, 1951, Sp. 1789.

21 Für den Hinweis zum Vortrieb im Bergbau danke ich Sebastian Felten. Zu nachhaltigen Erträgen im sächsischen Bergbau und Renditeerwartungen holländischer Investor:innen: Felten, Sebastian: »Sustainable Gains: Dutch Investment and Bureaucratic Rationality in Eighteenth-Century Saxon Mines«, in: *Journal for the History of Knowledge* 1 (1), 2020, Art. 14, S. 1–15.

22 Uekötter, Frank: *Umweltgeschichte im 19. und 20. Jahrhundert*, München 2007, S. 9.

23 Vgl. Reith, Reinhold: *Umweltgeschichte der frühen Neuzeit*, München 2011, S. 49 f., 121.

zurückkehren, zurückrollen: beispielsweise »período da revolução« im Portugiesischen.[24] Im Englischen wiederum sind »rotation age«, »rotation length« oder »period of rotation« die häufigsten Übersetzungen.[25] In der Astronomie beschreibt das Wort »Revolution« eine Umlaufbahn, zum Beispiel von einem Planeten um eine Sonne. In Begriffsgeschichten gilt Nicolaus Copernicus' Traktat *De revolutionibus orbium coelestium libri sex* [Sechs Bücher von den Kreisbewegungen der Himmelskörper] von 1586/87 als eine frühe Referenz.[26] In diesem Sinne bezog sich auch das politische Verständnis von »Revolution« noch im 17. Jahrhundert auf gesellschaftliche Veränderungen, die letztendlich wieder zur Ausgangssituation zurückführen.[27] Thomas Hobbes etwa attestierte dem englischen Bürgerkrieg (1642–1649) – der »english revolution« – eine zirkuläre Bewegung ausgehend von und zurück zur Staatsform der Monarchie.[28] Im 18. Jahrhundert erschienen in Europa mehrere historische Abhandlungen, die Revolutionen als eine Aneinanderreihung politischer Ereignisse – »als chronische Wiederholung von Verschwörungen und Rebellionen, Thronstürzen und Bürgerkriegen«[29] – begriffen, die vermeintlich in Rückkehrbewegungen mündeten. Erst in der gelehrten Literatur der Aufklärung setzte sich ein positiv konnotierter Revolutionsbegriff im Singular als Erkämpfen von politischen Rechten durch, als von Idealen der Gleichheit geleitete, dauerhafte Veränderung der Sozialstrukturen, wobei die Französische Revolution und der Amerikanische Unabhängigkeitskrieg im Rückblick als prominenteste Beispiele für eine Revolution im Verständnis der Aufklärung dienten.[30]

Der forsttechnische Begriff der Umtriebszeit bezieht sich in seiner Etymologie also gleichzeitig auf eine kreisförmige Bewegung – die Umdrehung – sowie auf ein semantisches Feld zum Verb »treiben«: mit Lehnbedeutungen in Bezug auf das Pflanzenwachstum (Pflanzentriebe, das Austreiben von Zweigen), aus der Viehwirtschaft (umtreiben), dem Bergbau (Vortrieb der Stol-

24 Beekman, Willem Boerhave (Hg.): *Elseviers Wörterbuch der Holzwirtschaft in sieben Sprachen*, Bd. 3, München/Basel/Wien 1968, Ref.-Nr. 2593.

25 Zu »rotation age« bzw. »rotation length« siehe: Maclaren, Piers: »Rotations«, in: Burley, Jeffery/Evans, Julian/Youngquist John (Hg.): *Encyclopedia of Forest Sciences*, Bd. 2, Amsterdam/Oxford 2004, S. 855–859; Philipp, Karl: *Deutsch-englisches und englisch-deutsches Forstwörterbuch*, Neudamm 1900, S. 46.

26 Vgl. Reichardt, Rolf: »Revolution«, in: Jaeger, Friedrich (Hg.): *Enzyklopädie der Neuzeit Online*, 2019. Einsehbar unter: referenceworks.brillonline.com/entries/enzyklopaedie-der-neuzeit/revolution-COM_339983#a3638000_000_54 [Stand: 31.1.2025]; Wassmund, Hans: *Revolutionstheorien. Eine Einführung*, München 1978, S. 24 ff.

27 Vgl. Cohen, Ierome Bernard: *Revolution in Science*, Cambridge (Mass.)/London 1985, insbesondere Kapitel 4 (»Transformations in the Concept of Revolution«), S. 51–76.

28 Originalzitat: »I have seen in this revolution a circular motion.« Hobbes, Thomas (1668): *Behemoth or the Long Parliament*, hg. v. Ferdinand Tönnies, London 1969. Vgl. Reichardt 2019.

29 Reichardt 2019, S. 2.

30 Zu den genannten Beispielen siehe außerdem: Arendt, Hannah (1963): *Über die Revolution*, München/Zürich 1974.

len, Abtrieb des Erzes) und anderen Wirtschaftsbereichen. Etymologisch verwandt ist die Umtriebszeit mit dem politischen Revolutionsbegriff, dessen Bedeutung in der zweiten Hälfte des 18. Jahrhunderts neu verhandelt wurde. Ein gewisses Spannungsverhältnis zwischen Kreislaufbewegungen und einem eher linear gedachten Zeitverlauf zeigt sich sowohl in Diskursen um gesellschaftliche Revolutionen als auch in der nach Umtriebszeiten strukturierten Forstverwaltung.

Für die europäische Forstwissenschaft des 18. und 19. Jahrhunderts erwies sich die Umtriebszeit also als ein Schlüsselprinzip, das von früheren Formen der Niederwaldbewirtschaftung übernommen worden war. In der Folge brachten die Forsteinrichtungstechniken nach dem Umtriebszeitenprinzip Holzressourcenverwaltungen hervor, mittels derer Kameralisten und Forsttaxatoren stabile Holzerträge aus Hochwäldern über lange Zeiträume hinweg anstrebten. Mit der Idealisierung von Hochwäldern verlängerten sie im ausgehenden 18. Jahrhundert die vormals sehr kurzen Umtriebszeiten auf mehrere Jahrzehnte, manchmal sogar auf mehrere 100 Jahre. Offenbar imaginierten sie die taxierten Forste als eine konstant groß zu haltende Vorratskammer, die sie nach ihren Bedürfnissen einrichten konnten. Dies zeigte sich zum Beispiel darin, dass die Baumarten nach dem Holzwert für kameralwirtschaftliche Belange ausgewählt wurden. Mit Hilfe einer hohen Umtriebszeit richtete ein Großteil der Taxatoren die Nutzungsperioden der Forste so ein, dass sie agrosilvopastorale Praktiken verunmöglichten. Dabei stellen gerade die Agroforste eine Bewirtschaftungsform dar, in der das Umtriebszeitenprinzip schon in der Frühen Neuzeit eine praktische Anwendung fand – und zwar nicht mit dem ausschließlichen Ziel einer kontinuierlichen Bau- und Brennholzversorgung, sondern mit der Absicht, kleinräumige Formen des Naturalertrags für jene Gemeinschaften zu erhalten, welche die Agroforste lokal bewirtschafteten.

3.2 Die Rotationen des Berghains: Wald, Feuer, Feld und Weide

»Ein Brand auf den Feldern ist fast immer das krankhafte Werk eines Hirten«,[31] schrieb Gaston Bachelard und spielte damit auf mutwillige Brandstiftung an. In seiner *Psychoanalyse des Feuers* entfaltete Bachelard Bedeutungsschichten des Feuers als archetypisches Symbol wissenschaftlicher Vorstellungskraft und Erkenntnis: Das Kaminfeuer, das Vulkanfeuer und die Erfahrung des Feuermachens verkörperten auf unterschiedliche Weise Antriebe und Beweggründe von Wissenschaft. Die für viele landwirtschaftliche Kulturen wesentlichen Subsistenzpraktiken des Brandfeldbaus verkannte er dabei. Der Hirte erscheint auch

31 Bachelard, Gaston: *Psychoanalyse des Feuers*, übers. v. Simon Werle, München 1985, S. 21.

hier in dem Zitat in denkbar schlechtem Licht: als Delinquent, als Zerstörer, der nicht die Konsequenzen seines Handelns über den jeweiligen Tag hinaus bedenkt; der Wissenschaftler dagegen als Visionär, der mit Hilfe des Feuers neue Welten erschafft. Die Geschichte der Forsttaxation lehrt das Gegenteil: die potenzielle Zerstörungskraft wissenschaftlicher Innovation; die Durchdachtheit bäuerlicher Agroforstsysteme. In agrosilvopastoralen Landnutzungssystemen ist der Brand auf Feldern und innerhalb von Wäldern fast nie ein »krankhaftes Werk«, sondern fester Bestandteil eines eingespielten Rotationszyklus und damit die Bedingung für nährstoffreichen, mit Asche angereicherten Boden. Im tropischen Wanderfeldbau *(shifting cultivation)*, aber auch in Deutschland, auf den Haubergen im Siegerland etwa, ist der Brand im Wald bis heute eine mit strengen Vorsichtsmaßnahmen verknüpfte Arbeit, die zum Beispiel die Mitglieder einer Waldgenossenschaft alljährlich im Frühjahr gemeinsam organisieren und besorgen.

Bis zum 19. Jahrhundert waren lokale Variationen des Brandfeldbaus in Südwestdeutschland weit verbreitet – mit den bereits erwähnten Haubergen im Siegerland, den Reutbergen im Schwarzwald sowie im Schweizer Jura, der Schiffelwirtschaft in der Eifel und in Ostpreußen, den Birkenbergen im Bayerischen Wald, den Wildfeldern im Spessart, den Außenfeldern und der Rottwaldwirtschaft in der Rheinpfalz.[32] Brandfeldbau betrieb man vor allem auf dem Allmendeland im Umfeld der Dörfer, das im Mittelalter und der Frühen Neuzeit Markgenossenschaften verwalteten. In den südlichen deutschen Kleinstaaten herrschten im 17. und 18. Jahrhundert Waldallmenden vor, im Norden hingegen befanden sich die Allmenden auf Heideland und prägten damit eine typische Landschaftsform.[33] Bei der sogenannten Markenwirtschaft wurde das Heideland im Wechsel als Weide und Feld genutzt, in regelmäßigen Zeitabständen wurden Feuer gelegt.[34] Obwohl die Agrar- und Forstreformen des 19. Jahrhun-

32 Vgl. Mantel 1990, S. 107–111; Ernst 2000, »Der Landwirtschaftswald«, S. 156–166. Eine detaillierte Beschreibung verschiedener Formen des Brandfeldbaus – der Hauberge, der Schiffelwirtschaft, der Rodhecken und anderer Brennfelder – in südwestdeutschen Grafschaften im 18. Jahrhundert findet sich bei: Reinhard, Johann Jacob: »Abhandlung von verschiedenen Arten deren Brenfelder in Teutschland«, in: Reinhard, Johann Jacob: *Vermischte Schriften*, Bd. 6, Frankfurt a. M./Leipzig 1767, S. 852–896.

33 Troßbach, Werner/Zimmermann, Clemens: *Die Geschichte des Dorfes. Von den Anfängen im Frankenreich zur bundesdeutschen Gegenwart*, Stuttgart 2006, S. 119. In dem Abschnitt »Waldallmenden« gehen Troßbach und Zimmermann nicht auf Brandfeldbaumethoden ein. In der Forschungsliteratur wurde Brandfeldbau als eine typische Bewirtschaftungsform der Waldallmenden oft vernachlässigt.

34 Diese Brandfeldbaumethode untersuchte die Historikerin Annika Schmitt im Zusammenhang mit Nachhaltigkeitsvorstellungen und landwirtschaftlichen Reformen. In der zweiten Hälfte des 18. Jahrhunderts erfuhr die Markenwirtschaft im norddeutschen Heideland starke Kritik und wurde eingeschränkt. Schmitt, Annika: *Naturnutzung und Nachhaltigkeit. Osnabrücker Markenwirtschaft im Wandel (1765–1820)*, Münster 2015.

derts an vielen Orten Brandfeldbau sanktionierten, spielte die landwirtschaftliche Bearbeitung von Niederwäldern weiterhin eine große Rolle.[35]

»Berghain« ist nicht nur der Name eines berühmten Technoclubs in Berlin – eines sagenumwobenen Orts der gelebten Utopien –,[36] sondern auch ein Zwischenstadium innerhalb des zirkulär angelegten agrosilvopastoralen Waldwirtschaftsystems der Hauberge im Siegerland: der einzigen Allmende Preußens, die nie verboten worden ist und auf der bis heute regelmäßig Feuer gelegt wird. Auf dem Hauberg werden in einem bestimmten zeitlichen Wechsel Tiere geweidet und Feldfrüchte angepflanzt. Die Haubergwirtschaft ist damit ein besonderes Beispiel einer kollektiven Organisation der Waldallmenden mit kurzen Umtriebszeiten.

Die Nutzungsrhythmen eines Umtriebes waren in der Haubergwirtschaft nicht nur der Holzgewinnung gewidmet, sondern verschiedenen subsistenzwirtschaftlichen Zwecken. Birken, Erlen, Eichen und andere Laubbaumarten wurden in regelmäßigen Abständen am Stamm gefällt, die Zweige anschließend zusammen mit Gras aufgeschichtet und verbrannt.[37] Die Hauberggenossen verteilten die so gewonnene Asche auf den Brandhainen, indem sie diese mit dem Boden umpflügten, um der Erde wertvolle Nährstoffe zuzuführen. Anschließend bauten sie für kurze Zeit Getreide an, bevor sie nach der Ernte Jungbäume neu heranwachsen und Weidetiere auf den Berghainen grasen ließen. Charakteristisch für den Hauberghain ist also ein multifunktionales Waldnutzungssystem: Innerhalb eines Jahres wurde der Hauberg als Niederwald, Brandhain, Kornhain und sodann als Weidefläche genutzt, bevor die Laubbäume neu ausschlagen konnten, die Mitglieder der Hauberggenossenschaft einige Bäume neu abhauten und aufschichteten und den Hauberg – beziehungsweise den »jungen Hain« – somit im Frühjahr wieder als Brandhain bearbeiteten.

Agroforstsysteme ermöglichen also innerhalb kurzer Umtriebszeiten eine Vielfalt von Nutzungsweisen. »Niederwaldungen oder Hauberge« wurden – Hartigs Forsttaxationslehrbuch zufolge – »als Wald, als Fruchtfelder und als Weideplätze zugleich benutzt, und produciren nicht allein gutes Brand- und

35 Vgl. Küster 2019, S. 90 f. Erst 2001 erhob das Forschungsprojekt »Silvoarable Agroforestry for Europe (SAFE)« Daten zu Praktiken des Waldfeldbaus, die in Südeuropa bis in die Gegenwart eine wichtige Rolle spielen. Lange unterstützte das Subventionssystem der Europäischen Union keine Kombinationen aus Landwirtschaft und Forstwirtschaft. Erhebungen zu Landnutzungen differenzierten oft nicht zwischen Agroforstwirtschaft und Plantagen. Vgl. Eichhorn, M. P./Paris, P./Herzog, F. et al.: »Silvoarable Systems in Europe – Past, Present and Future Prospects«, in: *Agroforestry Systems* 67 (1), 2006, S. 29–50.

36 Vgl. Jörg, Kilian/Schulz, Jorinde: *Die Clubmaschine (Berghain)*, 3. Aufl., Hamburg 2019.

37 Zur Haubergswirtschaft im Siegerland, die bis heute in Form von Haubergsgenossenschaften weiterbestehen: Lorsbach, Josef: *Hauberge und Hauberggenossenschaften des Siegerlandes*, Karlsruhe 1956; Ranke, Winfried/Korff, Gottfried: *Hauberg und Eisen. Landwirtschaft und Industrie im Siegerland um 1900*, München 1980; Becker, Alfred: Haubergs-Lexikon, hg. v. Siegerländer Heimat- und Geschichtsverein, Kreuztal 2002.

Kohlholz, sondern auch Gerberlohe, Frucht und Weide für das Vieh.«[38] Argumentationen zugunsten solcher Agroforstsysteme waren in der Forstwissenschaft des 19. Jahrhunderts umstritten. Daher wird auch in der Forstgeschichtsschreibung wenig rezipiert, dass Hartig während seiner Zeit als Leiter der Forstmeisterschule im Fürstentum Nassau-Dillenburg auch an der Ausarbeitung einer genossenschaftlichen Haubergsordnung beteiligt war, die diese Bewirtschaftungsform zu einem gewissen Grad unter Schutz stellte – was widersprüchlich erscheinen mag, da Hartig selbst eine sukzessive Überführung schlecht genutzter Hauberge in Hochwälder anstrebte.[39] Auch die erste preußische Haubergsordnung von 1834, welche die Haubergsgenossenschaften vor Allmendeteilungen schützte, war von Hartigs Schriften beeinflusst.[40] Hinweise auf die bis heute überlieferte Nutzungspraxis bieten neben den historischen Beschreibungen durch Hartig ein Hauberg-Lexikon und andere Publikationen, die zum Beispiel die bis heute bestehende Haubergsgenossenschaft in Fellinghausen herausgegeben hat. Die Lehrbuchbeschreibung der Arbeitsschritte durch Hartig ähnelt den Schilderungen der alljährlichen Arbeiten, die bis heute auf den Haubergen im Siegerland ausgeführt werden. Innerhalb der geschützten Rechtsform wurden Abläufe und Praktiken bewahrt, die der Nutzung der Hauberge im 18. Jahrhundert nahekommen, obwohl sich die gesellschaftlichen Umstände und die rechtlichen Rahmenbedingungen stark verändert haben. Daher soll der Rückbezug auf die aktuelle Praxis nicht suggerieren, dass die waldgenossenschaftliche Bewirtschaftung zeitlos sei – oder die Praktiken des 16. und 17. Jahrhunderts konserviert hätte. Natürlich sind auch allmendewirtschaftlich ausgehandelte Praktiken historischem Wandel unterworfen. Dennoch liefern Publikationen über die Haubergbewirtschaftung des 20. und 21. Jahrhunderts wertvolle Einblicke in eine Nutzungspraxis, die oft nicht in Schriftzeugnissen überliefert worden ist – und wenn doch, dann verfasst von Obrigkeiten oder den Taxator:innen, denen an einer Reglementierung der Waldallmenden gelegen war. Aus diesem Grund greift die folgende Beschreibung der Arbeitsschritte im Hauberghain neben historischen Quellen auch auf aktuelle Schaubilder zurück.

3.3 Die Siegerländer Hauberge im Wechsel der Jahreszeiten

Spezifisch für die Hauberge ist ihre Organisations- und Rechtsform der Genossenschaft. Die Anwohner:innen bilden gemeinsam Haubergsgenossenschaften beziehungsweise Jahnschaften. Der Hauberg wird als Gemeingut begriffen; er ist

38 Hartig/Löwenstein/Eichel: *Anweisung zur Taxation und Beschreibung der Forste*, Bd. 2, 1805, S. 23.

39 Vgl. Hartig, Georg Ludwig: »Kurze Beschreibung der Hauberge im Fürstenthum Siegen, mit Hinsicht auf die neuesten Verordnungen und Vorschriften zur Bewirthschaftung derselben«, in: *Forst- und Jagd-Archiv von und für Preußen* 2 (1), 1817, S. 79–100; Vollmuth 2021, S. 158–162.

40 Vgl. Becker 2002, S. 305 ff.

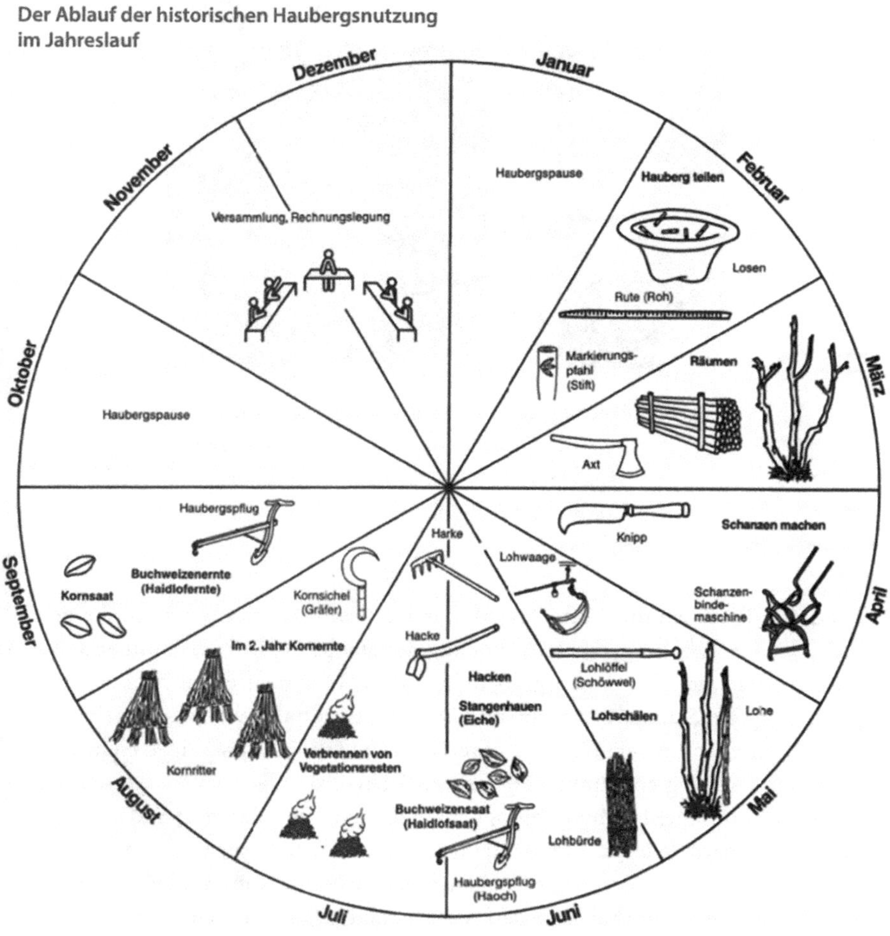

Abb. 3.2: Der Ablauf der historischen Haubergsnutzung im Jahreslauf. Schematische Zeichnung. Förderverein Historischer Hauberg Fellinghausen e. V. (Hg.): *Historische Haubergswirtschaft in Kreuztal-Fellinghausen*, Kreuztal 2019, S. 10 f.

weder Privatbesitz noch verkäuflich, er existiert als unveräußerliches Ganzes, das innerhalb der Hauberggenossenschaft vererbt wird und dessen Anteilseigner jedes Jahr neue Flächen zur Nutzung zugeteilt bekommen.[41] Die Haubergsordnung

41 Eine frühe Beschreibung der Rechtsform findet sich bei dem Kameralisten Schenck, Johann Henrich: *Juristisch-Oeconomische Abhandlung von den Haubergen des Fürstenthums Nassau Siegen*, Siegen 1774: »mehrere Privatpersonen, die gesamten Einwohner eines Dorfes, besitzen einen Bezirk von Haubergen gemeinschaftlich, und zwar dergestalt pro indiviso, daß ein Teilhaber zwar ein mit seinem Recht in einem Verhältnis stehendes Teil an dem

Abb. 3.3: Haubergszeichen. Förderverein Historischer Hauberg Fellinghausen e. V. (Hg.): *Historische Haubergswirtschaft in Kreuztal-Fellinghausen*, Kreuztal 2019, S. 6 f.

und die alljährlich im Winter stattfindenden Genossenschaftsversammlungen regeln die möglichst gerechte Aufteilung der Hauberge. Der Vorstand und dessen Vorsitzender, der Haubergsvorsteher, ist in Fellinghausen bis heute für die Einteilung der Schläge zuständig und kontrolliert die anstehenden Arbeiten.[42]

Die Arbeiten auf dem Hauberg unterlagen einer von den jeweiligen Genossenschaften festgelegten räumlichen und zeitlichen Taktung, die von dem Förderverein Historischer Hauberg Fellinghausen bis heute überliefert ist und in Teilen praktiziert wird. Jedes Jahr im Frühjahr teilten die Haubergsgenossen, angeleitet durch den Vorstand, den »Jahresschlag« in eine immer konstant bleibende Anzahl »gleicher Haupttheile, die den Namen Stamm-Jähne führen«.[43] Per Losverfahren ordnete man den einzelnen Teilhabegesellschaften jeweils einen Stamm-Jahn zu, der schließlich in »Theil-Jähne« unterteilt wurde, je nachdem, wie viele Mitglieder gemeinsam eine Teilhabegesellschaft bildeten. Das Losverfahren und die Eingrenzung der Jähne vor Ort gewährleistete eine als gerecht anerkannte Verteilung der Stamm-Jähne und Teil-Jähne mit ihren etwas unterschiedlichen Qualitäten. Bekam eine Teilhabegesellschaft in einem Jahr fruchtbareres Land als andere, war dieser Umstand dem Los zuzuschreiben. Die Anwendung des Umtriebszeitenprinzips zur Einteilung des jungen Hains im Frühjahr war ein

gemeinsamen Haubergsbezirk hat, jedoch so, daß er ehe die vor der Benutzung des Haubergs geschehende Teilung geschieht, nicht sagen kann, daß ihm dieses oder jenes zusteht.«

42 Zur Haubergsversammlung, dem Vorstand, dem Vorsteher und anderen rechtlichen Organen der Haubergsgenossenschaften: Becker 2002, S. 153–159.

43 Hartig/Löwenstein/Eichel: *Anweisung zur Taxation und Beschreibung der Forste*, Bd. 2, 1805, S. 23.

performativer Akt, der Ansprüche und Arbeitseinsätze im Hauberg austarierte und die Regenerationsfähigkeit des Hauberges auf Dauer gewährleisten sollte.

Vor Ort auf dem Hauberg kamen bestimmte Werkzeuge und Symbolordnungen zum Einsatz. Auf dem Jahresschlag markierten die Haubergsgenossen Teilungslinien mit Pflöcken. In der Siegerländer Haubergswirtschaft kerbte man in die Pflöcke die Symbole der jeweiligen Teilhabegesellschaften ein. Diese Haubergszeichen halfen bei der eindeutigen Abgrenzung der Anteilsflächen. Bei der Vermessung der Schlagflächen nutzte man die sogenannte Haubergsrute als Werkzeug und Maßstab zur Einteilung der Jähne. Der Holzstab hatte mehrere Seiten, also einen vieleckigen Querschnitt, und eine leicht zu handhabende Länge. Auf einer Seite wurden zehn gleich große Abschnitte markiert. Auf einer anderen Seite des Holzstabs teilte man so viele gleich große Abschnitte ein, wie es Anteilseigner an der Haubergsgenossenschaft gab. Zur Unterteilung der Teil-Jähne kamen sogenannte Kleinteilruten zur Anwendung. Auf den Kleinteilruten waren Einkerbungen im Verhältnis zu den verschiedenen Anteilsgrößen der beteiligten Waldgenossen angeordnet. Laut dem Historiker Alfred Becker ist die Kleinteilrute demnach »Meßinstrument und Urkunde zugleich, indem sie eindeutig das relative Beteiligungsmaß der einzelnen Miteigentümer am Stamm-Jahn durch die unterschiedlichen Maßstäbe der Rutenseiten dokumentiert«.[44] Sie gibt Aufschluss über eine genossenschaftlich organisierte, nicht auf Papierquellen basierende Form der Landesaufteilung.

Nach der Aufteilung des Jahns im Februar waren folgende Arbeiten zu verrichten, die an dieser Stelle detailliert nachvollzogen werden sollen, da sie beispielhaft sind für die komplexen Nutzungsregeln der in vielen Fällen nicht überlieferten Niederwaldbewirtschaftung: Zuerst hauten die Haubergsgenossen den sich stark vermehrenden Ginster ab und banden ihn mit Zweigen anderer Sträucher zu Wellen zusammen. Anschließend erfolgten im April oder spätestens Ende Mai der Abtransport des circa 18 Jahre alten Birken-, Eichen-, Saalweiden- und Aspen-Holzes – ein Laubholzbestand, wie er für die kurzen Umtriebszeiten der Niederwälder typisch ist. Laut Taxationslehrbuch war darauf zu achten, die Bäume nah am Boden zu fällen, um keine Holzmasse zu verschwenden. Außerdem verschonte man »ausgezeichnete Saamenreidel«.[45] Hierbei handelte es sich um Mastbäume, die den Hauberg mit Birkensamen, Eicheln oder anderen Samen versorgten. Nach Abschluss des Holzabtransports bezeichnet man den Haubergschlag, auf dem nur noch die Mastbäume stehen, als Hain. Auf dem Hain »schälte« man den Rasenbewuchs mit einem scharfen Hacken.[46] Die ausgehobenen Rasennarben stellte man im Juni leicht eingerollt auf, um diese Rasenmeiler in der Sonne zu trocknen. Anschließend

44 Becker 2002, S. 105–107.

45 Hartig/Löwenstein/Eichel: *Anweisung zur Taxation und Beschreibung der Forste*, Bd. 2, 1805, S. 24.

46 Ebd.

steckte man in die Mitte getrocknetes Reisig, das man »zur Windseite« hin anzündete, sodass sich das Feuer auf den gesamten kegelförmigen Rasenmeiler ausbreitete. Das Brennen der aufgeschichteten Rasen- und Reisigplatten dauert mehrere Tage. Der Hain trug danach den Namen »Brandhain«.[47] Zur Aussaatzeit des Roggens verteilten die Haubergsgenossen die beim Abbrennen entstandene Asche mit einer Schaufel oder einem speziellen Hainrechen gleichmäßig auf der Fläche. Der Roggen wurde ausgesät und anschließend mit einem »besonderen leichten Pflug ohne Räder, den man Hainhaack nennt, seichte unter die Erde gebracht«.[48] Junge Keimlinge und Wurzeln der Mastbäume waren dabei zu schonen. Die Fläche wurde nach der Saat zum »Kornhain« und nach der Roggenernte im Herbst zum »Stoppelhain«. Nach dem Einbringen der Ernte galt der Stoppelhain als »gehegt«. Das heißt: Erst dann, wenn die Keimlinge der Bäume, die bereits zwischen dem Roggen herangewachsen waren, solch eine Größe erreicht hatten, dass Rindvieh sie nicht mehr verbeißen konnte, wurden Weidetiere auf diesen »jungen Hain« getrieben. Nach Ende der Hegungszeit war die Weide auf dem Hain so lange zugelassen, bis die Bäume wieder die Umtriebszeit erreicht hatten – also bis der Baumbestand ein Alter von 16, 18 oder 20 Jahren erreicht hatte und der Jahn von Neuem »abgetrieben, gehaint und befruchtet«[49] wurde, der Kreislauf der Arbeitsschritte also von Neuem begann. Der Ablauf der Umtriebszeiten war aber weit weniger linear, als er in der Reihenfolge der hier aufgeschriebenen Worte erscheinen mag: Schließlich lag auch innerhalb der aufeinanderfolgenden Phasen des Zyklus immer eine parallele Bewirtschaftung auf den unterschiedlich benannten Hainen vor: Mastbäume und junge Keimlinge fanden sich zwischen dem Roggen, der in die Asche des vorherigen Bodenbewuchses geeggt worden war. Weidevieh bewegte sich zwischen Jungbäumen, welche von dem Dung der Tiere wiederum neue Nährstoffe erhielten. Nie lag ein einheitlich bestandener Birkenforst vor und es war auch nicht das Ziel der Bewirtschaftung, einen homogenen Forst einzurichten. Stattdessen galt die Fruchtbarkeit des Bodens als ein Wert, der in der Mittelgebirgslandschaft mit Hilfe der sich abwechselnden und ergänzenden Nutzungsformen bewahrt werden sollte. Trotz der bis heute fortgeführten Wechselwirtschaft mit ihren kurzen Umtriebszeiten durchliefen aber auch die Hauberge im Siegerland eine durch die Forstwissenschaften angeleitete Transformation, die im Folgenden anhand von Rechtsquellen und einer Karte nachvollzogen wird.

47 Die Arbeiten zum Abbrennen des Bodenbewuchs weisen Ähnlichkeiten zum Rasenbrennen in der Schweiz oder zur *écobuage* in Frankreich auf. Vgl. Sigaut, François: *L'agriculture et le feu. Rôle et place du feu dans les techniques de préparation du champ de l'ancienne agriculture européenne*, Paris 1975; Duhamel du Monceau, Henri Louis: *Eléments d'Agriculture*, 2 Bde., Paris 1762.

48 Hartig/Löwenstein/Eichel: *Anweisung zur Taxation und Beschreibung der Forste*, Bd. 2, 1805, S. 24.

49 Ebd., S. 25.

3.4 Niederwaldallmenden im Wandel der Rechtsordnungen

Als letzte bis heute bestehende Waldallmende Deutschlands weisen die Hauberge des Siegerlandes und ihre Landnutzungspraktiken eine gute Quellenlage auf.[50] Haubergsordnungen und Schlagpläne wurden archiviert und bereits von Historikern des 19. Jahrhunderts zitiert. Weistümersammlungen und andere Rechtstexte sind für das Siegerland in schriftlicher Form erhalten. Ein Vergleich dieser stets normativ geprägten Rechtsordnungen zeigt, auf welche Weise die Obrigkeiten Ansprüche auf die Nutzung der Hauberge erhoben.

Die Einteilung eines Waldabschnittes in Schläge, die im Jahresrhythmus nacheinander bearbeitet werden, ist in der Nassauischen Weistümersammlung schon für das 16. Jahrhundert überliefert. Zitiert wird eine Dienstbarkeitsurkunde aus dem Jahr 1553: »Jede Haubergs-Gemark um die Städte und auf dem Lande soll in 16 Theile getheilet, und jährlich an einem Ort ein Theil gehauen werden, die übrigen Theile sind, bis 16 Jahre um sind, still liegen zu lassen.«[51] Für diese Hauberge wurde also eine Umtriebszeit von 16 Jahren festgelegt. Eine Polizeyordnung von 1586 dokumentiert, dass die »16, 18 oder 20 Haue« der Hauberge »in ein besonderes Buch verzeichnet, und von den Schultheisen gehandhabt werden«[52] sollten. Seit Beginn des 18. Jahrhunderts strebten die Landesfürsten danach, die Grenzen zwischen den Jahresschlägen dauerhaft festzulegen, und übertrugen diese Aufgabe an Schultheißen und Schöffen. Die sogenannte *Güldene Jahnordnung* des Nassau-Siegener Fürsten Friedrich Wilhelm Adolf von 1711 bestimmte die Zusammenlegung der kleinteilig organisierten Hauberge zu einheitlichen Verbänden.[53] Anschließend erhob die Polizeyordnung von 1718 den Anspruch, dass von nun an die »Einteilung der Haubergshieben« »für immer«[54] festgesetzt sei – was zeigt, dass die eigentlich innerhalb der Waldgenossenschaften jährlich neu bestimmte Einteilung der Schläge in eine verstetigte Form überführt werden sollte. Die schriftliche Fixierung von Binnen- und Außengrenzen war ein Mittel der landesherrschaftlichen Einflussnahme auf die Organisation der Hauberge.

Das Produkt dieser obrigkeitlichen Forderung nach einer verstetigten Einteilung der Schläge ist folgende Haubergskarte (Abb. 3.4), die im Rahmen einer groß angelegten Landesvermessung entstanden ist. Der Zweck der

50 Für einen aktuellen Überblick über die bis heute existenten Allmendekorporationen im Alpenraum: Head-König/Lorenzetti/Stuber 2019.

51 Eintrag »Hauberge«, in: Rühle von Lilienstern, August Friedemann: *Weisthum der Gesetze, Ordnungen und Vorschriften, welche in die Nassauische Teutsche Länder, Ottoischer Linie, von den ältesten Zeiten bis hierhin ergangen sind,* Bd. 2, Dillenburg 1803, S. 145.

52 Ebd.

53 Lorsbach 1956, S. 46.

54 Rühle von Lilienstern: *Weisthum der Gesetze, Ordnungen und Vorschriften,* Bd. 2, 1803, S. 145.

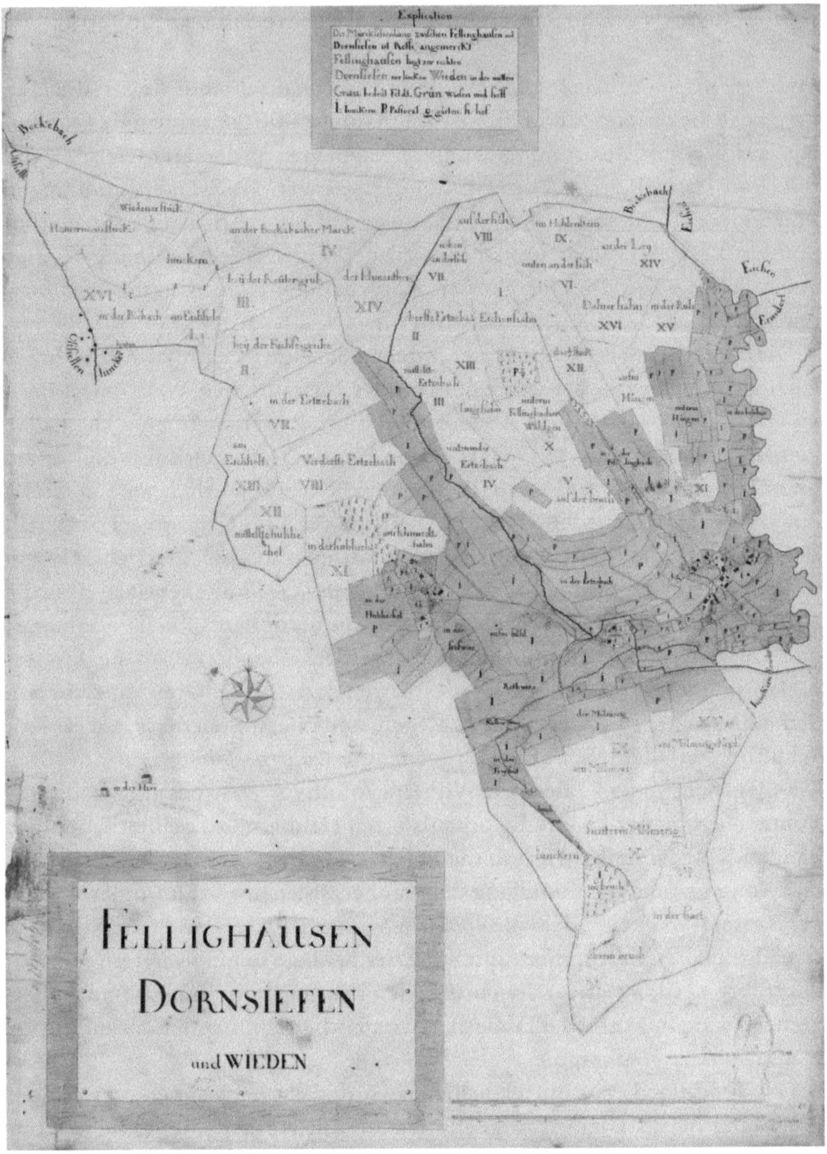

Abb. 3.4: *Spezialkarte der Gemarkungen Fellinghausen, Dornsiefen und Wieden*, kolorierte Karte der Ploennies'schen Generallandvermessung des Fürstentums Nassau-Siegen, 1718.

vergleichsweise frühen, von 1719 bis 1726 durchgeführten Landesaufnahme war es, Grenzmarkierungen sowie topografische Gegebenheiten das Fürstentums Nassau-Siegen abzubilden, Steuereinnahmen festzustellen und die vorangehenden Reformen des Haubergswesens umzusetzen.[55] Aus dem Jahr 1718 ist für den Hauberg Fellinghausen im Siegerland ein Schlagplan überliefert, den der Kartograf, Baumeister und Mathematiker Erich Philipp Ploennies im Auftrag des Fürstentums Nassau-Siegen im Zuge der Generallandmessung anfertigen ließ (Abb. 3.4). Präzise verzeichneten Ploennies und seine Mitarbeitenden »hochgewäldt, hauberg, Feldter, wiesen, gärten, Wasser, bäche ... hämmer, hütten, bergwerck, Mühlen«[56] auf den Landeskarten. An der Vermessung und Einteilung der Hauberge waren Beamte, Oberförster, Amtsjäger, Schöffen und Haubergsvorsteher beteiligt.

Der Hauberg Fellinghausen befindet sich im Nordosten des Kartenausschnitts, auf der rechten Seite der roten Grenzmarkierung, die ihn von der Nachbargemeinde Dornsiefen und deren Hauberg abgrenzt. Die einzelnen Haubergsjähne sind mit römischen Ziffern von I bis XVI versehen, die das Jahr angeben, in dem der jeweilige Jahn auf den Stock gesetzt, abgebrannt und anschließend ackerbaulich bewirtschaftet werden soll. Ebendieses Verzeichnungssystem der Schlagflächen anhand der festgelegten Umtriebszeit mit Hilfe von römischen Ziffern finden wir Anfang des 19. Jahrhundert in Taxationslehrbüchern, etwa bei Georg Ludwig Hartig und Heinrich Cotta, standardisiert für Hochwälder vor. Den Anspruch der Forsttaxation, durch Einteilung einer Waldfläche in nummerierte Jahresschläge Abholzung und Neuanpflanzung zu kontrollieren, erhoben also bereits die Haubergspläne, die im Zuge der Landesvermessung in Nassau-Siegen vereinheitlicht wurden. Auch hier bildete eine festgelegte Umtriebszeit – in Höhe von 16 Jahren – die zentrale Kategorie zur zeitlichen und räumlichen Einteilung des Waldes. Farbliche Flächenmarkierungen lassen sich als eine weitere Gemeinsamkeit zwischen Haubergschlagplan und Taxationskarte identifizieren. Allerdings wiesen die Legenden den Farben unterschiedliche Informationen zu. Während die Taxationskarten Hartigs vor allem die Baumart und die Bodenart mit verschiedenen Farbabstufungen vorgeben, bezieht sich das Farbverweissystem von Ploennies' Landesvermessung auch auf die für Hauberge typischen agrosilvopastoralen Nutzungsweisen. Laut der Legende für den Kartenausschnitt zu Dornsiefen und Fellinghausen stehen graue Flächen für Felder, grüne Flächen für Wiesen und Gehöfte (Abb. 3.5). Die Buchstaben P, G, H

55 Vgl. Dietz, Burkhard: *Erich Philipp Ploennies (1672–1751). Leben und Werk eines mathematischen Praktikers der Frühaufklärung*, Neustadt (Aisch) 1996, insbes. Kap. 3.5 (»Neue Grundlagen für eine alte Wirtschaftsform: Ploennies' Vermessung des Fürstentums Nassau-Siegen (1717–1726) und die Reform der Haubergswirtschaft«), S. 209–221.

56 Ebd., S. 210. Auffällig an Ploennies' Dienstvertrag ist die häufige Verwendung der Adjektive »accurat«, »exact« und »präzise«.

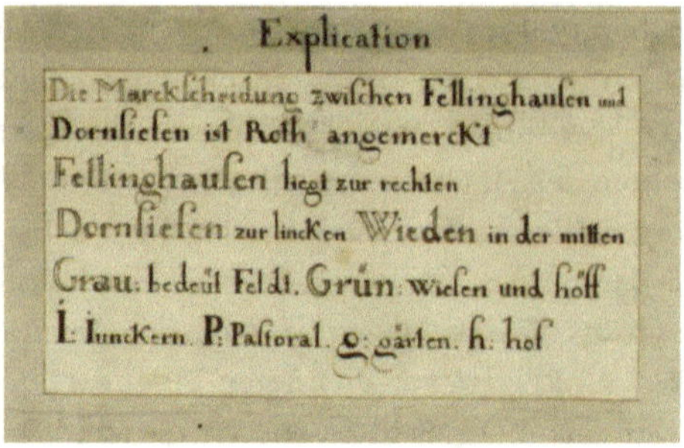

Abb. 3.5: Detailansicht der Legende. *Spezialkarte der Gemarkungen Fellinghausen, Dornsiefen und Wieden*, 1718.

und I deuten zusätzlich auf die Nutzung der Gebiete als pastorale Flächen, also als Weide, sowie auf Gärten und Höfe hin.

Die Legende des Haubergsplans ist aufschlussreich im Hinblick auf die visuelle Darstellung der Wechselfeldwirtschaft auf Karten. Die Kombination aus Flächeneinfärbung und Buchstabenbezeichnung macht sofort ersichtlich, dass beispielsweise grüne Flächen mit dem Buchstaben P sowohl als Feld als auch als Weide genutzt wurden. Auf farblos gelassenen Haubergsflächen vermerkte man nur die Zeitperiode der Fällung und nicht die wechselnden Nutzungen. Im Unterschied zu den um 1800 erarbeiteten Standards für Taxationskarten finden sich auf der Spezialkarte von 1718 Buchstaben, die zusätzlich zur Flächenfarbe die Vermischung von beispielsweise pastoral genutzten Flächen und Feldern andeuten. Diese Flächen mit explizit gekennzeichneter Wechselwirtschaft befinden sich allerdings außerhalb der mit römischen Ziffern verzeichneten Haubergsjähne. Im Gegensatz zu dieser Spezialkarte liegen auf den Taxationskarten des 19. Jahrhunderts keine Zeichen zur Darstellung von Wechselwirtschaft mehr vor, das Prinzip der Schlageinteilung mit zugewiesenen Zeitperioden wurde hingegen übernommen. Eine rotierende Nutzung von Niederwäldern als Brandhain, Kornhain, Weide und junger Hain konnten – oder sollten? – die Taxationskarten nicht mehr vor Augen führen.

In Hartigs *Anweisung zur Taxation der Forste* finden sich stattdessen Ausführungen zu »Verbesserungsmaßnahmen« gegen das »Haubergverderben«.[57] Wenig genutzte Haubergflächen sollten aufgeforstet werden. Ausgewachsene Eichen oder Birken wurden als Mastbäume unter besonderen Schutz gestellt. Zusätzlich war auf die rechtzeitige Aussaat von Eicheln, Bir-

57 Hartig/Löwenstein/Eichel: *Anweisung zur Taxation und Beschreibung der Forste*, Bd. 2, 1805, S. 132. Die komplette Liste der Verbesserungsmaßnahmen findet sich auf S. 132–139.

ken, Ahorn oder Hainbuchensamen zu achten. Die Hauberggenossen wurden angehalten, wuchernden Ginster frühzeitig zu entfernen, um zu vermeiden, dass er ein dichtes Wurzelwerk ausbildete, das die Jungbäume im Wachstum behindern konnte. Die Weide von Schafen verbot das Taxationslehrbuch komplett. Den Beginn der Rindviehweide wiederum zögerten die Lehrbuchautoren so lange heraus, dass Jungbäume auf keinen Fall verbissen werden konnten. So sinnvoll diese Verbesserungsvorschläge für das Heranwachsen von Jungbäumen auch sein mochten: Unter all den Maßnahmen zur Waldverjüngung finden sich weder Ideen für den Schutz der Hauberghaine noch für die Pflege der temporären landwirtschaftlichen Flächen. Die Verbesserungsmaßnahmen für Hauberge, die Hartig in seinem Taxationslehrbuch vorschlug, zielten ausschließlich auf die Holzproduktion ab. In diesem Kontext empfahl Hartig explizit, leerstehende Flächen mit Nadelbäumen aufzuforsten, was den Anteil der Niederwälder verkleinern sollte – und in der Konsequenz die Kulturlandschaft unmittelbar transformierte.[58] Schließlich schlagen Nadelbäume nicht neu aus, können also nicht auf den Stock gesetzt und als Niederwald genutzt werden. Als Waldweide sind Nadelwälder ungeeignet, da Vieh, Schweine und Ziegen in ihnen kaum Futter finden. Generell folgten Hartigs Maßnahmen der Zielsetzung, »vollkommen bestandene« Hauberge zu schaffen:

> Durch Anwendung dieser von uns vorgeschlagenen Mittel […] werden die sämmtlichen Hauberge im Fürstenthume Waldenburg in einem Zeitraume von 20 Jahren mit Holz wieder vollkommen bestanden seyn, und man wird dadurch ihre Holz- und selbst die Frucht-Production zum Erstaunen vergrößern.[59]

Die Taxationswissenschaft Hartigs stellte somit nicht nur für Hochwälder, sondern auch für Hauberge einen vollkommenen Baumbestand mit einer einheitlich gewachsenen Altersklasse in Aussicht. Einerseits erscheint es als eine interessante Ausnahme, dass ein forstwissenschaftliches Lehrbuch die Niederwaldwirtschaft auch mit einer eigenen Taxationskarte am linken Bildrand würdigte (Abb. 2.1). Andererseits fällt auf, dass die Maßnahmen zum Schutz der Hauberge ausschließlich auf den Holzertrag abzielten und nicht auf die Weide- und Felderträge. Dies äußert sich auch in dem Notationssystem der Karte. Obwohl die Forsttaxationslehre von dem Rotationsprinzip der Niederwälder inspiriert gewesen war, reglementierte sie gerade die für Niederwälder typischen Formen der Wechselwirtschaft und wandelte letztendlich Agroforste in Hochwälder um. Kleinere Umtriebszeiten von 10 bis 30 Jahren, die Raum für eine abwechselnde Nutzung der Waldflächen als Brandfläche, Feld und Weide lie-

58 Vgl. Hartig: »Kurze Beschreibung der Hauberge im Fürstenthum Siegen«, 1817, S. 79–100.

59 Hartig/Löwenstein/Eichel: *Anweisung zur Taxation und Beschreibung der Forste*, Bd. 2, 1805, S. 139.

ßen, wurden sukzessive von dem Ideal der hochgewachsenen, vollkommen bestandenen Hochwälder mit gesteigerten Nutzholzerträgen verdrängt. Die Forstwissenschaften und -reformen des 18. und beginnenden 19. Jahrhunderts setzten Hochwälder mit Umtriebszeiten von 50 bis 120 Jahren kontinuierlich als Waldnutzungsideal durch.[60] Diese Lehrmeinung kristallisierte sich an den neu gegründeten Forsthochschulen heraus.

60 Vgl. Küster 2019, S. 90 f.; Nordblad 2017.

4 Orte der Wissensvermittlung

Forsthochschulen und ihre internationale Ausstrahlung

Forsthochschulen spielten als Ausbildungsstätten von Forstbeamten eine zentrale Rolle in der Entwicklung und Verbreitung der Forsteinrichtung. Um zwei große Forst- und Landwirtschaftsakademien dieser Zeit soll es in diesem Kapitel gehen: die preußische Forstakademie in Eberswalde und die sächsische Akademie für Forst- und Landwirte in Tharandt. Beide Hochschulen liegen in ausgedehnten Waldgebieten und etablierten sich Anfang des 19. Jahrhunderts. Sie hatten Modellcharakter für forstwissenschaftliche Institutsgründungen in ganz Europa. Im Mittelpunkt der Untersuchung stehen diese Forstakademien also als Schauplätze der Wissensproduktion, an denen die Forsttaxationstechnik nach dem Umtriebszeitenprinzip praxisnah entwickelt wurde, sowie gleichermaßen als Schauplätze der Waldnutzungskonflikte, die sich in der Folge zuspitzten.

Bisher liegen keine Überblicksdarstellungen zu den Forstakademien und verwandten Hochschultypen im 19. Jahrhundert vor. Die vorliegende Literatur erschöpft sich in der Geschichte einzelner Institutionen sowie der forstwissenschaftlichen Ausbildung in den Königreichen, Herzogtümern oder anderen Verwaltungseinheiten.[1] Auch Abhandlungen zur Wirkungsgeschichte dieser Institutionen aus der Perspektive der Umweltgeschichte fehlen bislang, ebenso wie wissenschaftsgeschichtliche Forschungen. Während die im 17. und 18. Jahrhundert gegründeten nationalen Akademien, wie die Royal Society in London, die Académie Royale des Sciences in Paris oder die Königlich-Preußische Akademie der Wissenschaften, auf großes Interesse in der Wissenschaftsgeschichte stießen und auch den Bergakademien in der letzten Zeit mehr Aufmerksamkeit geschenkt worden ist, findet der sich im 19. Jahrhundert etablierende Typus der Forstakademie – mit dem charakteristischen praktischen Unterricht im Wald – in wissenschaftshistorischen Publikationen bislang nur selten Er-

1 Zu einer ähnlichen Schlussfolgerung kommt der Universitätshistoriker Jens Bruning in der *Enzyklopädie der Neuzeit* im Lemma »Forstakademie«: »Die insgesamt nur recht kurze Existenz dieses Spezialschultyps hat dazu geführt, dass sich neben Überblicksdarstellungen zur Forstwissenschaft nur Jubiläums- und Festschriften mit einzelnen Einrichtungen beschäftigen; einen als solchen zu bezeichnenden ›Forschungsstand‹ zur Geschichte der Forstakademien gibt es nicht.« Bruning, Jens, »Forstakademie«, in: *Enzyklopädie der Neuzeit Online*, hg. v. Friedrich Jaeger, 2014. Einsehbar unter: dx.doi.org/10.1163/2352-0248_edn_a1125000 [Stand: 31.1.2025]. Zu den Königreichen Baden und Württemberg siehe: Neuhaus, Markus Matthias: *Forstliche Wissenschaftsgeschichte des langen 19. Jahrhunderts – Institutionalisierung forstlicher Ausbildung in Baden und Württemberg*, Dissertation Albert-Ludwigs-Universität Freiburg 2014.

wähnung.[2] Botanische Gärten, Labore, die Bibliothek, das Archiv, Sammlungen im weitesten Sinne oder das Observatorium: All diese Institutionen und Umgebungen der Wissensproduktion sind im Gegensatz zum Lehrwald gut erforscht.[3] Versuchs- und Lehrwälder als Orte, an denen neue Wissenspraktiken erprobt und eingeübt wurden, könnten dabei gerade hinsichtlich der Spezifik seines Gegenstands – Ökosysteme, die einer Verwertungslogik unterworfen werden – von besonderem Interesse für die Umweltgeschichte der Neuzeit sein.[4] In diesem Sinne könnten Forstakademien, ihre Lehrumgebungen und -praktiken neue Perspektiven auf die frühe Geschichte der Umweltwissenschaften im 19. Jahrhundert eröffnen.

Gerade in der Phase der Institutionalisierung der Forstwissenschaft musste sich das Selbstverständnis der neuen Wissenschaftsdisziplin zuallererst konstituieren.[5] Wenn die eigentlichen Orte und Praktiken der Wissensvermittlung ins Zentrum der Aufmerksamkeit rücken, werden nicht nur die Aushandlungs-

2 Für einen Forschungsüberblick siehe: Hirschi, Caspar: »Akademie«, in: Sommer, Marianne/Müller-Wille, Staffan/Reinhardt, Carsten (Hg.): *Handbuch Wissenschaftsgeschichte*, Stuttgart 2017, S. 211–224; Phillips 2016. Zur Royal Society und ihren experimentellen Forschungspraktiken siehe u. a.: Shapin, Steven/Schaffer, Simon (1985): *Leviathan and the Air-Pump. Hobbes, Boyle, and the Experimental Life*, Princeton 2011. Zur Pariser Académie des Sciences: Salomon-Bayet, Claire (1978): *L'institution de la science et l'expérience du vivant. Méthode et expérience à l'Académie royale des sciences, 1666–1793*, Paris 2008; Hahn, Roger: *The Anatomy of a Scientific Institution. The Paris Academy of Sciences, 1666–1803*, Berkeley 1971. Zu wissenshistorischen Forschungsperspektiven auf Bergakademien: Schleiff/Konečný 2013; Felten 2018; Klein 2016. Zu Wissenschafts- und Bergakademien sowie ihrer Vernetzung um 1800 kartierte Martin Rudwick die wichtigsten Standorte Europas in einem Schaubild. Forst- und landwirtschaftliche Akademien hingegen ließ er unerwähnt, obwohl sie für die Geschichte der Geowissenschaften ebenfalls bedeutsam wären. Rudwick, Martin J. S.: *Bursting the Limits of Time. The Reconstruction of Geohistory in the Age of Revolution*, Chicago/London 2005, siehe insbes. die Kapitel 1.2 (»The Republic of Letters and its Supporter«) und 1.3 (»Places of Natural Knowledge«), S. 22–48. Auch in dem Sammelband *Worlds of Natural History*, ein umfassender Beitrag zur Historisierung von Naturgeschichte, werden Forst- und Landwirtschaftsakademien nicht thematisiert: Curry, Helen Anne/Jardine, Nicholas/Secord, James A./Spary, Emma C. (Hg.): *Worlds of Natural History*, Cambridge 2018.

3 Zum Rahmenkonzept der »epistemic surroundings« am Beispiel der Warburg-Bibliothek: Wimmer, Mario: »The Afterlives of Scholarship: Warburg and Cassirer«, in: *History of Humanities* 2 (1), 2017, S. 245–270.

4 Zu biowissenschaftlichen Praktiken »auf dem Feld« und im Labor: Kohler, Robert E.: *Landscapes & Labscapes. Exploring the Lab-Field Border in Biology*, Chicago 2002.

5 Zu den Praktiken, die Wissenschaftsgemeinschaften herstellen und bestätigen: Rheinberger, Hans-Jörg/Hagner, Michael/Wahrig-Schmidt, Bettina (Hg.): *Räume des Wissens. Repräsentation, Codierung, Spur*, Berlin 1997; Echterhölter, Anna: *Schattengefechte. Genealogische Praktiken in Nachrufen auf Naturwissenschaftler (1710–1860)*, Göttingen 2012; Füssel, Marian: *Gelehrtenkultur als symbolische Praxis. Rang, Ritual und Konflikt an der Universität der Frühen Neuzeit*, Darmstadt 2012; Füssel, Marian/Schürmann, Inga/Rexroth, Frank (Hg.): *Praktiken und Räume des Wissens. Expertenkulturen in Geschichte und Gegenwart*, Göttingen 2019.

prozesse unter Wissenschaftler:innen sichtbarer, sondern auch die Ressourcennutzungskonflikte, in die Forstverwaltungen bei der Durchführung von Taxationen involviert waren, sowie die überregionalen Netzwerke, innerhalb denen Lehrbücher zirkulierten, Studierende und Professoren sich bewegten und an Neugründungen von Lehrinstitutionen arbeiteten. Für diesen Zugriff ist es zentral, zunächst die Umgebungen der Hochschulstandorte und die Kontexte der forstwissenschaftlichen Ausbildung näher kennenzulernen.

4.1 Lehrinstitutionen und Ausbildungswege: Auf den Spuren der frühen Umweltwissenschaften

Die Einrichtung der Forsthochschulen steht in engem Zusammenhang mit einer Wirtschaftspolitik, die eine rationale Verwaltung staatlicher Ressourcen und Finanzen intendierte. Entsprechend vielseitig war die forstwirtschaftliche Ausbildung, entsprechend ergebnisorientiert die forstwissenschaftliche Forschung. Ende des 19. Jahrhunderts unterschied *Meyers Konversationslexikon* zwischen drei Kategorien im forstlichen Bildungswesen: Hochschule, Mittelschule und niedere Forstschule.[6] Die Forsttaxation wurde schwerpunktmäßig an den Hochschulen gelehrt. Daher steht dieser Schultypus hier im Vordergrund. Forsthochschulen dienten neben der höchsten forstwirtschaftlichen Ausbildung der wissenschaftlichen Weiterentwicklung des Faches.[7] Im 19. Jahrhundert etablierten sie sich als selbstständige Akademien oder waren als Fakultäten an Universitäten sowie an polytechnische, landwirtschaftliche und bergmännische Hochschulen angegliedert. Voraussetzung für das Hochschulstudium und für die anschließende Anstellung im Forstdienst des jeweiligen Königreiches oder Herzogtums war das Maturitätszeugnis.[8] Wenn kein Gymnasialabschluss vorlag, war es in manchen Fällen möglich, eine Aufnahmeprüfung zu absolvieren. An der Forstakademie in Mariabrunn bei Wien beispielsweise fan-

6 »Forstschulen«, in: *Meyers Konversationslexikon*, 4. Aufl., Bd. 6, Leipzig/Wien 1888, S. 447 f.

7 So heißt es in Paragraph 1 im *Allgemeinen Plan der Königlich Sächsischen Forstakademie zu Tharand*: »Die Forstakademie hat den Zweck, durch umfassenden Unterricht in der Forstwissenschaft und deren Grund- und Hilfswissenschaften Forstwirthe für eine rationelle Ausübung ihres Berufes zu bilden, sowie die Entwickelung der Forstwissenschaften im Allgemeinen zu fördern.« o. A.: *Allgemeiner Plan der Königl. Sächs. Forstakademie zu Tharand*, Dresden 1872, FAO-Archiv Rom, Historische Buchsammlung des Centre International de Silviculture, D 34.

8 Preußen führte das Abitur 1788 ein. Als Abschlussprüfung am Gymnasium war es vorerst nur für unbemittelte Schüler verpflichtend. Im 19. Jahrhundert wurde das Abitur zur allgemeinen Bedingung für die Hochschulreife. Vgl. Schindling, Anton: *Bildung und Wissenschaft in der frühen Neuzeit, 1650–1800*, München 1999, S. 81, sowie Schwartz, Paul: *Die Gelehrtenschulen Preußens unter dem Oberschulkollegium (1787–1806) und das Abiturientenexamen*, 3 Bde., Berlin 1910–1912.

den Aufnahmeprüfungen immer am Anfang des Wintersemesters statt. Insbesondere auf mathematische Grundkenntnisse (Arithmetik, Algebra, Geometrie) wurde Wert gelegt, ebenso auf Geografie, Physik und Naturgeschichte.[9] Fast alle Forsthochschulen verlangten von den jungen Männern zudem den Nachweis über eine mindestens halbjährige praktische Vorbildung in einem Staatsforstrevier.[10] Viele Bewerber hatten zuerst eine Ausbildung zum Landvermesser durchlaufen und konnten dadurch ihre Befähigung zum Studium unter Beweis stellen.[11] Einige Hochschulen, zum Beispiel das Polytechnikum in Karlsruhe, boten Vorkurse an, in denen Grundlagenwissen insbesondere im Rechnen nachholend angeeignet werden konnte. Mathematik, Volkswirtschaftslehre, Naturwissenschaften und Staatslehre galten allgemein als »Grundwissenschaften«, auf die die forstwissenschaftliche Ausbildung aufbaute. Von genauso wesentlicher Bedeutung aber war der praktische Unterricht, der in den Lehrwäldern im Umfeld der Forstakademien stattfand. Die forstlichen Mittelschulen hingegen richteten die Ausbildung auf die Arbeitspraxis in der örtlichen Betriebsverwaltung aus, weshalb den Grundwissenschaften und der Weiterentwicklung der Forstwissenschaften als Disziplin dort weniger Bedeutung beigemessen wurde. Die Gymnasialreife war an den forstlichen Mittelschulen keine Aufnahmebedingung. *Meyers Konversationslexikon* führte Ende des 19. Jahrhunderts die finnische Forstschule in Evo, die böhmische Mittelschule in Weißwasser sowie Ausbildungsstätten in Lemberg in Galizien und Eulenberg in Mähren als Beispiele für forstliche Mittelschulen an.[12] Försterschulen beziehungsweise niedere Forstschulen wiederum richteten sich an angehende Förster, die nicht für die Verwaltung zuständig waren, sondern als Forstschutzbeamte und Aufsichtsbeamte den Forstdienst antraten. Grundbedingung für die niederen Forstschulen war der Abschluss an einer guten Volksschule. Niedere Försterschulen gründeten sich in Preußen und Österreich erst ab den 1870er Jahren. Der Unterricht erfolgte hauptsächlich nach empirischen Methoden. Des Weiteren sind die Forstarbeiterschulen zu nennen. Das Anpflanzen und das Hauen von Bäumen, das Anlegen von Waldwegen unterrichtete man hier als praktische Maßregeln des Waldbaus und des Forstschutzes.

Obwohl die Forstwissenschaft institutionengeschichtlich bislang oft als isolierte Disziplin dargestellt wurde, sind die Parallelen zu zeitgenössischen Theorien der Landwirtschaft, des Bergbaus und der Kameralwissenschaft unübersehbar, denn Praktiken der Ressourcenverwaltung wurden fächerüber-

9 Vgl. o. A: *Programm der K. K. Forst-Akademie in Mariabrunn für das Studienjahr 1873/74*, Wien 1873, S. 5, FAO-Archiv Rom, Historische Buchsammlung des *Centre International de Silviculture*, D 43.

10 Vgl. ebd., § 13 (»Bedingungen der Aufnahme«), S. 8 f.

11 Bei den ersten Schweizer Forstwirtschaftsprofessoren Elias Landolt und Xavier Marchand war dies zum Beispiel der Fall. Vgl. Kapitel 4.3.

12 »Forstschulen«, in: *Meyers Konversationslexikon*, 4. Aufl., Bd. 6, Leipzig/Wien 1888, S. 447 f.

greifend auf ähnliche Weise gelehrt.[13] Die Forstwissenschaft stellte keinesfalls eine Einzeldisziplin dar, sondern berief sich auf Grundlagen aus der Kameral- und Verwaltungswissenschaft, der Landwirtschaft, Zoologie und Botanik, der Rechtsgeschichte und Naturgeschichte, der Volkskunde und Geografie und auf weitere Disziplinen, die heute zu den Geisteswissenschaften zählen würden: vom Sprachstudium über Ästhetik, Kunstgeschichte, Philosophie und Pädagogik bis zum Zeichenunterricht. Auch die Bedeutung von Laienwissenschaftler:innen sowie gelehrten Gesellschaften ist für die forstwissenschaftliche Wissensproduktion nicht zu unterschätzen.[14] Es gilt, die Geschichte der Forstwissenschaft in eine transdisziplinäre und transnationale Geschichte der Umweltwissens einzubetten, für welche wiederum die Praktiken der Wissensgenerierung aufschlussreicher erscheinen als die Biografien großer Forscherpersönlichkeiten oder die Erfolgsgeschichte einzelner Institutionen. Die Historisierung der Umweltwissenschaften erfolgte in der Vergangenheit oft ausgehend von den Biografien wichtiger Naturforschender, etwa dem Lebenswerk des vielgereisten Alexander von Humboldt, ohne jedoch mit den Berg-, Landwirtschafts-, Forst- und Kunstakademien als relevanten Orten der Wissensproduktion in Verbindung gebracht zu werden.[15] Weil gerade die praktischen Ausbildungsstätten im ländlichen Raum von zentraler Bedeutung für die Entwicklung sowie die Standardisierung von Techniken zur Erforschung der Umwelt sind, bilden sie den Ausgangspunkt dieser Untersuchung.

13 Vgl. Bennett, Brett M.: *Plantations and Protected Areas. A Global History of Forest Management*, Cambridge/London 2015, S. 27 f.; Warde, Paul: »The Invention of Sustainability«, in: *Modern Intellectual History* 8 (1), 2011, S. 153–170; Uekötter, Frank: *Die Wahrheit ist auf dem Feld. Eine Wissensgeschichte der deutschen Landwirtschaft*, Göttingen 2012.

14 Zu gelehrten Gesellschaften: Lowood 1991; Popplow, Marcus: *Landschaften agrarisch-ökonomischen Wissens. Strategien innovativer Ressourcennutzung in Zeitschriften und Sozietäten des 18. Jahrhunderts*, Münster 2010; Güttler 2014. Für die Bedeutung von Laienwissenschaftler:innen für die Botanik: Ruppel, Sophie: *Botanophilie. Mensch und Pflanze in der aufklärerisch-bürgerlichen Gesellschaft um 1800*, Köln 2019.

15 Entscheidend für die Historisierung der Umweltwissenschaften war das Konzept der *Humboldtian Science*. Humboldt wird zugeschrieben, neue Methoden in die Erforschung der Natur integriert zu haben, die bis heute für die Umweltwissenschaften prägend sind. Dazu gehören die Nutzung wissenschaftlicher Instrumente mit hohem Präzisionsgrad, das Erstellen vergleichender Karten und Grafiken, die Untersuchung von Gleichgewichten sowie der Kräfte, die sie herbeiführen. Das Konzept der *Humboldtian Science* prägte Susan Faye Cannon in Abgrenzung zur sogenannten *Baconian Method*: Cannon, Susan Faye: *Science in Culture. The Early Victorian Period*, New York 1978. Siehe außerdem: Dettelbach, Michael: »Humboldtian Science«, in: Jardine, Nicholas/Secord, James A./Spary, Emma C. (Hg.): *Cultures of Natural History*, Cambridge/New York 1996, S. 287–304. Für die Beobachtung einer scheinbaren Ortlosigkeit des Umweltwissens, das Humboldt zugeschrieben wird, danke ich Nils Güttler. Zu einer kritischen Perspektive siehe außerdem: Cushman, Gregory T.: »Humboldtian Science, Creole Meteorology, and the Discovery of Human-Caused Climate Change in South America«, in: *Osiris* 26 (1), 2011, S. 19–44.

4.2 An den Orten der Lehrpraxis: Die Forstakademien in Eberswalde und Tharandt

Schauplatz 1: Die preußische Forstakademie Eberswalde

Eberswalde – eine Stadt in der Nähe von Berlin, umgeben von Wald. Durch Eberswalde fließt der Finowkanal, der im 17. Jahrhundert als erste schiffbare Verbindung zwischen Oder und Spree gebaut wurde. Über ihn flößte man Holz; zudem nutzte man die Wasserkraft als Antrieb für Kupferhämmer und die eisenverarbeitende Industrie.[16] Seit 1830 befindet sich in Eberswalde eine Forstlehranstalt, die seit 2010 den Namen »Hochschule für nachhaltige Entwicklung« trägt. Auf Initiative des ersten Direktors Wilhelm Pfeil und mit Unterstützung von Alexander von Humboldt, damals Berater des preußischen Finanzministeriums, war die forstwissenschaftliche Abteilung der Berliner Universität in das damalige Neustadt-Eberswalde verlegt worden, um den praktischen Unterricht im Wald direkt vor Ort zu ermöglichen und somit eine umfassende Ausbildung in der Taxationswissenschaft zu gewährleisten.

1810 erhielt Georg Ludwig Hartig einen Ruf nach Berlin als »Staatsrat und Oberlandesforstmeister«.[17] 1817 ernannte ihn der preußische König zum »Mitdirector im Finanzministerium« – nicht zuletzt aufgrund seiner erfolgreichen Taxationsarbeiten.[18] Er unternahm zahlreiche Forschungsreisen, während Theodora Hartig die Hauswirtschaft sowie die Erziehung und Ausbildung der Kinder und der aufgenommenen Waisen beaufsichtigte. Zuerst erfolgte die Taxation in der Neumark und der Kurmark, dann in Danzig, Marienwerder, Bromberg und Königsberg.[19] Größere Reisen führten Georg Ludwig Hartig nach Böhmen, Schlesien, Posen und Litauen, wobei ihn die forstwissenschaftlich ausgebildeten Söhne oft begleiteten. Nach einer solchen Auftragsreise heiratete Carl Hartig die Tochter eines litauischen Forstinspektors und erhielt eine Stelle als Oberförster in Tegel bei Berlin.[20] Fritz Hartig trat eine Forstmeisterstelle im pommerschen Mühlenbeck an und initiierte dort, unterstützt von seiner Schwester Sophie, ein privates Forstlehrinstitut.[21] Offensichtlich

16 Im Jahr des Baubeginns des Kanals, 1603, wurde der erste Kupferhammer in Betrieb genommen. Im Finowtal befanden sich große Kupfer- und Eisenvorkommen. Hugenotten aus Frankreich siedelten sich im 17. Jahrhundert bei Eberswalde an, um in der Kupfer- und Eisenverarbeitung zu arbeiten. Nach den Zerstörungen im Zuge des Dreißigjährigen Krieges wurde 1743 der Bau eines zweiten Kanals verordnet. 1810 verlor Eberswalde seine Monopolstellung in der Kupferverarbeitung, da die Gewerbefreiheit in Preußen aufgehoben wurde. Vgl. Schmidt, Rudolf: *Der Finowkanal. Zur Geschichte seiner Entwicklung*, Eberswalde 1938.

17 Hartig, Theodora (1826): *Georg Ludwig Hartig im Kreise seiner Familie*, 1976, S. 66.

18 Ebd., S. 86.

19 Ebd., S. 87.

20 Ebd., S. 88.

21 Zur Arbeitsaufteilung und zur Bedeutung von Frauenarbeit an privat geführten Forstschulen

waren die ersten in Privathäusern eingerichteten Forstschulen von einer guten Hauswirtschaftsführung abhängig, die nach der traditionellen Aufgabenteilung in dem Verantwortungsbereich von Frauen lag, deren Arbeiten in der Forstgeschichtsschreibung meistens unerwähnt bleiben.

Der Bedarf an Taxatoren, die in den preußischen Wäldern Forsteinrichtungen ausführen sollten, überstieg nach dem Ende der Napoleonischen Kriege die Zahl der Forstmeister mit dieser Qualifikation. Die Schüler, die sich bei der Familie Hartig in Ausbildung befanden, sollten die Taxationstechniken daher schnell und praktisch erlernen, wofür sich Eberswalde als ein idealer Standort unter vielen anderen neu gegründeten Forstlehranstalten erwies:

> Nun hatte sich Hartig durch seine Vorlesungen im Winter so viele junge Leute gebildet, daß er im Stande war, die spezielle Taxation mit denselben zu betreiben. Er versammelte daher im Jahre 1818 gegen 50 Forstoffizienten und Forstcandidaten in Neustadt-Eberswalde, um durch sie den Biesenthalschen Forst unter seiner speziellen Leitung taxieren zu lassen und sich auf diese Art mit einem Male eine große Menge Taxatoren praktisch zu bilden, die in der Folge zu den ausgedehnten Forsttaxations- und Regulierungsgeschäften gebraucht werden konnten. Morgens hielt Hartig dieser zahlreichen Versammlung einige Stunden lang Vorlesung über das, was am Tage geschehen sollte, und dann führte er sie zur praktischen Anwendung des Gehörten in den Forst. Durch diese Einrichtung entstanden binnen einem vierteil Jahre eine Menge nach gleichen Grundsätzen und Lehren gebildeter und routinierter Forsttaxatoren, wovon Viele späterhin selbstständig operieren konnten, als die spezielle Taxation nach der von Hartig entworfenen und approbierten ›Instruktion für Forstgeometer und Forsttaxatoren‹ festgesetzt […] wurde.[22]

Georg Ludwig Hartigs Aufgabe war es, möglichst viele Taxatoren anzulernen, um mit ihnen standardisierte Verfahren der Forstvermessung großflächig zur Anwendung zu bringen. Die Forsttaxation lässt sich ausgehend von diesem Beispiel als charakteristisch für ein Verwaltungsregime interpretieren, das etwa ab 1800 über Forsthochschulgründungen und Auftragsarbeiten, später über koloniale Forstverwaltungen international adaptiert wurde.

ist die Beschreibung von Theodora Hartig aufschlussreich: »Sophie begleitete ihn dorthin und richtete ihm die Hauswirtschaft mit geringen Kosten so zweckmäßig ein, daß sie sich dadurch in der ganzen Gegend Bewunderung erwarb. Fritz nahm alsbald mehrere junge Leute in die Lehre und machte damit den Anfang zu einem Forstlehrinstitut. Sophie führte ihm fortwährend die Haushaltung und es war eine Freude zu sehen, wie sehr sie von den jungen Leuten geachtet wurde. Die Mutter besuchte sie nach einiger Zeit und fand Alles in der besten Ordnung.« Hartig, Theodora (1826): *Georg Ludwig Hartig im Kreise seiner Familie*, 1976, S. 85. Eine gute Haushaltsführung war offensichtlich eine Voraussetzung dafür, dass Schüler in die Lehre genommen werden konnten, weil sie in dem Privathaus wohnten.

22 Ebd., S. 88.

Schauplatz 2: Die Königlich Sächsische Forstakademie zu Tharandt

An den nördlichen Ausläufern des Osterzgebirges, rund dreißig Kilometer von Dresden entfernt, liegt die Kleinstadt Tharandt. Hier befindet sich der Sitz der Fachrichtung Forstwissenschaften der Technischen Universität Dresden, die unter anderem den Masterstudiengang »Tropical Forestry« in Kooperation mit Forschungsinstituten in Vietnam, Indien, Kenia, Tansania, Kamerun, Uganda, Brasilien und Paraguay anbietet. Die Professur für tropische und internationale Forstwirtschaft präsentiert sich als »eine der ersten akademischen Einrichtungen in Europa mit dem Fokus auf Forstwirtschaft im Globalen Süden«.[23] Der internationale forstwissenschaftliche Austausch hat in Sachsen eine lange Tradition. 1811 eröffnete die Forstlehranstalt in Tharandt und zog im Verlauf des 19. Jahrhunderts Studierende aus Frankreich, Spanien, Portugal, Russland, Skandinavien, Japan, China und Indien an. Ausschlaggebend für die Standortwahl war der rund 60 Quadratkilometer große Tharandter Wald. Heutzutage wachsen hier hauptsächlich Fichten, Kiefern und einige von Buchen dominierte Laubmischwälder. Ende des 18. Jahrhunderts waren viele der Waldgebiete weitestgehend gerodet. Der Tharandter Wald lieferte Holz für den Handel, das man über den Fluss Weißeritz nach Dresden transportierte, Bau- und Geschirrholz, Baumaterial für die Gruben in den nahegelegenen Bergwerken sowie Holzkohle.[24] Der Wald war seit dem 13. Jahrhundert markgräfliches Jagdgebiet, und um 1800 war Tharandt ein viel besuchtes Kurbad.[25] In diese Umgebung hatte Heinrich Cotta (1763–1844) also 1811 seine privat geführte Lehranstalt verlegt, bevor sie nur fünf Jahre später zur ersten königlich-sächsischen Forstakademie erhoben wurde.

Von der Benutzung der Wälder war eine Forstakademie letztlich ähnlich abhängig wie eine Bergakademie von Bergwerken. Tatsächlich fand der Großteil des Unterrichts im Tharandter Forstrevier statt. Übungen zur »Forsttaxation« nahmen viel Raum im Wochenplan ein (Abb. 4.1). Die Forsttaxation

23 Vgl. Technische Universität Dresden: *Website der Professur für Tropische und Internationale Forstwirtschaft*. Einsehbar unter: tu-dresden.de/bu/umwelt/forst/inter/tropen/startseite [Stand: 31.1.2025]. Die vollständige Selbstbeschreibung lautete 2022: »Die Professur für Tropische Forstwirtschaft ist die erste akademische Einrichtung in Europa mit dem Fokus auf Forstwirtschaft im Globalen Süden. Allerdings haben sich Ziel und Kontext der Professur grundlegend geändert. Während in der Gründungsphase 1930 die Rohstoffbeschaffung über koloniale Verbindungen im Vordergrund stand, war 1960 die Integration entkolonisierter Völker in einer globalen sozialistischen Weltordnung vorrangiges Ziel. Ab 1990 lag der Fokus auf Wissensaustausch zwischen globalen Regionen unter Einbeziehung kultureller Wertsysteme.«

24 o. A.: »Bekanntmachung, die Einrichtung der königl. Sächs. Forstacademie zu Tharandt betr.«, in: *Allgemeiner Anzeiger der Deutschen der öffentlichen Unterhaltung über gemeinnützige Gegenstände aller Art gewidmet, zugleich allgemeines Intelligenz-Blatt zum Behuf der Justiz, der Polizey und der bürgerlichen Gewerbe*, Gotha, 17.6.1816, Sp. 1654 f.

25 Schlenkert, Friedrich: *Tharand. Ein historisch-romantisches Gemählde nach der Natur, Urkunden und Sagen*, Dresden 1804, S. 10.

Lehrplan der Königlich Sächsischen Forst-Akademie zu Tharand.

Sommerhalbjahr 1872.

ages- uden.	Montag. C. I.	Montag. C. II.	Dienstag. C. I.	Dienstag. C. II.	Mittwoch. C. I.	Mittwoch. C. II.	Donnerstag. C. I.	Donnerstag. C. II.	Freitag. C. I.	Freitag. C. II.	Sonnabend. C. I.	Sonnabend. C. II.
–8.	Mineralogie. Krutzsch.	Waldbau. Greiffenhahn.	Mathematik. Preßler.	Waldbau. Greiffenhahn.	Mathematik. Preßler.		Mathematik. Preßler.	Waldbau. Greiffenhahn.	Allgemeine Botanik. Nobbe.	Waldbau. Greiffenhahn.	Excursionen und praktische Uebungen.	
–9.		Anatomie und Physiologie der Pflanzen. Nobbe.	Zoologie. Nobbe.	Forstmathematik. Preßler.			Zoologie. Nobbe.	Forstmathematik. Preßler.	Zoologie. Nobbe.	Forstmathematik. Preßler.		
–10.	Geschichte und Literatur der Forstwissenschaft. Judeich.	Geognosie. Krutzsch.	Mineralogie. Krutzsch.	Anatomie und Physiologie der Pflanzen. Nobbe.	Geschichte und Literatur der Forstwissenschaft. Judeich.		Geschichte und Literatur der Forstwissenschaft. Judeich.	Geognosie. Krutzsch.	Mathematik. Preßler.	Anatomie und Physiologie der Pflanzen. Nobbe.		
–11.	Allgemeine Botanik. Nobbe.	Forstbenutzung. Judeich.	Algebra. Kunze.	Geognosie Krutzsch.		Meß- übungen. Kunze.	Chemie. Stöckhardt.	Forst- benutzung. Judeich.	Chemie. Stöckhardt.	Allgemeine Wirthschaftslehre. Richter.		
–12.		Allgemeine Wirthschaftslehre. Richter.	Allgemeine Botanik. Nobbe.	Wiesenbau. Richter.						Forst- benutzung. Judeich.	Bemerkungen.	
–3.	Mineralogische Excursionen. Krutzsch.	Taxationsübungen. Greiffenhahn.	Plan- und Bauzeichnen. Preßler und Kunze.				Algebra. Kunze.	Chemisches Praktikum. Stöckhardt.	Ausgewählte Abschnitte aus der Forstgeschichte. Leo.	Mikroskopisches Praktikum. Nobbe.	Die Bibliothek ist Dienstag und Freitag von 10–12 Uhr geöffnet.	
–4.											Außer Donnerstag steht das Laboratorium im Sommer noch Dienstag und Freitag für praktisch-chemische Arbeiten zur Disposition.	
–5.			Obstbau. Neum.	Meßübungen. Kunze.					Naturhistorische Excursionen. Nobbe.		Die Vorlesungen des Sommerhalbjahres beginnen am 8. April und schließen mit dem 17. August. Diejenigen des Winterhalbjahres beginnen am 14. October.	
–6.												

Abb. 4.1: *Lehrplan der Königlich Sächsischen Forst-Akademie zu Tharand*, 1872.

stand als ein eigenes Unterrichtsfach auf dem Lehrplan und war außerdem als Querschnittsthema bei Messübungen, dem Plan- und Bauzeichnen, im Waldbau sowie in der Forstmathematik von Interesse. Die Forsttaxationslehre verband Schreibtischarbeit mit praktischen Übungen im Wald, die im Sommersemester samstags ganztägig abgehalten wurden. Generationen von Studierenden vermaßen das Forstrevier immer wieder neu und verwirklichten die Taxationsanleitungen ihrer Lehrer. Deshalb gilt der Tharandter Wald als erstes Gebiet, in dem die Forsttaxation nach nachhaltigen Grundsätzen großflächig Anwendung fand.

Rund 40 Jahre nach Lehrbeginn begannen 1847 die Bauarbeiten an einem Akademiegebäude. Zuvor hatten die »Forsteleven« entweder im Freien studiert oder in den privaten Wohngebäuden des Direktors, die auf dem Plan von 1818 als »Forstakademie« unterhalb des Schlossteiches eingezeichnet sind (Abb. 4.2). Bevor Cotta 1809 die Lehranstalt in Tharandt eröffnete, hatte er schon seit 1786 in eigenen Privaträumen unterrichtet: zunächst an der von ihm geführten Forstmeisterschule in Zillbach in Sachsen-Weimar-Eisenach, bevor ihn König Friedrich August I. mit der Leitung des sächsischen Vermessungsinstituts beauftragte und er sich für eine Lehreinrichtung in Tharandt einsetzte. Auch in anderen deutschen Staaten waren es oftmals privat geführte

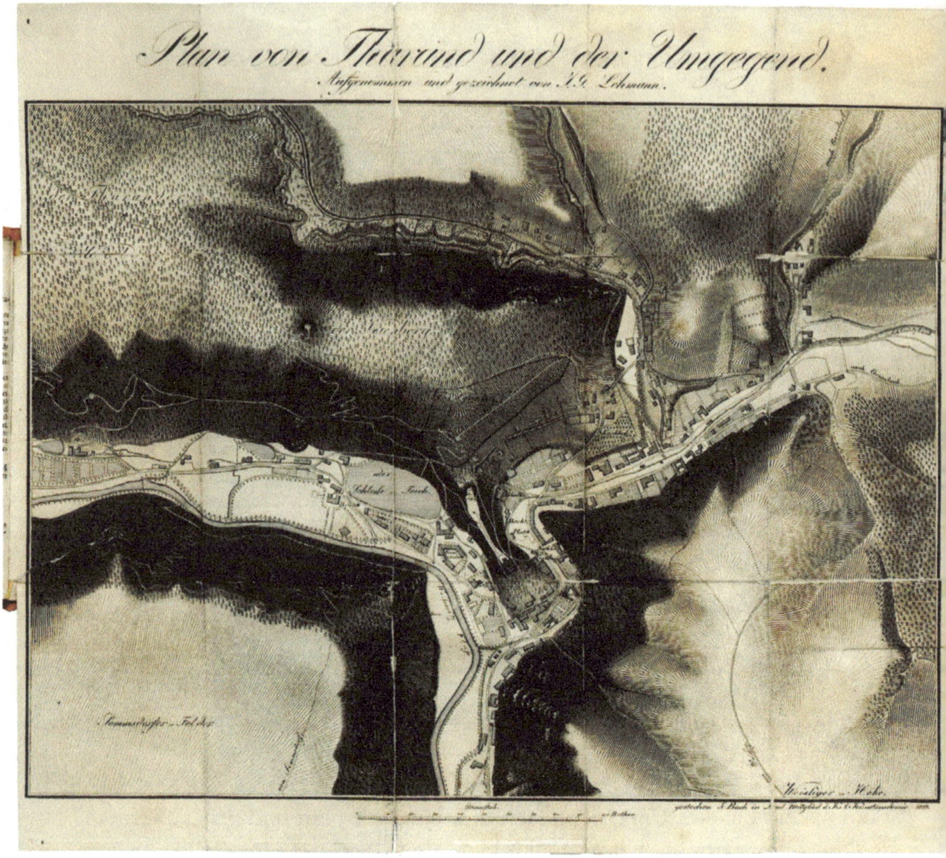

Abb. 4.2: J. G. Lehmann: *Plan von Tharand und der Umgegend*, 1818, Kupferstich, vergrößerter Bildausschnitt.

Meisterschulen aus der zweiten Hälfte des 18. Jahrhunderts, die von König:innen und Landesherr:innen zu Akademien erhoben wurden und in der Folge den jeweiligen Finanzministerien unterstellt waren.[26] Lange vor der Einwei-

26 Zu den Forstakademien, die Anfang des 19. Jahrhunderts ausgehend von privat organisierten Meisterschulen gegründet worden waren, zählten etwa: die landesherrliche Forstakademie in Dreißigacker bei Meiningen (1800 bis 1843), ursprünglich 1795 in Waltershausen (Thüringen) als Meisterschule gegründet, sowie die königliche Forsthochschule in Eisenach, welche aus einer in Ruhla etablierten Meisterschule entstand. Meisterschulen in Dillenburg (Hessen), Homburg vor der Höhe, Kiel, Schwarzenberg, Eichstätt und Waldau wurden zu Mittelschulen. Von 1763 bis 1778 bestand Hans Dietrich von Zanthiers Forstschule in Ilsenburg im Harz als erste öffentliche Meisterschule. Von großem Einfluss war zudem Friedrich Ludwig August von Burgsdorffs 1770 ins Leben gerufene Meisterschule in Tegel bei Berlin. Vgl. Bernhardt:

Abb. 4.3: Johan Christian Clausen Dahl: *Die Schlossruine in Tharandt*, 1819, Öl auf Leinwand, Statens Museum for Kunst, Kopenhagen.

hung der Schulgebäude legten Angehörige der Tharandter Akademie einen forstbotanischen Garten an, der sich noch heute oberhalb der Schlossruine befindet und an den Tharandter Wald angrenzt (Abb. 4.2). Ab 1811 pflanzten Lehrende und Studierende systematisch 3.000 Arten aus 179 Familien an. Auf dem verzweigten Wegenetz des auf 250 bis 350 Meter Höhe gelegenen Arboretums eröffnen sich immer wieder Ausblicke auf den Marktplatz und die Kirche der kleinen Stadt sowie auf die Überreste der Burg aus dem 13. Jahrhundert. Parallel zum Bau der Forstakademie gestaltete man 1821 – zur Hochzeit der Romantik – die Fenster des Burgpalais gotisierend aus. Die Burg galt als ein »Lieblingsmotiv der Dresdener Maler«,[27] darunter Caspar David Friedrich und Johan Christian Clausen Dahl (Abb. 4.3).

Geschichte des Waldeigenthums, Bd. 1, 1872, S. 165 ff., sowie »Forstschulen«, in: *Meyers Großes Konversations-Lexikon*, Bd. 6, Leipzig 1906, S. 782–784. Einsehbar unter: zeno.org/Meyers-1905/A/Forstschulen [Stand: 31.1.2025].

27 Berndt, Iris/Börsch-Supan, Helmut: *Carl Blechen. Innenansichten eines Genies*, Berlin 2017, S. 20. Auch der Landschaftsmaler, Zeichner und Lithograf und spätere Professor für Landschaftsmalerei Carl Blechen unternahm während seiner Ausbildung an der Berliner Akademie der Künste eine Studienreise nach Dresden, während der auch eine Zeichnung von der Burgruine Tharandt entstand. Vgl. Haese, Klaus: »Blechens Zeichnungen von seiner

Der malerische Anblick zog Kunstschaffende, Literaten und andere Besucher:innen an. In unmittelbarer Nähe zur Tharandter Burg weist das Schild eines Gasthofs darauf hin, dass bereits Schiller und Goethe hier diniert hatten. Goethe suchte Tharandt auf, um im Rahmen seines gelehrten Austausches mit Heinrich Cotta Einblicke in dessen mineralogisch-geologische »Versteinerungssammlung« zu erhalten.[28] Auch aus diesem Anlass kam Alexander von Humboldt mehrmals nach Tharandt und setzte sich nach dem Tod des verdienstreichen Forstwissenschaftlers dafür ein, dass das Berliner Kabinett Cottas Mineraliensammlung kaufte, die heute einen wichtigen Bestand des Berliner Naturkundemuseums bildet.[29] Diese exemplarischen Geschichten zeigen, dass die Tharandter Forstakademie am Anfang des 19. Jahrhunderts einen Knotenpunkt innerhalb von Gelehrtennetzwerken bildete. Wissenschaften und Künste wurden in Tharandt gleichzeitig betrieben. Die systematische Anlage des Arboretums fand in unmittelbarer Nachbarschaft zum Ausbau der Burgruine in neogotischem Stil statt. Die Wege von Forsteleven, die am praktischen Taxationsunterricht teilnahmen, und von Studierenden der Dresdener und Berliner Kunstakademien, die regelmäßig Exkursionen unternahmen, kreuzten sich in Tharandt. Romantische Ästhetisierung und wissenschaftliche Systematisierung koexistierten, beeinflussten und vermischten sich in dieser Umbruchszeit um 1800.[30] Offensichtlich wird dies, wenn der Blick weg von

Sachsenreise«, in: Vogel, Gerd-Helge/Baumüller, Barbara (Hg.): *Carl Blechen (1798–1840). Grenzerfahrungen – Grenzüberschreitungen*, Greifswald 2000, S. 23–30.

28 In Goethes Tag- und Jahresheften von 1813 heißt es in einer Aufzählung: »Bedeutende Personen wurden von mir gesehen. In Tharandt Forstmeister Cotta«. Goethe, Johann Wolfgang von: *Goethes Poetische Werke. Achter Band. Erster Teil. Autobiographische Schriften*, Stuttgart 1952, S. 1229. In einem Brief an Christiane vom 21. Mai 1813 schilderte Goethe zudem: »Freytag den 23. fuhren wir nach Tharandt. Der Weg dahin durch ein Thal an der Weisseritz hinauf, das sich bald sehr verengt, bald wieder erweitert und zu schönem Feldbau Gelegenheit giebt, ist höchst angenehm. Die Lage des Badeörtchens selbst ist wirklich gefällig. An dem Puncte, wo zwey Thäler zusammen kommen, steht die Ruine eines großen und weitläuftigen Schlosses auf einer isolirten Anhöhe. Um dieselbe und die beyden Thäler hinauf ist der Ort gebaut, das Badehaus groß und geräumig und auch zum Logiren eingerichtet. Ich erneuerte die Bekanntschaft mit Herrn Forstrath Cotta, dessen Anstalt junge Leute zum Forstwesen zu bilden sehr gut gedeiht. Andere Erziehungsinstitute schließen sich an und greifen in einander. Auch besuchte ich Herrn von O'Caroll, der mit Tochter und Enkel sich in jenes friedliche Eckchen der Welt geflüchtet hat. Wir speisten und tranken gut und waren Abends zur rechten Zeit wieder zu Hause.« *Goethes Werke. Herausgegeben im Auftrag der Großherzogin Sophie von Sachsen. IV. Abteilung: Goethes Briefe*, Bd. 23/50, Weimar 1887–1912, S. 341 f. Zu dem langjährigen Austausch zwischen Goethe und Cotta siehe Ho, Shu Ching: »Heinrich Cotta«, in: Wenzel, Manfred (Hg.): *Goethe Handbuch. Supplemente*, Bd. 2: *Naturwissenschaften*, Stuttgart/Weimar 2012, S. 357–358; Wagner, Maria: *Goethe und die Forstwirtschaft*, Remagen 2011.

29 Vgl. Damaschun, Ferdinand/Schmitt, Ralf Thomas (Hg.): *Alexander von Humboldt. Minerale und Gesteine im Museum für Naturkunde Berlin*, Göttingen 2019.

30 Diese Beobachtung gilt auch für andere Wissenschaftsdisziplinen, die sich um 1800 etablierten. Vgl. zum Beispiel: Breidbach, Olaf (Hg.): *Physik um 1800. Kunst, Natur-*

der Disziplingeschichte hin zu den Orten und Umgebungen gelenkt wird, in denen die Wissensproduktion stattfand.

4.3 Die transnationalen Netzwerke der Forstwissenschaft: Von Spanien, Italien, Frankreich und der Schweiz bis nach Finnland und Japan

Spanische Forststudenten sangen Ende der 1840er Jahre auf ihren Exkursionen immer wieder ein Lied, dessen Refrain sie, zur Melodie eines populären Revolutionslied gesunden, dem Tharandter Akademiedirektor widmeten:[31]

> Cotta the learned! Thy children in Spain
> Invoke thy name, which is now immortal,
> To their country promising such fruits
> As thy genius has produced in Tharand!
>
> Comrades let us follow the path
> Traced out by the hand of Cotta!
> Our Science will be proved by our work!
> Our power will be found in union.[32]

wissenschaft oder Philosophie?, Paderborn 2012; Dilcher, Gerhard: *Die Germanisten und die Historische Rechtsschule. Bürgerliche Wissenschaft zwischen Romantik, Realismus und Rationalisierung*, Frankfurt a. M. 2017; Steigerwald, Jörn: *Räume des Subjekts um 1800. Zur imaginativen Selbstverortung des Individuums zwischen Spätaufklärung und Romantik*, Wiesbaden 2010; Horn, Eva/Schnyder, Peter (Hg.): Themenheft: »Romantische Klimatologie«, in: *Zeitschrift für Kulturwissenschaften* (1), 2016.

31 Dies berichtete der schottische Botaniker und Missionar John Croumbie Brown, der in seiner Publikation über spanische Forsthochschulgründungen auch den Liedtext überlieferte: Brown, John Croumbie: *School of Forest Engineers in Spain, Indicative of a Type for a British National School of Forestry*, Edinburgh/London 1886, S. 151. Brown besuchte die Forsthochschule in Villaviciosa und schrieb zum Kontext und zur Melodie dieses von ihm übersetzten Liedes: »The song was, and is, a favourite with the students, and I was told that it was constantly sung by them on their excursions to the forests of the Escural and of La Grainja, in 1847 and 1848. I have seen a MSS. copy varying somewhat in phrase and measure, but not in sentiment, with a notation of the air to which it was sung in tenor by a single voice, and each verse as a antistrophe sung by another in bass, and then the strophe as a chorus sung by all in tenor and bass in harmony.« Brown besuchte Forsthochschulen in Skandinavien, Indien und auf der Iberischen Halbinsel. Er setzte sich für die Gründung einer Forsthochschule in Schottland ein. Quellenkritisch muss beachtet werden, dass Browns begeisterte Haltung gegenüber Tharandt und den Hochschulneugründungen seine Darstellung des Liedes prägte.

32 Ebd., S. 150 f.

Offenbar schrieben spanische Studenten dem Begründer der Forsthochschule in Tharandt einen Geniestatus zu. Doch aus welchen Gründen? Was verstanden Studierende, Professoren und Regierungsmänner unter den hier besungenen »Früchten« der Forstwirtschaftslehre, und was versprachen sie sich davon? Für die Professoren der bei Madrid gelegenen Forsthochschule in Villaviciosa de Odón war es Pflicht, Studienreisen an ausländische Hochschulen zu unternehmen, um wissenschaftliche Methoden zu vergleichen, innovative Ansätze kennenzulernen und als Neuerungen einzuführen.[33] Der Analyse solcher dem Wissenstransfer dienenden Reisen, die sowohl Studierende als auch ausgebildete Forstwissenschaftler von und zur Iberischen Halbinsel unternahmen, wird sich schwerpunktmäßig das Kapitel 6 widmen. An dieser Stelle gilt es zunächst, einige der dicht verzweigten Wissensnetzwerke anhand der gesichteten Quellen überblicksartig zu entfalten: Netzwerkbildungen von Tharandt nach Spanien, Finnland und in die Schweiz, von Eberswalde nach Tokio und von dort ins französische Nancy, aus Lothringen und Mariabrunn bei Wien in die Toskana nach Vallombrosa und weiter in die Vereinigten Staaten von Amerika. Einige miteinander verflochtene Hochschulgründungen im globalen Norden sollen an dieser Stelle vorgestellt werden, wobei die Erfahrungsberichte von Besucher:innen der Forsthochschulen und die Ansätze der Reformpädagogik zu unterstreichen sind.

Viele der ersten europäischen Studenten der Forstwissenschaft verbrachten einen Teil ihrer Lehrjahre im Ausland. Im 19. Jahrhundert besuchten sie auf ihren Reisen sowohl Hochschulen als auch Wälder, Gebirge und Sägereien verschiedener Länder. Als Ausgangspunkt dienten ihnen nicht selten die Kleinstädte Tharandt und Eberswalde. Sowohl an der sächsischen als auch an der preußischen Forstakademie widmete sich eine Reihe von Forstakademiedirektoren dem diplomatischen Austausch mit ausländischen Hochschulen und Forstverwaltungen.

Tharandt war nicht nur aufgrund der Sammlungen, des botanischen Gartens und der romantisch anmutenden Landschaft unter den ausschließlich männlichen Mitgliedern der Kunst- und Wissenschaftsakademien bekannt, auch bei Bildungsreisenden stieß das Lehrinstitut auf Interesse: Die finnischen Reformpädagoginnen Elisabeth und Anna Blomqvist machten nach einer zweijährigen Studienreise durch die Schweiz und Frankreich Halt in Tharandt, nachdem sie zunächst die Bürgerschule, die Höhere Töchterschule sowie die Ratstöchterschule in Dresden besucht hatten.[34] Ein Abstecher zu der Forstakademie bot sich auch deshalb an, weil ihr jüngerer Bruder Anton Blomqvist

33 Vgl. Brown: *School of Forest Engeneers in Spain*, 1886, S. 154 f.

34 Westermarck, Helena: *Elisabeth Blomqvist, hennes liv och gärning. En biografisk studie, enligt brev och dagboksanteckningar [Elisabeth Blomqvist, ihr Leben und ihre Taten. Eine biographische Studie nach Briefen und Tagebuchnotizen]*, 2 Bde., Helsinki 1917.

hier von 1857 bis 1859 studierte.[35] Nach der Rückreise über Sankt Petersburg nach Helsinki widmete sich Elisabeth Blomqvist der Neueröffnung der »Blomqvistska Skolan« – einer privaten Mädchenschule, die einst ihre Mutter initiiert hatte und die sie in den folgenden dreißig Jahren leiten würde. 1861 gründete sie außerdem das erste Lehrerinnen-Seminar für finnische Frauen, während Anna Blomqvist als Sprachlehrerin, Lehrbuchautorin und Komponistin arbeitete. Anton Blomqvist eröffnete nur ein Jahr später im südfinnischen Evo die erste Forstlehranstalt Finnlands – inspiriert von dem Erfahrungswissen seiner Schwestern und von den praktisch-experimentellen Ansätzen, die er in Tharandt kennengelernt hatte.[36] Dies ist nur ein Beispiel für die vielen Neugründungen von Forstschulen und anderen Bildungseinrichtungen, die nach Aufenthalten an ausländischen Hochschulen veranlasst worden sind.

Auch Edmund von Berg, der 1845 die Nachfolge des im Oktober 1844 verstorbenen Heinrich Cotta als Direktor der Forstakademie von Tharandt antrat und dieses Amt bis zu seiner Pensionierung 1866 ausübte, genoss unter finnischen Forstexperten einen guten Ruf und galt Auslandsreisenden als Referenzadresse.[37] Schließlich hatte gerade dieser Professor für Forsteinrichtung, -wirtschaft und -geschichte bei der Gründung der ersten finnischen Forstschule in Evo beratend zur Seite gestanden.[38] Aber auch die Professoren der forst-

35 Vgl. Helander, Anders Benjamin: *Anton Gabriel Blomqvist ja hänen aikalaisensa [Anton Gabriel Blomqvist und seine Zeit]*, Helsinki 1936, S. 15–17.

36 Vgl. Sistola, Kalle: *Evolla ensimmäisenä. Ewoisten metsänhoito-opistosta osaksi ammattikorkeakoulua 1862–2002 [Zuerst in Evo. Von der Evoer Forstschule zu einem Teil der Fachhochschule 1862–2002]*, Hämeenlinna 2002.

37 In einem zwischen 1865 und 1868 verfassten Brief von Anton Gabriel Blomqvist, Leiter der Forsthochschule im südfinnischen Evo, an seinen Freund Erik Borenius heißt es: »Du kannst dich in Dresden an den Freiherrn von Berg halten, der dir sicherlich die ›Blanco-Vollmacht‹ gibt. Aber auch ohne diese nehmen dich die Forstwirte Deutschlands überall freundlich in Empfang.« [Übersetzung d. Verf.], zit. n.: Helander 1936, S. 18. Der Schweizer Forstwissenschaftsprofessor Elias Landolt empfahl einem ehemaligen Schüler Folgendes: »Dann könnten Sie nach Tharandt gehen, wo Sie bei Preßler und durch ihn bei von Berg ganz gute Aufnahme finden und mit allem Nötigen zur Bereisung des Erzgebirges, und wenn Sie es wünschen, auch einiger böhmischer Waldungen ausgerüstet werden. Bei dieser Gelegenheit dürfen Sie die sächsische Schweiz nicht vergessen und, um eine richtige Idee vom Verhalten der Kiefer auf dem Sand zu erhalten, sollten Sie eine Exkursion in die sächsischen Kieferbestände machen, die nur zwei oder drei Tage in Anspruch nimmt.« Schmidt, H.: »Brief von Professor Landolt an seinen Schüler, den nachmaligen Stadtforstmeister Oberst U. Meister, 17. April 1859«, in: *Schweizerische Zeitschrift für Forstwesen* 73 (12), 1922, S. 322.

38 Der finnische Senat beauftragte Edmund von Berg zu einer Auftragsreise durch Finnland. Siehe dazu die unveröffentlichte Masterarbeit: Cronjäger, Lisa: *Nachhaltigkeit in forstwissenschaftlichen Reiseberichten. Edmund von Bergs »Die Wälder in Finnland« (1859)*, Master-Arbeit, Humboldt-Universität zu Berlin 2017. In Edmund von Bergs Monografien zur Forst- und Waldgeschichte zeigt sich eine klimadeterministische »Culturstufentheorie«, die aus heutiger Perspektive als rassistisch und antisemitisch bewertet werden muss. In Bezug auf seine Wissenschaftspolitik und seinen internationalen Einfluss bei der Gründung von

wissenschaftlichen Abteilung des Eidgenössischen Polytechnikums in Zürich hatten vor dessen Gründung im Jahr 1855 Studienaufenthalte in Tharandt absolviert. Elias Landolt beispielsweise hatte Mitte der 1840er Jahre gemeinsam mit dem späteren eidgenössischen Bundespräsidenten Wilhelm Hertenstein und dem Oberförster Kaspar Weinmann in Tharandt studiert, nicht zuletzt, um die Taxation theoretisch und praktisch zu erlernen.[39] Später verfassten die drei Alumni ein Buch über ihre Forsttaxationsarbeiten in Winterthur. Offenbar ließen sie ihrer Ausbildungsstätte ein Exemplar zukommen, das sich heute noch im Bestand der Zweigbibliothek Forstwissenschaften in Tharandt befindet.[40] Von Sachsen und der Schweiz weitete sich die Vernetzung alsbald nach Spanien aus. Noch vor der Gründung des Polytechnikums bekam Landolt 1848 das Angebot, in einer neuen Forstschule bei Madrid als Lehrer eingesetzt zu werden. Zwar lehnte er wegen einer in Aussicht gestellten Professur im eigenen Land die über Tharandt vermittelte Anfrage aus Spanien ab,[41] aber erster Direktor von Villaviciosa wurde schließlich ein anderer ehemaliger Student der sächsischen Akademie: Agustín Pascual, der die Forsttaxationsmethoden für die spanische Lehre nutzbar machte.[42] In der Nähe der Forsthochschule von Villaviciosa führte Pascual zum Beispiel die Taxation eines Eichenwaldes durch.

Forsthochschulen wären weitere Untersuchungen aufschlussreich. Vgl. Berg, Carl Heinrich Edmund von: *Geschichte der deutschen Wälder bis zum Schlusse des Mittelalters. Ein Beitrag zur Culturgeschichte*, Dresden 1871.

39 Landolt, Elias: *Kurze Lebensbeschreibung des Elias Landolt von Kleinandelfingen und Zürich*, Zürich 1894, S. 14.

40 Landolt, Elias/Hertenstein, Wilhelm Friedrich/Weinmann, Caspar: *Beschreibung und Wirthschaftsplan über die Stadtwaldungen von Winterthur*, Winterthur, Sächsische Landes- und Universitätsbibliothek (SLUB), Zweigbibliothek Forstwissenschaft in Tharandt, Fe 200. An diesem Standort befinden sich mehrere Publikationen Landolts, in denen die Forsttaxation eine große Rolle spielte. Zum Beispiel: Landolt, Elias: *Ueber forstliche Taxation u. Betriebsregulirung. Referat an die Versammlung des schweizerischen Forstvereins in Frauenfeld im Juli 1856*, Zürich 1856, SLUB, Zweigbibliothek Forstwissenschaft in Tharandt, Fe 217. Siehe dazu: Cronjäger, Lisa/Stuber, Martin: »Forstkarten als Praktiken der Nachhaltigkeit. Zu den Anfängen forstwissenschaftlicher Planung in der Schweiz (1800–1870)«, in: *Schweizerische Zeitschrift für Forstwesen* 174, (6) 2023, S. 330–337.

41 »Am 17. Februar 1848 machte mir Herr Forstinspektor A. Cotta in Tharand die Mitteilung, er sei von der Regierung Spaniens angefragt worden, ob er nicht einen jungen Forstmann als Lehrer der in der Nähe von Madrid zu gründenden Forstschule empfehlen könne, er habe hierfür mich im Auge und frage mich an, ob ich einem Ruf nach Spanien zu folgen geneigt wäre. Dabei machte die spanische Behörde die Bemerkung, der zu Berufende hätte während der drei ersten Jahre keine Vorlesungen zu halten, sondern könnte diese Zeit zur Erlernung der Sprache und zum Sammeln der unentbehrlichen Kenntnisse des Landes, seiner Bewohner und seiner Waldungen benutzen. Ich gab dem Oberforstamt von dieser Mitteilung Kenntnis, dasselbe war aber für Ablehnung des Anerbietens, indem es mir auf eine baldige ausreichende Beschäftigung im eigenen Lande Hoffnung machte, ich lehnte daher den mich ehrenden Antrag ab.« Landolt: *Kurze Lebensbeschreibung des Elias Landolt*, 1894, S. 34 f.

42 Vgl. Rubner 1967, S. 121 f.; zur Biografie Pascuals siehe: García Pereda, Ignacio: »Agustín

Sein *Plano de Boadilla* von 1849 unterteilte den Wald in vier Hauptbereiche und 14 Teilabschnitte. Das Modell der Jahresrenten (»rentas anuales«) sah vor, dass nach einer Umtriebszeit von 14 Jahren alle Bereiche komplett gefällt und neu angepflanzt werden.[43] Die Terminologie und das Einteilungsprinzip der Umtriebszeiten übernahm Pascual aus der sächsischen Forstausbildung und passte es an das vor Ort in den Eichenwäldern bereits etablierte Prinzip der Flächeneinteilung an. Außerdem verfasste Pascual Studienberichte für verschiedene Zeitschriften und machte mit Titeln wie »El bosque de Tharandt« (»Die Wälder von Tharandt«) die ebendort entwickelten Forstmethoden auch in der spanischen Wissenschaftslandschaft bekannt.[44] Den kleinen sächsischen Ort an der Weißeritz bezeichnete er gar als »alte Metropole der Forstwelt«.[45]

Die personellen Verflechtungen und die Korrespondenzen zwischen Sachsen, Finnland, der Schweizerischen Eidgenossenschaft und Spanien zeigen, dass die Tharandter Akademie in der zweiten Hälfte des 19. Jahrhunderts in Ländern, in denen sich Forstverwaltungen im Aufbau befanden, ein hohes Ansehen genoss. Die Königlich Sächsische Akademie für Forst- und Landwirte kristallisierte sich in den transnationalen Netzwerken der Forstwissenschaft als einer von vielen Knotenpunkten heraus. Die 1830 von Berlin nach Eberswalde verlegte preußische Forstakademie war ebenfalls ein beliebtes Ziel internationaler Studierender. Von den ungefähr 3.000 Männern, die in Eberswalde bis zum Jahre 1903 studierten, kam jeder neunte aus dem Ausland – davon 270, die mit Abstand größte Anzahl, aus Russland, aber auch jeweils über zehn Studenten aus Holland, Norwegen, Schweden, Österreich und Ungarn sowie vier aus Japan.[46] Die 1882 gegründete Forsthochschule bei Tokio etwa übernahm das in Eberswalde erprobte Curriculum, die Lehrmethoden und Organisationsstruktur.[47] Die Gründung einer Experimentierstation in der Nähe von Tokio sowie einer

Pascual González, 1818–1884, Biografía«, in: González-Doncel, Inés/Gil-Sánchez, Luis (Hg.): *Primeros pasos de la política forestal en España: Agustín Pascual (1818–1884)*, 2018, S. 41–115.

43 Vgl. García Pereda, Ignacio/González-Doncel, Inés/Gil-Sánchez, Luis: »La casa de Chinchón y la ciencia de montes«, in: *Cuadernos de la Sociedad Española de Ciencias Forestales* 38, 2013, S. 79–86; Casals Costa, Vicente: *Los Ingenieros de Montes en la España contemporánea (1848–1939)*, Barcelona 1996; García Pereda 2018.

44 Pascual, Agustín: »El bosque de Tharand«, in: *La Concordia. Revista Moral, Política y Literaria* 26, 1863, S. 410–414. Weitere Veröffentlichungen Pascuals zum agronomischen und forstwissenschaftlichen Ausbildungssystem in deutschen Staaten sind: Pascual, Agustín: »Instrucción agronómica en Alemania«, in: *El Amigo del País* 1 (4), 1844, S. 116–120; Pascual, Agustín: »Viaje en Alemania. Escuelas de Agricultura«, in: *El Amigo del País* 1 (1), 1844, S. 9–10.

45 »antigua metropoli del mundo forestal«, in: Pascual: »El bosque de Tharand«, 1863, S. 410.

46 Vgl. Borgmann, Wilhelm: »Die Königlich Preußische Forstakademie Eberswalde«, in: Lexis, Wilhelm (Hg.): *Die Hochschulen für besondere Fachgebiete im Deutschen Reich*, Berlin 1904, S. 56.

47 Vgl. Shioya, Tsutomu: »History of Forestry in East Asia«, in: Romberger, John A./Mikola, Peitsa (Hg.): *International Review of Forestry Research* 2, New York/London 1967, S. 1–42,

forstwissenschaftlichen Gesellschaft initiierte Hazama Matsuno. Matsuno war 1872 der erste japanische Schüler, der ein Forstwissenschaftsstudium in Eberswalde durchlaufen hatte. Ende der 1880er Jahre engagierte die japanische Regierung vier Lehrer aus Deutschland und Österreich in Tokio. Auch die ersten japanischen Professoren hatten ihre Ausbildung in Tharandt, München und Eberswalde sowie im französischen Nancy erhalten.[48]

Ab 1832 immatrikulierten sich jedes Jahr einzelne ausländische Studierende an dieser ersten offiziellen Forstakademie Frankreichs, die Mitte der 1820er Jahre in Nancy gegründet worden war. Am häufigsten vertreten waren hier zunächst Studierende aus Russland und Polen, ab 1844 aus der Schweiz und Luxemburg, ab den 1850er Jahren aus Belgien und Rumänien sowie ab den 1860er Jahren aus England.[49] Für die Standortwahl ausschlaggebend war die gute Erreichbarkeit der umgebenden Waldgebiete sowie der Universitätsstadt Straßburg.[50] Frankreich schaute auf eine lange Tradition der Forstverwaltung zurück, die mit den Reformen Jean Baptiste Colberts im 17. Jahrhundert und mit den Publikationen von Henri-Louis Duhamel du Monceau im 18. Jahrhundert alle anderen europäischen Länder einschließlich Deutschlands maßgeblich beeinflusst hatte.[51] Im 19. Jahrhundert erfolgte schließlich mit der Einführung der deutschen Methoden der Forsttaxation in Frankreich eine Art Rückübersetzung. Der ab 1834 amtierende Direktor Adolphe Parade hatte ein Auslandsstudium in Tharandt absolviert und berief sich in der Lehre explizit auf die Techniken Hartigs und Cottas, die er den örtlichen Gegebenheiten anpasste.[52]

hier S. 22 f. Zur japanischen Forstwirtschaftsgeschichte siehe: Totman, Conrad D.: *The Green Archipelago. Forestry in Preindustrial Japan*, Berkeley/Los Angeles/London 1989.

48 Vgl. Shioya 1967, S. 22 f. Vgl. Lionnet, Marie-Jeanne: »La sylviculture à la conquête de la planète: ›Imiter la nature, hâter son œuvre‹«, in: *Responsabilité & Environnement* 53, 2009, S. 59.

49 Vgl. Tabellen zu den Nationalitäten der Studierenden in: Guyot: *L'Enseignement forestier en France*, 1898, S. 192 f.

50 Vgl. ebd., S. 40 f.: »Si l'on a dit de Strasbourg que cette ville était jadis, pour l'Université de France, une fenêtre ouverte sur l'Allemagne, à plus forte raison Nancy devait être, pour la science forestière française, un point de contact permanent avec Hartig, Cotta et leurs successeurs.«

51 Zum Beispiel: Duhamel du Monceau, Henri Louis: *Des Semis et Plantations des Arbres, et de leur Culture, ou méthodes pour multiplier et élever les arbres, les plantes*, Paris 1760. In deutscher Übersetzung erschien das Werk drei Jahre später: Duhamel du Monceau, Henri Louis: *Von der Holz-Saat und Pflanzung der Wald-Bäume, auch derselben fernerer Wart; oder Arten, Bäume zu vermehren und zu erziehen*, Nürnberg 1763.

52 Hölzl, Richard: »Der ›deutsche Wald‹ als Produkt eines transnationalen Wissenstransfers?: Forstreform in Deutschland im 18. und 19. Jahrhundert«, in: Dauser, Regina/Schilling, Lothar (Hg.): *Grenzen und Kontaktzonen: Rekonfigurationen von Wissensräumen zwischen Frankreich und den deutschen Ländern 1700–1850*, Paris 2012, S. 1–29. Einsehbar unter: perspectivia.net/receive/ploneimport_mods_00000472 [31.1.2025]; Pagenstert, Gottfried: »Adolphe Parade. Direktor der Forsthochschule Nancy 1802–1864. Zum 100jährigen Todestag des großen französischen Forstwissenschaftlers«, in: *Der Forst- und Holzwirt* 19 (24), 1964; Pagenstert,

Die Archive vieler Forsthochschulstandorte verfügen über Bücher oder Manuskripte, in denen Direktoren, Professoren und andere Lehrende die Gründungsgeschichte der eigenen Institution schilderten und sie in Festreden und Jubiläumsbänden ausschmückten. Allerdings gibt es auch eine Kehrseite zu den Erfolgsgeschichten dieser Institutionen, die hier am Beispiel der italienischen Forstverwaltungsgeschichte verdeutlicht werden soll: Zur Vorbereitung einer Forsthochschulgründung in Vallombrosa entsandte die italienische Regierung Studierende an die etablierten Ausbildungsorte in Nancy, Tharandt und Hannoversch-Münden.[53] Das 1868 eingeweihte *Istituto Forestale di Vallombrosa* geht zum Teil auf die Initiative des in Bayern geborenen Forstinspektors Adolfo di Bérenger zurück. Der Direktor der Forstschule war zuvor für die Forstverwaltung in Parma und Venetien im Dienst der österreichisch-ungarischen Monarchie zuständig gewesen. Seine Ausbildung hatte er in München sowie an der Forstakademie Mariabrunn in der Nähe von Wien erhalten. Retrospektiv würdigte ihn die *Neue Deutsche Biographie* für seine Publikationen zur italienischen Forstgesetzgebung, für die Etablierung einer speziellen Taxationsmethode in den 1860er Jahren sowie für den »verzweifelten Kampf gegen die Ausplünderung des Waldes durch die Bevölkerung«,[54] den er in Parma und Venetien geführt haben soll.[55] Der Umwelthistoriker Giacomo Bonan hat eine lokalhistorische Studie zu den Waldnutzungskonflikten vorgelegt, die sich als Reaktion auf die Einführung einer zentral organisierten Forstverwaltung durch Habsburg und später durch Italien ereigneten.[56] Bonan rekonstruierte, wie sich die

Gottfried: *Forstliche Beziehungen zwischen Frankreich und Deutschland im XIX. Jahrhundert. Unter besonderer Betrachtung der napoleonischen Forstverwaltung*, Dissertation Albert-Ludwigs-Universität Freiburg 1961; Guyot: *L'Enseignement forestier en France*, 1898.

53 Vgl. Marchi, Enrico: »A Vallombrosa 150 anni fa la prima scuola forestale italiana [In Vallombrosa war vor 150 Jahren die erste italienische Forstschule]«, in: *Unifimagazine – La testata online dell'Ateneo fiorentino [Die Onlinezeitung der Universität in Florenz]*, 2.8.2019. Einsehbar unter: unifimagazine.it/vallombrosa-150-anni-la-scuola-forestale-italiana [31.1.2025].

54 Hilf, Richard B.: »Berenger, Adolf von«, in: *Neue Deutsche Biographie*, Bd. 2, 1955, S. 70. Einsehbar unter: deutsche-biographie.de/sfz3818.html [Stand: 31.1.2025].

55 Bérenger, Adolfo di: *Saggio storico della legislazione veneta forestale dal sec VII al XIX [Historischer Aufsatz zur venezianischen Forstgesetzgebung vom 7. bis 19. Jahrhundert]*, Venedig 1863. Bérengers rechtshistorische Bücher, eine Geschichte des Forstinstituts von Vallombrosa sowie ein Lehrplan befinden sich heute auch in der Zweigbibliothek der Forstwissenschaften in Tharandt. Wahrscheinlich wurden diese Publikationen gezielt nach Tharandt geschickt oder angekauft. Bérenger, Adolfo di: *Sulla fondazione primitiva e condizione attuale del R. Istituto forestale di Vallombrosa [Über die ursprüngliche Gründung und den aktuellen Zustand des Königlichen Forstinstituts von Vallombrosa]*, Florenz 1871.

56 Bonan 2019; siehe das Unterkapitel »Which Sustainability?«, S. 109–118, in dem es um Bérengers Anpassung der in Deutschland entwickelten forstwissenschaftlichen Theorien an die norditalienischen Bergregionen geht. Letztendlich soll Bérenger die lokalen Methoden zur Fällung einzelner Bäume dem großflächigen Kahlschlag vorgezogen haben. Siehe außerdem: Bonan, Giacomo: »Natural Time and Bureaucratic Time: State Building, Forests and Environmental Conflicts in the 1800s«, in: *Environment and History* 25 (3), 2019, S. 421–450.

Gemeinden der Alpenregion Cadore, aus der die Republik Venetien über Jahrhunderte Holz bezog, gegen die Aberkennung ihrer Waldnutzungsrechte wehrten.[57] Schaut man sich die Konfliktkonstellationen genauer an, wird deutlich, dass die Bewertung der bäuerlichen Waldnutzung als »Plünderung« zu hinterfragen ist. Zeitgenössische Forstwissenschaftler argumentierten in ihren Historisierungen der Konflikte überaus parteiisch als Befürworter der Durchsetzung von modernen Forstwirtschaftssystemen. Der Nachruf auf Bérenger in der *Neuen Deutschen Biographie* stellt ein Beispiel dafür dar, warum es wichtig ist, die Historiografie der Forstwissenschaft aus verschiedenen Perspektiven und unter Einbezug verschiedener Quellengattungen zu beleuchten.[58] Aushandlungsprozesse zwischen Landgemeinden, Regierungen und anderen Parteien, bei denen es um die Umwandlung von ehemaligem Gemeindeland in staatlichen oder privaten Besitz oder um Waldnutzungsrechte ging, verliefen oft parallel zu Akademiegründungen sowie zur Etablierung nachhaltiger Forsttaxationsverfahren.

Forstakademien waren aber nicht nur Schauplätze von Ressourcenkonflikten, an denen moderne Bewirtschaftungsmethoden und Rechtsvorstellungen von staatlichem und privatem Forsteigentum mit der gewohnheitsrechtlichen Nutzung von Allmendewäldern kollidierten. Sie waren auch Orte, an denen forstwirtschaftliche Rationalisierung und ästhetischer Genuss von Naturschönheit gleichzeitig vorangetrieben wurden. So ist es auffällig, dass mehrere Forstakademien – nachweislich in Tharandt, Nancy und dem finnischen Evo sowie in den ehemaligen Klöstern Mariabrunn und Vallombrosa – Künstler:innen, Schriftsteller:innen und Gelehrte anzogen.[59] Schon der englische Dichter John Milton hielt sich im 17. Jahrhun-

57 Das lokale Verwaltungssystem basierte auf einem für den Alpenraum typischen dualen System von Gemeingütern: einerseits Nutzungsrechte, die der ansässigen Bevölkerung zustanden, andererseits Gemeingüter, die innerhalb eines kleinen Kreises bürgerlicher Familien vererbt wurden. Bei dem zweiteiligen Ressourcensystem war Holz bedeutsam für den Eigenbedarf sowie kostbares Handelsgut, dessen Erlös für den Zukauf von Getreide genutzt wurde. Außerdem dienten die »Versorgungswälder« dem Zweck der Waldweide sowie dem Sammeln von Laubstreu, Harz und anderen Waldprodukten. So beschreibt es Bonan auch für eine Gemeinde im norditalienischen Trentino, das an Venetien angrenzt: Bonan, Giacomo: »The communities and the comuni: The implementation of administrative reforms in the Fiemme Valley (Trentino, Italy) during the first half of the 19th century«, in: *International Journal of the Commons* 10 (2), 2016, S. 593–596.

58 Zu genealogischen Praktiken in Nachrufen und ihrer prägenden Rolle für das Selbstverständnis von Wissenschaftsdisziplinen: Echterhölter 2012.

59 Zu Künstler:innen in Tharandt (zum Beispiel Caspar David Friedrich) und Evo (Alvar Aalto und Sigrid af Forselles) sowie generell zur Fachrichtung der Forstästhetik um 1900: Cronjäger, Lisa: »The Curated Forest: Seeing Aesthetically and Scientifically«, in: *Basel Media Culture and Cultural Techniques Working Papers* 5, 2021, S. 1–21. Der Schriftsteller Adalbert Stifter war zeitweise an der Forsthochschule in Mariabrunn angestellt. Zur Geschichte der Forsthochschule: Killian, Herbert: *Mariabrunner Trilogie*, hg. v. der Forstlichen Bundesversuchs-

dert in Vallombrosa auf, wo damals Mönche den Wald bewirtschafteten, und würdigte die idyllische Landschaft in seinem Epos *Paradise Lost*. Ein weiterer prominenter Besucher war George Perkins Marsh. Als Diplomat in Italien stand Marsh in langjährigem Austausch mit dem Forstakademiebegründer Bérenger. In Vallombrosa schrieb der Philologe und Universalgelehrte das umfassende Werk *Man and Nature, Or, Physical Geography as Modified by Human Action,* in dem er aktuelle forstwissenschaftliche Literatur rezipierte und vor Entwaldung warnte.[60] Die posthume Veröffentlichung im Jahr 1864 gilt heute als ein Gründungsmoment für die US-amerikanische Geschichte des Umweltdenkens,[61] denn *Man and Nature* übte zum Beispiel einen starken Einfluss auf die Gründung der ersten Nationalparks der Vereinigten Staaten aus. Aber nicht nur die intensive forstwirtschaftliche Nutzung, auch der ästhetisierende Zugriff auf eine vermeintlich unberührte Natur hatten immense soziale Konsequenzen: In den 1890er Jahren kam es anlässlich der Eröffnung des *Adirondack Park* im Bundesstaat New York zu Konflikten zwischen der Parkverwaltung und der ansässigen Bevölkerung. Jagen und Fischen wurden auf dem großen Gebiet des Nationalparks erheblich eingeschränkt, obwohl diese Praktiken für die subsistenzwirtschaftliche Lebensweise der dort lebenden Menschen unerlässlich waren – ähnlich wie die Waldnutzungsrechte in Italien einige Zeit zuvor.[62] Dieses Beispiel zeigt erneut: Die Geschichte der Forstwissenschaften sowie ihrer Verwaltungs- und Kartierungsmethoden sollte niemals unabhängig von Ressourcennutzungskonflikten geschrieben werden.

Doch zurück zu der Frage nach den »Früchten der Forstwirtschaftslehre«, welche die spanischen Studenten in dem eingangs zitierten Lied besungen hatten: Diese affirmativ positive Haltung lässt sich anhand der standardisierten Abläufe der Taxationsmethoden erklären sowie am Beispiel der wissenshistorischen Kontexte, in denen die Kulturtechniken ihre Wirkung

anstalt in Wien, 3 Bde., Wien 1968. In Nancy wechselte der japanische Forstwissenschaftler und Künstler Tokuso Takashima von einer Forstakademie, der *École des Eaux et Forêts*, an die *École de Nancy*, und damit ins Zentrum einer Kunstbewegung, die den *Art Nouveau* um 1900 prägte. Für eine Auswahl seiner Werke siehe: Bibliothèques de Nancy: *Collection Takashima*, einsehbar unter: flickr.com/photos/bmnstanislas/albums/72157640111860775/page1 [Stand: 31.1.2025].

60 Marsh, George Perkins: *Man and Nature; Or, Physical Geography as Modified by Human Action*, New York 1864.

61 Vgl. Lowenthal, David: *George Perkins Marsh. Prophet of Conservation*, Seattle (Wash.) 2003. Zu einer aktuellen, einseitigen Interpretation von Marsh als Vordenker eines »Anthropozän-Bewusstseins«, in der Waldnutzungskonflikte ausgeblendet werden: Lowenthal, David: »Origins of Anthropocene Awareness«, in: *The Anthropocene Review* 3 (1), 2016, S. 52–63.

62 Vgl. Jacoby, Karl: »Class and Environmental History. Lessons from ›The War in the Adirondacks‹«, in: *Environmental History* 2 (3), 1997, S. 324–342; Jacoby, Karl: *Crimes against Nature. Squatters, Poachers, Thieves, and the Hidden History of American Conservation*, Berkeley/Los Angeles/London 2001.

entfalteten. Ausgehend von Forstakademien, an denen sich das Schulfach Forsttaxation etablierte, untersucht das folgende Kapitel weitere Schauplätze der Wissensproduktion, an denen Schlageinteilungen und Forstkartierungen realisiert wurden, nämlich Bergakademien und Bergwälder, deren Karten die Notationssysteme der Forsteinrichtung beeinflusst hatten.

5 Umweltwissen kartieren

Wissenszirkulation und Waldnutzungskonflikte

Die Notationssysteme der Forstkarten, wie sie in Tharandt und an anderen Forstakademien gelehrt wurden und über Lehrbücher international zirkulierten, prägten die Verfahren der Ressourcenkartierung, die auch in verwandten Kartengattungen vorherrschend waren. In diesem Kapitel geht es schwerpunktmäßig um diese visuelle Kultur der Forstkarten mitsamt der Umweltkonflikte, die sie weit über die Forstakademien hinaus auslösten.

Das Kompositum »Umweltwissen« bezieht sich dabei einerseits auf Wissen über die Umwelt als abstraktes Phänomen und andererseits auf das alltagspraktische Wissen, das die jeweils spezifische Umwelt den Akteur:innen, die sich in ihr aufhalten, nahelegte. Zu diesem umweltbezogenen Wissen gehören also einerseits die Daten, die Forsttaxatoren in spezifischen Versuchskonstellationen nach ausgewählten Kriterien erhoben und in vorgefertigte Muster von Erfahrungstabellen übertrugen: Umweltdaten, die kontextunabhängig überliefert wurden und die Grundlage von Analysen, Generalisierungen und Vergleichen mit Forschungsergebnissen anderer Institutionen bildeten. Andererseits gelten etwa die lokalen Eigenschaften von Weideplätzen in einem Wald als Umweltwissen, das Hirt:innen, die das Wissen erlangten und weitergaben, in den meisten Fällen jedoch nicht verschriftlichten.

Dieses Kapitel konzentriert sich auf die Entstehung von Umweltwissen im ersteren Sinne: also auf die Frage, wie Forsteinrichtungskarten an verschiedenen Schauplätzen kreiert, angepasst und umgesetzt wurden. Bei der Analyse steht im Vordergrund, wie diese standardisierten Karten Umweltwissen über die jeweiligen Wälder kartografisch organisierten, wobei zu bedenken ist, dass dabei ausschließlich das von Forsttaxatoren für relevant befundene Umweltwissen auf Papier festgehalten wurde und somit nur dieses in die Wertermittlungsprozesse der Forsttaxation eingehen konnte.

5.1 Die klassischen Lehrbücher von Heinrich Cotta und Georg Ludwig Hartig

Cottas *Systematische Anleitung zur Taxation der Waldungen* kam sowohl in Tharandt zum Einsatz als auch in anderen Forsthochschulen, die in der Folge gegründet wurden. Das 1804 erschienene Buch bezieht sich dabei explizit auf die Forschungsergebnisse von Vorgängern. Im Vorwort listet Cotta 42 Fachpublikationen auf und bittet die Leserschaft in einer Fußnote ausdrücklich um Ergänzungen.[1] Diese Liste vermittelt einen Eindruck davon, wie rege die Publikationstätigkeit zu Taxations- und Schlageinteilungsverfahren war. Für die Werke von Georg Ludwig Hartig fand Cotta viel Lob. *Die Anweisung zur Taxation der Forste* zeichne sich »durch vortreffliche Grundsätze und Regeln aus« und lege die Methoden zur Holzertragsermittlung »weit gründlicher fest [...], als es nach irgend einer andern, bisher bekannten Taxationsmethode geschieht«.[2]

Hartigs mehrfach aufgelegte Monografie erfuhr in der ersten Hälfte des 19. Jahrhunderts eine breite Rezeption in Europa. Jacques-Joseph Baudrillart, einer der Initiatoren der 1824 gegründeten Forstakademie von Nancy, legte bereits 1805 eine französische Übersetzung von Hartigs *Anweisung zur Holzzucht für Förster* vor, die er mit *Instruction sur la culture des bois* übersetzte und in der er »einen großen Nutzen« für die Aufforstung der französischen Wälder sah.[3] In der ersten Zeit sollte dieses Werk eine Grundlage für den Unterricht in Nancy und für das erste französische Taxationslehrbuch *Cours élémentaire de culture des bois* darstellen.[4] Die Studierenden der *École nationale des Eaux et Forêts* sollten zusätzlich im ersten Lehrjahr Deutschkurse belegen, um die vielen deutschen Fachpublikationen auch im Original lesen zu können.[5] Andersherum rezipierte auch der mehrsprachig aufgewachsene Hartig in seinen Werken aktiv französische Klassiker

1 Cotta, Heinrich: *Systematische Anleitung zur Taxation der Waldungen*, Berlin 1804, S. 8–15. »Das hier mitgetheilte Verzeichniß darf noch nicht auf die Vollständigkeit Anspruch machen, zu der es vor der Hand nur einen Grund legen soll. Manches bemerkenswerthe Buch ist vielleicht meiner Aufmerksamkeit entgangen, oder nicht zu meiner Notiz gekommen, und einige, die ich historisch kenne, konnten darum nicht mit aufgenommen werden, weil ich wegen ihrer dermaligen Obscurität nicht im Stande war, den vollständigen Titel derselben mit Jahrzahl und Verlagsort anzugeben. Ich werde es daher dankbar anerkennen, wenn Freunde der forstwissenschaftlichen Litteratur mich in Ergänzung solcher Lücken zu unterstützen, die Güte haben wollen.« Ebd., S. 7 f.

2 Ebd., S. 15.

3 Baudrillart, Jacques-Joseph: *Instruction sur la culture du bois, à l'usage des forestiers. Ouvrage traduit de l'allemand de G. L. Hartig*, 2. Aufl., Paris 1805.

4 Lorentz, Bernard/Parade, Adolphe: *Cours élémentaire de culture des bois, créé à l'École royale forestière de Nancy*, Paris/Nancy 1837. Vgl. Tassy, Louis: *Lorentz et Parade*, Paris 1866, S. 39. Dort heißt es, »c'est l'ouvrage de Hartig, traduit par M. Baudrillart, que M. Lorentz mit, au début de son enseignement, entre les mains de ses élèves«.

5 »In der Anstalt treibt man hauptsächlich auch deutsche Sprache, zu welchem Zwecke ein eigener Lehrer angestellt ist. Im ersten Jahre wird namentlich Hartigs Lehrbuch für Förster, und im zweiten Cottas Waldbau übersetzt und beide Werke von dem Hauptlehrer erklärt. Ueberhaupt steht die deutsche Forstlitteratur bei den Franzosen in großem Ansehen.« Gwinner, Wilhelm Heinrich von: *Der Schwarzwald in forstwirthschaftlicher Beziehung. Ein Bericht über die von den Forstcandidaten zu Hohenheim, unter der Leitung des Prof. Dr. Gwinner im Sommer 1832 unternommene Reise auf einen Theil des württembergischen und badischen Schwarzwaldes*, Stuttgart 1833, S. 46.

der Forstwissenschaftslehre, etwa Duhamel du Monceau.[6] Bereits in den 1790er Jahren hatte er sich um Übersetzungen seiner Werke ins Französische bemüht. Außerdem publizierte er auf Polnisch. Auch in Finnland wurde er rezipiert. So verwies eines der ersten finnischen Lehrbücher explizit auf Hartigs *Lehrbuch für Förster und alle die es werden wollen.*[7] Retrospektiv erweisen sich die Lehrbücher Hartigs und Cottas als ausschlaggebend für die europaweite Popularisierung von Idealen der nachhaltigen Holzerträge in der Forstwissenschaft.

»Der allgemeinste und nächste Zweck des Taxationsgeschäftes«, so Cotta, liege in dem Bestreben, dass »der höchste Ertrag aufgefunden werden soll, welcher bei der, für einen Wald zu entwerfenden zweckmäßigen Behandlung, nachhaltig von demselben erwartet werden kann«.[8] In der Hauptzielrichtung dieser »Ertragsnachhaltigkeit« waren sich Hartig und Cotta einig. Allerdings vertraten sie unterschiedliche Auffassungen in Bezug auf die Frage, wie die Taxationsarbeiten ausgeführt werden sollten. In der klassischen Forstwissenschaftsgeschichte steht Cottas Methode des Flächenfachwerks in Konkurrenz zu Hartigs Massenfachwerk. Beim Flächenfachwerk sollte das Ziel eines »nachhaltigen Ertrages« mit Hilfe der Einteilung von möglichst gleich großen Flächen erreicht werden. Hartigs Massenfachwerk hingegen zielte auf eine über die Jahre stabil bleibende und möglichst genau berechenbare Quantität der Holzerträge ab, wobei die Größe der eingeteilten Flächen variieren konnte und sich eher an den topografischen Gegebenheiten als an rechten Winkeln orientierte. Beide Verfahren sollten gewährleisten, dass nicht mehr Forst gefällt wird, als neuer nachwächst. Von der Forsthochschule in Nancy ist bekannt, dass dort eine Synthese der beiden Verfahren unterrichtet wurde.

Die Taxationslehrbücher und die in ihnen abgedruckten Karten zirkulierten also in ganz Europa. Sie wurden von Hochschule zu Hochschule geschickt und von Studierenden mitgenommen, die später selbst verfasste Lehrbücher an ihre einstigen Ausbildungsstätten sandten. Die schriftlich ausformulierten Handlungsanweisungen prägten in anderen Ländern die Übernahme und Adaption der Forsttaxationstechniken. Sie bilden daher im Zusammenhang mit den abgedruckten Lehrkarten die Grundlage der folgenden Analyse.

6 Vgl. Hartig, Theodora (1826): *Georg Ludwig Hartig im Kreise seiner Familie,* 1976.

7 Gyldén, Claës Wilhelm (1853): *Suomalaisen Metsänhoidon Opas [Anleitung zum finnischen Waldbau]*, übers. u. hg. v. Matti Leikola, Helsinki 1998, S. 14.

8 Cotta: *Systematische Anleitung zur Taxation der Waldungen*, 1804, S. 5 f.

5.2 Heinrich Cottas Notationssysteme

Cottas Lehrbuchkapitel »Von Zeichnung der Forstkarten« widmet sich den verschiedenen Arbeitsschritten zur Herstellung von General- und Spezialkarten.[9] Daher dient es als Quellengrundlage für die folgende Bildanalyse, welche die Kulturtechnik der Forsttaxation im Hinblick auf die genutzten Notationssysteme deutet. Letztere sind aufschlussreich für die Beantwortung der Frage, auf welche Weise das Umtriebszeitenprinzip sowohl die Karte als auch den Wald in räumlicher und zeitlicher Hinsicht strukturierte.

Charakteristisch für Cottas Forsteinrichtungsmethoden ist die Unterscheidung zwischen General- und Spezialkarten. Die Generalkarte ermöglicht einen Überblick über das Gebiet und seine Umgebung, während sich die Spezialkarten jeweils auf ein bestimmtes Waldrevier und die genaue Darstellung von Einzelheiten konzentrieren. Die beiden Kartenformate ergänzen sich auch im Hinblick auf die visualisierten Informationen: Die Generalkarte repräsentiert wichtige topografische Merkmale, etwa die Steigung und den Verlauf von Höhenlagen. Ähnlich wie auf Hartigs Karten stellen unterschiedliche Farben die vorherrschenden Baumarten dar – allerdings ausschließlich auf der Generalkarte. Auf den in größerem Maßstab angefertigten Spezialkarten ordnet die Legende verschiedenen Farbtönen Bodenarten zu. Auf den Unterabschnitten des groß dargestellten Waldreviers finden sich Jahreszahlen, die angeben, wann die einzelnen Forstabschnitte zuletzt gefällt worden sind.[10]

Die Forstbeamten waren angehalten, General- und Spezialkarten eines Forstreviers jeweils in einer gemeinsamen Mappe aufzubewahren. Die Karten mussten somit nicht ausgerollt werden. Sie konnten einfach aus der Mappe herausgenommen und nebeneinander auf einem großen Tisch ausgelegt werden.[11] Im vergleichenden Hin- und Herblicken konnten die Betrachtenden schnell die Eigenschaften einer ganzen Region erfassen. Gegenstände der folgenden Bildanalyse sind erstens die der Repräsentation von Hoch- und Niederwäldern dienende Farbgebung und zweitens die Visualisierung des Kreislaufprinzips der Umtriebszeiten mit Hilfe der Kombination von Buchstaben- und Zahlzeichen sowie weiteren Notationssystemen.

Die *General Karte des ersten Abschnitts vom Buchenauer Forstrevier unter dem Oberforstamt Tanneberg* (Abb. 5.1) ist als Anschauungsbeispiel zum Buchkapitel »Von Zeichnung der Forstkarten« im Bildanhang abgedruckt. Der Kartentitel verortet den dargestellten Abschnitt 1 innerhalb der übergeordneten Forstverwaltungsstruktur. Dieser Abschnitt 1 mit all seinen Unterabschnitten erstreckt sich am rechten Flussufer der Werra oberhalb des zweiten Forstabschnittes sowie östlich von Buchenau, wo sich das Oberforstamt befand. Das Forstrevier

9 Cotta: *Systematische Anleitung zur Taxation der Waldungen*, 1804, S. 62–82.

10 Vgl. ebd., S. 68 ff.

11 Vgl. ebd., S. 69.

gehörte zum Entstehungszeitpunkt der Karte im Jahr 1802 zum Fürstentum Sachsen-Weimar-Eisenach. Nicht weit entfernt befand sich die von Cotta geleitete Forstmeisterschule in Zillbach an einem Zufluss der Werra. Die Werra entspringt im Thüringer Schiefergebirge, mündet in Hannoversch-Münden in die Weser und war seit dem 16. Jahrhundert bis zum Eisenbahnbau in der zweiten Hälfte des 19. Jahrhunderts ein wichtiger Transportweg, weil auf ihr Langholz zur Hafenstadt Bremen geflößt werden konnte. Entlang der Werra lassen sich vier frühe Standorte wichtiger Forstschulen verorten: Meiningen (1801–1843), Zillbach (1786–1809), Eisenach (1830–1915) sowie Hannoversch-Münden (1868–1970). Dort, am Zusammenfluss von Werra und Fulda zur Weser, verkauften die Flößer ihre Handelsware weiter. Jeweils fünf »Werraflöße« wurden zu einem Weserfloß zusammengebunden. Daher befanden sich der Hochschulstandort Hannoversch-Münden sowie weitere Forstschulen an strategischen Umschlagplätzen für den Holzhandel. Generell kam Flussverläufen auf Forstkarten eine wichtige Rolle zu, wenn es um den Abtransport des geschlagenen Holzes ging.

Die farbliche Ausgestaltung der Karte hebt den Abschnitt 1 von den grau gehalten Waldgebieten und Relieflinien der benachbarten Reviere ab. Ein roter, teilweise gestrichelter Linienverlauf grenzt den hellbraunen, stellenweise grün, violett und gelb kolorierten Waldabschnitt 1 zusätzlich von seiner Umgebung ab. Ein Netz mäandernder Linien bildet die Binnenstruktur des Waldabschnitts. Lässt man den Blick nun zu den Einzelheiten der Karte wandern, so stößt man auf Piktogramme und weitere Symbolzeichen, deren Bedeutungen die Legende entschlüsselt. Wie für die Generalkarten typisch, vermitteln die verzeichneten Gegebenheiten vor allem wirtschaftlich relevantes Wissen, das den Förstern die Orientierung im Gebiet erleichtern sollte. Piktogramme in Form von verschiedenfarbigen Häusern verorten zum Beispiel die Oberförster- und die Unterförsterwohnung. Mühlen, Schmelzöfen und Bergwerke werden mit jeweils eigenen Symbolen bezeichnet. So erfahren wir, dass sich eine Schneidemühle an einem Flusslauf in unmittelbarer Nähe zur Oberförsterwohnung in Buchenau befand: nicht weit von dem Unterabschnitt des Forstreviers, dessen Bäume laut Indexangabe A1 zuerst geschlagen werden sollten. Praktischerweise war also der Weg vom Holzeinschlag zur Schneidemühle in den ersten zehn Jahren nach der Erstellung der Karte nicht weit. Außerdem lokalisiert die Karte entlang der Werra eine Wassermühle, einen Floß- und Zimmerholzplatz und eine Papiermühle. Ganz im Norden ist eine Glashütte eingezeichnet, die ebenfalls mit Holz beliefert werden musste. Im Endeffekt präsentiert die Generalkarte also komprimierte Informationen zur wirtschaftlichen Nutzung der Wälder.

Ähnlich wie Hartig setzte auch Cotta auf Farben, um unterschiedliche Baumarten auf der Karte zu lokalisieren. Doch im Gegensatz zu Hartigs Lehrkarten finden sich hier keine farbigen Rahmenlinien, um die Zehn-Jahres-Perioden zu markieren. Stattdessen griff Cotta auf Kombinationen von Buchstaben und

Baumholz
Schlagholz
Eichen
Buchen
Birken
Erlen
Alle hier nicht genannte oder vermischte Schlaghölzer
Nadelholz
Temporelles Rottland
Blöße
Wohnungen u. Felder
untragbarer Boden
Wiesen u. Wasser
Plantage
Floss u. Zimerholzplatz
Oberförster
Unterförster Wohnung
Wildscheune
Schweinebucht
Körnung
Salzlecke
Saamenmaschine
Wegweiser
Warnungstafel
eingezäunte Schonung od. Plantage
Wildzaun
Saugarten
Viehruh
Viehtränke
Fähre
Durchfahrt
Hölzerne Brücke
Steinerne Brücke
Hölzerne Schleuse
Massiv. Schleuse
Flossrechen
Wehr
Windmühle
Wassermühle
Schneidemühle
Lohmühle
Öhlmühle
Papiermühle
Kupferhammer
Eisenhammer
Pech u. Theer Ofen
Ziegelofen
Kalkofen
Eisen Schmelze
Buchenau

Abb. 5.1: Heinrich Cotta: *General Karte des ersten Abschnitts vom Buchenauer Forstrevier unter dem Oberforstamt Tanneberg*, 1802.

Zahlen zurück und ließ die Farbintensität in zwei Abstufungen variieren. Die »Stärke oder Schwäche der Farben« veranschaulicht, ob die jeweiligen Baumbestände eher zu einem Hochwald oder zu einem Niederwald gehörten.[12] Damit werden zugleich weitere Unterschiede indiziert: Wie bereits in den vorherigen Kapiteln erläutert, setzte sich in der Forstwirtschaft des beginnenden 19. Jahrhunderts die Tendenz durch, Niederwälder in Hochwälder umzuwandeln. Von Letzteren erhoffte man sich größere Mengen an Bauholz. Langholz exportierte man – zum Beispiel über die Werra – zu Hafenstädten, wo es für den Schiffs- und Stadtbau benötigt wurde.[13] Letztendlich beruht auch das Darstellungsprinzip von Cottas Generalkarte auf der Priorisierung von Hochwäldern über Niederwälder.

Die Symbolik der Farben und die Abstufung der Farbintensitäten beinhalten eine Wertung. Die intensiveren Farben lenken den Blick auf die Hochwaldbereiche und wecken die Erwartungshaltung, dass dort Holz von höherer Qualität wachse. Der relativ kleine, gelb eingefärbte Bereich CC49 beispielsweise sticht aus seiner hellbraunen Umgebung heraus. Den satt gelben Farbton definiert die Legende als Eichen-Baumholz, also als Hochwald. Im Jahr 1802, dem Jahr der Fertigstellung der Karte, bestanden die Wälder in der Nähe von Buchenau jedoch hauptsächlich aus für den Handel weniger lukrativen Buchenniederwäldern, die ein hellbrauner Farbton repräsentiert. Diese Dominanz der Niederwälder sollte sich, ging es nach Cotta, zukünftig ändern. Gemäß den beiliegenden Instruktionen war es ein erklärtes Ziel, die Schlagwälder nach und nach in Hochwälder umzuwandeln. Die Karte war so angelegt, dass sie die dafür zuständigen Beamten nachkolorieren konnten. Die blassen Farbtöne sollten in kräftige Farben übergehen.

Doch zunächst einen Schritt zurück zu dem abgebildeten Zustand des Waldes von Buchenau im Jahr 1802: Wie lange hatten die Buchenniederwälder schon existiert? Wie viel Ertrag konnte man von diesen Laubbäumen erwarten? Antworten auf derartige Fragen lieferte die Spezialkarte (Abb. 5.2). Ein Zweck dieser Karte war es, die Reihenfolge der Schlagflächen für die folgenden Jahrzehnte festzulegen. Von der Generalkarte übernimmt die Spezialkarte die Binnenstrukturierung des Waldabschnittes und stellt diese noch stärker in den Vordergrund, indem sie die angrenzenden Gebiete ausblendet. Sowohl die Farbbedeutungen als auch die Zeichenauswahl fallen auf der Legende der Spezialkarte anders aus als auf der Generalkarte. Fünf Farbabstufungen von Gelb,

12 »Hier ist es also zweckmäßig, die verschiedenen Holzarten durch verschiedene Farben anzugeben, den Hoch- oder Niederwald aber durch die Stärke oder Schwäche der Farben anzugeben.« Cotta: *Systematische Anleitung zur Taxation der Waldungen*, 1804, S. 82.

13 Zu Amsterdam als Umschlagsort innerhalb einer nordatlantischen Handelszone siehe: Moore 2010. Holztransporte aus Skandinavien, dem Baltikum und Russland, Mitteleuropa sowie verschiedenen Kolonialländern bündelten sich in Amsterdam und beruhten laut Moore auf der Ausbeutung von Ressourcen und Arbeitskraft.

Grau und Violett repräsentieren die Bodenarten mit ihren jeweiligen Hauptbestandteilen Kalk, Ton und Sand. Rote und blaue Punkte sowie Striche zeigen trockene oder nasse Böden sowie Sumpfgebiet an. Auch für steinige, feste und lockere Bodenbeschaffenheiten waren eigene Zeichen festgelegt. Regelmäßig angeordnete, schwarz umrandete Kreise verdeutlichen – in Analogie zu den idealerweise stets gleich großen Baumumfängen – Plantagen. Zusätzlich zu diesen expliziten Bildzeichen finden sich in einigen Unterabschnitten Großbuchstaben, arabische Zahlen, Kleinbuchstaben und Punkte. Diese Notationssysteme werden nun im Hinblick darauf analysiert, auf welche Weise sie den Ablauf von Umtriebszeiten vor Augen führen und die Behandlung der Schlagflächen vorgeben.

An der westlichen Spitze des Forstreviers beginnt die Zählung mit A1, dem Unterabschnitt mit dem sprechenden Namen »Hinterm Zaun«, gefolgt von B2, B3, B4, die ein zusammenhängendes Gebiet bilden, C5, C6, C7, D8, E9, F10 und so fort, wobei sich Position und Gruppierung der Unterabschnitte nach Wegverläufen und topografischen Bedingungen richten. Die Zählweise von links nach rechts beziehungsweise von West nach Ost folgt dieser Logik bis Z44 – dem Hengstberg. Danach beginnt das Alphabet von Neuem mit einer Verdoppelung der Buchstaben in Form der Indizes AA45, AA46, bis schließlich MM57 im Nordwesten des Forstreviers erreicht wird. Die Zahlen geben das Jahr an, in dem der jeweilige Waldabschnitt abgeholzt werden sollte, wobei die Umtriebszeit auf 57 Jahre kalkuliert ist. Die Förster fällten theoretisch im ersten Jahr also A1, dann A2, bis nach 57 Jahren der Kahlschlag wieder im Unterabschnitt A1 durchgeführt werden konnte, der zu diesem Zeitpunkt aus Bäumen bestehen würde, die in der Zwischenzeit nachgewachsen sind. In der Logik der Forsttaxationskarte würde jeder der 57 Teilabschnitte zukünftig immer 57-jährige Bäume liefern. Der Wechsel von Abholzung und 57 Jahren Wachstumszeit könnte sich unendlich lang wiederholen – unter der Bedingung, dass sich alle Beteiligten an den Plan hielten und die einheitlichen Nutzholzflächen nicht im Wachstum beeinträchtigten. Die Repräsentationsweise der Taxationskarten priorisiert offensichtlich jene Aspekte der Landnutzung, die ausschließlich der Holzwirtschaft dienen. Zwar weist die Legende ein Piktogramm mit der Beschreibung »Wohnungen und Felder« auf, aber die Spezialkarte verwendet dieses Piktogramm nicht innerhalb der Reviergrenzen. Hinter den roten Grenzlinien des Abschnitts 1 erstrecken sich laut Spezialkarte Feldmark und Gemeinde-Waldungen. Unregelmäßig verteilte Bäume mit viel Weidefläche dazwischen vermitteln einen Eindruck davon, wie die Gemeindewaldungen von Holzhausen und Buchenau ausgesehen haben könnten, ohne dass die Legende für diese Waldnutzungsformen eigene Zeichen vorsieht. Innerhalb der Grenzen des Forstreviers Buchenau sind sämtliche Teilflächen allein der Holzproduktion gewidmet, als sei es selbstverständlich, dass hier weder Waldweide, Landwirtschaft noch wechselnde Waldnutzungsformen von Bedeutung seien.

Kalk
Thon
Sand
Landesgrenze
Landesherrliche gr.
Privatgrenze
Hutgrenze
Jagdgrenze
Revier grenze
Abschnitts gr.
Districts gr.
Abtheilungs gr.
streitige Grenze
Grenzgraben
Befriedigungs gr.
Überschwemmungs Linie
Plantage
trocken
naß
sumpfig
steinig
fest
locker
Grenzstein
Grenzhügel
Grenzbaum
Grenzsäule
Wohnungen u. Felder
Wiesen u. Wasser
Chaussée
gewöhnl. Weg
Waldweg
Stallung
Fußpfad
ah. Ahorn.
as. Aspe.
bi. Birke.
bu. Buche.
ei. Eiche.
el. Eller.
es. Esche.
f. Fichte
ha. Haseln
hb. Hornbaum
k. Kiehne
le. Lerche
li. Linde.
p. Pappel.
r. Rüster
ta. Tanne
wa. Wacholder
we. Weide
10 20 30 40
Maasstab zur Specialkarte 50° = 2 rheinische Decimalzolle
Grenze mit dem Ellerbruch zum Schlossfellburger Forst Revier gehörig
Am Pole
B.3.
B.4.
B.2.
C.5.
C.6.
C.7.
D.8.
Am Herrnpfutz
Am Scheuchengraben
Kessel E.9.
Hinterm Zaun A.1
Am Drachengraben
An der Gabel F.10.
Wasunger Dickigt J.14.
Am Finstergraben H.13.
Am Jägersgrabchen K.15.
der kleine Ste
M.19.
Grenze mit Buchenauer Feldmark und Gemeinde

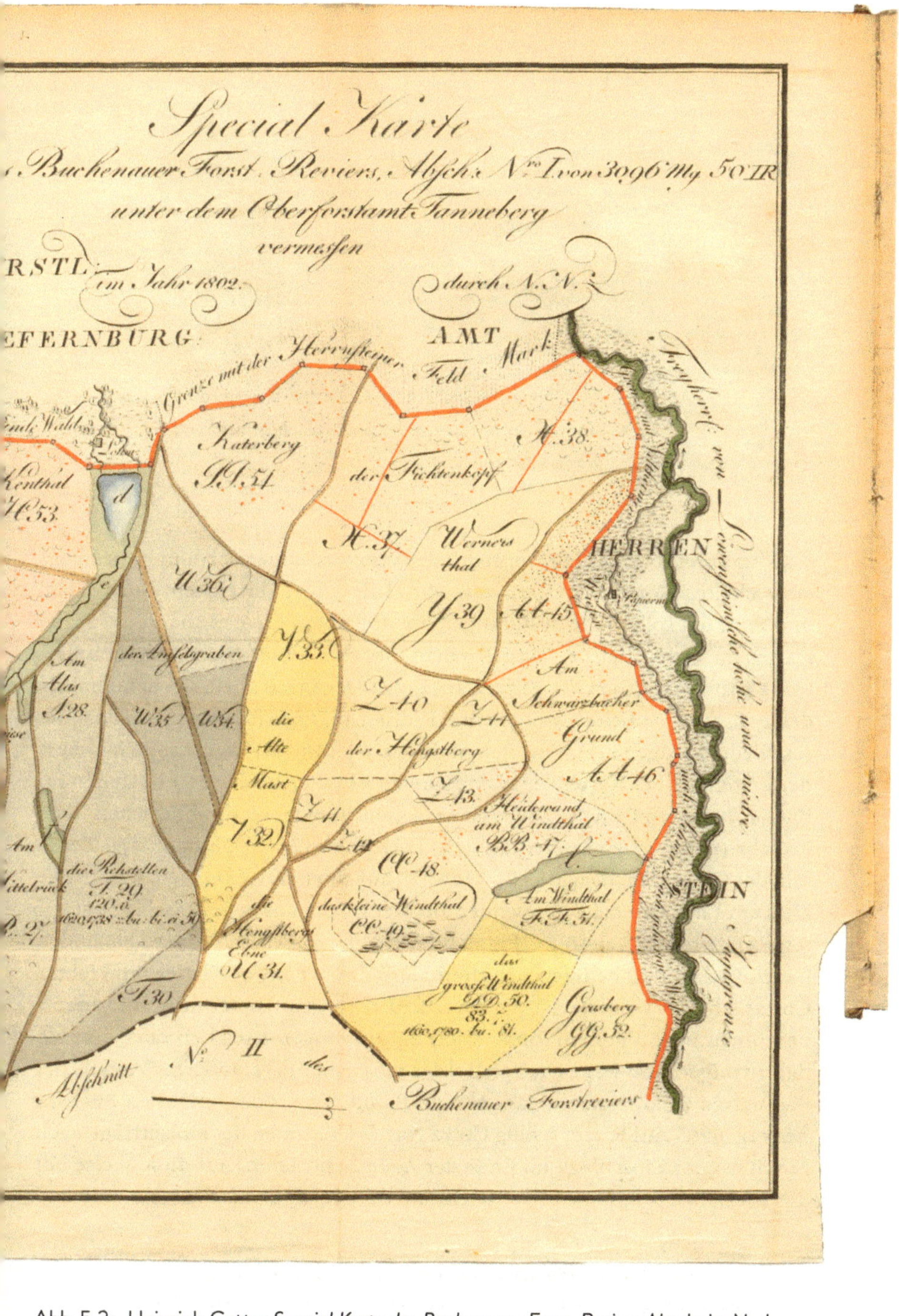

Abb. 5.2: Heinrich Cotta: *Special Karte des Buchenauer Forst-Reviers Abschnitt Nr. I von 3096 Morgen 50 Ruthen unter dem Oberforstamt Tanneberg vermessen im Jahr 1802 durch N. N.*

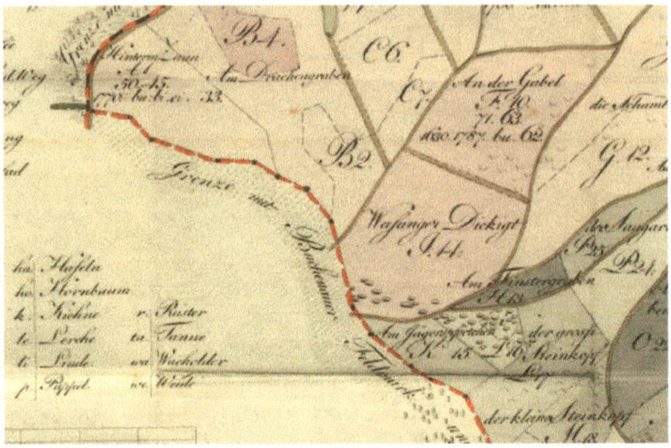

Abb. 5.3: Detailansicht des Unterabschnitts A1 »Hinterm Zaun«. Cotta: *Special Karte des Buchenauer Forst-Reviers Abschnitt Nr. I*, 1802.

Cottas Methode der Forsteinrichtungskarten zeichnet sich durch ein eigens entwickeltes Notationssystem aus. Mit Hilfe von Zahlzeichen, Buchstaben und Punkten sollten die zuständigen Forstbeamten die Angaben der Spezial-Karten im Verlauf der Zeit aktuell halten. Auf dem Unterabschnitt A1 beispielsweise (Abb. 5.3) geben die Ziffern 50,45 den gegenwärtigen Flächeninhalt in den örtlichen Einheiten Morgen und Ruthen an. 1770 ist das Jahr, in dem dieses Niederwaldgebiet zum letzten Mal abgeholzt worden war, also 32 Jahre vor der Erstellung der Karte. Die Abkürzungen »bu«, »bi« und »ei« stehen für Buche, Birke und Eiche. Die eingetragenen Punkte versinnbildlichen, dass im Jahr 1802 Buchen im Verhältnis 9 zu 12 dominierten. Nur auf zwei Zwölfteln der Gesamtfläche wuchs Birkenwald, auf einem Zwölftel Eichenwald. Die Zahl am Ende der Zeile bezeichnet die Menge, die aus dem Einschlag der ersten Runde resultieren sollte. Für den bereits im Folgejahr, 1803, zu hauenden Unterabschnitt A1 beliefen sich die Kalkulationen auf 33 Klafter pro Hektar. Cottas Absicht war es, dass die jeweils zuständigen Förster neue Informationen hinzufügen konnten, ohne ältere Eintragungen streichen oder überkleben zu müssen. So war es beispielsweise möglich, die veränderten Anteile der Baumarten zu korrigieren, indem man Punkte über oder unter den Buchstaben ergänzte. Außerdem schlug Cotta vor, das Volumen der Holzerträge nach Abschluss des Einschlags am Ende der Zeile zu notieren. Auf diese Weise bot die Spezialkarte ein Mittel der »sehr instruktive[n] Controlle«.[14]

14 »so kann man alsdann, neben das eingeschriebene Jahr des Abtriebes, den wirklich gewonnenen Ertrag eines Morgens setzen, und dadurch für die geschehene Schätzung des Waldes, eine sehr instruktive Controlle erhalten.« Cotta: *Systematische Anleitung zur Taxation der Waldungen*, 1804, S. 79.

Theoretisch ließen sich die im Voraus angestellten Berechnungen mit dem späteren Holzertrag vergleichen, weshalb Cotta den »Specialriß« als »concentrirte Chronik von der Bewirthschaftung eines Revieres«[15] bezeichnete. Das System der Beschriftung und der kartografischen Darstellung diente folglich als ein epistemisches Werkzeug: Es verdichtet das Wissen über die Waldzustände zum Entstehungszeitpunkt der Karte und führt die geplanten Veränderungen vor Augen. Das Notationsverfahren ermöglicht den Vergleich zwischen den geschätzten und tatsächlich erzielten Holzerträgen. Aufgrund der Möglichkeit nachträglicher Ergänzungen und Einfärbungen könne, so Cotta, der Spezialriss »in jedem Zeitpunkt der Umtriebsperioden, immer ein getreues Bild vom Zustande des Waldes« vermitteln.[16]

Als eine eigene Gattung thematischer Karten sind die Forsteinrichtungskarten also von einer Methode der Informationsverzeichnung geprägt, die auf Veränderungen der Waldlandschaft reagieren kann. Daher stellen die Forsttaxationen gewissermaßen eine Vorform des digitalen *remote sensing* dar, des großflächigen Monitorings von Waldgebieten. Die Datenpraktiken, die auf den Versuchsfeldern der Gegenwart Anwendung finden, erwecken unter den Stichworten *Smart Forests* und *Internet of Trees* den Eindruck, als seien sie neueste Erfindungen des digitalen Zeitalters. Die Analyse des an Cottas und Hartigs Forsthochschulen etablierten engen Zusammenspiels von medialer Umweltdatenverzeichnung – auf Karten, Tabellen und Beschreibungen – und physisch-materiellen Veränderungen in Versuchsfeldern verdeutlicht hingegen, dass die Geschichte der modernen forstwissenschaftlichen Informationsverarbeitungssysteme bereits mit den kameralistischen Verwaltungspraktiken beginnt. Trotz stark veränderter Technologien und Bildgebungsverfahren treten damals wie heute bei Messungen im Wald verschiedene Instrumente, Medien und Umwelten miteinander in Wechselwirkung. Schon zu Cottas Zeiten stellte sich die Frage, nach welchen Logiken Karten organisiert sein sollten, um möglichst lange Bestand zu haben und um die Kompatibilität mit anderen Darstellungsformaten zu gewährleisten.[17]

15 Cotta: *Systematische Anleitung zur Taxation der Waldungen*, 1804, S. 80.

16 Ebd., S. 80.

17 Jennifer Gabrys fragt in ihren Arbeiten zu Wäldern als digitalen Infrastrukturen ebenfalls danach, wie die heute genutzten Systeme der Datenerhebung subsistenzwirtschaftlich bedeutsame Waldnutzungspraktiken repräsentieren. Aufgrund der klimapolitischen Relevanz dieser Technologien gilt es zu prüfen, welchen Einfluss Umweltdatenpraktiken auf demokratische Prozesse ausüben. Vgl. Gabrys 2020; Gabrys, Jennifer: *Program Earth. Environmental Sensing Technology and the Making of a Computational Planet*, Minneapolis 2016, insbes. Kapitel 1 (»Sensing an Experimental Forest. Processing Environments and Distributing Relations«). Die Frage nach Partizipations- und Ausbeutungsmechanismen bei der Generierung von Umweltdaten ist umso dringlicher in Zeiten sensorbasierter Datenerhebungen. Vgl. Breljak, Anja: *Sensible Medien. Eine Mediengeschichte der Empfindlichkeit (1750–2020)*, Dissertation Universität Potsdam 2025. Inwiefern Umtriebszeiten, die für die Forsteinrichtungstechniken des 18. bis 19. Jahrhunderts zentral waren, bis in die heutigen Technologien als Organisationsprinzip wirksam sind, wäre eine weiter zu verfolgende Forschungsfrage.

Das komplexe Repräsentationssystem der Forsteinrichtungskarten um 1800 richtete sich nach dem Organisationsprinzip der Umtriebszeiten, welches die Karten einerseits veranschaulichen und das andererseits das Kartenbild zuallererst in Erscheinung treten lässt. Es sind die Umtriebszeiten, die den Aufbau der innerhalb des Medienverbunds wirksamen Formate – die Kartenausschnitte verschiedenen Maßstabs, die Holzertragstabellen, die wörtlichen Beschreibungen – strukturierten. Umtriebszeiten dienten explizit dem Ziel, langfristig nicht mehr Holz zu fällen als wieder aufgeforstet werden konnte. Die Übersicht über gegenwärtige Waldbestände galt als Voraussetzung für die Forsttaxation und ihre Datenerhebungen. Zugleich war die möglichst genaue Berechnung zukünftiger Holzerträge eine der maßgeblichen Zielsetzungen. Das Wechselverhältnis zwischen Gesamtüberblick und Details sowie das Ringen um einen gewissen Informationsüberschuss, der aus thematischen Karten ableitbar sein sollte, stehen in einem Zusammenhang mit den seinerzeit in Wissenschaften und Künsten viel diskutierten »Naturgemälden«, die im Folgenden näher untersucht werden.

5.3 Forstkartografie und Naturgemälde: Ein Balanceakt zwischen Überblick und Detailgenauigkeit

»In jedem Zeitpunkt der Umtriebsperioden, immer ein getreues Bild vom Zustande des Waldes« geben – Cottas Bestreben knüpft an zeitgenössische Diskurse in den Wissenschaften und Künsten um Naturgemälde an. Dabei handelt es sich um operative Bilder, denen aufgetragen wurde, gleichermaßen exakte Reproduktionen sowie ästhetische Repräsentationen von Landschaften zu sein, die als Natur verstanden wurden. Der Gesamteindruck einer Waldlandschaft etwa stand dabei in einem ambivalenten Verhältnis zur Detailgenauigkeit – sei es in den schriftlichen Reflexionen von Wander:innen, auf Landschaftszeichnungen oder Karten, in Sammlungen historischer Sagen oder in wissenschaftlichen Abhandlungen. Die kritische Frage nach dem perfekten »Überblick« über genau verzeichnete Einzelaspekte auf Naturgemälden übte Einfluss darauf aus, was um 1800 als idealer Wald galt.

Standardisierte Lösungen für Forstkarten anzubieten, war eine Zielsetzung in Cottas Lehrbuch. Dabei fällt der Begriff »Genauigkeit« mindestens einmal pro Seite. Die genaue Kenntnis des Waldes wird immer wieder als eine Grundvoraussetzung angesprochen, die Taxatoren nur im häufigen Durchschreiten des jeweiligen Waldes erlangen könnten. Schließlich sei es »für den Forstmann von größter Wichtigkeit«, »die Beschaffenheit des Bodens genau zu kennen«[18] und eine »genaue Bestimmung und Bezeichnung der [Landes- und Eigentums-]Grenzen«[19] durchzuführen. Zudem erforderten das Zeich-

18 Cotta: *Systematische Anleitung zur Taxation der Waldungen*, 1804, S. 70.

19 Ebd., S. 22.

nen und Kolorieren der Karten ständige Konzentration und eine ruhige Hand. Bei aller Sorgfalt und Arbeitsdisziplin stelle es außerdem eine Herausforderung dar, einen optimalen Maßstab für den Forstriss zu finden, der sowohl Detailgenauigkeit als auch eine »klare und vollständige Uebersicht vom Zustand und Zusammenhang des Ganzen«[20] ermögliche:

> Jeder Sachkundige wird aber bei Betrachtung dieser zwei Forderungen sogleich finden, daß auf einem und demselben Riße, die leichte Uebersicht vom Ganzen mit der Deutlichkeit im Detail kollidirt; denn zur genauen Bestimmung des letzteren gehört nothwendig ein Maaßstab, wodurch der Riß zum Behuf der ersteren Forderung viel zu groß und unbequem würde; nimmt man aber den Maaßstab weniger groß, so leidet die Genauigkeit und die übrigen Forderungen sind unerfüllbar.[21]

Diese Gratwanderung zwischen einer herausfordernden Fülle an »einzelnen Gegenständen«[22] und der Beibehaltung des Überblicks ist ständig präsent – nicht nur in den Vorentscheidungen über den Maßstab, sondern während des gesamten Herstellungsprozesses der Skizzen, Tabellen, Manuale und Karten. Die Standardisierung der Forsteinrichtung wäre anscheinend ohne intensive Überlegungen zum »Grad der Genauigkeit«[23] im Maßstab und in der Arbeitsweise sowie zum übergeordneten Ziel einer »genaue[n] Uebersicht vom Zustande des Waldes«[24] nicht zu bewerkstelligen gewesen.

Eine zeitgenössische Perspektive auf die Frage, wie solch ein Gesamteindruck von einer (Wald-)Landschaft angesichts einer Fülle an abbildungswürdigen Details schreibend oder zeichnend festgehalten werden kann, findet sich in Alexander von Humboldts Werken. Große Bekanntheit erlangte Humboldt für die auf seinen Südamerikareisen entstandenen Aufsätze und insbesondere für jene Tableaus, die er und der Botaniker Aimé Bonpland »Naturgemälde« nannten. Die unter diesem Titel veröffentlichten Texte gehörten zu einer verbreiteten literarischen Gattung zu Beginn des 19. Jahrhunderts.[25] Die Bildformate und Textformen um »Naturgemälde« gelten heute als heterogen. Sie reichen von scheinbar wertneutralen Pflanzenbeschreibungen bis zu Gefühlsschilderungen, die bei der Betrachtung von Naturszenen zutage treten. Als Naturgemälde galten zudem Reiseberichte, ethnografische und lokalhistorische

20 Cotta: *Systematische Anleitung zur Taxation der Waldungen*, 1804, S. 68. Eine ähnliche Warnung vor dem »Leiden der Genauigkeit« findet sich auf S. 63.

21 Ebd., S. 68.

22 Ebd.

23 Ebd. S. 64.

24 Ebd., S. 65.

25 Bies, Michael: »Naturgemälde von Humboldt, Wilbrand, Rütgen und Martius«, in: Bies, Michael/Gamper, Michael/Kleeberg, Ingrid (Hg.): *Gattungs-Wissen. Wissenspoetologie und literarische Form*, Göttingen 2013, S. 162–189.

Literatur. Der Schriftsteller Friedrich Christian Schlenkert, der als Deutschlehrer an der Forstakademie in Tharandt arbeitete und dessen Wohnhaus sich in der Nähe von Cottas Wohn- und Lehrgebäude befand,[26] schrieb beispielsweise zu Ehren von Tharandt ein »historisch-romantisches Gemählde nach der Natur, Urkunden und Sagen«.[27] Auch prominentere Schriftsteller wie Johann Gottfried Herder, Friedrich Schiller und Johann Wolfgang von Goethe widmeten sich Naturgemälden.[28] Humboldts Adaptionen dieses Konzeptes sind insofern bemerkenswert, als er ebenso Essays wie wissenschaftliche Tableaus als Naturgemälde bezeichnete.[29] In der Einleitung zu den *Ansichten der Natur* fragte er sich, wie »die ästhetische Behandlung naturhistorischer Gegenstände«[30] sowie »großer Naturscenen«[31] gelingen könne:

> Jeder Aufsatz sollte ein in sich geschlossenes Ganze ausmachen, in allen sollte Eine und dieselbe Tendenz sich gleichmässig zeigen. Diese ästhetische Behandlung naturhistorischer Gegenstände hat, trotz der herrlichen Kraft und Biegsamkeit unserer vaterländischen Sprache, grosse Schwierigkeiten der Composition. Der Reichthum der Natur veranlasst Anhäufung einzelner Bilder. Diese Anhäufung aber stört die Ruhe und den Totaleindruck des Naturgemäldes.[32]

Ähnlich wie sein Zeitgenosse Cotta schildert Humboldt ein Streben nach einem klaren Gesamteindruck, das im Widerspruch zur Bemühung steht, einer Vielfalt von Einzelheiten – »einzelner Bilder« aus dem »Reichthum der Natur« – gerecht zu werden. Dieser Spagat scheint emblematisch für Reflexionen über Naturgemälde um 1800 zu sein. Dementsprechend rang man in der Kartografie um einen angemessenen bildlichen Ausdruck für das Wechselverhältnis von Gesamteindruck, Details und ermittelten Daten.

Das *Tableau physique des Andes et Pays voisins* vereint innerhalb eines Naturgemäldes topografische Eigenschaften in gezeichneter Form mit Informationen über die Verbreitung von Pflanzen in Worten und Zahlen. Im Bildzentrum

26 Vgl. Heinitz, Wolfgang: *Tharandt. Auf Wegen durch Vergangenheit und Gegenwart*, Dresden 2016, S. 71.

27 Schlenkert: *Tharand. Ein historisch-romantisches Gemählde nach der Natur, Urkunden und Sagen*, 1804.

28 »Naturgemälde«, in: Grimm/Grimm: *Deutsches Wörterbuch*, Bd. 7, 1889, Sp. 449; Bies, Michael: *Im Grunde ein Bild. Die Darstellung der Naturforschung bei Kant, Goethe und Alexander von Humboldt*, Göttingen 2012.

29 Vgl. Graczyk, Annette: *Das literarische Tableau zwischen Kunst und Wissenschaft*, München 2004. Zur Bedeutung des Naturgemäldediskurses in den Arbeiten Humboldts, Aimé Bonplands und des beteiligten Forschungsteams siehe insbes. das Kapitel »Naturgemälde. Panoramatisches Sehen und die Bildproduktion der frühen Pflanzengeographie«, in: Güttler 2014, S. 95–146.

30 Humboldt, Alexander von (1808): *Ansichten der Natur, mit wissenschaftlichen Erläuterungen*, 3. Aufl., Bd. 1, Stuttgart/Tübingen 1849, S. vi.

31 Ebd., S. xi–xii.

32 Ebd., S. vi.

wird der im heutigen Ecuador gelegene Vulkan Chimborazo im Querschnitt dargestellt, gerahmt von Tabellen am linken und rechten Bildrand, die auf der Tafel jeweils ein Viertel der Gesamtbreite einnehmen. Mit einer Höhe von über 6.000 Metern galt der Chimborazo zum Entstehungszeitpunkt der Karte als höchstes Bergmassiv der Welt. Die Gletscher auf den obersten Höhenmetern erscheinen weiß, die rechts gelegene niedrigere Bergspitze des Schichtvulkans speit Feuer und Dampf aus. Während Humboldt und Bonpland auf der linken Seite der Bergprofilansicht den je nach Höhenlage unterschiedlich ausgeprägten Pflanzenbewuchs zeichnerisch nachempfanden, befindet sich auf der rechten Seite eine weiß gemusterte Grundierung, auf der lateinische Pflanzenbezeichnungen zu lesen sind. Innerhalb der farblos gehaltenen Fläche markieren gestrichelte Linien Vegetationsgrenzen. Oberhalb jener Linie, die den oberen Abschluss der mit Worten beschriebenen Fläche bildet, wachsen laut Beschriftung nur noch Flechten. Die innerhalb des Bergprofils verteilten Informationen ergänzen kurze Notizen am blauen, von einzelnen Wolken durchzogenen Horizont. Hier werden die Höhen von europäischen Bergen und Vulkanen im Vergleich zu Erhebungen auf dem südamerikanischen Kontinent angegeben: angefangen mit dem Vesuv, gefolgt von der Stadt Quito auf gleicher Ebene wie der Teide, der Vulkan der kanarischen Insel Teneriffa, und von dort über die Höhe des Mont Blancs, wie sie »Monsieur Saussure« 1787 bestimmt hatte, bis hin zu den Gipfeln des Cotopaxi und des Chimborazo, ganz oben in der Darstellung. Außerdem ist die Höhe eingetragen, bis zu der Bonpland, Humboldt und die Mitreisenden mitsamt Instrumenten den Berg erklimmen konnten. Die ausgewählten Informationen am Horizont komplettiert eine senkrecht ausgerichtete Skala, die von 1.000 Metern unter dem Meeresspiegel bis zu 6.500 Metern hinauf zu den Bergspitzen reicht. Daneben befinden sich am rechten wie auch am linken Bildrand jeweils eigene Tabellenspalten, zum Beispiel zur Temperatur, der Luftzusammensetzung, dem Luftdruck und der Luftfeuchtigkeit, der mit dem Cyanometer gemessenen Bläue des Himmels sowie zur Bodenkultur: Angaben, die jeweils in Relation zur Höhenskala und zum Bergprofil stehen.

Spezifisch für Humboldts und Bonplands Naturgemälde ist also eine Kombination von gezeichneten Landschaftselementen, in das Kartenbild hinein notierten Informationen und Tabellen, die einen großen Teil des Naturgemäldes einnehmen. Das gewählte Visualisierungsformat bringt nicht nur topografische Gegebenheiten mit Messergebnissen zusammen, sondern strebt auch den globalen Vergleich mit Bergen anderer Kontinente an. Ähnlich wie die Forsttaxationskarten repräsentiert das *Tableau Physique des Andes et pays voisins* den Anspruch, überblicksartige Eindrücke und Detailangaben so zu vereinen, dass verschiedene Sinnzusammenhänge ausgehend von dem abgebildeten Landschaftsraum kreiert werden. Anstelle der Vogelperspektive wurde das Darstellungsformat eines Querschnitts gewählt. Der Bergaufriss wird in den folgenden Teilkapiteln ausführlicher in zeitgenössische Bildtraditionen ein-

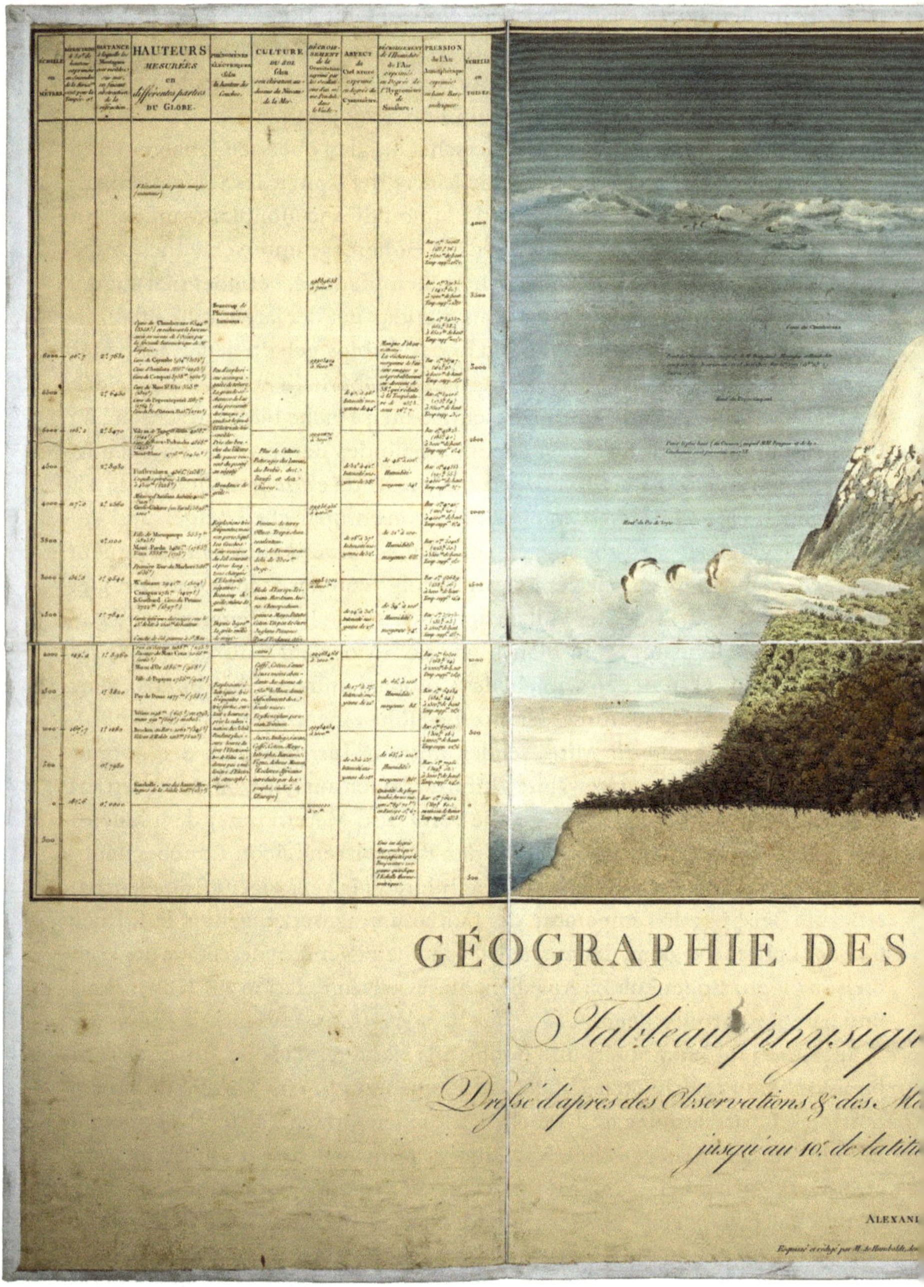
HAUTEURS
MESURÉES
en
différentes parties
DU GLOBE.
CULTURE
DU SOL
PRESSION
de l'Air
GÉOGRAPHIE DES
Tableau physiqu
Dressé d'après des Observations & des Me
jusqu'au 10e de latitu
ALEXANI

Abb. 5.4: Alexander von Humboldt und Aimé Bonpland: *Geographie des Plantes Équinoxiales. Tableau physique des Andes et Pays voisins*, 1805.

geordnet. Letzten Endes greifen sowohl das Naturgemälde als auch die Forsttaxationskarte auf Mess- und Versuchsergebnisse zurück, die zuvor auf Tabellen vorstrukturiert worden sind.

Humboldt und Bonpland beschrieben im *Essay über die Geographie der Pflanzen*, dass das einzelne Tableau »fast die Gesamtheit der Forschungen« enthalte, die »während der Tropenexpedition durchgeführt« worden seien.[33] Birgit Schneider verortet dieses Streben Humboldts nach einem »synoptischen« Blick, der unterschiedliche Kategorien von Forschungsergebnissen zusammendenkt, innerhalb von Diskursen der Aufklärung als auch der Romantik. Die ihm und Bonpland zugeschriebenen Kartenwerke betrachtet sie als frühe Beispiele der sich ab 1800 etablierenden Methoden der Datenvisualisierung.[34] Charakteristisch für Humboldts Schaffen sei die Absicht, Relationen zwischen Messdaten verschiedener Kontinente herzustellen. Die Isothermenkarte von 1817 gilt Schneider zufolge als »erstes, auf Messungen gegründetes Bild der Klimazonen der Erde«.[35] In einer Genealogie der Klimabilder nehmen Humboldts Werke zweifellos eine bedeutungsvolle Stellung ein, vor allem dadurch, dass sie eine global vergleichende Perspektive etablierten. Allerdings arbeiteten auch Humboldt und Bonpland nicht ohne Vorbilder. Nils Güttler verweist beispielsweise auf die bereits in den 1780er Jahren veröffentlichten Arbeiten des Geologen und Pflanzenforschers Jean-Louis Giraud-Soulavie zur Naturgeschichte Südfrankreichs.[36] Giraud-Soulavies *Coupe verticale des montagnes vivaroises* baute auf ähnlichen Bildstrategien auf wie Bonplands und Humboldts Naturgemälde der Anden, was sich besonders in der Querschnittsdarstellung, den barometrischen Skalen und der Zuordnung von Pflanzenzonen zeigt.[37] Mit seiner Idee eines nach Klimazonen geordneten Pflanzengartens übte Giraud-Soulavie einen starken Einfluss auf die Anlage botanischer Gärten in Frankreich aus, welche wiederum den Arbeitskontext von Bonpland und Humboldt prägten. In einer Genealogie von Klimabildern gehen also viele thematische Karten Humboldts und Bonplands Naturgemälden voraus.

Auch bei den etwa zeitgleich ausgearbeiteten Forsttaxationsmethoden wurden auf topografische Karten verschiedene Informationskategorien eingetragen, um Mess- und Versuchsergebnisse zu visualisieren, die zuvor in Tabellen zusammengestellt worden waren. Es kamen Farbsymboliken, Piktogramme,

33 Humboldt, Alexander von/Bonpland, Aimé: *Essai sur la géographie des plantes. Accompagné d'un tableau physique des régions équinoxiales*, Paris 1805, S. 42. Originalzitat: »Ce tableau embrasse pour ainsi dire toutes les recherches dont je me suis me occupé pendant mon expedition aux tropiques.«

34 Schneider 2018a, insbes. S. 123 ff. und 150–169.

35 Ebd., S. 126.

36 Güttler 2014, insbes. das Unterkapitel »Giraud-Soulavies Pflanzengeographie und die Naturalisierung der Ökonomie«, S. 82–87.

37 Giraud-Soulavie, Jean Louis: *Histoire Naturelle de la France Méridionale*, 2 Bde., Paris 1780–1784, Bildanhang.

textliche Informationen, Indizes und andere Notationssysteme zur Anwendung, um möglichst viele relevante Wissenskategorien auf einmal in eine kartografische Ausdrucksform zu bringen. Eigens zu diesem Zweck empfohlene Mappen sollten sämtliche Dokumente für ein Gebiet – die General- und Spezialkarte, Tabellen, Register und Taxationsmanuale – zusammenhalten, um die Vergleichbarkeit zu erleichtern und den Kartengebrauch besser handhabbar zu machen. In Lehrbüchern sind zahlreiche solcher Hinweise enthalten, welche die Untersuchungsfragen zu den praktischen Entstehungskontexten sowie zu den Syntheseleistungen der Kartierungsverfahren lenken.

Die seit Ende des 18. Jahrhunderts veröffentlichten Lehrbücher zum Zeichnen von Forsttaxationskarten standen in einem raumzeitlichen Zusammenhang mit dem Naturgemäldediskurs und den heute berühmten Kartenwerken Alexander von Humboldts. Die Kunsthistorikerin Amrei Buchholz versteht die Zeichnungen, Vorstudien und Karten Humboldts als kondensierte Formen seiner Forschungsergebnisse. Voraussetzung für seine Visualisierungspraxis sei ein »synthetisches und transdisziplinäres Denken«.[38] In dem Zusammenwirken von Kunst und Wissenschaft zeichneten sich auch die institutionellen Kontexte aus, in denen Humboldt und Cotta seit den 1790er Jahren gleichermaßen beheimatet waren und in denen sich ihre Wege immer wieder kreuzten. Im Verlauf seines Lebens besuchte Humboldt mehrmals die 1806 gegründete Forstakademie in Tharandt und bewirkte nach dem Tod Heinrich Cottas im Jahr 1844, dass dessen mineralogische Sammlung in das Naturkundemuseum nach Berlin überführt wurde.[39] Auch Johann Wolfgang von Goethe, der als Berghauptmann für die Verwaltung von Bergwerken in Ilmenau zuständig war und den Forschungsergebnissen Alexander von Humboldts aus Südamerika ein eigenes Naturgemälde widmete, besuchte mehrmals Tharandt, um gelehrte Gespräche mit Heinrich Cotta zu führen. Der Austausch zwischen disziplinübergreifend denkenden Persönlichkeiten bildete die Grundlage dafür, dass sich forstwirtschaftliche Kartierungstechniken und ästhetische Überlegungen zu Naturgemälden wechselseitig beeinflussten. Daher lohnt es sich, die Geschichte der Forsteinrichtungskarten, der Naturgemälde und der thematischen Kartografie in einem weiteren Anwendungskontext zu verfolgen: der Kartenkultur des Bergbaus.

38 Buchholz, Amrei: *Zwischen Karten. Alexander von Humboldts »Atlas géographique et physique des régions équinoxiales du Nouveau Continent«*, Berlin/Boston 2020, S. 25. Die Kartenwerke stellten laut Humboldt einen Ausgangspunkt für wissenschaftliche Argumentationen dar. Beispielsweise sei der *Essai sur la geographie des plantes* ein »erläuternder Effekt des ›Tableau physique des Andes‹« gewesen, was nach Amrei Buchholz die epistemologische Bedeutung beziehungsweise die erkenntnisgenerierende Kraft der Karten verdeutlicht. Buchholz, Amrei: »Karten miteinander. Alternative Wege der Rezeption in Alexander von Humboldts Atlanten des Reisewerks«, in: Bloch, Sarah Kviat/Lubrich, Oliver/Steinke, Hubert (Hg.): *Alexander von Humboldt – Wissenschaften zusammendenken*, Bern 2021, S. 100.

39 Vgl. Damaschun/Schmitt 2019.

5.4 Kartenwerke im Bergbau: An der sächsischen Bergakademie in Freiberg

Um 1800 waren die miteinander vernetzten forst-, land- und bergbauwissenschaftlichen Akademien allesamt Schauplätze einer Wissensproduktion, die sich des Mediums der Karte bediente. Die Darstellungskonventionen der Forsttaxationskarten orientierten sich dabei an den Risswerken des Bergwesens. Bergrisse umfassen sowohl Kartierungen von Abbaugebieten in Vogelperspektive als auch sogenannte Grubenrisse, also vertikal angelegte Querschnitte von Gruben, Schächten und Stollen. Anhand von Anleitungen zum Kartenzeichnen, die im Kontext der Bergakademie von Freiberg verfasst worden sind, folgt das Teilkapitel dieser Traditionslinie, die für die Geschichte von Ressourcenökonomien und der thematischen Kartografie, der Umweltwissenschaften und des Umweltmanagements gleichermaßen relevant ist.

1791 und 1792 hatte Alexander von Humboldt an der *Kurfürstlich-Sächsischen Bergakademie* in Freiberg studiert und die Kartierungstechniken des Bergbaus praktisch erlernt, bevor er 1799 seine große Reise nach Südamerika antrat. Zeitgleich zu Humboldts Ausbildungszeit verfolgte Cotta die wissenschaftlichen Entwicklungen am Bergakademiestandort, was sich daran zeigt, dass er die zahlreichen im Umfeld von Freiberg entstandenen Publikationen zur Forsteinteilung aktiv rezipierte. In der Liste »Besonders erschienene Anweisungen zur Taxation der Wälder«, die am Anfang von Cottas Lehrbuch aufgeführt ist, steht an erster Stelle eine Monografie, die der sächsische Oberberghauptmann und Mitbegründer der Bergakademie Friedrich Wilhelm von Oppel bereits 1760 in Freiberg veröffentlicht hatte.[40] Das mehrmals aufgelegte Buch *Abtheilung derer Gehölze in jährliche Gehaue. Eine Rechnungsaufgabe* enthält Vorschläge zur Flächeneinteilung von Wäldern und zur Berechnung eines jährlichen Holzertrags.[41] Fragestellungen der sich später etablierenden Forstwissenschaft erscheinen hier als ein wesentlicher Aspekt des Bergbaus.

Nach den Zerstörungen des Siebenjährigen Krieges (1756–1763) gehörte Oppel zu den vielen sächsischen Beamten, die sich für den Ausbau der Bergwerke im Erzgebirge einsetzten.[42] Der Freiberger Professor publizierte Grundlagenwerke zum Markscheidewesen, also der Einteilung der Berechtigungsbereiche von Bergwerken und der unterirdischen Geodäsie, sowie zur Mathematik, ins-

40 Cotta: *Systematische Anleitung zur Taxation der Waldungen*, 1804, S. 8.

41 Oppel, Friedrich Wilhelm von: *Die Abtheilung derer Gehölze in jährliche Gehaue: eine Rechnungsaufgabe*, Freyberg 1760 (unpaginiert).

42 Vgl. zu den politischen Bedingungen in Sachsen nach dem Siebenjährigen Krieg und zu den beruflichen Ambitionen von Bergbeamten: Schleiff, Hartmut: »Aufstieg und Ausbildung im Sächsischen Bergstaat zwischen 1765 und 1868«, in: Schleiff, Hartmut/Konečný, Peter (Hg.): *Staat, Bergbau und Bergakademie. Montanexperten im 18. und frühen 19. Jahrhundert*, Stuttgart 2013, S. 125–159.

besondere zur Trigonometrie.[43] So ergänzte Oppel seine Vorschläge zu einer Forsteinteilung nach Jahresschlägen mit umfangreichen Tabellen, um die »von Jahr zu Jahr sich ergebenden Waldbestände«[44] zu berechnen. Hintergrund dieser Bemühungen war – ähnlich wie bei Oppels Vorgänger Hans Carl von Carlowitz – das Bestreben, langfristig genügend Holz für den Bergwerksbetrieb zu sichern. Oppels »durch Hilfe der Buchstabenrechenkunst gefunden[e]«[45] »genaue Regeln«[46] beeinflussten schließlich die Gründungswerke der Forstmathematik und der Forsteinrichtungsverfahren.[47]

Konstitutiv für die Forsttaxation und die dort zum Einsatz kommenden Tabellen und Kartenbilder ist also ein Wissenstransfer aus der Lehre des Bergbaus. Die Methoden der Forstwissenschaft speisten sich aus den in Lehrbüchern für den Bergbau verschriftlichten Wissensbeständen: aus dem Erfahrungswissen zur Markscheidekunst, zur Flächeneinteilung und zum Grubenbau, zur Mathematik, Mineralogie und Bodenkunde sowie zur Forstbewirtschaftung. Seit Kurzem schenken Historiker:innen den praktischen Lehrinhalten des Bergwesens als »nützlichen« Wissensformen vermehrt Aufmerksamkeit – und damit auch der visuellen Kultur der Karten und Risswerke, die der Planung des Grubenbaus dienten.[48] Der Montanhistoriker Christoph Bartels datiert erste deutschsprachige Bestrebungen zur Visualisierung von Gruben in das 15. und 16. Jahrhundert.[49] Auf die Bedeutung der bergmännischen Kartenkonventio-

43 Für die Mathematikgeschichte bedeutsam ist: Oppel, Friedrich Wilhelm von: *Analysis Triangulorum*, Dresden/Leipzig 1746. Als richtungsweisend für die unterirdische Geodäsie gilt: Oppel, Friedrich Wilhelm von: *Anleitung zur Markscheidekunst, nach ihren Anfangsgruenden und Ausuebungen kuertzlich entworfen*, Dresden 1749.

44 Ebd., § 55 (unpaginiert).

45 Ebd., § 1 (unpaginiert).

46 Ebd., § 1 (unpaginiert).

47 Vgl. Viitala, Esa-Jussi: »Timber, science and statecraft: the emergence of modern forest resource economic thought in Germany«, in: *European Journal of Forest Research* 135 (6), 2016, S. 1048.

48 Vgl. Klein 2016. Zu den nützlichen Wissenschaften als »Instanz zwischen der Praxis und Gelehrtenwelt« zählten u. a. die Bauwissenschaft und der Bergbau sowie die Forst- und Agrarwissenschaft. Ebd., S. 141 ff. Ursula Klein hebt die Relevanz von »erprobte[m], praktische[m] Erfahrungswissen über Grubenbau, Bergmaschinen, Wasserhaltung, Erzabbau, Verhüttungstechniken sowie die Markscheide- und Probierkunst« in der Lehre der Freiberger Bergakademie hervor. Ebd., S. 143 f. Siehe außerdem zur bürokratischen Wissensproduktion im Bergbau: Raphael, Renée: »In Pursuit of ›Useful‹ Knowledge: Documenting Technical Innovation in Sixteenth-Century Potosí«, in: *Journal for the History of Knowledge* 1 (1), 2020, S. 1–14; Felten 2018.

49 Das älteste archivierte Exemplar eines Grubenrisses stammt aus dem Tiroler Salzbergbau aus dem Jahr 1531. Außerdem ist eine Reproduktion von einem Grubenriss aus dem Erzgebirge aus dem Jahr 1529 erhalten. Vgl. Bartels 2009, S. 338. Siehe außerdem: Dolz, Wolfram/Schillinger, Klaus: »Standorte über Tage / unter Tage: Markscheidekunst und bergbauliches Risswesen«, in: Ernsting, Bernd (Hg.): *Georgius Agricola. Bergwelten 1494–1994*, Essen 1994, S. 169–171.

Petrographische Karte
des Churfürstenthums Sachsen und
der Incorporirten Lande, in welcher
durch Farben und Zeichen die Gesteinarten, durch die an mehrern
Orten beygesetzten Zahlen aber die nach Barometrischen Beobachtun-
gen gefundenen Höhen dieser Örter über Wittenberg in Pariser Fuß an-
gegeben worden sind.
Thüringer Kreis
Neustädter Kreis
Voigtländ.
Kreis
Leip

Abb. 5.5: Johann Friedrich Wilhelm von Charpentier: *Petrographische Karte des Churfürstentums Sachsen und der Incoporirten Lande*, Kupferstich, 1778.

nen für die technischen Wissenschaften hat zudem die Wissenschaftshistorikerin Ursula Klein hingewiesen, allerdings ohne den Bildaufbau näher zu analysieren.[50] Von den Kartenwerken der Berg- und Forstakademien zeichnet sich schlussendlich eine Kontinuitätslinie zu den thematischen Karten ab, die im 19. Jahrhundert vermehrt produziert wurden.

Die Wirkmächtigkeit der Forsteinrichtungskarten ist bisher nur selten untersucht worden. Zwar weisen neuere Publikationen auf Alexander von Humboldts Ausbildungszeit zum Bergassessor in Freiberg hin und bewerten die bergmännischen Arbeitspraktiken, die sich wiederum aus dem Kameralismus speisten, als prägend für den Bildaufbau seiner Naturgemälde.[51] Dennoch genießen Humboldts Karten immer noch einen gewissen Alleinstellungsstatus. Dies zeigt sich zum Beispiel daran, dass Humboldts Karten als präzedenzlos und ausschlaggebend für die Geschichte des Klimawissens gelten und dass er in der wissenschaftshistorischen Rezeptionsgeschichte einer *Humboldtian Science* als geniale Erfinderfigur gefeiert wird.[52] Dieses Kapitel hingegen analysiert, inwiefern die Notationssysteme der bergmännischen Risswerke und Forsttaxationskarten Bezüge zu den Reflexionen über »Naturgemälde« aufweisen.

Im Korpus der bergmännischen Ausbildungsliteratur finden sich sowohl Vorschläge, Waldbereiche in »Jahresschläge« mit möglichst gleich großen Holzerträgen zu unterteilen, als auch Kartierungsmethoden, die Flächen analog zu einer bestimmten Eigenschaft einfärben und dabei auf Piktogramme zurückgreifen. Ein frühes Beispiel für letzteres Darstellungsprinzip ist Johann Friedrich Wilhelm von Charpentiers *Petrographische Karte des Churfürstentums Sachsen und der Incoporirten Lande* aus dem Jahr 1778. Der Bergrat Charpentier war als »Instrukteur für die geometrische Zeichenschule«[53] in Freiberg tätig, als die sächsische Bergbehörde den Kartierungsauftrag an ihn vergab. So ist es nicht weiter verwunderlich, dass sich seine Monografie *Mineralogische Geographie der Chursächsischen Lande* wie ein Lehrbuch liest.[54] Die Vorrede dieses Buches, in dem eine verkleinerte Version der Karte abgedruckt war, verspricht der Leserschaft die Erweiterung »ihrer bergmännischen Kenntnisse«[55] und ruft dazu auf, »daß der Mineralog und Zeichner einander gemeinschaftliche Hülfe leisten«.[56] Dieses Werk, das dem Herzog Friedrich August von Sachsen gewidmet war, strebte an, »mehrere Leser mit den Gegenden und Gebürgen bekannt [zu] mache[n], die eine der größten Quellen von Sachsens je vorhanden gewesenen

50 Vgl. Klein 2016.

51 Vgl. Anthony, Patrick: »Mining as the Working World of Alexander von Humboldt's Plant Geography and Vertical Cartography«, in: *Isis* 109 (1), 2018, S. 28–55.

52 Vgl. Cannon 1978; Dettelbach 1996; Daston 2010; Cushman 2011.

53 Klein 2016, S. 20.

54 Charpentier, Johann Friedrich Wilhelm von: *Mineralogische Geographie der Chursächsischen Lande*, Leipzig 1778.

55 Ebd., S. XXIII.

56 Ebd.

Reichthümern sind, und woraus, durch den Bergbau, die mühsamste Nahrung so vieler tausend Menschen, ein allgemeiner Nutzen über das ganze Land verbreitet wird«.[57] Die rhetorische Verknüpfung von »Staatswohl« und Nutzen des Bergwesens für das »ganze Land« erinnert an die im Kapitel 2 analysierten kameralwissenschaftlichen Erklärungsmuster zum Fortschritt der »Cultur des Landes«. Auch die mineralogische Geografie zielte darauf ab, einen Überblick über die »Reichthümer« des Herrschaftsgebiets zu generieren.

Erze als Quellen des Reichtums zu bezeichnen, verweist auf den Ressourcenbegriff. Das lateinische Verb »surgere« bedeutet aufstehen, sich erheben. »Resurgere« mit dem englischen Lehnwort »resurrect« heißt auferstehen. Das französische »resurgir« bedeutet so viel wie wiederaufleben, wieder auftreten. Dieses semantische Feld, in das sich »hervorquellen« einreiht, erweckt den Anschein, als sei nur wenig Arbeitsaufwand nötig, damit die antizipierten Reichtümer zutage treten.[58] Eine kameralwissenschaftliche Publikation dieser Zeit definiert die »Bergbau-Kunst« als »eine Wissenschafft, denen Ertzten unter der Erden aufs beste und leichteste beizukommen«[59] – so als würde die Extraktion, der Transport und die Bearbeitung von Erz dank der wissenschaftlich informierten Bergbaukunst wie von selbst vonstattengehen. Die Rede vom »allgemeine[n] Nutzen«[60] für das Land unterschlägt die negativen Konsequenzen und die schlechten Arbeitsbedingungen des Bergbaus. Die Rhetorik des Gemeinwohls vermittelt einen Eindruck von dem Fortschritts- und Planungsoptimismus der Kameralistik.

Die künstlerische Ausgestaltung der *Mineralogischen Geographie* mit mehreren Kupferstichen trägt zu der emphatischen Überhöhung der Erzgewinnungsarbeiten bei. Gegenüber einem Frontispiz befindet sich auf der Titelseite unterhalb der Titel- und Autorenzeile eine Bildtafel mit Putti (Abb. 5.6). Im Bildzentrum schauen zwei der engelsgleichen, nackten Kinder durch einen Theodolit, als würden sie Vermessungsarbeiten durchführen, während am rechten Bildrand ein Putto in gebeugter Haltung Steine auf dem Rücken transportiert und ein weiterer am Boden mit einem Hammer zugange ist. Das Ausgraben von Bodenschätzen und die Vermessung der Landschaft verlaufen parallel, die Arbeiten mit Hammer und Theodolit scheinen sich zu ergänzen. Es wirkt so, als würde die in der Vorrede präsentierte Aussicht auf Reichtümer des Berg-

57 Charpentier: *Mineralogische Geographie*, 1778, S. XXIII.

58 Zum Ressourcenbegriff und seiner Etymologie siehe außerdem: Etkind, Alexander: *Nature's Evil. A Cultural History of Natural Resources*, übers. v. Sara Jolly, Cambridge/Medford 2021, S. 2; Bonneuil, Christophe/Fressoz, Jean-Baptiste: *The Shock of the Anthropocene. The Earth, History and Us*, London/New York 2016, S. 21 f.; Haller/Höhler/Westermann 2014.

59 Zimmermann, Carl Friedrich: »Vorrede von den Bergwercks-Wissenschafften zur Vermehrung der Cammeral-Nutzungen«, in: Henkel, Johann Friedrich: *Kleine Mineralogische und Chymische Schrifften*, 2. Aufl., Dresden/Leipzig 1756, S. 18 (unpaginiert).

60 Charpentier: *Mineralogische Geographie*, 1778, S. XXIII.

Abb. 5.6: Kupferstich auf der Titelseite. Charpentier, Johann Friedrich Wilhelm von: *Mineralogische Geographie der Chursächsischen Lande*, Leipzig 1778.

baus mit Hilfe der Kupferstiche, auf denen Putti die Bergarbeiten ausführen, bestärkt werden.

Diese Bildmotivik auf der Titelseite prägte den Einstieg in das Buch, das die *Petrographische Karte des Churfürstentums Sachsen und der Incoporirten Lande* (Abb. 5.5) enthält. Diese erste geologische Karte Sachsens aus dem Jahr 1778 stellt zum einen die Binnenstrukturierung des Kurfürstentums Sachsens in Landkreise dar: Grenzverläufe sind farblich hervorgehoben, Flussverläufe und Ortschaften markiert. Zum anderen kennzeichnen Flächeneinfärbungen die jeweils vorherrschenden Gesteinsarten. In der unteren rechten Ecke des Kartenbildes erklärt die Legende – platziert auf einer Steintafel mit einer hügeligen baumlosen Landschaft im Hintergrund – die Bedeutung der »Farben und Zeichen« (Abb. 5.7). Die Differenzierung zwischen Hauptgesteinsart – gekennzeichnet durch die flächige Farbeinfärbung eines ganzen Gebietes – und Piktogrammen, welche die zweithäufigsten Mineralien in der Bodenzusammensetzung anzeigen, erinnert an die Verzeichnung der dominierenden Baumarten, wie sie sich rund 25 Jahre später auf Hartigs und Cottas Forstkarten findet.

Im Umkreis von Tharandt herrschte Gipsboden vor: Ersichtlich sollte dies mit Hilfe der grünen Kolorierung werden, die an den Gebietsgrenzen farblich verstärkt ist, sodass die anscheinend ausgeblichene grüne Flächeneinfärbung rekonstruiert werden kann (Abb. 5.8). Das runde Symbol für Sandstein

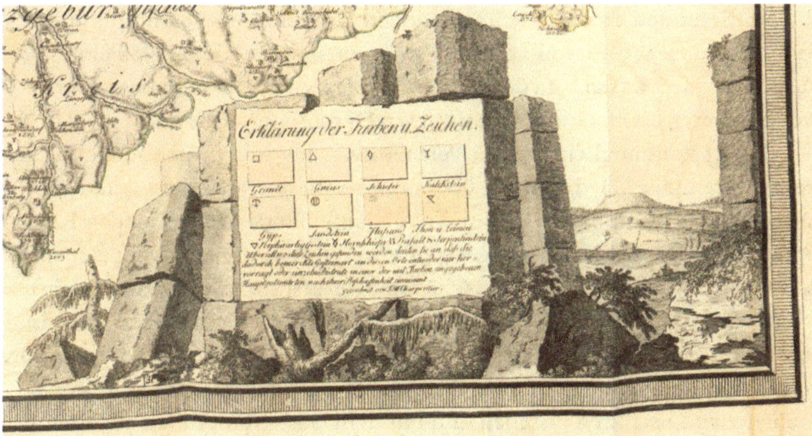

Abb. 5.7: Detailansicht der Legende. *Charpentier: Petrographische Karte des Churfürstentums Sachsen*, 1778.

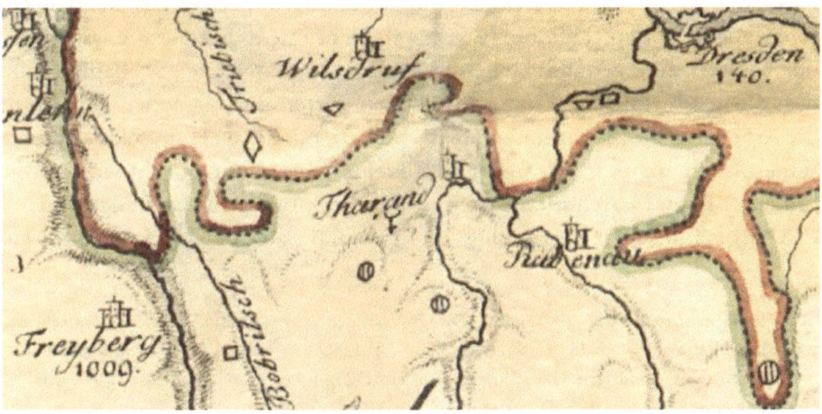

Abb. 5.8: Kartenausschnitt mit den historischen Ortsbezeichnungen Tharand und Freyberg. Charpentier: *Petrographische Karte des Churfürstentums Sachsen*, 1778.

und das Kreuz mit nach oben geöffnetem Halbkreis für Kalkstein sind in der Nähe von Tharandt platziert. Relieflinien deuten die Höhenunterschiede an.

Während der geognostischen Landesuntersuchung Sachsens (1791–1811) führte der Bergrat Abraham Gottlob Werner das von Charpentier begonnene Unternehmen fort, er überarbeitete und ergänzte die *Petrographische Karte*. Seine Studierenden waren aufgefordert, die 92 Distrikte Sachsens zu kartografieren und anschließend in Worten zu beschreiben. Ziel der im Auftrag des Freiberger Oberbergamtes ausgeführten Landeskartierung war es nicht zuletzt, die Lagerstättensuche zu erleichtern. Bei ihrer Arbeit orientierten sich die Studierenden an einer repräsentativen Überblickskarte und mindestens 92 Spezialkarten, die jeweils einen Distrikt darstellten oder noch kleinteiliger ausdifferenziert waren.[61] In der Unterrichtspraxis war es zudem Usus, von Bergwerksgebieten einen Grundriss und einen Durchschnittsriss anzufertigen, um das Gebiet von möglichst vielen Perspektiven aus zu repräsentieren. In Freiberg ausgebildete Hydrografen übernahmen diese Darstellungsstrategie für Dämme. Das Kompilieren von mehreren, aufeinander verweisenden Karten unterschiedlichen Maßstabs in Mappen war eine Praxis, die vergleichendes Analysieren ermöglichte und verschiedene Berufsgruppen zusammenführte.

Humboldts Naturgemälde – so lässt sich feststellen – basieren auf Visualisierungsverfahren der Bergwissenschaft. Alexander von Humboldt hatte während seiner Lehrzeit bei Abraham Gottlob Werner Spezialkarten von einzelnen sächsischen Distrikten erstellen und mit dem Gesamtüberblick auf einer Generalkarte abgleichen müssen. Humboldts Briefe aus dieser Zeit machen nachvollziehbar, wie er Werners Unterrichtspraxis erlebte – zum Beispiel die Verpflichtung, sich täglich hinunter in die Bergwerksschächte zu begeben.[62] Laut Patrick Anthony prägten gerade die angewandten Praktiken der Bergwissenschaft Alexander von Humboldts vertikal orientierte Repräsentationsstrategie der Tableaus und geognostischen Karten.[63] Nils Güttler zeigte ebenfalls auf, dass die institutionellen Kontexte, in denen Karten angefertigt wurden, sowie die Arbeitstechniken der Kameralwissenschaft, mit denen Humboldt während seiner Studienjahre in Göttingen und Freiberg vertraut gemacht wurde, von großem Einfluss waren für die Ausgestaltung der Pflanzenverteilungskarten.[64] Die bergmännischen Kartierungsverfahren praktizierte man in Freiberg zeit-

61 Vgl. Klein 2016, S. 22 f., 147 f. Siehe außerdem zum Leben Werners und zur mineralogischen Klassifikation: Wakefield, Andre: »Abraham Gottlob Werner: Geld, Romantik, Klassifikation«, in: Breidbach, Olaf/Burwick, Roswitha (Hg.): *Physik um 1800 – Kunst, Wissenschaft oder Philosophie?*, Paderborn 2012, S. 139–160.

62 »Um 11 oder 12 komme ich aus der Grube und nun sind fast alle Stunden des Nachmittags mit Kollegien besetzt – Oryktognosie (Mineralbestimmung), und Geognosie bei Werner, Markscheiden, Probieren auf Silber, Risse und Maschinen-Zeichnen.« Alexander von Humboldt, zit. n. Felten, Sebastian: »Wie fest ist das Gestein? Extraktion von Arbeiterwissen im Bergbau des 18. Jahrhunderts«, in: *WerkstattGeschichte* 81, 2020, S. 25.

63 Vgl. Anthony 2018, S. 32. Patrick Anthony geht auf die Unterrichtspraxis Abraham Gottlob Werners ein, der seine Studenten täglich untertage schickte. Die Lernumgebung der Bergschächte hinterließ laut Anthony ihre Spuren in der vertikalen Strukturierung von Humboldts Karten. Denselben Gedankengang verfolgen Hardenberg, Wilko Graf von/Mahony, Martin: »Introduction – Up, down, round and round: Verticalities in the history of science«, in: *Centaurus* 62 (4), 2020, S. 595–611, in dem Themenheft »Verticality in the History of Science«. Zu vertikalen Bildern der Gegenwart: Sandoz, Marie/Weber, Anne-Katrin: »Introduction. Pour une histoire matérielle et intermédiatique de l'image verticale«, in: *Transbordeur photographie histoire société*, Bd. 6: *L'image verticale. Politiques de la vue aérienne*, Paris 2022, S. 6–17.

64 Güttler 2014; Güttler 2015.

gleich zur Gründung der Tharandter Forstakademie. Es ist wahrscheinlich, dass Heinrich Cotta von der bergmännischen Kartografie Notationssysteme sowie die Differenzierung zwischen General- und Spezialkarten für den Forsttaxationsunterricht übernahm. Auch hier zeigen sich also enge Verwandtschaften der Kartierungsmethoden in Bergbau, Forstwissenschaft und Botanik.

Ab den 1830er Jahren griff auch Bernhard von Cotta, einer von Heinrich Cottas Söhnen, Charpentiers und Werners kartografische Vorarbeiten auf. Er verantwortete für mehr als ein Jahrzehnt die Arbeiten an der *Geognostischen Karte von Sachsen*.[65] Außerdem realisierte er eine geologische Karte für Thüringen. 1842 wurde Bernhard von Cotta zum Professor für Geognosie und Lagerstättenkunde an die Bergakademie Freiberg berufen, nachdem er zuvor zehn Jahre lang als Lehrer an der Tharandter Forstakademie gewirkt hatte.[66] Bernhard von Cottas *Die Lehre von den Erzlagerstätten* kondensierte Forschungsergebnisse von Reisen zu verschiedenen Erzabbaugebieten Ost- und Mitteleuropas und galt als ein Grundlagenwerk für Rohstoffgeologie.[67] Nicht nur dieses Buch, auch das Werk *Geologische Bilder*, das Querschnittszeichnungen von Erdschichten, Bergen, Vulkanen, Grubenbauten, Kohleformationen und Sedimenten enthält, wurde mehrmals neu aufgelegt.[68] Die geologische Wissensproduktion und ihre Kartenwerke standen offenkundig in dem Dienst einer Wirtschaftspraxis, mit der Ressourcenextraktionen geplant und realisiert wurden. Cotta selbst war hierbei nicht nur als Wissenschaftler involviert: Er besaß eine Konzession für Steinkohleabbau in Thüringen und finanzierte Bohrungen. Nach der Erfindung der Dampfmaschine, die Wärmeenergie in Bewegungsenergie umwandelt, etablierte sich Steinkohle um die Jahrhunderthälfte zum wichtigsten Energieträger. In seinen Büchern machte Cotta geologische Forschung und deren Nutzungsmöglichkeiten einer breiten Öffentlichkeit zugänglich. Zudem gab er Reflexionen über Humboldts Werk *Kosmos* heraus. Die wechselseitige Rezeption zwischen Forstwissenschaft, Naturgemälde-Diskurs und Bergwissenschaft setzte sich also auch zur Zeit der Industriellen Revolution fort.

Zusammenfassend lässt sich festhalten, dass Forsttaxationskarten, Risswerke des Bergbaus, Naturgemälde sowie geologische Karten topografische Darstellungen mit Notationssystemen, Textelementen und Tabellen kombinierten. Bei

65 Die *Geognostische Karte von Sachsen* (1832–1845) setzt sich aus zwölf Sektionen zusammen, bei einem Maßstab von 1 : 120 0000.

66 Zu dem Lebenslauf von Bernhard von Cotta: Zittel, Karl von: »Cotta, Bernhard von«, in: *Allgemeine Deutsche Biographie*, Bd. 47, 1903, S. 538 f. Einsehbar unter: www.deutsche-biographie.de/sfz8811.html?language=de [Stand: 31. 1. 2025]; Krenkel, Erich: »Cotta, Bernhard von«, in: *Neue Deutsche Biographie*, Bd. 3, 1957, S. 381. Einsehbar unter: www.deutsche-biographie.de/pnd118522396.html#ndbcontent [Stand: 31. 1. 2025].

67 Cotta, Bernhard von: *Die Lehre von den Erzlagerstätten*, Freiberg 1855. 1870 übersetzte ein ehemaliger Schüler das Buch ins Englische: Cotta, Bernhard von: *A Treatise on Ore Deposits*, übers. v. Frederick Prime, New York 1870.

68 Cotta, Bernhard von: *Geologische Bilder*, Leipzig 1852.

Heinrich Cotta und Alexander von Humboldt, bei Charpentier, Werner, Oppel sowie in Lehrbüchern anderer Autoren findet sich ein Streben nach einer gleichermaßen detailgenauen wie übersichtlichen Darstellung. Man bemühte sich darum, Karten unterschiedlicher Formate und Maßstäbe vergleichend nebeneinander legen zu können. Diese Anwendungspraxis war sowohl bei der Landesaufnahme Sachsens als auch bei Forsttaxationen üblich. Die Taxatoren und Geometer fertigten eine Generalkarte im kleinen Maßstab und verschiedene Spezialkarten mit einer vergrößerten, auf einen Distrikt fokussierten Skalierung an. Man interpretierte die Karten stets im Zusammenhang mit ausformulierten Taxationsmanualen und Holzertragstabellen, welche die Ergebnisse von Versuchen zur Ermittlung der durchschnittlichen Holzerträge widerspiegeln. Der bei Humboldt so hervorgehobene »vergleichende« Blick sowie sein »synthetisches«[69] Denken sind somit keine genuine Eigenleistung des Universalgelehrten und seiner vielen Mitarbeitenden, sondern haben eine Vorgeschichte in der Kartenpraxis der Bergakademien und eine Parallelgeschichte in forstwissenschaftlichen Taxationsmethoden. Gleichzeitig sind jedoch die Unterschiede deutlich zu benennen: Forsttaxationskarten dienten im Gegensatz zu den Tableaus Humboldts und Bonplands explizit als Planungsinstrumente der Holzressourcenverwaltung; ihr Alleinstellungsmerkmal ist das Prinzip der Umtriebszeiten, das die Flächeneinteilung strukturierte. Standen bisher Forst- und Bergakademien sowie Niederwaldallmenden im Zentrum der Darstellung, rückt nun ein weiterer, bisher wenig beachteter Entstehungskontext des Umtriebszeitenprinzips in den Vordergrund: die kartografische Repräsentation eines Schweizer Bergwaldes.

5.5 Gemeindewälder: Ein Forstriss aus der Schweiz als Inspiration für Alexander von Humboldts Naturgemälde?

Ein komplexes System der räumlichen und zeitlichen Strukturierung von Baumfällungen ist aus dem Staatsarchiv der Bischofsstadt Chur im heutigen Kanton Graubünden überliefert. Den *Grund-Riß der Underthorer Waldung Löbl. Stadt Chur* von 1788 ließ die städtische Obrigkeit begleitend zu einer Forst- und Waldordnung anfertigen, die in der Rechtsgeschichte Churs als erste gedruckte Waldordnung gilt und eine Schlageinteilung nach dem Umtriebszeitenprinzip festhielt. Die Hauptzielsetzungen der *Forst- und Waldordnung. Löbl. Stadt Chur* von 1791 bestanden darin:

> unserer lieben Bürgerschaft immer mehr und wohlfeileres Bau- und Brennholz zu verschaffen, Holzfrevel zu verhindern, und selbst den Preiß des fremden Holzes herunter zu bringen --- um unsere verdorbne Wälder wieder in

69 Buchholz 2020, S. 25.

> Ordnung zu bringen, und unsere unschuldige Nachkommenschaft nicht in Mangel zu setzen.[70]

Im Hinblick auf nachfolgende »unschuldige« Generationen kombinierte dieses »implizite Nachhaltigkeitsprinzip«[71] die Prämissen, Holzmangel in der Gegenwart und Zukunft zu vermeiden und langfristig stabile und sogar steigende Erträge für die Churer Bürgerschaft zu sichern, so die Schlussfolgerung des Historikers Martin Stuber. Zweifellos steht der Wortlaut des Rechtstextes im Einklang mit den bereits analysierten kameralwissenschaftlichen Diskursen zu Holznot und gesicherten Erträgen für die »Nachkommenschaft«.

Der Nachhaltigkeitsbegriff fällt in diesem Rechtstext jedoch nicht explizit. Noch 30 Jahre später sollte Karl Kasthofer, Gründer einer Forstschule für Gebirgsforstwirtschaft und Alpenwirtschaft im schweizerischen Unterseen, Nachhaltigkeit in einer Fußnote zögerlich als »deutsches Kunstwort« einordnen, bevor es auch in der Schweizer Forstwirtschaft zu einem Grundprinzip wurde:

> Dieser Begriff wird mit dem Kunstworte Nachhalt in der deutschen Forstwirthschaft bezeichnet. Nachhaltig wird ein Wald benutzt, wenn nicht mehr jährlich darin Holz gefällt wird, als die Natur jährlich darin erzeugt, und auch nicht weniger.[72]

Die Maxime, nicht mehr Holz zu fällen, als nachwächst, adressiert die Forstordnung aus Chur mehrmals im Zusammenhang mit den beiliegenden Forstrissen und Tabellen:

> Universalregel des gegenwärtigen Waldordnungsystems ist […] daß nemlich, ohne ausserordentliche Noth nie mehr gehauen werde, als es der genau ausgemessene tabellarische Umlauf der Aushauung der alten Waldung […] gestattet.[73]

Um das Ziel der »Ertragsnachhaltigkeit«[74] zu erreichen, erfolgte zuerst die »geometrische Vermessung und Abtheilung der sämtlichen Stadtwaldung«.[75] Anschließend »mappierte« man die Ergebnisse der Vermessung »nach verringtem Maaßstab, auf Waldkarten« und zeichnete darauf »Holzschläge« ein,

70 Kanzlei Chur: *Forst- und Waldordnung, Löbl. Stadt Chur, 1791*, Chur 1791, S. 2. Siehe: Stuber, Martin: »Versorgung, Rendite, Schutz: die Wälder der Bürgergemeinde Chur seit dem Spätmittelalter«, in: *Schweizerische Zeitschrift für Forstwesen* 172 (1), 2021, S. 33.

71 Ebd.

72 Kasthofer, Karl: *Bemerkungen über die Wälder und Alpen des Bernerischen Hochgebirgs*, Aarau 1818, S. 71. Zur Verwendung und zum Wandel von Nachhaltigkeitsvorstellungen in den Quellen Karl Kasthofers und anderer Forstwissenschaftler der Schweiz: Stuber 2008.

73 Kanzlei Chur: *Forst- und Waldordnung*, 1791, S. 6.

74 Ebd.

75 Ebd.

Abb. 5.9: *Grund-Riß der Underthorer Waldung Löbl. Stadt Chur*, 1788. Handkolorierte Zeichnung und Tabelle.

die auf einer »besonderen Tabelle« aufgeführt wurden. Schlussendlich sollte »man mit einem einzigen Ueberblick ganz genau bestimmt finde[n], welche Schläge jedes Jahr abzutreiben sind, ohne erst einer kostspieligen und nicht selten unzuverlässigen Besichtigung auf dem Stoße zu bedürfen«.[76] Die Tabellen und Kartenrisse bestimmten, wann welcher Holzschlag gefällt werden sollte. Dieses frühe Beispiel einer Visualisierung des Umtriebszeitenprinzips auf einer Bergprofilansicht verdient eine eingehende Bildanalyse.

Der *Grund-Riß der Underthorer Waldung Löbl. Stadt Chur* (Abb. 5.9) zeigt ein bewaldetes Bergmassiv in Aufsicht. Als eines von zwei Stadttoren war das Untertor auf einer Handelsroute nach Italien ausgerichtet. Aus der Perspektive von Chur, das sich auf circa 600 Meter Höhe in einem Tal befindet, erstreckten sich die kartierten Waldungen jenseits des Untertors. Das Bergmassiv ist im Profil ohne Tiefenwirkung dargestellt. Topografische Charakteristika sind entlang des Bergkamms angedeutet, in Form von Felsformationen oder Baumketten. Der Hauptteil des Risses wurde per Hand großflächig grün koloriert, ohne dass Lichtführung oder Schattenwurf eine Rolle gespielt hätten. Der Schwerpunkt des Darstellungsinteresses liegt offensichtlich auf der Einteilung des Bergwaldes sowie auf dem Zusammenspiel von Bild und Tabelle zur Entschlüsselung der innerhalb des Bergprofils platzierten Schriftzeichen: Buchstaben von A bis M markieren zwölf Waldreviere, deren Namen die handschriftlich verfasste Tabelle am unteren Bildrand den Buchstaben zuordnet. Zahlen von 1 bis 18 kennzeichnen Orte, die an die Wälder angrenzen. Auf der rechts gelegenen Seite des Bergmassivs hoben die Kartenzeichner auf den Waldrevieren A und B mit Kleinbuchstaben Weideplätze hervor. Zwischen dem etwa 15 Jahre später veröffentlichten *Tableau physique des Andes et Pays voisins* und dem *Grund-Riß der Underthorer Waldung. Löbl. Stadt Chur* bestehen verblüffende Ähnlichkeiten, die sich in den bereits benannten Merkmalen äußern: ein Bergprofil im Bildzentrum, eine Tabelle am Bildrand sowie ein ausgeklügeltes Notationssystems, mittels dessen Informationen innerhalb des Berggemäldes verzeichnet werden. Das Erkenntnisinteresse der Kanzlei Chur bezieht sich nicht wie bei Humboldt auf den überregionalen Vergleich. Vielmehr führt das aus »Grund-Riß«, Holzertragstabellen und Waldordnung bestehende Konglomerat Orientierungswissen und Handlungsanweisungen zur Waldbehandlung vor Augen.

Ausgehend von den Bergkämmen führen Linien zu den unteren Grenzen der zwölf Waldreviere und unterteilen sie in etwa gleich große Streifen. Die beiliegende Waldordnung bezeichnet die Streifen als »Jahresstriche« und bestimmt eine maximale Breite von 20 Klaftern.[77] Pro Waldrevier unterteilen zusätzlich drei horizontal verlaufende Linien diese Jahresstriche in drei »Holzschläge«. Innerhalb des so gebildeten Gitternetzes soll jede Fläche des Bergwaldes alle

76 Kanzlei Chur: *Forst- und Waldordnung*, 1791, S. 6 f.

77 Ebd., S. 4 f.

120 Jahre einmal gefällt werden. Bergabwärts ging man von Ost nach West vor, zum einen, um den Anflug neuer Samen mit dem Wind zu ermöglichen, zum anderen, um Lawinen zu verhindern und einen Windschutz für Jungbäume zu garantieren. »Nach Anleitung dieser ebengedachten Risse und Tabellen« – so hebt es die Forstordnung hervor –, »wird aber in Berggegenden, immer der oberste 1/3 oder Holzschlag, zuerst abgetrieben. Alsdann in Zeit 16 bis 20 Jahren erst, der Mittlere, je nachdem es die Reihe im Aushauen treffen wird, und wohl bemerkt ! bis der leere Strich durch einen Anflug junger Tannen wieder ersetzt ist – und eben so auf gleiche Art und Weise wieder ein ander mahl, der unterste Schlag.« Von den insgesamt 339 Jahresstrichen soll pro Jahr nur eine Gesamtfläche von drei Strichen, also von neun Holzschlägen, gefällt werden, die so weit wie möglich voneinander entfernt sein sollen:

> Nach Anweisung der besagten Risse und Tabellen [muss] zwischen 2 Strichen oder Schlägen, immer Ein Strich zur Besaamung der abgeholzten 2 Nebenstriche stehen bleiben, bis die Reihe der tabellarisch abwechselnden Holzschläge gänzlich herum ist.[78]

Der handkolorierte *Grund-Riß der Underthorer Waldung* visualisiert das Kreislaufprinzip und die Flächeneinteilung. Zusätzlich wurden die für jedes Revier berechneten Holzerträge addiert und die Rechnung sowie Charakteristika der Reviere auf Tabellen im Anhang der Forstordnung aufgeschlüsselt (Abb. 5.10).

Die der Holzart gewidmete Spalte ganz rechts verrät dem Lesenden, dass in allen Revieren hauptsächlich Weiß- und Rottannen wuchsen. Lediglich in einem jungen Waldrevier am Fuß des Berges herrschten Föhren, also Kiefern, vor. Der einheitliche Waldbestand ist eine Erklärung, warum im Gegensatz zu den Karten Cottas und Hartigs kein Farbrepräsentationssystem für verschiedene Baumarten benötigt wurde. Das elaborierte Flächeneinteilungssystem der Jahres- und Holzschläge, die sich zwecks Lawinen- und Windschutzes nie nebeneinander befinden sollten, lässt vermuten, dass sich Umtriebszeiten in den Bergallmendewäldern als Organisationsprinzip bereits bewährt hatten.

1795 bekam Humboldt ein großformatiges Reliefmodell der Zentralschweiz zu Gesicht, das heute als ein Pionierwerk gilt. Das zwischen 1762 und 1786 entstandene Modell des Luzerner Topografen Franz Ludwig Pfyffer von Wyher zeichnet sich durch eine Größe von 6,61 Meter Breite und 3,89 Meter Höhe aus.[79] Das beeindruckende Gebirgsrelief soll Humboldt in seinem Bestreben bestärkt haben, Eigenschaften verschiedener Gebirge auf einem Kartenbild

78 Kanzlei Chur: *Forst- und Waldordnung*, 1791, S. 8.

79 Franz Ludwig Pfyffers Relief der Zentralschweiz, Maßstab 1:12 500, ist im Museum Gletschergarten in Luzern ausgestellt. Siehe zudem: Bürgi, Andreas: »Relief als Vorlage, Relief als Ziel. Vermessung und Landschaftsdarstellung in der Aufklärung«, in: Gugerli, David (Hg.): *Vermessene Landschaften. Kulturgeschichte und technische Praxis im 19. und*

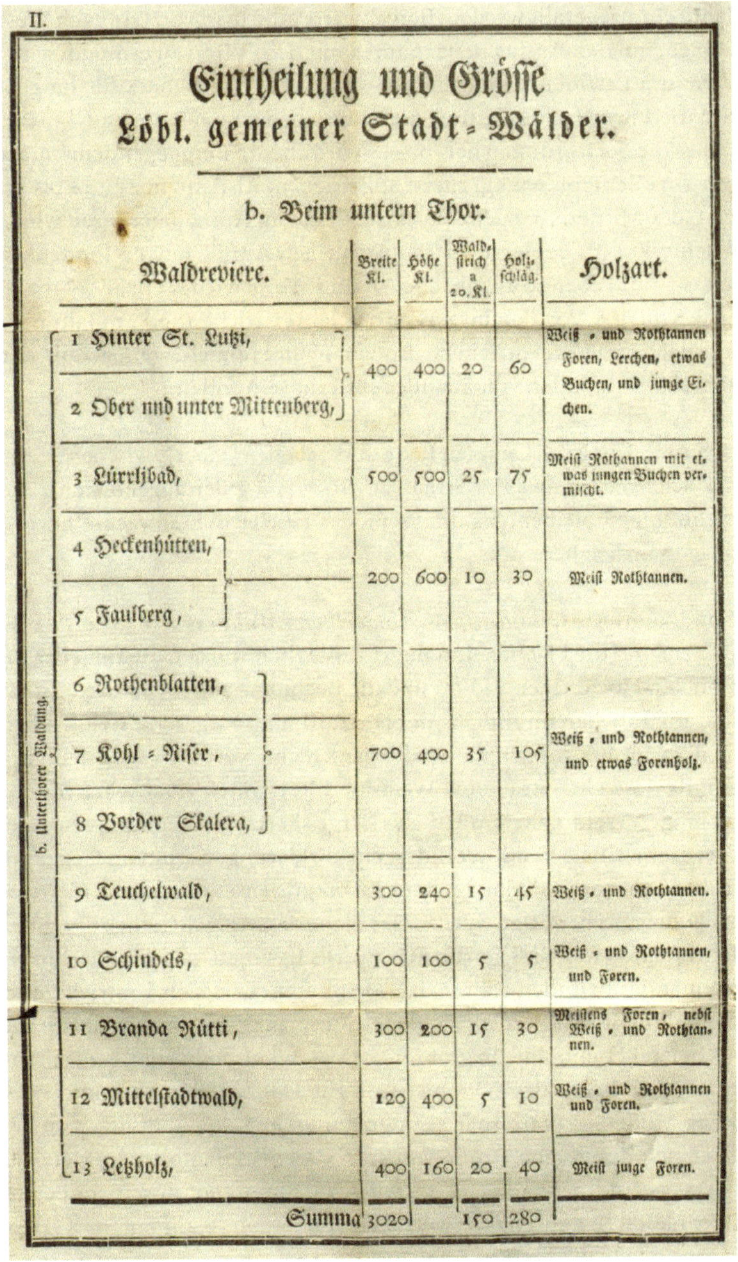

II.

Eintheilung und Grösse Löbl. gemeiner Stadt-Wälder.

b. Beim untern Thor.

b. Unterthorer Waldung.

Waldreviere.	Breite Kl.	Höhe Kl.	Waldstrich à 20. Kl.	Holzschläg.	Holzart.
1 Hinter St. Lutzi, 2 Ober und unter Mittenberg,	400	400	20	60	Weiß- und Rothtannen Foren, Lerchen, etwas Buchen, und junge Eichen.
3 Lürrlibad,	500	500	25	75	Meist Rothannen mit etwas jungen Buchen vermischt.
4 Heckenhütten, 5 Faulberg,	200	600	10	30	Meist Rothtannen.
6 Rothenblatten, 7 Kohl-Riser, 8 Vorder Skalera,	700	400	35	105	Weiß- und Rothtannen, und etwas Forenholz.
9 Teuchelwald,	300	240	15	45	Weiß- und Rothtannen.
10 Schindels,	100	100	5	5	Weiß- und Rothtannen, und Foren.
11 Branda Rütti,	300	200	15	30	Meistens Foren, nebst Weiß- und Rothtannen.
12 Mittelstadtwald,	120	400	5	10	Weiß- und Rothtannen und Foren.
13 Letzholz,	400	160	20	40	Meist junge Foren.
Summa	3020		150	280	

Abb. 5.10: Tabelle über die »Eintheilung und Grösse. Löbl. Gemeiner Stadt-Wälder«, Kanzlei Chur: *Forst- und Waldordnung, Löbl. Stadt Chur, 1791*, Chur 1791, S. II im Anhang.

zusammenzuführen.[80] Ist es nicht möglich, dass Humboldt von den Visualisierungsstrategien der Forstrisse Notiz nahm – zum Beispiel während seiner Aufenthalte an Berg- und Forstakademien sowie auf seiner Reise in die Schweiz?

Der Churer Forstriss von 1788 entstand vor Humboldts Studienbeginn in Freiberg. Das Visualisierungsformat kombiniert topografische Darstellungen und textuelle Informationen, setzt also die Frontalansicht eines Berges mit ausformulierten Worten in einer Tabelle am Bildrand in Beziehung. Das vielschichtige Notationssystem bestätigt die These, dass Humboldts Leistungen im Bereich der thematischen Kartografie um 1800 nicht so neu waren, wie oft behauptet wird. Auf Risswerken waren bereits Abbildungsstrategien etabliert, die mehrere Datenkategorien übersichtlich zusammenführten.

Die Bildtradition der Forst- und Bergrisse kann überregional im Kontext von Bergwerken, Salinen und holzverbrauchenden Industrien, aber auch in der Verwaltung von Allmendewäldern verortet werden. Dies waren die Umgebungen, in denen Methoden der Kartierung von Umweltwissen angeeignet, erprobt, adaptiert und standardisiert wurden. Das den Karten zugrunde liegende Organisationsprinzip der Umtriebszeiten prägte einen eigenen Kartentypus der Taxations- und Forsteinrichtungskarten, der bisher in der Kartografiegeschichte kaum Beachtung gefunden hat, obwohl er für die Epistemologie nachhaltiger Ressourcenverwaltungen von prägender Bedeutung ist. Umtriebszeiten erfüllen in der Bildorganisation der Karten und Tabellen eine wissensgenerierende Funktion. Sie besteht in einer räumlichen und zeitlichen Einteilung, die auf konkrete Handlungsanweisungen für die Forstverwaltung abzielt. Eines der wichtigsten Zielsetzungen der Churer Wald- und Forstordnung war es jedoch, »Holzfrevel zu verhindern«,[81] also Verbote gewisser Waldnutzungspraktiken durchzusetzen.

5.6 Rechtskonflikte im Umfeld: Waldstreusammeln in Chur und Tharandt

Die Churer Waldordnung wurde am Ende nicht ratifiziert. Die Zünfte lehnten ab, was der Stadtrat der Bürgergemeinde ausgearbeitet hatte. Kritikpunkt war der geplante Einsatz eines »Waldinspektors«, um die Einhaltung der Regeln zu kontrollieren und Waldabschnitte zur Ausübung umstrittener Wald-

20. Jahrhundert, Zürich 1999, S. 125–136; Bürgi, Andreas: *Europa Miniature. Die kulturelle Bedeutung des Reliefs, 16.–21. Jahrhundert*, Zürich 2007.

80 Vgl. Schneider 2018a, S. 149; Beck, Hanno/Hein, Wolfgang-Hagen (Hg.): *Humboldts Naturgemälde der Tropenländer und Goethes ideale Landschaft. Zur ersten Darstellung der Ideen zu einer Geographie der Pflanzen. Erläuterungen zu fünf Profil-Tafeln in natürlicher Größe*, Stuttgart 1989, S. 11.

81 Kanzlei Chur: *Forst- und Waldordnung*, 1791, S. 2. Zitat siehe oben.

nutzungspraktiken zuzuweisen. Dieses Amt sollten Forstbeamte übernehmen, die »das Forstwesen nicht blos nach alter Weise, sondern als Wissenschaft verstehen«.[82] Generell sah die Forstordnung eine strikte Reglementierung von Waldnutzungspraktiken vor, die viele der in Zünften organisierten holzverarbeitenden Gewerbe betraf: von dem »Schehlen der Rinden«,[83] das zum Gerben von Leder gebraucht wurde, über die Harzgewinnung und das Brennen von Holzkohle bis zum Flechten von Zäunen mit Lerchenzweigen oder die Besenherstellung aus Birken.[84] Der Vielfalt dieser als Holzfrevel verstandenen delinquenten Waldnutzungsformen widmet sich das Kapitel 7. Exemplarisch wird an dieser Stelle der sogenannte Streufrevel näher betrachtet, der sowohl in Tharandt als auch in Chur in Konflikt mit der Schlageinteilung nach dem Umtriebszeitenprinzip geriet. Das Sammeln von Waldprodukten galt in Chur als ein Gewohnheitsrecht, für dessen unveränderten Erhalt sich die Zünfte einsetzten und das kein neues Rechtsdokument einschränken sollte.

Waldstreu diente besonders in den grasarmen Wintermonaten als Futter für das Vieh. Weil die Heuernte in Gebirgsgegenden geringer ausfiel als im Flachland, legten Bergleute weite Wege zurück, um Laub von Ästen zu »schneiteln« oder vom Boden aufzulesen. Teilweise fand dieses als Einstreu in Ställen Verwendung, um den Dung der Tiere aufzufangen. Später brachten die Bäuer:innen das nährstoffreiche Waldstreu-Dung-Gemisch auf die Felder aus. Waldstreu ist in den forstwissenschaftlichen Quellen nur ein Oberbegriff, der je nach Verwendungsart weiter differenziert werden kann. Martin Stuber und Matthias Bürgi zählen in ihrer Monografie *Hüeterbueb und Heitisträhl. Traditionelle Formen der Waldnutzung in der Schweiz 1800 bis 2000* folgende Waldprodukte zur Waldstreu: erstens Waldheu, zum Beispiel Gras, Efeu und Flechten, gesammelt auf Waldlichtungen; zweitens Nadel- und Laubfutter, das direkt vom Baum genommen, also entweder gestreift oder mitsamt den Ästen geschneitelt wurde; und drittens vom Boden aufgelesene Laub- und Nadelstreu, die für die Fütterung am wenigsten geeignet war. Bei Laub- und Nadelstreu unterscheidet man wiederum zwischen erstens Bodenstreu, also abgefallenen Nadeln und Blättern, die mit einem Rechen aufgekehrt und daher auch Rechstreu genannt wurden; zweitens Schneitelstreu beziehungsweise Aststreu, die sich aus abgeschlagenen kleinen Zweigen von Nadelbäumen zusammensetzte; drittens Krautstreu mit Moosen, Kräutern, Farnen; und viertens Plaggenhieb, den, da er die oberste Erdschicht betraf, viele Forstordnungen als »Auskratzen des Bodens« kritisierten.[85] Für das Waldstreusammeln waren oftmals Frauen und Kinder zuständig. Sie transportierten das gesammelte, geschneitelte oder aufgekehrte Laub sowie die Nadeln und Bodenbeläge in eigens zu

82 Kanzlei Chur: *Forst- und Waldordnung*, 1791, S. 2.

83 Ebd., § XIX, S. 41.

84 Ebd., § XV–XXIII, S. 35–43.

85 Stuber/Bürgi 2011, S. 38 f.

diesem Zweck hergestellten Körben auf dem Rücken, was im 19. Jahrhundert ein beliebtes Bildmotiv darstellte.

Die Forst- und Waldordnung von Chur erlaubte das »Streuemachen« in jenen Beständen, die mindestens 40 Jahre alt waren. Für die Mitglieder der Bürgergemeinde waren die stadtnahen Waldgebiete vor dem Oberen und Unteren Stadttor vorgesehen, denn diese waren »für sie die bequemsten«.[86] Die Einwohner Churs, die nicht Mitglieder der Bürgergemeinde waren, durften nur aus den »entfernsten Gegenden alter Waldung [...] zu eigener Nothdurft«[87] Waldstreu sammeln. Das städtische Bürgerrecht und die daran gebundenen Privilegien der Waldallmendenutzung konnten lange Zeit ausschließlich vererbt, also nicht erstanden werden. Der Verkauf von Laub und Nadeln war allen Menschen in Chur strengstens verboten, auch Vorratshaltung war nicht gestattet. Zudem war »übermäßiges Zusammenscharren«,[88] das die Wurzeln der Bäume beschädigen konnte, illegal.

Angesichts dieses ausgefeilten Regelwerks weist Martin Stuber darauf hin, dass bis ins 19. Jahrhundert in Chur keine Sanktionierung von Holzfrevel erfolgte.[89] Die Forstordnungen illustrieren in erster Linie, was getan wurde. Sie spiegeln wider, welche Praktiken zum Entstehungszeitpunkt des Rechtstextes offiziell verboten waren, ohne dass man davon ausgehend Aussagen über die Akzeptanz der Regeln treffen kann. Wiederholten sich die Verbote im Verlauf der Zeit, ist davon auszugehen, dass die angesprochenen Waldnutzungsformen weiter praktiziert wurden. Offenbar diente die Forsteinteilung nach dem Umtriebszeitenprinzip zunehmend als Mittel, um Holzfrevel zu unterbinden. Dieser Zusammenhang lässt sich überregional beobachten – auch in Tharandt, dem Forstakademieort in Sachsen, an dem Heinrich Cotta seine Taxationslehrbücher veröffentlichte. Die Gewalt, die mit der Durchsetzung von Waldnutzungseinschränkungen einherging, fand eine Legitimierung in den Forsteinrichtungsmethoden.

Wilhelm Cotta (1796–1874), ältester Sohn von Heinrich Cotta und wie dieser ein geübter Taxator und Forstakademieleiter, verfasste 1830 eine *Allgemeine Beschreibung vom Tharanter Walde*.[90] Das handschriftliche Original befindet sich im Universitätsarchiv der Technischen Universität Dresden. Die Anfangsjahre der Hochschule und den Umzug nach Tharandt im Jahr 1811 hatte Wilhelm Cotta im Kindesalter miterlebt und als Erwachsener seine Ausbildung vor Ort absolviert. In den 1820er Jahren beteiligte er sich maßgeblich an Ver-

86 Kanzlei Chur: *Forst- und Waldordnung*, 1791, S. 38.

87 Ebd.

88 Ebd., S. 39.

89 Vgl. Stuber 2021, S. 34; Spinatsch, Jörg: »Waldaufseher und Waldfrevler in Chur zwischen 1750 und 1840«, in: *Schweizerische Zeitschrift für Forstwesen* 157 (9), 2006, S. 408–412.

90 Cotta, Wilhelm: *Allgemeine Beschreibung vom Tharanter Walde*, 1830, Universitätsarchiv der Technischen Universität Dresden, Archivbestand der Forstakademie Tharandt, 753.

messungsarbeiten im Königreich Sachsen. Später leitete er in Böhmen, Altenburg und anderen Regionen Forsttaxationen an und bildete Studierende in der von ihm praktizierten Methode des Flächenfachwerks aus. Zur Entstehungszeit der hier relevanten Quelle aus dem Jahr 1830 war ihm gerade als jungem Meister die Leitung der Tharandter Forstvermessungsanstalt übertragen worden. Die *Allgemeine Beschreibung vom Tharanter Walde* ist also ein Produkt der Taxationsarbeiten und gleichzeitig als eine methodische Reflexion über die Abläufe der Forstplanung zu deuten.

Wie zuvor bereits in zahlreichen Unterrichtsstunden einstudiert, beginnt die Beschreibung mit der Forstreviereinteilung sowie einer Darstellung der geografischen Bedingungen und der Bodenqualität im Wald von Tharandt. Letztere ließe sich gut mit der *Petrographischen Karte des Churfürstentums Sachsen* abgleichen (Abb. 5.5). Cotta führte aus, dass der Boden aus Tonsteinporphyr, Sandstein, Granit, Basalt und Tonschiefer zum Zeitpunkt der Erhebung 1830 in einem »mitunter sehr dürftig[en]« Zustand sei, da er »zum Theil durch Streunutzung ausserordentlich gelitten«[91] habe. Dieser Umstand beeinflusse die »künftige Productionsfähigkeit«[92] des Bodens sowie die Wachstumsgeschwindigkeit jüngerer Bestände in dieser Gegend unmittelbar, wie Versuche erwiesen hatten. Die Diagnose, dass »diese Erscheinung [...] hauptsächlich als die Folge früherer Streunutzung zu betrachten«[93] sei, stellte Wilhelm Cotta bereits auf den ersten Seiten der umfassenden Studie. Dabei handelt es sich bei dem Tharandter Wald um einen – aufgrund »seiner Größe, seiner Produktionsfähigkeit und seinem vortrefflichen Holz-Absatz« – »der wichtigsten Forste des Landes«.[94]

Verantwortlich für die Verkümmerung dieses wichtigen Forstbestandes sei ein gewisser Oberforstmeister namens Krützschler gewesen, der seit seiner Anstellung 1789 viele Regelbrüche habe durchgehen lassen und darüber hinaus die Aufforstungen vernachlässigt habe. Lediglich auf das Ausstreuen von Birkensamen soll er sich konzentriert haben. Anwohnende machten sich Wilhem Cotta zufolge die Nachlässigkeit der Forstaufsicht zunutze, indem sie Waldstreu sammelten:

> Auch begnügte man sich leider nicht mit der Streunutzung des Alten Holzes, sondern hieb auch die Stangenhölzer, und Namentlich auch die Sträucher-Stangen, nieder, um sie zu Reißig aufzubereiten.[95]

91 Cotta, Wilhelm: *Allgemeine Beschreibung vom Tharanter Walde*, 1830, S. 3.

92 Ebd., S. 4.

93 Ebd., S. 4.

94 Ebd., S. 1.

95 Ebd., S. 5.

In Cottas Beschreibung der Waldzustände wirkt die Gründung der Forstakademie wie eine Zäsur. Ein Wendepunkt sei auch die Einstellung eines neuen Oberlandforstmeisters gewesen, der »auf das eifrigste und gewissenhafteste dahin [trachtete], die Streunutzung der Forste regelrechter und nachhaltiger zu gestalten«.[96] Jedoch sei der besagte Oberlandforstmeister von Labburg daran gescheitert, »die Vorkehrungen zu treffen, welche allein im Stande sind die Bestimmungen […] einer Forsteinrichtung und Abschätzung aufrecht und nutzbar zu erhalten, d. h. er richtete keine Controle der Taxation ein«.[97] In den Augen Wilhelm Cottas war die Taxation demnach das einzige effektive Mittel, um Streunutzung langfristig kontrollieren zu können. Das regellose Aufsammeln von Laub, Reisig, Ästen und Moosen, Kräutern und Bodenbelägen aus dem Wald gefährdete angeblich die Nachhaltigkeit der Forstwirtschaft, denn diese Praktiken – so lautet eine oft angeführte Argumentation – beeinflussten die Produktionskraft des Bodens und in der Konsequenz auch die Holzerträge negativ. Die Forsttaxation diente daher dazu, Praktiken als »Streufrevel« zu identifizieren und aus dem Wald zu verbannen.

Parallel zu den Forsttaxationsarbeiten, die in Tharandt stattfanden, erließ König Friedrich August von Sachsen am 22. November 1822 ein »Mandat über die Bestrafung der Holzdiebstähle und Baumfrevel«. Gemäß Paragraph 1 beging in Sachsen Holzdiebstahl, wer in Wäldern »grünes oder dürres, auf der Wurzel stehendes, oder gefälltes, oder vom Winde umgebrochenes Holz, oder Reisig, ingleichen Harz, Moos und Streu […] entwendet«.[98] Holz jeglicher Art und andere Waldprodukte sollten im Forst bleiben, es sei denn, sie wurden offiziell zugeteilt. Nicht nur diese Praktiken des Raffholz-, Leseholz- und Waldstreusammelns erklärte das Mandat in aller Detailliertheit für illegal. Auch das vorsätzliche Verletzen von Bäumen und Beschädigen von Anpflanzungen berücksichtigte das königliche Mandat mit einem eigenen Paragraphen:

> Unter Baumfrevel ist jede aus Muthwillen oder Rache geschehene Beschädigung von Frucht- und andern Bäumen, Weinstöcken, Sträuchern, und Holzpflanzungen, es mögen dieselben sich befinden, wo sie wollen, ohne Aneignung des Holzes oder Holzpflanzen, zu verstehen.[99]

Nun stellt sich die Frage: Warum sollten Bäume, Sträucher oder ganze Anpflanzungen allein »aus Mutwillen oder Rache« beschädigt werden? Ist dies als ein Hinweis auf Waldnutzungskonflikte zu deuten? – Waldnutzungskon-

96 Cotta, Wilhelm: *Allgemeine Beschreibung vom Tharanter Walde*, 1830, S. 13 f.

97 Ebd.

98 Friedrich August von Sachsen: *Mandat über die Bestrafung der Holzdiebstähle und Baumfrevel*, 22. 11. 1822, § 1 »Holzdiebstahl«, S. 9, Universitätsarchiv der Technischen Universität Dresden, Institut für Waldpolitik, Forstgesetzgebung Sachsen (Abschriften 1821–1898), 270.

99 Ebd., § 22 »Baumfrevel«, S. 14.

flikte, in denen das Verletzen von Bäumen explizit als symbolischer Ausdruck des Protests eingesetzt wurde? Organisierte Angriffe auf Nadelholzplantagen und Forstaufseher häuften sich nach der Jahrhundertwende. Der Forsthistoriker Uwe Eduard Schmidt hob in mehreren Aufsätzen hervor, dass die neu gepflanzten Monokulturen von Nadelbäumen für die bäuerlichen Bedürfnisse von Nachteil waren, gerade weil sie die Schweinemast und das Sammeln von Laubstreu verunmöglichten. In Koblenz bewachte 1819 sogar das Militär Fichtenaufforstungen, um Angriffe von Bäuer:innen zu verhindern.[100] Ein weiteres Widerstandsbeispiel stellen die sogenannten *Guerres des demoiselles* dar, die sich Ende des 18. Jahrhunderts in den Pyrenäen abspielten. Männer maskierten sich als Frauen, um Forstbedienstete zu täuschen und anzugreifen.[101] Die geschlechtergeschichtliche Forschung betont aber auch, dass von Frauen initiierte Aufstände gegen Forstbeamte im 19. Jahrhundert keine Besonderheit darstellten.[102] Jedoch wurde in der deutschen Sozialgeschichte bisher kaum erforscht, auf welche Weise Frauen Widerstandsaktionen in Wäldern durchführten – und dies, obwohl in Strafregistern dieser Zeit viele Frauennamen auftauchen. Dies ist nicht zuletzt darauf zurückzuführen, dass Frauen und Kinder traditionell für das zunehmend kriminalisierte Waldstreusammeln zuständig waren. Ob es sich bei ihren Vergehen um schlichtes Sammeln oder um Widerstandsmomente handelte, vermerken die meisten Strafregister leider nicht. Konfliktsituationen, Proteste oder gar Angriffe auf Aufseher beschreiben forstwissenschaftliche Publikationen meistens nicht direkt, wohl aber die nicht aufhörende Waldstreuentnahme.[103] Gerade das erste Drittel des 19. Jahrhunderts war von Hungersnöten geprägt, während gleichzeitig die Anzahl der Gerichtsverfahren gegen Holz- und Streufrevel in preußischen Kleinstaaten zu-

100 Vgl. Schmidt 2002, S. 358 ff.; Schmidt, Uwe Eduard: »Die Fichte in der Wald- und Forstgeschichte – eine soziokulturelle Betrachtung«, in: Bayerische Landesanstalt für Wald und Forstwirtschaft (Hg.): *LWF-Wissen* 80, 2017, S. 37; Schmidt, Uwe Eduard: »Waldfrevel contra staatliche Interessen. Die sozialgeschichtliche Bedeutung des Waldes im 18. und 19. Jahrhundert«, in: *Der Bürger im Staat* 51, 2001, S. 20.

101 Sahlins, Peter: *Forest Rites. The War of the Demoiselles in Nineteenth-Century France*, Cambridge/London 1994. Siehe außerdem: Mukerji 2007.

102 Perrot, Michelle: »Rebellische Weiber. Die Frau in der französischen Stadt des 19. Jahrhunderts«, in: Honegger, Claudia/Heintz, Bettina (Hg.): *Listen der Ohnmacht. Zur Sozialgeschichte weiblicher Widerstandsformen*, Frankfurt a. M. 1981, S. 71–98, insbes. S. 84.

103 Für das 19. Jahrhundert findet sich eine Vielzahl von Aufsätzen und Monografien zu dem Thema, wie Waldstreu »entbehrlich« gemacht werden sollte. Zum Beispiel: Hartig, Georg Ludwig: *Beitrag zur Lehre von Ablösung der Holz-, Streu-, und Weidservituten*, Berlin 1829; Hundeshagen, Johann Christian: *Die Waldweide und Waldstreu in ihrer ganzen Bedeutung für Forst-, Landwirthschaft und National-Wohlfahrt*, Tübingen 1830; Fraas, Carl: *Wie wird Waldstreu entbehrlich?*, München 1857; Fischbach, Carl von: *Die Beseitigung der Waldstreunutzung für Land- und Forstwirthe, insbesondere auch für die Gesetzgeber*, Frankfurt a. M. 1864; Nördlinger, Hermann: »Der neuentbrannte Waldstreukampf«, in: *Kritische Blätter für Forst- und Jagdwissenschaft* 51 (II), 1869, S. 51–95.

nahm. Daher ist es zentral, die so übersichtlichen und genauen Forsteinrichtungskarten vor dem Hintergrund der Waldnutzungskonflikte zu analysieren.

Wilhelm Cotta nahm eine »lockende« Wirkung der Forstkarten wahr. Er problematisierte ihre suggestive Kraft, die dazu verführen könne, die Bilder homogen gestalteter Waldflächen überhastet Wirklichkeit werden zu lassen. In dem Bericht *Ueber die Entwickelung des Forst-Taxationswesens in Sachsen* schilderte er diesen Effekt folgendermaßen:

> Allerdings verfuhr man dabei (mit der Fachwerksmethode Heinrich Cottas) im Anfange etwas unbeholfen, wollte auch die Verwandelung des jetzigen Zustandes der Forste in den als Ziel gedachten künftigen gar zu schnell ausführen, rief so mitunter gewaltsame Maßregeln in's Leben [...]. Um das lockende Bild, was sich in der Hauungsplankarte so vortheilhaft darstellte, möglichst bald zu verwirklichen, wurde mancher Bestand der Art früher, mancher später überliefert, als es bei einer milderen Umgestaltung des Jetzt zum Künftig nöthig gewesen wäre, vorzüglich wurden aber mitunter sehr große und zusammenhängende Flächen einer und derselben Periode überwiesen und selbst für ein großes Revier bisweilen nur drei, oder nur zwei Hiebstouren entworfen.[104]

Derartige »Missgriffe« ereigneten sich Cotta zufolge bis 1822. Danach führten die zuständigen Personen Kontrollverfahren ein, sodass »die Periodenflächen nach und nach kleiner und die Hauungspläne rücksichtsvoller und weniger gewaltsam«[105] wurden. Zwischen den Zeilen schwingen verschiedene Nuancen der Gewaltanwendung mit, die jedoch nicht explizit werden: erstens das Fällen von Bäumen; zweitens Maßnahmen zum Strafvollzug gegenüber Menschen, die den Forst weiterhin zur Subsistenzwirtschaft nutzen wollten, zum Beispiel zum Waldstreusammeln oder zur Weide; drittens die mittelbare Gewalt der Nutzungsverbote, die der Bevölkerung ihre Existenzgrundlage nahmen, und viertens die epistemische Gewalt: die Zerstörung von Wissensformen, die während der Waldnutzungspraktiken aktiviert wurden.[106] Hierbei ging es um ein spezifisches Umweltwissen zur agrarischen Nutzung der Wälder, das in den Augen vieler Forsttaxatoren wertlos war und angeblich zur Verwüstung des Waldes beitrug.

Indirekt lassen diese Quellen auf Konflikte mit der Tharandter Bevölkerung schließen, die den Forst weiterhin als Versorgungswald nutzen wollte. Zu dieser Thematik schweigen aber die meisten der vorliegenden Quellen zur Forsttaxation am Anfang des 19. Jahrhunderts. Die Forsttaxationskarten, die das Wesentliche übersehen, sprechen ihre eigene Sprache.

104 Cotta, Wilhelm: »Ueber die Entwickelung des Forst-Taxationswesens in Sachsen«, in: Pannewitz, Julius von (Hg.): *Forstliches Cotta-Album*, Breslau/Oppeln 1844, S. 89.

105 Ebd., S. 90.

106 Ein konzeptioneller Überblick findet sich in: Brunner, Claudia: *Epistemische Gewalt. Wissen und Herrschaft in der kolonialen Moderne*, Bielefeld 2020.

5.7 Baumfelder für »Brod und Klima«? Eine Gegenperspektive auf Agroforste

Die Umweltkonflikte über das Sammeln von Waldstreu hinterließen in einzelnen Publikationen Heinrich Cottas einen Nachklang, der in der offiziellen Geschichtsschreibung der Forstwissenschaft selten rezipiert wird. Mit seiner Schrift *Die Verbindung des Feldbaues mit dem Waldbau oder Baumfeldwirtschaft* legte Cotta ein Plädoyer für die Kombination von Land- und Forstwirtschaft vor, die dem bäuerlichen Bedarf an Laub und Viehfutter gerecht werden sollte. Im Gegensatz zu den vielübersetzten Lehrbüchern der Forsttaxation wurde dieser 1819 erschienene Aufsatz, der lediglich 29 Seiten umfasst, kaum wahrgenommen. Bereits in seiner Vorrede formulierte Cotta Bedenken und antizipierte die Nichtbeachtung des Ansatzes der Baumfeldwirtschaft. »Schon längst entworfen«, hatte er den Aufsatz »immer zurückgelegt [...], aus Ueberzeugung, daß alles Neue der Art selten beachtet, noch seltener geprüft, sehr oft aber bespöttelt wird.«[107] Aufgrund der befürchteten ablehnenden Haltung in der fachlichen Öffentlichkeit hat Cotta eine konzise Argumentation mit Rückbezug auf tabellarische Ertragsauflistungen ausgearbeitet. Diverse Kalkulationen und Belege sollten sein polarisierendes Hauptargument stützen: Das Anpflanzen von Baumreihen auf Feldern und die Umwandlung von ertragsarmen Waldflächen in Baumfelder führten laut Cotta zu »mehr Brod, mehr Holz, und mehr Erwerb«.[108] Erstens wüchsen freistehende Bäume besser als in zu eng bewachsenen Plantagen und Hochwäldern; zweitens nehme die Bodenfruchtbarkeit aufgrund der regelmäßigen Bodenbearbeitung durch den Pflug zu; drittens führe die Wechselwirtschaft zu besseren Ernten. Abgesehen vom zweiten Argumentationsschritt, der heute als widerlegt gelten kann, sind Studien zu Agroforstsystemen und alterierendem Anbau gegenwärtig von großem Interesse für die Ernährungs- und Klimapolitik.

Die Holzerträge von frei stehenden Bäumen verglich Cotta mit Bäumen in Hochwaldverbünden. Hierbei ging er auch auf die Erfahrungstabellen ein, die Georg Ludwig Hartig für dicht bestandene »vollkommene Nadelholzbestände« erstellt hatte (vgl. Kapitel 2.6), und setzte ihnen entgegen, dass Baumfelder im Vergleich viel höhere Erträge generierten, wenn man die günstigeren Wachstumsbedingungen für die Bäume, die zusätzliche Fläche für Getreideanbau während der Wachstumsphase der Bäume, die Ernte von Obst, Nüssen, Eicheln und Laub sowie den zusätzlichen Weideplatz für das Vieh zusammenzählte. In diesem Kontext legte Cotta auch Berechnungen für Waldstreuerträge vor. In regelmäßig stattfindenden Ausästungen der Baumfelder, bei

107 Cotta, Heinrich: *Die Verbindung des Feldbaues mit dem Waldbau, oder die Baumfeldwirthschaft*, Dresden 1819.

108 Ebd., S. 1.

denen Mengen an Laub »als sehr reichhaltiges gutes und gesundes Futter«[109] für das Vieh anfallen würden, sah Cotta eine Möglichkeit, um den hohen Bedarf an Waldstreu zu decken.

> Daß dieses Futter demohngeachtet nicht allgemeiner eingeführt ist, liegt blos darin, weil man bisher nicht wußte, wo man es ohne Nachtheil für die Bäume hernehmen sollte. Die Baumfeldwirtschaft hebt dieses Hinderniß.[110]

Anstatt die Laub- und Streunutzung in den Hochwäldern zu verbieten, reagierte Cotta also explizit auf den hohen Bedarf in der Bevölkerung. Da die »Ausschneidelungen« zu verschiedenen Zeiten möglich seien, könne die Entnahme der Äste und des Baumlaubs gerade in den Jahren erfolgen, in denen die Heuernte schlecht ausfällt.[111]

In seiner finalen Auflistung der Vorteile führte Cotta neben diesen vielen Gründen, die unmittelbar den Lebensunterhalt der ländlichen Bevölkerung betrafen, auch landschaftsästhetische Aspekte auf. Als Folgen der Baumfeldwirtschaft stellte er eine Erhöhung des »allgemeinen Wohlstand[es] und Reichthum[s] des Landes«, die Beschaffung von zusätzlichen Arbeitsplätzen sowie positive Auswirkungen auf das Lokalklima in Aussicht: »8) Sogar das Klima ist dadurch zu verbessern. 9) Die Menschen können daher in aller Hinsicht glücklicher leben.«[112] Flächeneinteilungen nach dem Umtriebszeitenprinzip spielen in Cottas Abhandlung zur Baumfeldwirtschaft eine große Rolle, wobei er sich für die Abfolge der Arbeitsschritte die Haubergswirtschaft aus dem Siegerland zum Vorbild nahm.

> Den zum Feldbau anwendbaren und für unsern Zweck auserlesenen Wald theilt man nach Maasgabe des Bodens, des Clima's, der zu erziehenden Holzarten und des Zwecks, für den man sie erziehen will, in eine bestimmte Anzahl von Schlägen, z. B. in 30, 40, 50, 60, 70 bis 80 Schläge.[113]

Die Standortbedingungen – »Boden«, »Clima« und die »zu erziehenden Holzarten« – bestimmten die Dauer der Umtriebszeit und die Gesamtanzahl der abgeteilten Schläge. Nach dem auf Haubergen etablierten Prinzip sollte pro Jahr eine bestimmte Anzahl an Schlägen gleichzeitig gerodet und für die mehrjährige ackerbauliche Bewirtschaftung vorbereitet werden. Nachdem der junge Acker einige Jahre Ernten erbracht hatte, sollten reihenweise Bäume gepflanzt werden. In den Zwischenräumen konnte so lange Feldbau betrieben

109 Cotta: *Die Verbindung des Feldbaues mit dem Waldbau*, 1819, S. 14.

110 Ebd., S. 14.

111 Ebd., S. 14 f.

112 Ebd., S. 20.

113 Ebd., S. 5 f.

werden, bis die Schattenfläche der Bäume zu groß war. Sobald die gewachsenen Bäume sich gegenseitig behinderten, reduzierte man den Baumbestand um die Hälfte. Lange vor dem Ende der Umtriebszeit konnten die beteiligten Personen von zeitversetzten Erntemöglichkeiten auf den Baumfeldern profitieren: zuerst durch Getreideerträge auf dem nährstoffreichen Boden, dann durch das Sammeln von Holz und geschnittenen Ästen, Baumfrüchten und Laub sowie zwischenzeitlich durch die Nutzung von Weideflächen.

Für die Phase der großen Hochschulgründungen zwischen 1790 und 1830, als Forstwissenschaftler vor allem Hochwälder empfahlen und auf die Gefahr von Streufrevel für die Bodenkultur hinwiesen, stellt diese Argumentation für eine alterierende, an die Bedürfnisse der Bäuer:innen angepasste Waldflächennutzung eine bemerkenswerte Ausnahme dar. Dabei ist auffällig, dass die von Cotta so positiv bewerteten Baumfelder keine Repräsentation auf den standardisierten Forsttaxationskarten fanden, bäuerliche Waldnutzungsweisen und Ansprüche auf das Gewohnheitsrecht blieben damit unsichtbar. Dabei legten die Taxationskarten mit ihren standardisierten Visualisierungsschemata ganz bestimmte Ressourcennutzungssysteme nahe. Im Konfliktfall konnten Forstbeamte die Karten als Legitimationsmittel einsetzen, um zum Beispiel Holz- und Streufrevel zu sanktionieren.

Waldnutzungskonflikte erweisen sich schlussendlich als entscheidender Entstehungs- und Anwendungskontext der Forsttaxationsverfahren. Die Reglementierung von Waldstreupraktiken galt als eine Motivation für die Durchführung von Taxationen und den Erlass von Forstordnungen. Gleichzeitig führten Taxationskarten mit großen Umtriebszeiten vor Augen, dass das Sammeln von Waldstreu die angestrebten homogenen Waldbestände gefährdete. Die epistemische Funktion der Karten kann daher nicht unabhängig vom Umweltkonfliktgeschehen verstanden werden, sei es in Tharandt, in der Schweiz oder, so soll es das folgende Kapitel zeigen, in Spanien und Portugal. Die Umgestaltung von Lebensräumen in Hochwälder – um nicht zu sagen: das Umtreiben von Waldparzellen nach standardisierten Grundlagen – erfasste in der zweiten Hälfte des 19. Jahrhunderts viele Regionen Europas. Diese Transformation ging mit der Reglementierung von Agroforsten sowie mit der Privatisierung von Waldallmenden einher. Paradoxerweise hatten gerade letztere die Inspiration für das Umtriebszeitenprinzip geliefert.

6 O Período da Revolução

Die Durchsetzung von Monokulturen in Portugal

In der internationalen Verbreitung von Forsteinrichtungsverfahren liegt eine mögliche Erklärung für die Allgegenwart von Monokulturen in europäischen Wäldern. Die Übernahme von kartografischen Techniken zur Forsteinrichtung nach dem Umtriebszeitenprinzip führte in vielen Ländern zu ähnlichen Konfliktkonstellationen angesichts der Auflösung von Allmenden sowie der rechtlichen Reglementierung von Waldnutzungspraktiken. In den 1870er Jahren standen die Verstaatlichung und die anschließende Privatisierung der portugiesischen und spanischen Waldallmenden – der *montes* und *dehesas* – in einem Zusammenhang mit der dortigen Einführung der Forsttaxation als wissenschaftlicher Methode. Wie bereits für deutsche und schweizerische Anwendungskontexte der Forsttaxation aufgezeigt, schrieben auch portugiesische und spanische Forstbeamte den Hochwäldern fortan mehr Wert zu als den ehemaligen Gemeindewäldern, in denen die Weidehaltung sowie landwirtschaftliche Praktiken bislang selbstverständlich gewesen waren.

Aus der Perspektive des vielgereisten portugiesischen Forstingenieurs Bernardino Barros Gomes (1839–1910), der nach seinem Studium in Coimbra Auslandsaufenthalte in Tharandt verbrachte, wird in diesem Kapitel nachverfolgt, wie die Forsttaxation mit ihren Umtriebszeiten – den *períodos da revolução* – Einzug in die portugiesischen Länder hielt. Dabei werden länderspezifische Unterschiede in der Adaption der Verfahren in Spanien und Portugal beleuchtet. In diesem Kapitel geht es also um den Wissenstransfer, die Durchsetzung von Monokulturen, die Verdrängung der Allmende und die Konflikte, die durch die Einführung der Taxationsmethode ausgelöst wurden – das heißt, um die Zusammenführung zweier Geschichten, die in den Quellen meist nur getrennt überliefert vorliegen: die Geschichte der Forsttaxationskarten sowie die Sozial- und Umweltgeschichte der Allmendeteilungen.

6.1 Wege des Wissenstransfers: Von Lissabon nach Tharandt, Nancy und zurück

Als der angehende Forstingenieur, Botaniker und Geograf Bernardino Barros Gomes am 10. Juni 1865 sein gerade erschienenes Buch per Post von Lissabon nach Tharandt sandte, legte er seinem Päckchen einen Brief bei.[1] Auf Franzö-

1 Barros Gomes, Bernardino: Brief an Carl Heinrich Edmund von Berg, Lissabon, 10. 6. 1865 (nicht paginiert); beigelegt dem Buch: Barros Gomes, Bernardino: *Relatorio Florestal Sobre as Matas da Machada e Valle de Zebro Apresentado à Direcção do Commercio no Ministerio das*

sisch entschuldigte sich Barros Gomes, der 1860 bis 1862 selbst in Tharandt studiert hatte, bei dem amtierenden Forstakademiedirektor Edmund von Berg dafür, dass diese erste Veröffentlichung über die südlich von Coimbra gelegenen Wälder von Machada und Valle de Zebro nicht in einer der vielen Sprachen geschrieben war, die von Berg beherrschte. Er hoffe jedoch, dass dessen Kollege in Tharandt, der Professor für Botanik Herr Dr. Willkomm, »die extreme Güte hätte«, ihm vom Inhalt des Buches zu berichten. Aufgrund früherer Begegnungen und Zusammenarbeiten war Barros Gomes davon überzeugt, dass es für Moritz Heinrich Willkomm ein Leichtes sein würde, die portugiesische Publikation zu verstehen. Willkomm war mehrmals nach Portugal gereist, zuletzt 1850, und die Ergebnisse seiner Forschungsreisen bildeten die Grundlage seiner Habilitationsschrift *Die Strand- und Steppengebiete der iberischen Halbinsel und deren Vegetation.*[2] Vermutlich kannten Willkomm und seine Reisegefährten auch bereits die Küstenwälder von Machada und Valle de Zebro, für die Barros Gomes in seinem Buch eine Forsttaxation vorschlug und Kartierungen vorlegte.

Der junge portugiesische Forscher war mit Willkomm durch seine Studienaufenthalte in Tharandt und ein umfangreiches botanisches Forschungsprojekt vertraut. Barros Gomes beteiligte sich an den großangelegten Sammelarbeiten für ein Herbarium, das Pflanzenproben von der gesamten Iberischen Halbinsel und den Balearen zusammenführte. Willkomm koordinierte diese Arbeiten von 1861 an über einen Zeitraum von fast zwei Jahrzehnten. Zusammen mit dem dänischen Botanikerkollegen Johan Martin Christian Lange ordnete er die über 5.000 Pflanzenarten in dem dreibändigen Werk *Prodromus Florae Hispanicae* taxonomisch ein.[3] 1878, schließlich, kaufte ein Professor der Universität Coimbra das »Willkomm Herbarium« für 7.000 Franken und ließ die 30.000 Pflanzenproben, die vor allem auf der Iberischen Halbinsel gesammelt worden waren, zurück nach Coimbra transportieren, wo sich die Sammlung heute im Departement für Botanik befindet.[4]

Obras Publicas em 3 de setembro de 1864, Lissabon 1865, SLUB, Zweigbibliothek Forstwissenschaften Tharandt, Por 1. Zur vollständigen Transkription des Briefes siehe Kapitel 9 im Anhang dieses Buches.

2 Vgl. Wunschmann, Ernst: »Willkomm, Moritz«, in: *Allgemeine Deutsche Biographie*, Bd. 43, 1898, S. 298–300. Einsehbar unter: www.deutsche-biographie.de/sfz85698.html#adbcontent [Stand: 31.1.2025].

3 Willkomm, Heinrich Moritz/Lange, Johan Martin Christian: *Prodromus Florae Hispanicae, seu Synopsis Methodica omnium Plantarum in Hispania*, 3 Bde., Stuttgart, 1861–1880.

4 Zur Provenienz der Sammlung und zur Korrespondenz zwischen den Professoren Júlio Henriques und Heinrich Moritz Willkomm: Sales, Fátima/Cabral, Célia/Gonzaga, Nuno et al.: »Herbarium mediterraneum pyrenaicum et canariense: a colecção de Heinrich Moritz Willkomm em COI«, in: *Boletín de la AHIM* 11, 2009, S. 23–25. Die digitalisierte Sammlung des Willkomm-Herbariums findet sich online. Universidade de Coimbra: *Willkomm Herbarium: Historical Collection Online.* Einsehbar unter: uc.pt/en/herbario_digital/willkomm_herbarium [Stand: 31.1.2025].

Im Kontext dieser etablierten wissenschaftlichen Kooperationen zwischen portugiesischen und sächsischen Botanikern stellt sich die Frage, mit welcher Intention Barros Gomes ein Buch über portugiesische Forsttaxationskarten nach Tharandt sandte. Wie funktionierte der Transfer von forstwissenschaftlichen Techniken über Sprach- und Kulturgrenzen hinweg? In seinem Brief nach Tharandt schrieb Barros Gomes, dass er in Portugal »in diesem Moment allein auf dem Weg«[5] sei. An anderer Stelle sprach er in Bezug auf die Forsteinrichtung an, dass »die Arbeit für ihn sehr schwierig gewesen war«.[6] Mit welchen Problemen war er bei der Einführung und Durchsetzung der Forsttaxationsmethoden in Portugal konfrontiert?

Barros Gomes hatte sich der Taxation der Küstenwälder von Machada und Valle de Zebro 15 Monate lang in seiner Position als zweiter zuständiger Ingenieur gewidmet, zusammen mit João Maria Magalhães, den er in dem Brief an Edmund von Berg als »Schüler aus Nancy« vorstellte. Während Barros Gomes' Studienaufenthalt in Tharandt hatte Magalhães zeitgleich, von Oktober 1860 bis November 1862, an der *École Royale Forestière* studiert und war damit der erste von drei Portugiesen, die im 19. Jahrhundert in Frankreich forstwissenschaftlich ausgebildet worden waren.[7] Im Anschluss hatte sich Magalhães auf eine Studienreise durch die Wälder am Rhein begeben, während der er auch der Tharandter Forsthochschule einen Besuch abstattete, sodass sich Edmund von Berg bei der Ankunft des Briefes eventuell noch an den aus Nancy angereisten portugiesischen Besucher von vor einigen Jahren erinnern konnte.[8] Prinzipiell orientierten sich die Forsttaxationsmethoden in Nancy an Tharandt.

5 »Avant de procéder à l'exécution d'un premier aménagement en Portugal il serait extrémement utile pour nous de savoir ce que la sage critique d'une école spéciale et tellement distingué que la votre, M. le Baron, peut juger convenable de faire observer, apropos du travail d'un de ses élèves, qui pour le moment se trouve seul sur ce chemin-là.« Barros Gomes, Bernardino: Brief an Carl Heinrich Edmund von Berg, Lissabon, 10. 6. 1865, S. 3 (nicht paginiert); beigelegt dem Buch: Barros Gomes, Bernardino: *Relatorio Florestal Sobre as Matas da Machada e Valle de Zebro Apresentado à Direcção do Commercio no Ministerio das Obras Publicas em 3 de setembro de 1864*, Lissabon 1865, SLUB, Zweigbibliothek Forstwissenschaften Tharandt, Por 1. Die vollständige Transkription des Briefes befindet sich im Anhang dieses Buches.

6 Ebd., S. 3 (nicht paginiert).

7 Die drei in Nancy ausgebildeten Portugiesen waren: João Maria Magalhães (1860–1862), João Maria Cerqueira Machado (ab 1888) und José Lopes Vieira (ab 1889). Vgl. García Pereda, Ignacio: »Creando el bosque matemático en la década de 1860. Barros Gomes en la Mata Nacional da Machada (Barreiro, Portugal): testigos cartográficos«, in: *Estudos de Paisagem*, Bd. II, 2017a, S. 223–241, hier S. 227; Dévy-Vareta, Nicole/Garcia, João Carlos: »Bernardino Barros Gomes e a silvicultura no desenvolvimento da geografia portuguesa oitocentista«, in: *Revista da Faculdade de Letras (Universidade de Lisboa)* 12, 1989, S. 141 f. Vgl. zudem Guyot: *L'Enseignement forestier en France,* 1898, S. 192 f. In einer Tabelle über ausländische Studierende in Nancy werden die drei Portugiesen aufgeführt.

8 Barros Gomes, Bernardino: »Estudos Florestaes«, in: *O Archivo Rural. Jornal de Agricultura. Artes e Sciencias Correlativas* V, Lissabon 1862, S. 464.

Der damalige Direktor der *École des Eaux et Forêts*, Adolphe Parade, hatte zuvor selbst in Sachsen die Forsttaxation nach dem Flächenfachwerk Cottas gelernt und auch Hartigs Massenfachwerkmethoden aktiv rezipiert.[9] Trotz der so ähnlichen Ausbildungswege der zwei portugiesischen Forstingenieure in Tharandt und Nancy deuten Barros Gomes' Worte auf unerwartete Herausforderungen hin, die es bei den gemeinsamen Vorarbeiten zur ersten Forsteinrichtung in Portugal zu meistern galt:

> Ich bin, man muss es sagen, wenig zufrieden mit diesem Versuch, der vielleicht vor seiner Zeit geboren wurde. Dennoch war es nur natürlich, in dem Zustand der forstlichen Dinge hier, dass ich mit einer Arbeit anfangen musste, die jener eines »Forst-Kandidaten« in Preußen gleicht, und einmal abgeschlossen habe ich gedacht, dass es hierhin einige Vorteile geben würde, gerade diese Arbeit auszuführen, trotz dem Herantasten und der fehlenden Erfahrung, die sie aufzeigt.[10]

Um nachzuvollziehen, warum die Forsttaxationsarbeiten in Portugal »avant le temps«[11] waren und was dabei auf dem Spiel stand, lohnt sich der Blick zurück in Barros Gomes' Ausbildungszeit in Tharandt von 1861 bis 1863. Ein Bericht, den er währenddessen in einer portugiesischen Agrarwissenschaftszeitschrift veröffentlichte, stellt detailliert dar, wie der Tharandter Taxationsunterricht aus seiner Perspektive ablief.[12] Dieses Kapitel befasst sich daher zunächst mit der Analyse dieses Fortsetzungsberichtes – mit Augenmerk auf die Übersetzung von Fachtermini, Sprachbildern und wissenschaftlichen Idealen ins Portugiesische – sowie mit einer Taxationskarte von einem Nationalwald nahe der Küstenstadt Nazaré, die Barros Gomes mit Kollegen in Tharandt erstellt hatte, gefolgt von einem zweiten Beispiel einer Forstkarte, die Barros Gomes und Magalhães gemeinsam für den weiter nördlich gelegenen Königskiefernforst, den Pinhal de Leiria, entwickelt hatten. Es geht darum zu ergründen, auf welche Weise Barros Gomes in seinen Reflexionen Kulturtechniken, Bildstrategien und Genauigkeitsideale aus den Lehrbüchern Cottas und Hartigs übernahm und für Portugal adaptierte.

9 Zur Forsthochschule von Nancy siehe außerdem die Kapitel 4.3, 5.1 und 7.8.

10 »Je suis, il faut le dire, peu satisfait de cet essai, qui est né peut être avant le temps, cependant il était naturel, dans l'état des choses forestières ici, que je commençasse par un travail comme celui d'un ›Forst-candidaten‹ en Prusse, et une fois achevé j'ai pensé qu'il y aurait quelque avantage à le faire paraître malgré ce qu'il révèle de tâtonnements et d'inexpérience.« Barros Gomes 1865, S. 2, siehe die vollständige Transkription des Briefes im Anhang des Buches.

11 Ebd.

12 Barros Gomes, Bernardino: »Estudos Florestaes«, in: *O Archivo Rural. Jornal de Agricultura. Artes e Sciencias Correlativas* V, Lissabon 1862, S. 462–465, 513–516, 541–545, 570–577, 599–605.

Im Gegensatz zu den bereits untersuchten Lehrkarten Cottas und Hartigs geht es in diesem Kapitel um Gebrauchskarten, deren Forsteinteilungen und ihre Folgen in den portugiesischen Nationalwäldern bis heute verfolgt werden können. Zugleich hatten die ersten portugiesische Taxationskarten einen repräsentativen Charakter, denn sie wurden bei nationalen und internationalen landwirtschaftlichen Ausstellungen präsentiert. Sie sollten der Fachöffentlichkeit also einen positiven Eindruck von den neuen Forsttaxationsmethoden vermitteln. Da sowohl Barros Gomes' Kartenwerke als auch seine Reflexionen über die in Tharandt erlernten Techniken publiziert vorliegen, sind diese portugiesischen Quellen besonders aufschlussreich im Hinblick auf die transnationale Aneignung des Umtriebszeitenprinzips.

Erklärungen für die von Barros Gomes angedeuteten Probleme bei der Einführung von Forsttaxationen finden sich in den Waldnutzungskonflikten, die sich auch in Portugal zeitgleich zur Einführung der Forsteinrichtungsmethoden ereigneten. Dabei ging es um die Verfügungsmacht über die sogenannten *montes* und *baldios*. Diese Waldweiden hatten bäuerliche Gemeinschaften mindestens seit dem 16. Jahrhundert als Allmende verwaltet, bevor sie im 19. Jahrhundert tendenziell verstaatlicht oder privatisiert wurden. Der Fortbestand dieser Agroforstsysteme hing entscheidend von den jeweiligen Forstverwaltungen, Rechtsordnungen und den praktizierten Taxationsarbeiten ab. Welche Waldbewirtschaftungsformen in den taxierten Forsten Portugals erlaubt und welche als Holzfrevel sanktioniert wurden, erweist sich auch für Portugal als eine zentrale Fragestellung. Dieses Beispiel eines länderübergreifenden Transfers von Forsttaxationsmethoden verspricht eine erweiterte Perspektive auf die Leitfrage, in welchem Zusammenhang die Einführung von Forsteinrichtungskarten mit der Durchsetzung von Monokulturen und der Verdrängung von multifunktionalen Waldnutzungssystemen stand.

6.2 Der Taxationsunterricht aus der Perspektive von Bernardino Barros Gomes

Das *Archivo Rural,* eine in Lissabon herausgegebene »Zeitschrift für Agrarkultur, Künste und verwandte Wissenschaften«, publizierte 1862 den Fortsetzungsbericht »Estudos florestaes«, der sich im Sinne von Waldstudien oder forstwissenschaftliche Studien übersetzen lässt.[13] Bernardino Barros Gomes schilderte über mehrere Kapitel hinweg die Erkenntnisse, zu denen er während seines zweijährigen Studienaufenthalts an der Tharandter Forstakademie gelangt war. Im »Land der Klassik« sei »die Wissenschaft und Kunst der For-

13 Barros Gomes, Bernardino: »Estudos Florestaes«, in: *O Archivo Rural. Jornal de Agricultura. Artes e Sciencias Correlativas* V, Lissabon 1862, S. 462–465, 513–516, 541–545, 570–577, 599–605.

ste« – »a sciencia e arte florestal d'Alemanha«[14] – besonders ausgeprägt. Alles weise auf die »Sorgsamkeit« hin, die der »vollkommensten Aufforstung in bewaldetem Gebiet«[15] zukomme.

Nach seiner Ankunft in Tharandt im September 1861 belegte Barros Gomes zunächst fünf Monate lang Kurse, hauptsächlich in den Fächern Staatsforstwirtschaftslehre, Forsteinrichtung sowie Geschichte und Literatur des Faches. Nach dem ersten Halbjahr gab Wilhelm von Cotta ihm den Ratschlag, sich in einem Forstrevier südlich von Dresden »praktisch« mit »dem Verwaltungsmechanismus und den Gegebenheiten der sächsischen Wälder vertraut zu machen«.[16] Daraufhin schwärmte der Portugiese von dem Praktikum in dem 720 Hektar großen Forstrevier Oberfrauendorf, in dem »Tannen, Kiefern, einige Buchen, Lärchen und Birken«[17] wuchsen. Die täglichen Exkursionen an der Seite von routinierten Forstbeamten und das Studium der Verwaltungsbücher hätten ihm »die beste praktische Idee von den Notwendigkeiten dieser Dienstabteilung [gegeben], die er in Deutschland erhalten könnte«.[18] Während der Exkursionen verglich er die eigenen Beobachtungen fortlaufend mit den Notizen im »livro do regimento da matta«, dem Buch der Forsteinrichtung, sowie mit den Bestandskarten, zu denen er vollen Zugang hatte.[19] Nach Abschluss des anderthalbmonatigen Praktikums trat er eine Forschungsreise durch die Königreiche Preußen, Hannover und Thüringen an. Ähnlich wie die finnischen und Schweizer Studenten befolgte er die Reiseempfehlungen Edmund von Bergs, der ihn umfassend mit Referenzschreiben versorgte.[20] Die

14 Ebd., S. 462.

15 »o cuidado na mais completa arborisação do terreno florestal, que tudo revelava.« Ebd.

16 »Cinco mezes depois de chegado a Tharand, em setembro de 1861, já com aguma idea das coisas florestaes adquirida na frequencia incessante dos cursos, parti para Oberfrauendorf, seguindo o conselho do sr. W. V. Cotta, inspector d'aquelle circulo florestal, com o fim de, ajudado pela administração local, *me familiarisar practicamente com o mechanismo administrativo e mais condições das florestas saxonias.*« Ebd., S. 599 [Übersetzung und Hervorhebung durch die Verf.]. Im Folgenden werden die portugiesischen Originalzitate stets in den Fußnoten angegeben, die zitierten Textstellen kursiv gesetzt und bei komplexen oder paraphrasierten Textstellen die vollständige deutsche Übersetzung angefügt.

17 Ebd., S. 600.

18 »Uma residencia de mez e meio junto da matta, as excursões diarias com o empregado distincto que a administrava, e a leitura dos livros da administração deram-me de todas as necessidade deste ramo de serviço publico *a melhor idea practica, que pude obter em Alemanha.*« Ebd.

19 Ebd., S. 600.

20 »fazendo depois viajem pela Prussia, Hannover e os ducados da Thuringia, detive-me nos pontos, qué a bondade de Herr von Berg me apontára como de maior interesse florestal, e onde guiado as mais das vezes pelos proprios administradores tudo percorri que mais digno parecia d'attenção.« – »Während ich danach Reisen durch Preußen, Hannover und die Herzogtümer Thüringens machte, begab ich mich an die Punkte, die die Freundlichkeit von Herrn von Berg mir als von größtem forstlichem Interesse aufgezeigt hatte. Dort suchte ich –

vielen im Bericht namentlich erwähnten Oberförster bereiteten Barros Gomes einen herzlichen Empfang, besuchten mit ihm zusammen die Aufforstungen in ihren Forstrevieren und statteten ihn großzügig mit Hintergrundinformationen aus. Als einen der Reisehöhepunkte erwähnte Barros Gomes »schöne Eichenkulturen«, die im Distrikt Magdeburg bei Genthin die auf dem sandigen Gelände typischen Kiefernwälder ersetzen sollten.[21] Auch im Rahmen seiner Reise in den Harz besichtigte er eine Wiederaufforstung von Eichen in der Nähe der Forstakademie Hannoversch-Münden. Im Bericht drückte der angehende Forstingenieur seine Wertschätzung darüber aus, dass er an diesen Orten etwas über die »beachtlichen Schwierigkeiten« lernen konnte, »die gelegentlich bei der Umwandlung von alten Schneisen und *baldios* in neue Wälder auftreten«.[22] *Baldio* lässt sich als Brache oder Blöße übersetzen, aber bezeichnet eine für den portugiesischen Kontext spezifische Waldallmende. Zwischen hochgewachsenen Eichen befanden sich baumfreie Blößen, auf der die Weidehaltung üblich war.[23] In diesem Zitat deutet sich also die Transformation von Hutewäldern, die aus forstwissenschaftlicher Sicht als Blößen oder als brachliegend wahrgenommen wurden, in »neue«, geschlossene Hochwälder an. Bei dieser Umwandlung kam es zu Schwierigkeiten, die Barros Gomes an dieser Stelle nicht näher ausführte, die aber auf Waldnutzungskonflikte oder andere Komplikationen hindeuten.

Ein besonderes Augenmerk richtete er auf Aufforstungsprojekte, deren klimatische und geografische Bedingungen sich mit denen Portugals vergleichen ließen. Nach dem Besuch der Forstakademie in Eberswalde fuhr er an die Ost-

die meisten Male von eigenen Verwaltern geleitet – alles auf, das der meisten Aufmerksamkeit wert war.« Ebd., S. 462.

21 »Em companhia do Oberfoerster Herr v. Allemann, cultivador muito e bem conhecido em Alemanha, pude assim ver *as lindas culturas de carvalhos, que se vão substituindo ás antigas mattas de pinheiro nos terrenos arenosos de Allenplatow, proximos de Genthin na Saxonia prussa (districto de Magdeburg).*« – »In Begleitung von Herrn Oberförster von Allemann, einem in Deutschland sehr bekannten Baumzüchter, konnte ich *die schönen Eichenkulturen sehen, welche die alten Kiefernwälder auf dem sandigen Terrain von Allenplatow ersetzen werden, in der Nähe von Genthin im preußischen Sachsen (Distrikt Magdeburg).*« Ebd., S. 462 f.

22 »Proximo a Muenden no principado hannoveriano de Goettingue tornei a ver grandes e interessantes florestas de carvalhos, submetidos com bom resultado a alguns novos ensaios de cultura, transformação e repovoamento. Appareceu-me ahi tambem boa occasião de observar *as difficuldades consideraveis com que ás vezes se lucta na conversão de antigas courellas e baldios em novas mattas.*« – »In der Nähe von Münden im Hannoverschen Fürstentum Göttingen sah ich wieder große und interessante Eichenwälder, die einigen neuen Kulturversuchen zur Aufforstung und Waldumwandlung unterzogen worden waren und gute Resultate zeigten. Es erschien mir hier auch als eine gute Möglichkeit, die *beachtlichen Schwierigkeiten* zu beobachten, *die sich manchmal bei der Umwandlung von alten Schneisen und baldios in neue Wälder zeigen.*« Ebd., S. 463.

23 Zur spezifischen Rechtsform der *baldios* und der Teilung der Allmenden in Portugal siehe das Kapitel 6.5.

see, wo ihn die arbeitsintensive Kultivierung der Dünen entlang des Küstengebiets an den portugiesischen Küstenstreifen erinnerte.[24] In der Lüneburger Heide weckte eine besonders genügsame Schafrasse sein Interesse: Auf dem kargen Boden wachse vor allem Heidekraut, das den Heidschnucken nur eine »magere Weide« ermögliche. An diesem Reiseziel fand Barros Gomes nach eigener Aussage »leider viele Analogien« zu den geografischen Bedingungen und zur Weidehaltung in Portugal.[25]

Den Blick immer auf die Anwendbarkeit des Erlernten im Heimatland gerichtet, widmete Barros Gomes einen Zwischenbericht den in den Lehrbüchern von Hartig und Cotta präsentierten Taxationsmethoden. Da sich seine Verweise auf die neueren Ausgaben von Hartigs *Anweisung zur Taxation der Forste*, das *Lehrbuch für Förster und alle, die es werden wollen* sowie Heinrich Cottas *Grundriss der Forstwissenschaft* beziehen, ist zu vermuten, dass sich Barros Gomes auch intensiv mit den bereits analysierten Lehrkarten Hartigs und Cottas auseinandergesetzt hatte. In seiner Berichterstattung konzentrierte er sich darauf, wie die »planos de corte e cultura das mattas alemãs«[26] am besten zu erstellen seien. Die Taxations- beziehungsweise Forsteinrichtungskarten, für die es im Portugiesischen noch keinen Fachterminus gab, übersetzte er also vorerst als »deutsche Pläne zur Fällung und Kultur der Wälder«. In der Übersetzung griff er somit explizit die Bedeutungsebene von »Kultur« im Sinne von Aufforstung durch Aussäen oder Anpflanzen auf.[27]

Auch die Taxation erhielt eine Übersetzung: »avaliação«, portugiesisch für Wertabschätzung. Zum Aufgabenbereich der »avaliadores« gehörten die Leitung der Messungen und der Waldeinteilung sowie die finale Kartengestaltung. Die Taxatoren entwickelten Holzertragstabellen und Bestandstabellen (»tabellas descriptivas«), schlugen die Betriebsform für die Waldabschnitte vor (»o regimento florestal«) und gaben an, welche Messungen durchgeführt wer-

24 Ebd., S. 463. Zu einer Umweltgeschichte von Dünen – in Portugal und international vergleichend – siehe das Forschungsprojekt »Sea, Sand and People. An Environmental History of Coastal Dunes«. Einsehbar unter: dunes.letras.ulisboa.pt/en [Stand: 31. 1. 2025]. Vgl. Freitas, Joana Gaspar de: »Making a Case for an Environmental History of Dunes«, in: *Anthropocenes – Human, Inhuman, Posthuman* 1 (1), 2020, S. 1–5.

25 »onde a urze quasi não encontra rival e só fornece *magra pastagem* a uma raça mesquinha e particular de carneiros ›Heidschnucken‹, oferecia-se-me occasião de observar condições *infelizmente muito analogas ás de extensas porções do nosso territorio.*« – »wo das Heidekraut quasi auf keine Rivalen trifft und nur eine kleine und spezielle Schafrasse, die Heidschnucken, mit magerer Weide versorgt, bot sich mir die Möglichkeit, *Bedingungen zu beobachten, die leider weiten Teilen unseres Territoriums sehr ähnlich sind.*« Barros Gomes: »Estudos Florestaes«, 1862, S. 463.

26 Ebd., S. 465, 514.

27 »Kultur, Forstkultur. Alle Verbesserungen in den Forsten kann man Kulturen nennen; man versteht darunter aber gewöhnlich nur die künstlichen Saaten und Pflanzungen.« Hartig/Hartig: *Forstliches und forstnaturwissenschaftliches Conversations-Lexikon*, 1834, S. 496.

den sollten. Geometer (»agrimensores«) waren ihnen unterstellt.[28] Anhand dieser teils neu ins Portugiesische übersetzten Begriffe erörterte er die im Oberfrauendorfer Forstrevier etablierten administrativen Abläufe. Schließlich sollten die Staatswälder Portugals, zum Beispiel die Wälder von Machada und Valle de Zebro in der Nähe von Coimbra oder der Mata Nacional do Vallado bei Nazaré, ebenfalls mit Hilfe dieser modernen Vermessungstechniken verwaltet werden.

6.3 Der Nationalwald von Vallado: »desenhado em Tharandt«

Pünktlich zur dritten Landwirtschaftlichen Ausstellung in Lissabon wurden die Arbeiten an der »Planta Parcellar da Mata Nacional do Vallado« abgeschlossen (Abb. 6.1). Diese Taxationskarte des Nationalforstes von Vallado, circa 100 Kilometer nördlich von Lissabon im Distrikt Leiria in der Nähe von Nazaré gelegen, sollte 1884 also zum Ausstellungsstück werden.[29] Unter der Überschrift und der Maßstabsangabe von 1 : 20.000 ist notiert, dass E. Krumbiegel, G. Reeder und L. Theothar diese Karte in Tharandt gezeichnet hatten (Detailansicht, Abb. 6.2). Anscheinend ist die Karte also das Produkt einer Zusammenarbeit in Tharandt. Die Entstehungsgeschichte dieser Karte gilt es im Folgenden zu rekonstruieren.

Die Karte repräsentierte die Ergebnisse der von Barros Gomes angeleiteten Vermessungs- und Einteilungsarbeiten im Nationalwald. Dabei ist unklar, in welchen Funktionen die drei genannten Personen aus Tharandt an der portugiesischen Karte mitwirkten.[30] Waren Krumbiegel, Reeder und Theothar Geometer, die auf Grundlage der Daten aus Portugal an dem Kartenentwurf in Tharandt arbeiteten? Unter dem Titel wird eine Inventur aus dem Jahr 1852 erwähnt. Hatte Barros Gomes die Inventarisierung des Forstdistrikts mit kartografischen Vorarbeiten in Portugal durchgeführt und die Dokumente dann 1861 zu seinem Auslandsaufenthalt nach Tharandt mitgenommen? In Bezug auf die Arbeitsprozesse ist zu hinterfragen, ob Geometer und Forstwissenschaftsstudierende selbst das Einfärben der verschiedenen Altersklassen und Grenz-

28 Vgl. Barros Gomes: »Estudos Florestaes«, 1862, S. 514.

29 García Pereda, Ignacio: *Encontros florestais. A criação da Sociedade Portuguesa de Ciencias Florestais*, Lissabon 2017b, S. 31.

30 Von E. Krumbiegel, G. Reeder und L. Theothar ist wenig überliefert. Man kann ausschließen, dass es sich um Lehrer der Forstakademie handelte, da sie in den Dokumenten der Schulverwaltung nicht auftauchen. Von dem Oberforstmeister Emil Krumbiegel existiert ein Nachruf: Bernhard, Robert Julius: »Oberforstmeister Krumbiegel«, in: *Tharandter Forstliches Jahrbuch* 77 (1), 1926, Sonderabdruck. Denselben Nachnamen trug der aus Sachsen stammende Gartenarchitekt Gustav Hermann Krumbiegel (1865–1956), der ab den 1890er Jahren u. a. in England (Hyde Park, Kew Gardens in London) und in Indien (Lal Bagh Botanical Gardens in Bangalore) botanische Gärten und Stadtparks gestaltete.

PLANTA PARCELLAR
da
MATA NACIONAL
do
VALLADO
segundo o inventario de 1852
Escala de 1:20000
Desenhada por
em Tharand
segundo as instrucções do ex chefe de divisão florestal
B. Barros Gomes
Freguezia da Pederneira
Aguas
Monte
S. Bartholomeo
Dunas
Quinta do Campo

Abb. 6.1: Barros Gomes, Bernardino: *Planta Parcellar da Mata Nacional do Vallado* [Die Taxationskarte vom Nationalwald von Vallado], 1882.

Die Taxationskarte

vom

Nationalwald

von

Vallado

nach dem Inventar von 1852

Maßstab 1: 20.000.

Gezeichnet von E. Krumbiegel,
G. Reeder, L. Theothar
in Tharand

nach den Instruktionen
des ehemaligen Leiters
der Forstabteilung

B. Barros Gomes.

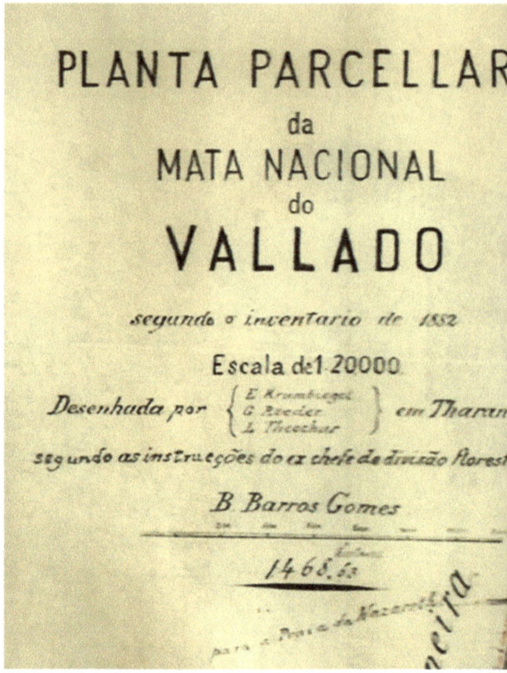

Abb. 6.2: Detailansicht des Titels der Karte. Barros Gomes: *Planta Parcellar da Mata Nacional do Vallado*, 1882.

markierungen übernahmen. Es könnte sein, dass diese Fleißarbeit an die meist weiblichen Arbeiter:innen in Kolorieranstalten im nahegelegenen Dresden delegiert worden war.[31] In den vorliegenden Quellen von Barros Gomes finden sich keine weiteren expliziten Hinweise zu den Personen, die an den langjährigen Arbeiten beteiligt waren.

Die Erstellung der Karte in Tharandt fand jedenfalls unter folgenden Bedingungen statt: Nach seinen Studiensemestern von 1860 bis 1862 suchte Barros Gomes wiederholt Fachkollegen in Tharandt auf. Im Juni 1866 heiratete er Elisa Wilcke in ihrer Heimatstadt Dresden, was eine familiäre Bindung an

31 Siehe dazu: Güttler, Nils: »Unsichtbare Hände. Die Koloristinnen des Perthes Verlags und die Verwissenschaftlichung der Kartographie im 19. Jahrhundert«, in: *Archiv für Geschichte des Buchwesens* 68, 2013, S. 133–153. Eine Anfrage an die Sammlung Perthes in Gotha ergab, dass der Perthes Verlag nicht auf Forsttaxationskarten spezialisiert war und diese im Archiv keinen eigenen Sammlungsbestand bilden. Dennoch ist nicht ausgeschlossen, dass externe Werkstätten oder Kolorieranstalten zwecks Herstellung von repräsentativen Forsteinrichtungskarten für Bücher oder Ausstellungen kontaktiert wurden.

dieses für seine Karriere ausschlaggebende Umfeld besiegelte. Anschließend zogen sie nach Portugal, wo ihre drei Töchter geboren wurden. Vermutlich kehrte die Familie erst 1879 nach Dresden zurück. Die ältesten der drei Töchter, Beatriz und Leonor, besuchten ab 1879 eine katholische Schule in Dresden.[32] In diesem Jahr verbrachte Bernardino Barros Gomes mehrere Monate in Sachsen. In einer Biografie heißt es, dass es ihm vom August bis Ende September 1879 »im Zusammenleben mit den Meistern, Büchern und Wäldern« in Tharandt möglich gewesen sei, »ergänzende Informationen und Nachrichten zu erhalten, die sich für seine Arbeiten und Projekte in Portugal als notwendig erweisen würden«.[33] Allerdings war der schlechte gesundheitliche Zustand von Elisa anscheinend der Hauptgrund für diese Reise. Nach ihrem frühen Tod am 11. August 1879 entschloss sich Barros Gomes dazu, langfristig seine Karriere als Forstingenieur zu beenden, um Priester zu werden.[34] Vor dem Eintritt ins Kloster, den er schließlich 1887 in Portugal vollziehen würde, wollte er die begonnenen, so umfangreichen Arbeiten in den Waldgebieten bei Nazaré und im Königskiefernforst von Pinhal de Leiria abschließen, wo er ab 1882 als Direktor der Forstarbeiten amtierte. In dieser Funktion trat er Anfang 1883 eine weitere Reise nach Tharandt an. Seine Töchter waren während seiner Arbeiten und Dienstreisen bei der Schwiegermutter in Dresden untergebracht und begleiteten ihn anschließend zurück nach Portugal.[35] Im März 1883 schrieb Barros Gomes auf eine Postkarte: »Hier, in Tharandt, sind wir 5 Personen, die zeichnen und schreiben, um schnell die Arbeiten fertig zu stellen, die ich einreichen muss.«[36] Da explizit vom Zeichnen die Rede ist, handelte es sich höchstwahrscheinlich um die Arbeit an der 1884 ausgestellten »Planta Parcellar da Mata Nacional do Vallado« – in Zusammenarbeit mit den zuvor erwähnten Herren Krumbiegel, Reeder und Theothar oder mit anderen nicht namentlich aufgeführten Mitarbeiter:innen?

In einem anlässlich der Landwirtschaftsausstellung erschienenen Journal kommentierte Barros Gomes 1884 die kolorierten Karten, mit deren Darstellungsweise das portugiesische Fachpublikum anscheinend noch nicht vertraut war, sowie ihre Herstellung wie folgt:

32 Guimarães, Bráulio: *Padre Barros-Gomes. Victima da República. Morto a tiro a 4 de Outubro de 1910 no Palácio de Arroios*, Lissabon 2006, S. 124.

33 »Por outro lado, permitiu ao apaixonado silvicultor reviver os seus tempos de estudo na Escola Florestal de Tharandt e *adquirir no convívio dos mestres, dos livros e das matas, um complemento da informações e notícias que julgava necessárias para o prosseguimento dos trabalhos empreendidos ou projectados.*« Ebd.

34 Ebd., S. 128.

35 Ebd.

36 »Aqui, em Tharandt, somos 5 pessoas a desenhar e escrever para concluir depressa os trabalhos que tenho de entregar.« Ebd., S. 129.

Deutsch in der Methode ist diese ganze Arbeit portugiesisch in der Ausführung, mit Ausnahme der kolorierten Zeichnungen, die der besonderen Zweckmäßigkeit halber in Deutschland ausgeführt wurden, und zwar von einer Person der Schule von Tharand, wo der Unterricht in diesem Fach mit Sorgfalt erteilt wird.[37]

Bei allen Bemühungen um eine portugiesische Ausführungspraxis weist die in Tharandt gezeichnete Karte offensichtliche Ähnlichkeiten zu den in Hartigs und Cottas Taxationsbüchern vorgestellten Lehrkarten auf, was sich besonders in der Parzellierung des Waldes und der Strukturierung nach Altersklassen zeigt.

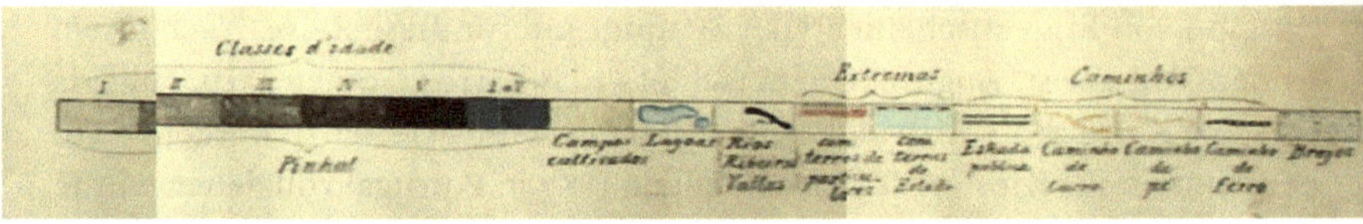

Abb. 6.3: Legende der Karte. Barros Gomes: Planta Parcellar da Mata Nacional do Vallado, 1882.
Von links nach rechts: Altersklassen: I, II, III, IV, V, I+V, Seekiefernwald, kultivierte Felder, Seen, Flüsse, Bäche und Brandungsrückstrom; Grenzen: zu Privatland, zu staatlichem Land, Wege: Öffentliche Straße, Wagenweg, Fußweg, Eisenbahnweg, Feuchtgebiete.

Die Legende (Abb. 6.3) folgt somit in Teilen den bereits analysierten Darstellungsmustern. Sie definiert Zeichen für topografische Gegebenheiten wie kultivierte Felder, Seen, Flüsse, Feuchtgebiete und verschiedene Wegarten sowie die Eigentumsverhältnisse des angrenzenden Landes. Den größten Teil der Legende nimmt die Differenzierung zwischen fünf Altersklassen (»classes d'idade«) ein. Die Beschriftung mit »Pinhal« weist darauf hin, dass hier, zum Zeitpunkt der Forstinventur im Jahre 1852, ausschließlich Seekiefern (»pinheiro-bravo«, lat: *pinus pinaster*) wuchsen. Der westliche Mittelmeerraum ist das natürliche Verbreitungsgebiet dieser Baumart. Zehn Jahre alte Seekiefern werden auf der Karte durch eine hellgraue Einfärbung und die römische Zahl I gekennzeichnet. Die Graustufen sind gestaffelt bis zur schwarz markierten Altersklasse V. Ein bläulicher Schwarzton bildet rechts den Abschluss dieser Farbskala und trägt die Ziffern I + V. Vermutlich bezeichnet der Blauton also diejenigen Forstabschnitte, in denen einige Baumbestände die Umtriebszeit von 50 Jahren erreicht hatten

37 »Allemão no methodo todo este trabalho é portuguez na execução, com excepção dos desenhos coloridos que por comodidade particular foram executados na Allemanha, mesmo pela pessoa da escola de Tharand, onde o ensino d'este gênero é dado com esmero.« Barros Gomes, Bernadino de: »A Mata de Leiria na Tapada da Ajuda em 1884«, in: *Revista da Exposição Agricola de Lisboa* (1), 1884, S. 350, zit. n. García Pereda 2017b, S. 29.

und sukzessive gefällt werden sollten, während Seekiefern der ersten Altersklasse bereits neu heranwuchsen. Da neben der Seekiefer keine weiteren Baumarten in diesem Forstrevier vorhanden waren, wird ein Farbverweissystem für verschiedene Pflanzentypen auf dieser Taxationskarte obsolet.

Die meisten der 77 auf der Karte eingezeichneten *talhões* sind gleich große Rechtecke. Nur die an den Rändern des Staatswaldes gelegenen Distrikte übernehmen die schrägen Verläufe der äußeren Grenzen. Die Nummerierung mit arabischen Zahlen erfolgt von oben rechts nach unten links fortlaufend. Außerdem sind jedem Feld ein oder mehrere Buchstaben – a, b, c, d, e oder f – zugeordnet. Vermutlich existierte also eine zusätzliche Erklärung im Taxationsmanual, in der die topografischen Eigenschaften dieser Abschnitte ausführlicher als auf der Kartenlegende erklärt wurden.

Im Westen grenzt der Seekiefernwald an die Gemeinde Pederneira: ein Fischerdorf, in dem sich im 15. und 16. Jahrhundert eine Schiffswerft und ein Hafen befanden, von wo aus Holz nach Übersee verschifft wurde. Versandung führte im 18. Jahrhundert aber zur Stilllegung dieses Hafens. Die Beschriftung eines Waldweges verweist auf den Strand von Nazaré, eine wichtige Pilgerstätte in Portugal.[38] Im südwestlich vom Staatswald gelegenen Ort Quinta do Campo gab es laut Karte eine Samendarre, an der gesammelte Baumzapfen zu Saatgut verarbeitet wurden, die für Anpflanzungen genutzt werden konnten. Weiterhin befand sich in Quinta do Campo ein Zisterzienserbauernhof sowie eine Schule für Landwirtschaft und Wasserbau der Abtei Alcobaça, welche die Mönche des nahegelegenen Klosters bereits im 13. Jahrhundert eingerichtet hatten. Strukturierte Anpflanzungen hatten in den Wäldern der Region also bereits eine lange Tradition mit verschiedenen dem Kloster zugeordneten Institutionen, Wissensbeständen und Infrastrukturen, die vor Ort die Bedingungen für Barros Gomes' Taxationsarbeiten begünstigt haben könnten.

Taxationskarten des Staatswalds von Vallado aus dem Jahr 2010 belegen wiederum, dass die Bezifferung der Forstabschnitte und die Einteilung in Altersklassen bis in das gegenwärtige Jahrtausend beibehalten worden sind (Abb. 6.4). Auch die Grenzverläufe und Schneisen der *talhões* sind identisch geblieben, wie die Landschaftsfotografie erkennbar macht (Abb. 6.5). Die geometrische Forsteinteilung, die sich von der umgebenden maritimen Dünenlandschaft abhebt, wurde also bereits über einen Zeitraum von mindestens 150 Jahren hinweg aufrechterhalten.

38 In Nazaré befindet sich das *Santuário de Nossa Senhora da Nazaré* (Heiligtum Unserer Lieben Frau von Nazareth), das vom 13. bis ins 19. Jahrhundert Portugals wichtigste Pilgerstätte war. Eine Legende erzählt, dass im Jahr 1179 ein Ritter auf der Jagd durch die Wälder einem Hirsch folgte, der hier über eine Klippe ins Meer stürzte. Die Erscheinung eines Abbildes der heiligen Maria bewog den Ritter dazu, noch rechtzeitig vor dem Abgrund vom Pferd zu springen, was ihm das Leben rettete. Im 19. Jahrhundert war Nazaré ein wichtiger Fremdenverkehrsort, mit einem eigenen Bahnhof in Vallado dos Frades. Gustave Eiffel errichtete hier in den 1890er Jahren eine Bergbahn.

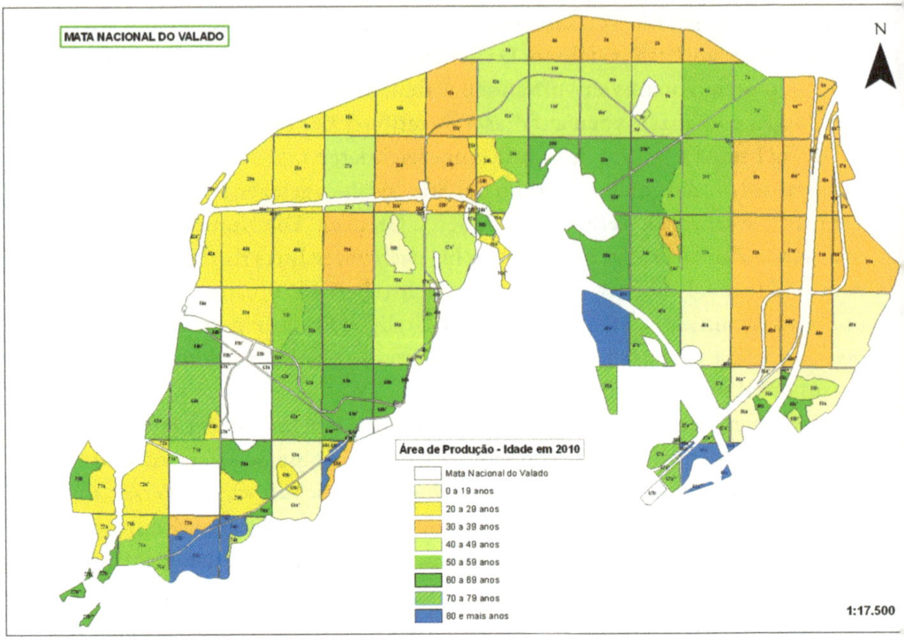

Abb. 6.4: *Mata Nacional do Valado. Área de Produção – Idade em 2010 [Produktionsfläche – Alter im Jahr 2010]*. Autoridade Florestal Nacional, Direção Regional das Florestas de Lisboa e Vale do Tejo.

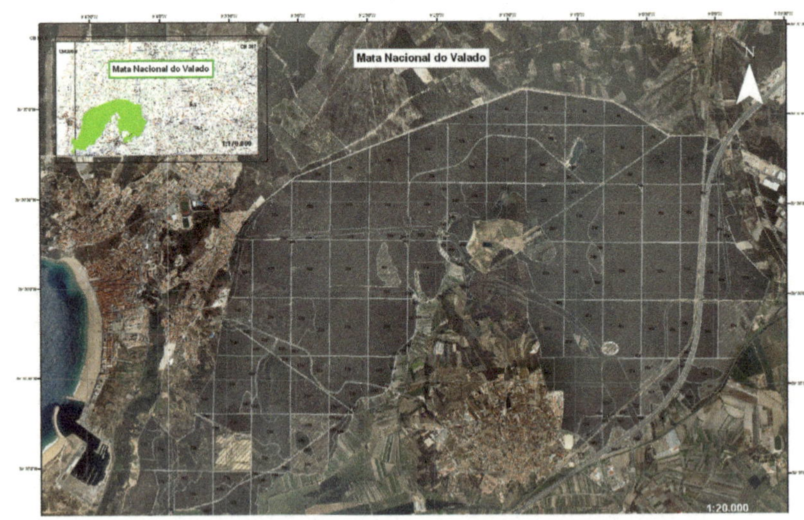

Abb. 6.5: *Mata Nacional do Valado*, »Google Earth«-Projektion mit Nummerierungen, 2010. Autoridade Florestal Nacional, Direção Regional das Florestas de Lisboa e Vale do Tejo.

6.4 Aufforsten für regelmäßige, genau berechenbare Holzerträge

Taxationsarbeiten, die sich bis heute in das Landschaftsbild eingeprägt haben, finden sich auch nördlich von Nazaré im Pinhal de Leiria (Abb. 6.6). Der Taxationsplan ist, wie die eingangs im Brief erwähnten Kartierungen in Machada und Valle de Zebro, das Ergebnis einer Zusammenarbeit von Magalhães und Barros Gomes. 1881 wurde diese Karte ebenfalls bei der Landwirtschaftsausstellung in Lissabon präsentiert und erregte wahrscheinlich besondere Aufmerksamkeit, weil der Pinhal de Leiria in Portugal überregional als »Königskiefernforst« bekannt war. Bereits im 15. und 16. Jahrhundert wurde der »Pinhal do Rei« angelegt. Das Holz und das Harz der dort geschlagenen Seekiefern waren für den Schiffsbau für die portugiesische Flotte von großem Nutzen. Seekiefern und die vielen aus ihnen gewonnenen Produkte hatten auch im internationalen Handel einen hohen Marktwert: Harze sowie Holzteer, der bei der Verkohlung des Holzes entsteht, wurden für die Imprägnierung von Schiffsflanken und die Destillation von Terpentin genutzt, welches ab der zweiten Hälfte des 19. Jahrhunderts als Brennstoff für Öllampen begehrt war.[39]

Eine vergleichbare, international berühmte Aufforstung mit Seekiefern besichtigte Magalhães 1862 während seiner Rückreise von der Forsthochschule in Nancy nach Portugal an der französischen Atlantikküste, in der Gascogne.[40] Die Größe dieses Forstes, der um 1800 auf Sanddünen und Heidefläche neu angelegt worden war, sollte sich im Verlauf des 19. Jahrhunderts verhundertfachen. Aufgrund dieses Erfolges wurde der Forst in der Gascogne zu einem beliebten Ziel für Forstwissenschaftsstudierende und zum Vorbild für Versuche mit Seekiefernaufforstungen in anderen Regionen.[41] Die Berichte von Magalhães und Barros Gomes bezogen sich auf dieses französische Vorzeigebeispiel, um daraus ein Modell für Aufforstungen in Portugal abzuleiten, das auf Forsttaxationskarten eine Visualisierung fand.[42] Auf der Karte vom Pinhal de Leiria tragen die von der Atlantikküste ins Landesinnere führenden parallelen Schneisen Großbuchstaben von A bis S (Abb. 6.6). Im rechten Winkel dazu

39 Zum hohen Marktwert von Kiefern als »flex crop«, deren Produkte auf unterschiedliche Weise genutzt werden konnten, weshalb ihr Anbau langfristig Gewinne versprach, siehe: Krasnodębski, Marcin: »The Social Construction of Pine Forest Wastes in Southwestern France during the Nineteenth and Twentieth Centuries«, in: *Environment and History* 28 (1), 2022, S. 155–183.

40 Vgl. Dévy-Vareta, Nicole: »Les voyages de savants en Europe et le développement des idées géographiques dans le Portugal du XIXe siècle«, in: *Finisterra* 33 (65), 1998, S. 180.

41 Nach dem Vorbild der Gascogne initiierte auch Preußen Versuchsanpflanzungen mit Seekiefern. Siehe dazu: Schneider, Friedrich Wilhelm (Hg.): »Anzustellende Versuche mit dem Anbau der *Pinus maritima* betreffend. Cirkular-Verfügung des Finanzministers an die Königl. Regierungen zu Königsberg, Danzig, Magdeburg, Merseburg, Münster, Minden, Köln und Trier, vom 21. April 1865«, in: *Forst- und Jagdkalender für Preußen*, Bd. 16, Berlin 1866, S. 71 f.

42 Vgl. Dévy-Vareta 1998, S. 180.

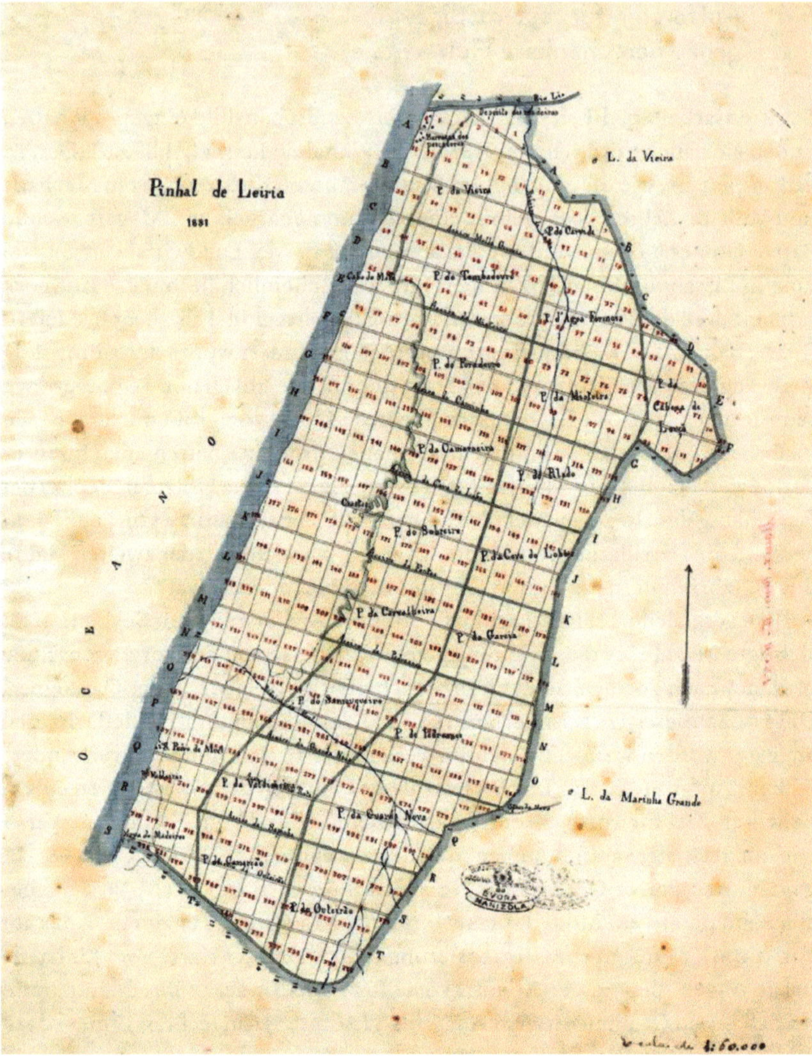

Abb. 6.6: Barros Gomes, Bernardino: *Pinhal de Leiria*, 1881.

verlaufen Schneisen mit Zahlen von 1 bis 22. Zusätzlich zu diesem Koordinatensystem sind die eingeteilten, meist gleich großen Parzellen von Nordosten nach Südosten von 1 bis 340 nummeriert. Der Pinhal de Leiria gilt als einer der ersten gemanagten Seekiefermonokulturen Portugals. Im Oktober 2017 zerstörte ein großflächiger Waldbrand 87 Prozent des Forstreviers.[43]

43 Zur Geschichte des Königsforstes und zum Waldbrand von 2017: pinhaldorei.net/historias-personagens/incendio-de-2017 [Stand: 31.1.2025].

Ein Paradox der so vollkommen kalkulierten, geometrischen Forsttaxationskarten zeigt sich in ihren Spätfolgen. In Monokulturen ist die Gefahr von großflächigen Waldbränden langfristig erhöht. Zudem ist heute bekannt, dass das Ausbleiben der Waldweide in Bergregionen zur Verbuschung ehemaliger Kulturlandschaften führen kann. Das Unterholz stellt leichtes Brennmaterial dar, in dem sich Feuer schnell ausbreiten kann. Diese Gefahren bleiben in den Reflexionen Barros Gomes' über die Forsttaxationsverfahren aber unbenannt. Trotz der unterschiedlichen klimatischen Bedingungen hatten die Aufforstungen in Preußen und Frankreich eine bedingungslose Vorbildfunktion für die Forstingenieure in Portugal. Barros Gomes' Erfahrungsbericht aus Tharandt vermittelt einen Eindruck, an welchen Idealen sich die Aneignung der Forsttaxationsmethoden primär ausrichtete. Den Transfer der Kartierungsmethoden nach Portugal begleiteten Reflexionen über eine möglichst exakte technische Ausführung. Fungierte das wissenschaftliche Ideal der Genauigkeit vielleicht als eine Legitimation für die großflächigen Waldumwandlungen? Täuschte die Perfektion auf dem Papier über die Gefahren der Monokulturen hinweg – und dies, obwohl die angestrebten regelmäßigen Hochwälder nicht erst mit den Waldbränden der Gegenwart, sondern bereits zum Zeitpunkt der Einrichtung auf Probleme stießen?

> Denn hier sieht man, wie wichtig es ist, mit Methode und der möglichen Exaktheit in diesen Beschreibungen vorzugehen; dies ist die notwendige Grundlage für alle Forstordnungen [oder: Forsteinrichtungen], mit denen im Ganzen ein guter Forstverwaltungsdienst kommen wird.[44]

Bei der Erstellung von Forsttaxationskarten – den Plänen des Fällens und Aufforstens – sei es essenziell, »mit Methode und der möglichen Exaktheit«[45] vorzugehen. Bereits die vorbereitende »genaue« Beschreibung der Umgebung stelle die »notwendige Grundlage für alle Forsteinrichtungen«[46] dar, so paraphrasiert Barros Gomes seine Erkenntnisse aus dem Tharandter Unterricht. Genauigkeit und Sorgfalt werden als Charakteristika der in deutschen Staaten praktizierten Vermessungsmethoden markiert. Von der »ernsten Aufmerksamkeit«[47] und »Sorgsamkeit«[48] während aller Arbeitsschritte ist die Rede.[49]

44 »Por aqui se vê a importancia de proceder *com methodo e a possivel exactidão* nestas descripções, base necessaria de todos os regimentos florestaes, como estes o vem a ser de todo o bom serviço administrativo de mattas.« Barros Gomes: »Estudos Florestaes«, 1862, S. 514.

45 Ebd.

46 Ebd.

47 »a attenção séria«, ebd.

48 »cuidado«, ebd.

49 Zu einer wissenschaftshistorischen Perspektive siehe: Daston, Lorraine: *Eine kurze Geschichte der wissenschaftlichen Aufmerksamkeit*, München 2000.

»Die genaue Kenntnis des Geländes« sei »von größter Wichtigkeit«[50] für die Einführung der Taxationsmethoden in Portugal.

Das hartnäckige Bemühen um Genauigkeit wurde offenbar aus den deutschen Forsttaxationslehrbüchern von Hartig und Cotta übernommen, erweist sich aber darüber hinaus als ein Diskurs, der bereits in wissenschaftlichen Berichten von portugiesischen Auftragsreisenden etabliert war, in deren Nachfolge Barros Gomes stand. Frühere Reiseberichte thematisierten Genauigkeitsansprüche oft im Vergleich, wenn nicht sogar in Konkurrenz zu den Vermessungsmethoden anderer Länder. 1805 heißt es beispielsweise im Vorwort des *Memorials über die Notwendigkeit und den Nutzen vom Pflanzen neuer Bäume in Portugal*:

> Ich kann bestätigen, dass ich dieses Thema ziemlich neu und mit größerer Genauigkeit behandle als alles, was ich in Preußen und Holland praktiziert gesehen habe, und als ich in ausländischen Werken gelesen habe, die dieses Thema behandeln.[51]

Der angehende Professor für Metallurgie sowie Naturforscher, Dichter und Politiker José Bonifacio de Andrada e Silva legte diesen Bericht 1813 der königlichen Akademie für Wissenschaften in Lissabon vor. Das Memorial war das Resultat einer insgesamt zehn Jahre dauernden Forschungsreise, die Andrada e Silva ab 1790 nach Preußen, Schweden, Norwegen, in die Niederlande, nach Großbritannien, Frankreich, Österreich, Italien und in die Türkei geführt hatte. Während der Reise hielt er Vorträge, veröffentlichte Studien, wurde Mitglied mehrerer akademischer Gesellschaften und baute sich ein Korrespondentennetzwerk auf. An der Freiberger Bergakademie traf Andrada e Silva auf Alexander von Humboldt und Abraham Gottlob Werner. In der Nähe von Berlin konsultierte er Friedrich August Ludwig von Burgsdorff in Tegel, der eine international beachtete Samendarre und Forstmeisterschule leitete und sich dabei auf die Anpflanzung von Nadelholzplantagen spezialisiert hatte. Im *Memorial über die Notwendigkeit und den Nutzen vom Pflanzen neuer Bäume in Portugal* kondensierte Andrada e Silva die auf der Reise gewonnenen Erkenntnisse. Heute gilt es als erste forstwissenschaftliche Publikation Portugals sowie als ein frühes Plädoyer für Aufforstungen, das weit über Portugal hinaus rezipiert wurde.[52]

50 »o conhecimento exacto do terreno«, Barros Gomes: »Estudos Florestaes«, 1862, S. 544.

51 »Posso affirmar que trato esta matéria com bastante novidade, e com maior exactidão que tudo o que ví praticado na Prússia, e na Hollanda, e lí nas Obras Estrangeiras que della tratão.« Andrada e Silva, José Bonifacio de: *Memoria sobre a necessidade e utilidades do plantio de novos bosques em Portugal*, Lissabon 1815, S. 3.

52 Vgl. Cabral, Maria Teresa/Rego, Francisco: »Prefácio«, in: García Pereda, Ignacio: *Encontros florestais. A criação da Sociedade Portuguesa de Ciencias Florestais*, Lissabon 2017b, S. 9. Hinsichtlich einer Wissensgeschichte des Treibhausgaseffekts ist aufschlussreich,

Genauigkeit fungierte in den Austauschprozessen zwischen Forschenden des portugiesischen Königreichs und der mitteleuropäischen Hochschulstandorte als ein zu überwindendes Differenzkriterium. Gleichzeitig dienten Genauigkeit und Sorgfalt im Vorgehen als Legitimation der eigenen Wissenschaftlichkeit. Offenbar erweist sich Genauigkeit in diesem Fallbeispiel als eine »epistemische Tugend«, die handlungsanleitend auf die sich etablierende Forstwissenschaft und ihre Kartenproduktion wirkte.[53] Dabei äußerte sich das Streben nach Exaktheit letztlich auch in einem Ringen um die Deutungshoheit von Forstexperten in der Wirtschafts- und Rechtspolitik. Wie das Kapitel 2 gezeigt hat, waren konstant hohe Holzerträge, die genau berechenbar sein sollten, in Hartigs Lehrbüchern definitionsbildend für nachhaltige Forsttaxationen. Die »Regelmäßigkeit der Erträge« wurde zum Versprechen dieser Kulturtechnik. Schließlich seien regelmäßige Ernten auch in Portugal aus dem Grund »immer wünschenswert«, da sie die ständige Versorgung des

dass diese Buchveröffentlichung die Kapazitäten von Wäldern diskutierte, Sauerstoff zu produzieren und Kohlenstoffdioxid, bezeichnet als *ácido carbonico,* also Kohlensäure, aus der Atmosphäre zu binden. Die Entdeckung und Benennung des Treibhausgaseffekts wird in der Geschichte der Klimawissenschaften oftmals dem Schweden Svante Arrhenius in den 1890er Jahren zugeschrieben. Erste Laborexperimente zur Wirkung von Kohlenstoffdioxid in der Atmosphäre auf Sonnenlicht führte nach heutigem Kenntnisstand die amerikanische Botanikerin und Chemikerin Eunice Newton Foote in den 1850er Jahren durch, also 50 Jahre nach Andrada e Silvas Ausführungen zur Bindung von CO2 in Wäldern. Andrada e Silva: *Memoria sobre a necessidade e utilidades do plantio de novos bosques em Portugal,* 1815, S. 13 f. Zur Speicherung von Kohlenstoffsäure aus der Atmosphäre in Pflanzen verweist Andrada e Silva zudem auf Publikationen des englischen Botanikers, Mediziners, Physikers und Aerologen Daniel Ellis. Siehe außerdem: Arrhenius, Svante: *Über den Einfluss des atmosphärischen Kohlensäuregehalts auf die Temperatur der Erdoberfläche*, Stockholm 1896; Foote, Eunice: »Circumstances affecting the Heat of the Sun's Rays«, in: *The American Journal of Science and Arts* 22, 1856, S. 382 f. Vgl. Jackson, Roland: »Eunice Foote, John Tyndall and a question of priority«, in: *Notes and Records: The Royal Society Journal of the History of Science* 74 (1), 2020, S. 105–118.

53 Zum Konzept der epistemischen Tugend: Daston, Lorraine/Galison, Peter: *Objectivity*, New York 2007; Krajewski, Markus: »Genauigkeit. Zur Ausbildung einer epistemischen Tugend im ›langen 19. Jahrhundert‹«, in: *Berichte zur Wissenschaftsgeschichte* 39 (3), 2016, S. 211–229. Zu Genauigkeitskonzeptionen in der Kartografiegeschichte siehe: Blakemore, Michael J./Harley, John Brian: »The Search For Accuracy«, in: *Cartographica. The International Journal for Geographic Information and Geovisualization* 17 (4), 1980, S. 54–75. Die Kartografiehistoriker unterscheiden zu analytischen Zwecken zwischen 1. chronometrischer Genauigkeit in Bezug auf Datierungsfragen, 2. geodätischer und planimetrischer Genauigkeit im Hinblick auf die Skalierung und die Umsetzung des Maßstabes (»the extent to which distances [...] coincide with their true values«, ebd., S. 60) und 3. topografischer Genauigkeit, wobei es bei Letzterer um die Exaktheit der Darstellung topografischer Aspekte geht (»the quantity and quality of the information in a map about landscape objects«, ebd., S. 68). Eine Konzeption von Genauigkeit als skalierbarem Annäherungswert liegt in den hier zitierten portugiesischen Quellen nicht vor. Vielmehr wird verallgemeinernd an die Genauigkeit als allumfassendes Ideal appelliert.

Staates mit Ressourcen gewährleisteten.[54] An anderer Stelle heißt es diesbezüglich, »die jährlichen Fällungen dürfen nicht unterschiedlich ausfallen, damit die Erhaltung des Waldes garantiert und das Nutzungsrecht zukünftiger Generationen gerettet werde«.[55]

Diese Rhetorik zielte darauf ab, »unregelmäßige Wälder«[56] umzuwandeln, indem Taxatoren eine Forsteinrichtung einführten, die sich an Jahresklassen orientierte: »Unorganisierte und schlechte Baumbestände waren in normal organisierte Wälder zu konvertieren.«[57] In diesem Kontext wird häufig das Verb »regulieren« (»regular«) verwendet – sogar als ein Synonym für die Forsteinrichtung. Den Aufforstungs- und Verwaltungsarbeiten wird somit eine regulatorische Funktion zugeschrieben. Die basale Recheneinheit in diesem Regulierungsprozess bildete die Umtriebszeit mit ihrem visuell ordnenden Potenzial, das über alle politischen Aushandlungsprozesse und gewohnheitsrechtlichen Verpflichtungen erhaben schien. Das exakte Vorgehen verschaffte den Forsttaxatoren Autorität – und letztlich die wissenschaftlich begründete Macht, Regeln zu setzen.

Die Übersetzung für »Umtrieb« lautet *revolução*: Umdrehung, Drehung, Umwälzung, Umlaufzeit. Taxationskarten versprachen eine Übersicht über die Nutzung von Bäumen als Ressource – und stellten Normalwälder mit regelmäßigen Erträgen in Aussicht. Alle zehn Jahre mussten die Bestandskarten überarbeitet werden. Die Gesamtheit der Bestandskarten bildete also – so hebt es Barros Gomes auf ähnliche Weise wie Heinrich Cotta hervor – »die interessanteste Illustration der wesentlichen Veränderungen, die ein Wald durchlaufen hat«.[58] Die Karten führten vor Augen, wie »die Natur und die Verteilung der Waldbestände sein würden [...], wenn eine oder mehrere Umtriebszeiten [revoluções] verstrichen seien.«[59] Im Vergleich der in regelmäßigen Zeitabständen erneuerten Karten konnten vergangene Fällungen

54 »unico que pôde assegurar a regularidade da *producção annual*, e por tanto em grande parte a *regularidade dos rendimentos*: condição esta *sempre desejavel* e sobretudo quando esses rendimentos entrem como verba muito importante de receita nos recursos ordinarios do estado; caso frequente em Alemanha.« Barros Gomes: »Estudos Florestaes«, 1862, S. 542.

55 »o córte annual se não devia afastar para garantir a conservação da matta, pondo a salvo o usufructo das futuras gerações«, ebd., S. 572.

56 »as mattas irregulares«, ebd., S. 572.

57 »de converter arvoredos desordenados e mal constituidos em mattas normalmente organisadas.« – »unorganisierte Baumbestände in schlechter Kondition in normal organisierte Wälder konvertieren«, ebd.

58 »Renovadas de 10 em 10 annos por occasião das revisões de regimento, a sua colecção vem além disso a formar depois *uma illustração a mais interessante das modificações essenciaes, por que uma matta foi passando.*« Ebd., S. 515.

59 »Estas plantas respondem principalmente à pergunta: *qual será a natureza e distribuição das folhas que hade resultar do systema de córtes e culturas proposto, passado o prazo de uma ou mais revoluções?*« – »Diese Karten antworten generell auf die Frage: Wie wird die Natur und die Verteilung der Baumbestände sein, die aus dem vorgeschlagenen System der Fällungen und

zurückverfolgt werden. Zukünftige Waldzustände wurden vorstellbar; bevorstehendes Holzwachstum wurde dank der festgelegten Umtriebszeit, der Tabellen und Fällungspläne kalkulierbar. Im Zuge der Forsteinrichtung verwandelten sich die konstant gleich groß bleibenden Erträge von einem utopischen Ziel zu einem realisierbaren Ideal – in der Gestalt von Monokulturen im Rastermuster.

In Barros Gomes' Reiseschilderungen finden sich viele Beschreibungen von regelmäßigen Mustern, die er während der Besichtigung von Aufforstungen in deutschen Staaten wahrgenommen hatte. Ein »Großteil der sächsischen Wälder« sei »in 14–15 Hektar große Parallelogramme aufgeteilt«.[60] Sogenannte »Wirthschaftsstreifen« sollten stets von Osten nach Westen verlaufen.[61] Die Baumbestände am Rand sollten in »weniger regelmäßigen Formen« schützende »Waldmäntel« bilden, denn die neuen Kulturen mussten vor Wind, Wetter und Sand geschützt werden und sich deshalb an den bestehenden Waldrändern orientieren.[62] Für Neuanpflanzungen und Aussaaten nutzte man in der Umgebung Tharandts »fast ausschließlich« Fichten.[63] Barros Gomes' Reisenotizen zu Eichenkulturen in Hannover und Magdeburg zeugen von einer Haltung voller Bewunderung gegenüber den Aufforstungsregeln, die sich wie folgt zusammenfassen lassen: »Normal organisierte Wälder«[64] als allumfassendes Ideal definierten sich durch geometrische Formen, einheitliche Baumarten und genau ausgeführte Vermessungen.

Neuanpflanzungen resultiert, wenn die Dauer von einer oder mehreren Umtriebszeiten verstrichen ist?« Barros Gomes: »Estudos Florestaes«, 1862, S. 516.

60 »Duas ordens de aceiros, usados em todas as mattas do estado saxonias, *dívidem tambem a maior parte desta em paralelogrammos de 14–15 hectares*, apresentando o resto apenas, conforme a disposição dos accidentes e dos limites do terreno, *formas menos regulares.*« – »Zwei Ordnungen der Nadelbäume, die in allen Wäldern des Staates Sachsens genutzt wurden, *teilen auch den größten Teil dieser in Parallelogramme von 14–15 Hektar.* Ein kleiner Rest bildet in Abhängigkeit vom Zufall und von den Grenzen des Geländes *weniger regelmäßige Formen.*« Ebd., S. 600.

61 »*Aceiros largos (Wirthschaftsstreifen)*, dirigindo-se em geral de leste a oeste, asseguram a divisão da matta em series independentes de córte.« Ebd.

62 »Tem estes aceiros toda a largura necessária para que as arvores, que os bordam, desenvolvam, pelo lado de fora, toda a sua ramificação desde a base, e formando por este modo *um manto protector (Waldmantel)* resguardem com elle dos ventos e do sol o interior dos massiços [...].« Ebd.

63 »Die Fichte ou Rothtanne. Todas as novas plantações são quase exclusivamente d'esta especie que occupa 505, 25 hectares, dos quaes apenas 155 de classes superiores d'edade, em estado de bom crescimento.« – »Die Fichte oder Rothtanne. Alle neuen Pflanzungen bestehen fast ausschließlich aus dieser Baumart, die 505,25 Hektar einnimmt, von denen kaum 155 Hektar höhere Altersklassen ausmachen, und befinden sich in einem guten Wachstum.« Ebd., S. 602.

64 Ebd., S. 572.

Für die Anwendung solcher Forsttaxationsverfahren nahmen sich die portugiesischen Ingenieure Methoden aus dem sächsischen Tharandt, dem französischen Nancy, dem spanischen Villaviciosa und anderen von ihnen besuchten Hochschulen Europas zum Vorbild. Bevor Barros Gomes den Wunsch umsetzte, Priester zu werden, unterrichtete er 1881/82 in Lissabon Kolonialstudien (»estudos coloniais«) und bezog vermutlich die Forsteinrichtungsverfahren auf von Portugal kolonisierte Länder.[65] Außerdem war er bereits 1865 Mitglied einer Kommission gewesen, die sich mit Aufforstungsmethoden auf den kapverdischen Inseln beschäftigte.[66] Inwiefern das Ideal der genau berechenbaren, regelmäßig bestandenen Wälder sowie das Umtriebszeitenprinzip São Tomé und Príncipe, Goa, Kap Verde und anderen portugiesischen Kolonialländern aufgezwungen wurden, wäre ein weiterführendes Forschungsthema.[67] Wurden vielleicht auch die Eukalyptusmonokulturen, die heute in Portugal, Brasilien und vielen Weltregionen dominieren und die seit dem Ende des 19. Jahrhunderts systematisch angepflanzt wurden, nach dem Umtriebszeitenprinzip geplant?

Was in den Reisebeschreibungen und den lobenden Anmerkungen über regelmäßige Bestände unerwähnt bleibt, sind Holzfrevelvorfälle und organisierte Proteste gegen Forstverwaltungen. Während seines zweijährigen Aufenthalts in Tharandt mussten die Konflikte um das Waldstreu- und Brennholzsammeln Barros Gomes' Aufmerksamkeit erregt haben.[68] Dennoch schwieg er in der Wissenschaftszeitschrift darüber. Interessanterweise enthalten auch seine Karten über portugiesische Nationalwälder keine Hinweise auf Wald-

65 Die Vorbereitung seiner Lehrtätigkeit in den Kolonialstudien erwähnte Barros Gomes im Juni 1879 in einem Brief an Elisa Wilcke: »Se regulares bem as tuas despesas, poderia eu então residir alguns meses mais na Alemanha, e uma vez arrumadas e confiadas ao Sr. Pimentel as minhas matas, aproveitar da minha estada ali para bem me preparar para *os estudos coloniais* de toda as espécie em vista da minha entrada definitiva na Escola Politécnica.« – »Wenn du deine Ausgaben gut regelst, könnte ich also einige Monate länger in Deutschland bleiben, und wenn meine Forste noch einmal Herrn Pimentel anvertraut werden, kann ich meinen Aufenthalt dort nutzen, um mich gut auf die Kolonialstudien aller Art vorzubereiten, schon in Hinsicht auf meinen definitiven Eintritt in die Polytechnische Schule.« Guimarães 2006, S. 127.

66 Dévy-Vareta, Nicole: »Gomes, Bernardino Barros«, in: Centro Interuniversitário de História das Ciências e da Tecnologia (CIUHCT) (Hg.): *O Dicionário Biográfico de Cientistas, Engenheiros e Médicos em Portugal*, Lissabon 2022. Einsehbar unter: doi.org/10.58277/CQEH5201 [Stand: 31.1.2025].

67 Zu den Austauschbeziehungen zwischen deutscher Forstwissenschaft und Brasilien in Zeiten deutscher Auswanderung im 19. Jahrhundert: Relly, Eduardo: »A proposal for the understanding of German forest colonization in Southern Brazil through property rights and (de)regulation«, in: Isaia, Artur César/Gomes Graebin, Cleusa Maria/Eidt, Douglas et al. (Hg.): *História, Cultura e Religiosidades Afro-Brasileiras*, Bd. 2, Porto Alegre 2018, S. 71–78; Relly, Eduardo: »A agricultura e floresta dos alemães no Brasil: mobilidade, conhecimentos e transfers no Urwald (século XIX)«, in: *Estudos Ibero-Americanos* 46 (1), 2020, S. 1–16.

68 Vgl. das Kapitel 5.6 in diesem Buch.

bewirtschaftungsformen, die nicht der regelmäßigen Holzproduktion dienten. Frappierend ist, dass es nicht nur in Tharandt, sondern auch in den portugiesischen Wäldern zeitgleich mit der Einführung der Taxationsverfahren zu Waldnutzungskonflikten kam. Im Folgenden soll gezeigt werden, dass sich diese Konflikte an den fortschreitenden Verboten der Allmendenutzung entzündeten, die durch zweierlei vorangetrieben wurden: durch forstwirtschaftliche Notationsverfahren, die diverse Waldnutzungsformen, wie etwa Agroforstsysteme, aus dem Raster der Forsttaxationskarten fallen ließen, sowie durch Gesetzesreformen, deren Konzepte von Privatbesitz Gemeingüter obsolet machen sollten.

6.5 Die Verstaatlichung und Privatisierung der Waldallmenden

Während Barros Gomes die Taxationsarbeiten in portugiesischen Wäldern umsetzte, erließ das Königreich Portugal 1867 eine umfassende Rechtsreform: den *Código Civil*, der auch das Land in Gemeinbesitz, die sogenannten *baldios*, betraf. *Baldios* sind ländliche Gebiete, welche die bäuerliche Bevölkerung der Dorfgemeinden nach gewohnheitsrechtlich abgestimmten Regelungen bewirtschaftet. Die Geschichte der Rechtskategorie führt bis in das 12. Jahrhundert zurück, als das portugiesische Königreich gegründet wurde, und existiert auch im gegenwärtigen Recht, wobei sich der Großteil der *baldios* heute im Norden Portugals befindet.[69] Im 19. Jahrhundert weideten auf *baldios* zumeist Ziegen, Schafe und Kühe. Nach lokal unterschiedlich ausgeprägten Regeln erfolgte die Entnahme von Bau-, Brennholz und Kohlholz sowie von Streumaterial für die Tiere, welches die Bauern, ähnlich wie in Mitteleuropa, zum Auffangen des Dungs nutzten. Einzelne Bereiche, sogenannte *leiras*, wurden zur Regeneration aus der Nutzfläche abgegrenzt und nach dem Nachwachsen der Vegetation einer Familie zur Brennholznutzung zugeschrieben. Diese Nutzungsflächen wurden entweder jährlich neu zugeteilt oder innerhalb der Familien vererbt, jedoch nie käuflich veräußert oder erworben. Starben die letzten

69 Vgl. Brouwer, Roland: *Planting Power. The Afforestation of the Commons and State Formation in Portugal*, Delft 1995, vor allem das Kapitel 2 (»Baldios and Forestry, State and Law«), S. 7–42; Brouwer, Roland: »Between Policy and Politics. The Forestry Services and the Commons in Portugal«, in: *Forest & Conservation History* 37 (4), 1993, S. 160–168. Zu dem Begriff der *baldios*, der sich neben dem Allmendeland der Bauerngemeinden (franz: »terres de la communauté«) manchmal auf Land der (Stadt-)Gemeinden (franz.: »terres de la commune«, port.: »bens do concelho«) bezog, siehe: Sobral Neto, Margarida: »Biens et usages communaux au Portugal (1750–1950)«, in: Demélas, Marie-Danielle/Vivier, Nadine (Hg.): *Les propriétés collectives face aux attaques libérales (1750–1914). Europe occidentale et Amérique latine*, Rennes 2003, S. 175 f.

Angehörigen, fiel das *leira* zurück in die Nutzungsgemeinschaft der *baldios*.[70] Im Verlauf des 19. Jahrhunderts wurden die portugiesische Wirtschaftspolitik liberalisiert und der Rechtsstatus der *baldios* neu ausgehandelt. Nach der brasilianischen Unabhängigkeitserklärung von 1821 sanken die Einnahmen der portugiesischen Schatzkammer, woraufhin Portugal Reformen im Finanz-, Verwaltungs- und Rechtssystem ausarbeitete, welche die Einflussmöglichkeiten des Königreiches auf die eigenen Ressourcen ausweiten sollten, was stufenweise in die Verstaatlichung von Gemeingütern und die Privatisierung von Ländereien mündete.[71]

Der *Código Civil* von 1867 orientierte sich am römischen Recht, was zur Folge hatte, dass für die *baldios* keine eigene Rechtskategorie mehr vorgesehen war. Während die *baldios* zuvor als Land der Bauern- und Dorfgemeinden klar vom Land der Kirchenkreise und dem Land der *conselhos*, der Stadtverwaltungen, unterschieden waren, differenzierte der *Código Civil* nur noch drei Hauptkategorien von Eigentum: erstens die öffentlichen Dinge *(coisas públicas* bzw. *res publicae)*, die sich auf Staatseigentum wie zum Beispiel Häfen bezogen, zweitens die gemeinen Dinge *(coisas comuns, res universitatis)*, die den Besitz der Kommunal- und Stadtverwaltungen, der Kirchenkreise und der *baldios* umfassten, und drittens die Eigentumskategorie des Privatbesitzes *(coisas particulares, res singulorum)*. Laut dem Agrarhistoriker Roland Brouwer war die Zusammenführung der *baldios*, des städtischen und kirchlichen Landes zu einer einzigen Eigentumskategorie höchst problematisch, da sie einer rechtlichen Gleichstellung dieser Ländereien nahekam.[72] Brouwers Argumentation folgend ebnete die Kategorisierung der *baldios* als *coisas comuns* der Verstaatlichung dieser Waldallmende den Weg. Viele der verstaatlichten *baldios* wurden dann Ende des 19. Jahrhunderts an Privatbesitzende verkauft.[73] Die Zuordnung der

70 Vgl. Brouwer 1993, S. 161. Brouwer erläutert, dass *baldios* zwar einerseits eine Grundsicherung für die arme ländliche Bevölkerung gewährten, andererseits aber diejenigen Bäuer:innen mit den meisten Weidetieren am ehesten profitierten. Angesichts dieser sozialen Aushandlungsprozesse gilt es, die oft erfolgte Idealisierung von Waldallmenden als harmonische, vorkapitalistische Organisationsform zu hinterfragen.

71 Ebd., S. 16–19.

72 Der Artikel 473 lautet: »Artigo 473. Os pastos, matos, lenhas e outras substancias vegetaes, produzidos nos baldios ou terrenos municipaes ou parochiaes, pertencem exclusivamente aos vizinhos dos respectivos concelhos ou parochias, mas só podem ser occupados em conformidade dos antigos usos e costumes, ou dos regulamentos que as cameras municipaes fizerem.« »Die Weiden, Wälder, das Brennholz und die anderen pflanzlichen Substanzen, die auf den Brachflächen [baldios] oder den Ländereien der Kommunen oder Kirchgemeinden erzeugt werden, gehören ausschließlich den Nachbarn der jeweiligen Landkreise oder Pfarreien, können aber nur in Übereinstimmung mit den früheren Nutzungsweisen und Gewohnheiten in Anspruch genommen werden oder nach den von den Gemeinderäten erlassenen Regelungen.« *Codigo Civil Portuguez*, approvado por Carta de Lei de 1 de Julho de 1867, 2. Aufl., Lissabon 1868, S. 90.

73 Vgl. Brouwer 1995, insbes. das Kapitel 2 (»Baldios and Forestry, State and Law«), S. 7–10, 13–19.

baldios zu derselben Eigentumskategorie wie städtische und kirchliche Ländereien spiegelt sich laut Brouwer in den Karten der Forstverwaltung wider:

> The changes in the way in which the concepts of the commons was translated into a legal text has a specific relevance which can be grasped by perceiving law as a way of portraying or mapping normative structures. Like geographic maps, laws can be drawn in different ways, according to the different methods of projections, on different scales, and with different symbols. [...] The inevitable consequence of this type of projection is the concealing of certain features of social reality outside the state's administrative order which might also be important for the mapping of the normative structures that govern the use of land. Similar to ordinary Mercator maps, where Africa appears deformed and smaller in relation to Europe than it is in reality, the method of projection chosen in the 1867 civil code disfigured or obscured forms of social organization that were not identical with levels in the state.[74]

Bei der Analyse der Forsttaxationskarten wurde sowohl für den deutschsprachigen Kontext als auch für Portugal offensichtlich, dass Allmendeflächen und Landnutzungsformen, die nicht den Prioritäten der staatlichen Forstverwaltung entsprachen, auf dem Kartenfeld fehlen. Gerade die komplexen Waldbewirtschaftungsformen der *baldios*, deren Mitglieder Raumeinteilungen sowie Eingrenzungen von Regenerationsflächen eigenständig aushandelten, fallen also aus dem Raster heraus – für sie wurden keine Symbole gefunden. Die Anwendung der Forsttaxationsmethoden in Portugal stand in einem unmittelbaren raumzeitlichen Zusammenhang mit dem *Código Civil*, der die *baldios* mit ihren variablen Landnutzungsformen in die Rechtskategorie der *coisas comuns* einordnete. Parallel zu Portugal setzte auch das spanische Königreich staatliche Aneignungen und anschließende Privatisierungen für einen Großteil der Allmenden durch.

In den 1860er Jahren erließ Spanien Dekrete, welche die großflächige Privatisierung der *montes* zur Folge hatten. Die spanischen *montes* oder *dehesas*, wie auch die *montados* im Süden Portugals, stellen ein spezifisches Waldnutzungssystem dar, das traditionell als Allmende bewirtschaftet wurde. Es handelt sich um Eichen- und Kastanienwälder, auf denen Schweine oder Rinder weiden und sich von Nussfrüchten ernähren. Vergleichbar mit den mitteleuropäischen Hutewäldern, befinden sich zwischen den Bäumen größere Abstände. Aufgrund des lichtreichen Standorts und der breiteren Baumkronen wachsen auf den einzelnen Bäumen mehr Eicheln und Kastanien als in dicht bewachsenen Wäldern. Zusätzlich zur Schweinemast begünstigen die *montados* die Koexistenz diverser Bewirtschaftungsformen: Im 19. Jahrhundert wurde auf ihnen Brenn- und Bauholz sowie Waldstreu gesammelt, die Rinde von Kork-

74 Brouwer 1995, S. 9 f.

eichen geschält, Espartogras geschnitten und auf Teilabschnitten Getreide angebaut. Es handelt sich um eine Agroforstwirtschaft im Gemeinbesitz, um ein primär silvopastorales System, da es von der Waldweide bestimmt wird. Anliegende Bauerngemeinden koordinierten die Nutztierhaltung, die Pflege der Bäume sowie den Rückschnitt von Espartogras und Unterholz.[75] Die zunehmende Reglementierung von traditionellen Bewirtschaftungsformen der *montes* analysierte Antonio Ortega Santos vor dem Hintergrund der Einführung einer auf »nachhaltige« Erträge ausgerichteten Forstverwaltung. Der spanische Agrarhistoriker betont, dass sich jedoch gerade diese verdrängten agrarischen und pastoralen Waldnutzungsformen im Nachhinein als sozial und ökologisch nachhaltig bewerten lassen.[76]

Bereits seit dem 18. Jahrhundert hatten verschiedene Gesetze die Aufteilung und den Verkauf des Allmendelandes in Spanien autorisiert. Der verbleibende bäuerliche Gemeinbesitz sollte fortan der kommunalen Verwaltung unterstellt oder aber in Privatbesitz überführt werden.[77] Das *Ley de Montes* von 1867 sah zusätzlich vor, dass ein neu eingerichtetes *Servicio Forestal* Pläne von den kommunalen *montes* zeichnen sollte.[78] An dieser Stelle wird offensichtlich, dass Forstkartierungsverfahren auch einen praktischen Nutzen für die Aneignung von ehemaligem Allmendeland hatten.

Die spanische Forstverwaltung war für die öffentlichen Versteigerungen der *montes* zuständig, bei denen die städtischen Kommunen zunächst nur zehn

75 Vgl. Clément, Vincent: »Spanish Wood Pasture. Origin and Durability of an Historical Wooded Landscape in Mediterranean Europe«, in: *Environment and History* 14 (1), 2008, S. 67–87. Zu den sozialen und ökologischen Aspekten der agrarischen und pastoralen Waldnutzungsformen in Andalusien: González de Molina, Manuel (Hg.): *La cuestión agraria en la historia de Andalucía*, Sevilla 2014. Zu den *dehesas* in der Extremadura (im Südwesten Spaniens) und der der dortigen Entwicklung einer Forstwirtschaftsverwaltung mit Bezug auf deutsche Methoden und unter Berücksichtigung der traditionellen Waldnutzungsformen der *dehesas*: Linares, Antonio M.: »Forest planning and traditional knowledge in collective woodlands of Spain: The dehesa system«, in: *Forest Ecology and Management* 249 (1), 2007, S. 71–79. Für den Vergleich der *montes* und *dehesas* mit anderen agrarischen Waldnutzungssystemen in Europa siehe: Eichhorn/Paris/Herzog et al. 2006, S. 29–50; Winiwarter, Verena/Bork, Hans-Rudolf: *Geschichte unserer Umwelt. 66 Reisen durch die Zeit*, Darmstadt 2019, insbes. das Kapitel »Umweltschonende Landnutzung. Spanien seit dem Neolithikum«, S. 36–38.

76 Ortega Santos, Antonio: »Über die historische Nachhaltigkeit kollektiver bäuerlicher Aktionsformen. Sozio-ökologische Konflikte in Ost-Andalusien (18. bis 20. Jahrhundert)«, in: Allemeyer, Marie Luisa/Jakubowski-Tiessen, Manfred/Rufino, Salvador Rus (Hg.): *Von der Gottesgabe zur Ressource. Konflikte um Wald, Wasser und Land in Spanien und Deutschland seit der Frühen Neuzeit (De la Conservación a la Ecología. Estudios históricos sobre el uso de los recursos naturales y la sostenibilidad)*, Essen 2007, S. 239–261.

77 Für einen Überblick über die Gesetzgebungen in Spanien siehe: Ortega Santos 2007, S. 248 f.; Pérez Picazo, Maria Teresa: »Propriété collective et ›désamortissement‹ en Espagne (1750–1900)«, in: Demélas, Marie-Danielle/Vivier, Nadine (Hg.): *Les propriétés collectives face aux attaques libérales (1750–1914). Europe occidentale et Amérique latine*, Rennes 2003, S. 197–215.

78 Ebd., S. 212.

Prozent des Preises zu zahlen hatten. Neben den Kommunen erwarben Großgrundbesitzende einen großen Anteil des zur Versteigerung stehenden Landes. Einige der Großgrundbesitzenden verfolgten zudem eine Strategie der gezielten Brandstiftung, mit dem Ziel, das verbrannte Land anschließend kostengünstig aufzukaufen und somit ihre privaten Weideflächen zu erweitern. Ab den 1870er Jahren wurde die *Guarda Civil* zur Überwachung der *montes* eingesetzt. Zeitgleich verschärften Reformen die Strafen auf die illegale Weiternutzung der *montes*. Für den Zeitraum von 1876 bis 1911 wertete Ortega Santos Strafregister aus, die für verschiedene Provinzen Andalusiens erstellt worden waren. Zu den am häufigsten verzeichneten Delikten zählten die ehemals erlaubten Weidepraktiken sowie das Sammeln von Waldprodukten auf den *montes*. Im Vergleich zu den meist von Großgrundbesitzenden in Auftrag gegebenen Brandstiftungen wurden die Subsistenzpraktiken auf den *montes* übermäßig hart bestraft.[79] Es ist sicherlich kein Zufall, dass dieses rigorose Strafregime im letzten Drittel des 19. Jahrhunderts durchgesetzt wurde – zur Zeit der ersten großflächigen Forsttaxationen auf der Iberischen Halbinsel.

Vor dem Hintergrund der staatlich angeordneten Kommunalisierung und Privatisierung der bäuerlichen Allmenden muss die Einführung von standardisierten Forsteinrichtungsverfahren und Taxationskarten in Spanien und Portugal neu bewertet werden. Diese transnationale Verflechtungsgeschichte erfordert einen multiperspektivischen Blick. Schließlich ging der Umgestaltung von Landschaftsräumen in Hochwälder beziehungsweise Monokulturen ein Prozess voraus, in dessen Verlauf land- und weidewirtschaftliche Praktiken sukzessive aus Wäldern verdrängt worden waren. Diesbezüglich ähnelten sich die Konfliktkonstellationen in Sachsen, Preußen und der Schweiz, in Spanien und Portugal. Auch in Tharandt und im schweizerischen Chur definierten Rechtsordnungen das gewohnheitsrechtlich legitimierte Streusammeln Anfang des 19. Jahrhunderts zunehmend als Delikt, ähnlich wie es sich ab den 1860er Jahren für die traditionellen Bewirtschaftungsformen in Portugal und Spanien beobachten lässt. Ein wesentlicher Unterschied besteht darin, dass die Schweizer Gemeindewälder und ihre lokal ausgehandelten Organisationsformen sowie die Haubergwirtschaft im Siegerland im 19. Jahrhundert durchgehend einen rechtlichen Schutz genossen. Tendenziell lässt sich aber über verschiedene Regionen Europas hinweg eine gleichläufige Einschränkung der Gewohnheitsrechte in Wäldern beobachten. Dabei ließe sich die Agroforstwirtschaft der beweideten Eichenhaine auch ganz anders bewerten.

Wie sich Barros Gomes zu den *montados* und *baldios* verhielt, ob sich seine Forsttaxationskarten auch auf das verstaatlichte Land von Bauerngemeinden bezogen, geht aus den vorliegenden Quellen nicht eindeutig hervor. In einem auf Französisch verfassten Bericht über *Les Forêts de Portugal* hob der Forstingenieur die Bewirtschaftungsform der Eichenwälder positiv hervor. Dabei er-

79 Vgl. Ortega Santos 2007, S. 246 f.

wähnte er Waldgebiete auf dem Plateau von Alentejo, in denen die Anwohnenden neben der Schweinezucht zwischen den Bäumen auch Weizen anbauten:

> Der Förster sieht sich hier mit der allgemeinen Tatsache konfrontiert, dass der Landwirt sich dieser beiden Baumarten seit sehr langer Zeit angenommen hat, indem er sich um ihre natürliche Vermehrung kümmert, sie beschneidet, sie durch Pflügen düngt, sie aber nicht neu aussät. Die Schweine, die er in sehr geringem Umfang züchtet, und die Weizenprodukte, die er unter den Bäumen gewinnt, reichen aus, um bis zum heutigen Tag natürliche Waldungen von sehr großer Reichweite zu schützen, wo die Steineiche dominiert, und wo sie auch heute noch Ausmaße erreicht, die nur geringfügig unter denen der Korkeiche liegen.[80]

Offensichtlich befürwortete Barros Gomes die Effekte der landwirtschaftlichen Arbeiten in diesem Forst. Daher ist zu vermuten, dass er die Waldweiden und Agroforstsysteme nicht aktiv einschränken wollte. Dennoch setzte er sich für eine »geregelte« Forstverwaltung ein, die auf einheitliche Baumbestände sowie das Fällen und Aufforsten im Rhythmus der Umtriebszeiten ausgerichtet war. Die von Barros Gomes gestalteten Forsteinrichtungskarten sahen weder Räume für Korkeichenwälder noch Zeiten für Weide- und Landwirtschaft vor, wobei eingeräumt werden muss, dass sich seine Taxationskarten explizit auf Pinien- und Seekiefernbestände bezogen. Es erscheint paradox, dass sich sowohl Bernardino Barros Gomes und Heinrich Cotta als auch Georg Ludwig Hartig in einzelnen Publikationen für jene Agroforstsysteme aussprachen, welche durch die von ihnen entwickelten Taxationsverfahren erschwert wurden.

Erst in jüngster Zeit kam es zu einer Neubewertung und Wertschätzung multifunktionaler Nutzungen, wie sie für Waldweiden und Baumfelder charakteristisch sind. Seit Ende des 20. Jahrhunderts werden Agroforstsysteme in der europäischen und internationalen Landwirtschaftspolitik gezielt gefördert. Für die nachhaltige Forst- und Landwirtschaft in tropischen und subtropischen Gebieten werden sie nachdrücklich empfohlen, weil sie Bodenerosion vorbeugen und sich positiv auf den Wasserhaushalt auswirken. In kleinbäuerlichen Strukturen ermöglichen Agroforste höhere Erträge bei geringer Zufuhr von externem Dünger. Die aktuelle agrarökonomische Forschung orien-

80 »Le forestier s'y trouve devant le fait général de l'adoption de très ancienne date de ces 2 arbres par l'agriculteur, qui en soigne le repeuplement naturel, qui les taille, qui les fertilise par le labourage, mais qui ne les sème pas. L'élève des porcs sur une échelle très considérable, et les produit en blé obtenu sous les arbres ont suffi à protéger jusqu'à nos jours de très-grandes étendues d'un boisement naturel où l'yeuse domine, et où elle atteint encore aujourd'hui des dimensions peu inférieures à celles du chêne-liège.« Barros Gomes, Bernardino: »Notice sur les arbres forestiers du Portugal«, Sonderdruck aus: *Extracto de Jornal de Sciencias Mathematicas, Physicas e Naturaes*, Lissabon 1878, S. 16, SLUB, Zweigbibliothek Forstwissenschaften Tharandt, Nh 285.

tiert sich in Portugal und Spanien an jenen Agroforstsystemen, die vom 18. bis Mitte des 20. Jahrhunderts unterdrückt worden waren.[81]

Angesichts der Klimakrise erscheinen historische Wechselwirtschaftssysteme heute als attraktiv, weil sie eine viel gefragte Eigenschaft mitbringen, die Monokulturen fehlt: Sie erweisen sich als resilient, also als anpassungsfähig in Zeiten, in denen Wetterextreme immer häufiger werden.[82] Das Ideal von »vollkommenen« Hochwäldern wiederum, die regelmäßige und genau berechenbare Holzerträge erzielen sollten, wurde im 18. und 19. Jahrhundert in Europa dominant und erschwerte den Fortbestand von Agroforstsystemen mit ihrer Diversität an Flächennutzungsformen. Diese Tendenz war im 19. Jahrhundert gleichermaßen in Portugal, Spanien, Sachsen, Preußen und der Schweiz zu beobachten, wobei die Aushandlungssituationen immer andere waren. Ökologische Studien und politikberatende Gutachten können die Vorteile von Agroforstsystemen heute wissenschaftlich fundiert belegen und gegen eine zerstörerische Wirtschaftspolitik in Stellung bringen; den bäuerlichen Gemeinschaften fehlte in der Verteidigung ihrer Allmendewirtschaften dagegen nicht nur die Schriftsprache, sondern auch der Rückhalt von Forstwissenschaftlern.

81 Siehe dazu die Publikationen vom *Agroecosystem History Laboratory* in Sevilla: González de Molina, Manuel/Petersen, Paulo/Garrido Peña, Francisco et al.: *Political Agroecology. Advancing the Transition to Sustainable Food Systems*, Boca Raton (FL) 2020; Aguilera, Eduardo/Sanz-Cobena, Alberto/Infante-Amate, Juan et al.: »Long-term trajectories of the C footprint of N fertilization in Mediterranean agriculture (Spain, 1860–2018)«, in: *Environmental Research Letters* 16 (8), 2021, S. 1–12.

82 Zur Geschichte des Konzeptes der Resilienz – der Fähigkeit eines Systems zur Neuorganisierung nach einer Stresserfahrung –, das zunächst in der Materialforschung des 19. Jahrhunderts, dann in der psychologischen Traumaforschung der 1950er Jahre, im Ökologiediskurs der 1970er Jahre und schließlich in den Erdsystemwissenschaften zu einem Leitbegriff wurde: Höhler, Sabine: »Resilienz: Mensch – Umwelt – System. Eine Geschichte der Stressbewältigung von der Erholung zur Selbstoptimierung«, in: *Zeithistorische Forschungen – Studies in Contemporary History* 11 (3), 2015, S. 425–443.

7 Das Recht im vermessenen Wald

Holzfrevel, Frauen, Protest

Mit den Taxationsverfahren wurden nicht nur die Forsteinteilungstechniken und Kartierungsverfahren übernommen und lokal adaptiert, sondern auch die damit verbundenen Ausschlussmechanismen, die durch Rechtsreformen verstärkt wurden. Die zunehmende juristische wie forstwirtschaftliche Regulierung von agrarischen Waldnutzungsformen, für die in der traditionellen Arbeitsteilung oftmals Frauen und Kinder verantwortlich waren, kulminierte in der ersten Hälfte des 19. Jahrhunderts in Massengerichtsverfahren, denen sich das folgende Kapitel zunächst anhand von Schweizer Rechtsquellen widmet, bevor sich der Blick auf die preußischen Holzdiebstahlgesetze richtet, die der junge Karl Marx einer harschen Kritik unterzog, während die Dichterin Annette von Droste-Hülshoff ein anderes Quellenzeugnis ablegte. Nach diesen Einblicken in die Kriminalisierung bäuerlicher Subsistenzpraktiken in Europa weitet sich der Blick auf das koloniale Indien, wo Dietrich Brandis' Forstreformen dazu beitrugen, dass die britische Kolonialforstverwaltung Gewohnheitsrechte und traditionell etablierte Waldnutzungspraktiken in der zweiten Hälfte des 19. Jahrhunderts ebenfalls für illegitim erklärte. Auch wenn das Ausmaß der Menschenrechtsverletzungen angesichts der rassistischen Ideologie des Kolonialismus mit europäischen Konfliktkonstellationen nicht vergleichbar ist, zeigen sich in einer globalgeschichtlichen Perspektive strukturelle Ähnlichkeiten zwischen Waldnutzungskonflikten im deutschsprachigen Raum und der Aberkennung von Gewohnheitsrechten im Zuge kolonialer Forstadministrationen. Auffällig dabei ist, dass sich an verschiedensten Orten viele Frauennamen in den Strafregistern finden.

Die historische Gleichzeitigkeit von Holzdiebstahlmassengerichtsverfahren ab den 1820er Jahren und der Gründungsphase von Forstakademien gibt Anlass dazu, sich ausführlicher mit den Forstreformen auseinanderzusetzen. Auf welche Verständnisweisen von Holzfrevel lassen Rechtsdokumente und Lexikoneinträge, Bildquellen und literarische Abhandlungen schließen? Welche Rolle spielte die Sanktionierung von Holzfrevel bei der Ausweitung obrigkeitlicher, staatlicher und privatwirtschaftlicher Waldnutzungsansprüche? Welche Praktiken als Holzfrevel galten, wie sie zu verschiedenen Zeiten reguliert wurden und inwiefern sie von historischen Akteur:innen als Widerstandspraxis verstanden wurden, sind die übergeordneten Leitfragen dieses Kapitels. Die schlussfolgernde Einordnung des Phänomens »Holzfrevel« innerhalb einer Globalgeschichte der Umweltproteste bringt die Erkenntnisse aus den Quellenuntersuchungen aus der Schweiz sowie zu den überregionalen Holzfreveldiskursen in einen Dialog mit einem einflussreichen Konzept der Umweltgeschichte: In einer globalen Perspektive lassen sich Holzfreveldelikte als eine Variante des Umweltprotests – als »environmentalism of the poor« – lesen.

7.1 Elisabeth Wenger in einem Basler Strafregister

Elisabeth Wenger ist eine Person, von der man heute nur noch aus einem Strafregister erfährt: einem Holzfrevelstrafregister, das im Staatsarchiv des Schweizer Kantons Basel-Stadt einsehbar ist. Hier liegen die Waldstrafenverzeichnisse für den Zeitraum von 1820 bis 1899 für alle Basler Gemeinden vor. Das Datum, die Heimatgemeinde der Täter:innen, ihre Namen, das Strafmaß und die verordneten Ersatzleistungen pflegten die Mitarbeitenden der Verwaltung handschriftlich in die Tabellen ein. Im »Verzeichniße derer vom 1. Juli 1819 bis 11. Juni 1820 eingezogenen Wald Strafen im Bezirk Birseck« heißt es, dass Elisabeth Wenger, Maria Anna Wenger und Anna Maria Brunner aus Reinach jeweils einen Franken Strafe zahlen mussten.[1] Gebühren für den Ersatz des verursachten Schadens wurden in diesem Fall nicht erhoben. Eventuell hatte der begangene Holzfrevel zu keinem Schaden geführt, der klar bezifferbar gewesen wäre oder den man zum Beispiel durch das kalkulierte Neuanpflanzen von Bäumen hätte beheben können. Letztendlich können den Tabellen keine weiteren Informationen zum Tatmotiv oder Hergang des Regelverstoßes entnommen werden.

Zwei Jahre nach diesem Vorfall führte das Holzfrevelstrafregister Elisabeth Wengers Namen zum zweiten Mal auf: Am 2. Juli 1822 wurde sie im Birseck verhaftet – einem Bezirk, der sich am unteren Flussverlauf der Birs befindet und zu diesem Zeitpunkt dem Kanton Basel angehörte. Insgesamt acht Personen aus Reinach, Oberwil und Ettingen sahen sich nach ihrer gemeinsam begangenen Tat mit einer Strafe von jeweils einem Franken konfrontiert. Laut dem Historischen Lohnindex entspricht ein Schweizer Franken im Jahr 1820 im Verhältnis zum gestiegenen Lohnniveau von 2009 117 Schweizer Franken.[2] Es sei betont, dass diese Strafgebühr kurz nach den Hunger- und Teuerungsjah-

1 »Verzeichniße derer vom 1er Juli 1819 bis IIème Juni 1820 eingezogenen Wald Strafen im Bezirk Birseck, StABS«, Land und Wald H 13, Serie: Holzfrevel 1753–1899, No. 13.

2 Pfister, Christian/Studer, Roman: *Swistoval. The Swiss Historical Monetary Value Converter*, einsehbar unter: swistoval.ch/content/einzelwerte.de.html [Stand: 31.1.2025]. Den Umrechnungsfaktor entwickelten Historiker:innen der Universität Bern ausgehend vom durchschnittlichen Lohn einer auf dem Bau beschäftigten Person. Elisabeth Wenger war möglicherweise als Näherin tätig. Diese Vermutung drängt sich auf, da sie mit der ebenfalls in Reinach wohnhaften Anna Maria Wenger verwandt sein könnte, die nachweislich als Näherin arbeitete in einer Region, die sich im 18. Jahrhundert als ein Zentrum der Seidenbandweberei etabliert hatte. Für Näher:innen und Textilarbeiter:innen in Heimarbeit stellte ein Franken Strafe einen verhältnismäßig höheren Geldbetrag dar als für Arbeitende auf dem Bau. Zu Anna Maria Wenger findet sich ein Eintrag im Basellandschaftlichen Staatsarchiv: »Anna Maria Wenger, Näherin von Reinach, gegen Elisabeth Glaser, ebenda, wegen Lehrgeld 1790«, StABL, Zivilprozesse AA 1010, 0629. Zur Seidenbandweberei in Baselland siehe Grieder, Fritz: *Glanz und Niedergang der Baselbieter Heimposamenterei im 19. und 20. Jahrhundert. Ein Beitrag zur wirtschaftlichen, sozialen, kulturellen und politischen Geschichte von Baselland*, Liestal 1985.

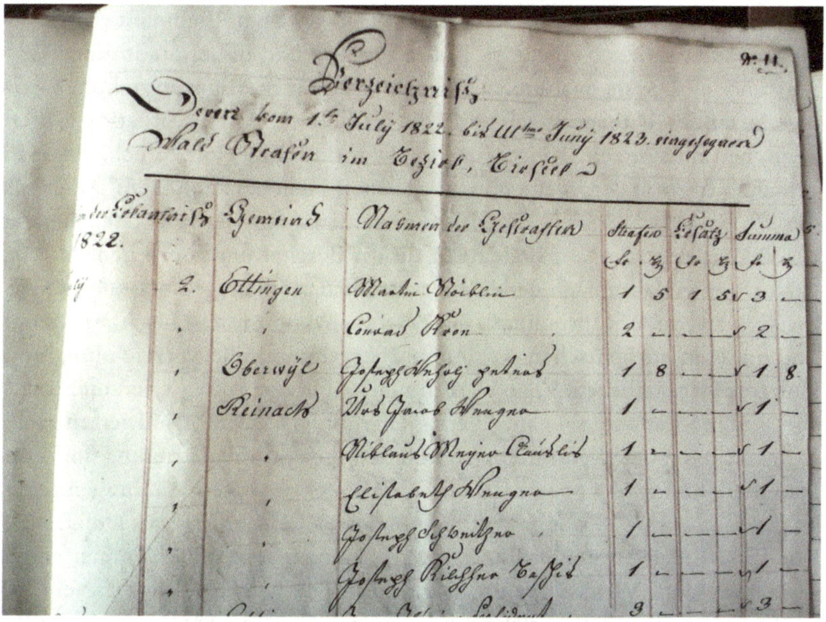

Abb. 7.1: Elisabeth Wenger im »Verzeichniß Derer vom 1er July 1822 bis 11ème Juny 1823 eingezognen Wald Strafen im Bezirk Birseck« (7. Zeile).

ren von 1816 und 1817 erhoben wurde.[3] Im April 1815 hatte sich auf der heute indonesischen Insel Sumbawa die stärkste Vulkaneruption seit über 5.000 Jahren ereignet, was weltweite Wetterextreme mit regional unterschiedlichen Auswirkungen verursachte. Im Nordosten Amerikas und in weiten Teilen Europas kam es aufgrund der Aschepartikel in der Atmosphäre zu unüblich starken Kälteperioden mit Unwettern, Dauerregen und Schneefall.[4] Eine weitere Folge

3 Vgl. Krämer, Daniel: *»Menschen grasten nun mit dem Vieh.« Die letzte grosse Hungerkrise der Schweiz 1816/17. Mit einer theoretischen und methodischen Einführung in die historische Hungerforschung*, Basel 2015.

4 Einschlägige historische Studien zu den gesellschaftlichen Folgen des Tambora-Ausbruchs hat Wolfgang Behringer vorgelegt. Behringer, Wolfgang: *Tambora und das Jahr ohne Sommer. Wie ein Vulkan die Welt in die Krise stürzte*, München 2015. Allerdings sollten Behringers Arbeiten vor dem Hintergrund gelesen werden, dass der Frühneuzeithistoriker in seiner *Kulturgeschichte des Klimas* Klimawissenschaftler:innen Alarmismus vorwirft und gegenwärtig die Dringlichkeit zum Handeln angesichts der Klimakrise infrage stellt. Er versucht, klimawissenschaftliche Studien zur steigenden CO_2-Konzentration in der Atmosphäre mit der Behauptung zu relativieren, dass es immer schon Wetterextreme und Klimaanomalien gegeben habe und die Klimaerhitzung seit den 1990er Jahren angeblich geringer ausfalle als die Durchschnittstemperaturen in der mittelalterlichen Warmperiode (circa 900–1400). 2012 veröffentlichte

waren Hochwasser und Überschwemmungen, etwa am Rhein und seinen Zuflüssen, sodass viele Gebiete im Basler Umland und in der Stadt unter Wasser standen.[5] Die sogenannten »Jahre ohne Sommer« führten zu hohen Ernteverlusten, Preissteigerungen und Hungersnöten. In dieser Situation griffen Menschen auf Wurzeln, Kräuter, Moos, Baumrinde und Holz zurück, um sie in gemahlener Form dem wenigen vorhandenen Mehl beizumischen.[6] Auch aus diesem Grund war in den Zeiten des Getreidemangels nach 1815 der Zugang zu Wäldern von zentraler Bedeutung für die Beschaffung von Lebensmitteln.

Nur wenige Jahre nach den Wetterextremen, der Hungersnot und der Abhängigkeit von Waldprodukten als Ersatznahrungsmitteln begann in Basel und anderen europäischen Regionen die systematische Verzeichnung von Holzfrevelstrafdelikten. Viele Namen tauchen in den Aktenserien mehrmals auf, und meistens waren ganze Personengruppen an den organisierten Holzfrevelaktionen beteiligt. Offensichtlich bewogen Strafregistrierung und Bußgeld die Holzfrevler:innen nicht dazu, das, was sie in den Waldungen taten, zu unterlassen. Doch was galt zu Beginn des 19. Jahrhunderts als Holzfrevel? Wie kann dieses Strafdelikt in Zeiten der Hungerjahre ohne Sommer eingeordnet werden? Welche Waldnutzungspraktiken wurden unter diesem Begriff zusammengefasst? Welche genderspezifischen Aspekte lassen sich in Bezug auf die Bestrafung von Holzfrevel wahrnehmen? Historische Rechtstexte bieten sich an, um diese Fragen zu erörtern. Allerdings muss bei der Quellenanalyse beachtet werden, dass Perspektiven der ländlichen Bevölkerung, etwa mündliche Tradierungen sowie die innerhalb der Dorfgemeinden praktizierte Rechtsprechung, seltener Eingang in Archive fanden als die verschriftlichten Rechtsordnungen der Obrigkeit.

Dieses Kapitel vermittelt zuerst einen Überblick über besonders einprägsame Beispiele von Holzfreveldefinitionen, wie sie Lexika, Chroniken, Weis-

Behringer einen Zeitungsartikel mit dem Titel »Wir Menschen profitieren von der Erderwärmung«, in: *Die Welt*, 3.9.2012, einsehbar unter: welt.de/wissenschaft/article108940013/Wir-Menschen-profitieren-von-der-Erderwaermung.html [Stand: 31.1.2025]; Behringer, Wolfgang: *Kulturgeschichte des Klimas. Von der Eiszeit bis zur globalen Erwärmung*, München 2010. Vgl. Allemeyer, Marie Luisa: »Rezension: Kulturgeschichte des Klimas. Von der Eiszeit bis zur globalen Erwärmung«, in: *Zeitschrift für Historische Forschung* 36 (1), 2009, S. 95–97; Haude, Rüdiger: »›Keep calm‹? A critique of Wolfgang Behringer's ›A Cultural History of Climate‹«, in: *Journal of Environmental Studies and Science* 9, 2019, S. 397–408.

5 Vgl. Pfister, Christian: »Überschwemmungen und Niedrigwasser im Einzugsgebiet des Rheins 1500–2000«, in: Klötzli, Frank/Capaul, Urs/Hilfiker, Helen et al. (Hg.): *Der Rhein. Lebensader einer Region*, Zürich 2005, S. 265–273.

6 Vgl. Behringer 2015, S. 95–98. Agrar- und Forstwissenschaftler, Chemiker und andere Gelehrte veröffentlichten Rezepte zum Verbacken und -kochen von Ersatzstoffen, die sie vorher in Versuchsanordnungen erprobt hatten. Zum Beispiel: Bayrhammer, Josef Carl: *Erinnerungen an nahrhafte Pflanzen, welche im Brode genossen, einen Theil des Brodkorns ergänzen und in ganz Europa theils wild wachsen, theils als Gemüse und Futterkräuter in großer Anzahl gebaut werden*, Nürnberg 1817.

tümersammlungen und andere Kompilationen von historischen Rechtstexten festgehalten haben. Ein Schwerpunkt der Analyse liegt auf Schweizer Rechtsquellen, die zum Teil bis ins Mittelalter zurückreichen. In einem zweiten Schritt wird anhand von Wald- und Forstordnungen des Stadtkantons Basel sowie des Fürstbistums Basel erarbeitet, welche Waldnutzungspraktiken in diesem lokal eingrenzbaren Umfeld als Holzfrevel aufgefasst wurden. Anschließend geht es um überregionale rechtshistorische und literarische Diskurse, die sich in Bezug auf das Raffholzsammeln als Frevel, als Diebstahl oder als Gewohnheitsrecht entfalteten. Im Mittelpunkt stehen dabei die zeitgenössischen Quellen von Karl Marx und Annette von Droste-Hülshoff, die 1842 unmittelbar im Anschluss an Verhandlungen des Rheinischen Landtages zu Holzdiebstahlgesetzen veröffentlicht wurden und eine breite Rezeption in der Rechtsgeschichte, in der Sozialgeschichtsschreibung sowie in der Literaturwissenschaft erfuhren. Während für Preußen, Westfalen, Bayern und andere Regionen schon lokalhistorische Studien vorliegen, in denen Holzfrevelstrafregister ausgewertet wurden, stand eine solche Untersuchung für Basel noch aus. Die als Holzfrevel bezeichneten Praktiken können nicht auf das unrechtmäßige Entwenden von Holz reduziert werden. Vielmehr sind sie in Traditionen verschiedener Bevölkerungs- und Berufsgruppen sowie in ausdifferenzierte Waldnutzungssysteme eingebettet und weisen Bezüge zu den lokalen Protestgeschichten der Gemeinden auf.

7.2 Zu einer Rechtsgeschichte des Holzfrevels

Wer Bäume verletzt, begehe eine Sünde und werde vom Schicksal für diesen »Baumfrevel« gestraft. In der *Chronik Wickiana*, die der Zürcher Pfarrer und Chorherr Johann Jakob Wick für den Zeitraum von 1560 bis 1587 anfertigte, wird solch eine vermeintlich göttliche Strafe für Holzfrevel zur Schau gestellt.[7] In dem Eintrag vom 6. Juni 1562 »Ein grusam und erschrokenlich Exempel von einer Frouwen« schildern die Autoren der Chronik, wie eine Frau aus dem Ort Rümlang an einem Stück Brot erstickte, nachdem sie den begangenen Holzfrevel geleugnet hatte. Auf einer kolorierten Zeichnung steht der würgenden, zu Boden sinkenden Frau eine weitere weiblich gekleidete Person gegenüber, die ihren Zeigefinger mahnend erhoben hat. Zwischen ihnen befindet sich ein ausgewachsener Baum mit grünem Blätterdach. Im Hintergrund sind Häuser und ordentlich aufgestapeltes Holz erkennbar. Der zum Himmel erhobene

7 Wick, Johann Jakob: *Chronik des Zürcher Chorherrn*, ca. 1563, Zentralbibliothek Zürich, Handschriftenabteilung, Wickiana, Ms F 14, Bl 193v. Für den Hinweis auf diesen Quellenfund danke ich den Studierenden des Proseminars »Wem gehört der Wald? Allmende und Ressourcennutzung in der Frühen Neuzeit«, geleitet von Mirjam Hähnle an der Universität Basel im Frühjahrssemester 2021.

Zeigefinger und ein dunkel hervorgehobener Ast verschränken sich im Zentrum der Zeichnung zu einem Kreuz. Worin besteht der Zusammenhang zwischen dem irdischen Umgang mit Holzressourcen und christlich konnotierten Glaubenssystemen?

> Holz=Frevel, ein Frevel, welcher an den Bäumen oder an dem Holze in einem Gehölze begangen wird. Daher der Holzfrevler, der sich dessen schuldig macht.[8]

So lautet eine Definition in Johann Georg Krünitz' *Oekonomischer Encyklopädie* aus dem späten 18. Jahrhundert. Das *Deutsche Rechtswörterbuch* wiederum, das seit 1912 Band für Band publiziert wird, definiert Holzfrevel weniger als moralische Schuld, sondern schlicht als »Vergehen gegen Waldordnungen«.[9] Ein Holzfrevler ist demnach jemand, »der verbotenerweise Holz im Walde haut und nimmt, etwas verschieden von einem ›Holzschelm‹, der schon gehauenes und aufgerüstetes wegschleppt«.[10] Der Wortstamm »Frevel« bezeichnet dabei in der häufigsten Bedeutung eine »Beleidigung des Nächsten, eine muthwillige Uebertretung der Gesetze, wovon der Beleidiger oder Uebertreter keinen Nutzen hat«.[11] Außerdem hat Frevel eine religiöse Konnotation im Sinne einer »vorsetzliche[n] Beleidigung Gottes«.[12] Bei der Verurteilung von Holzfrevel waren also Rechtsinstanzen und Glaubenssysteme miteinander verwoben. Waldgebiete, deren Nutzung von Landesherr:innen, Klöstern oder Gemeinden durch einen Bannbrief verboten wurde, galten als heilig.[13]

Auf die Bedeutung von heiligen Bäumen verweist auch der Kulturwissenschaftler Friedemann Schmoll. Religiöse Praktiken, zum Beispiel das Anbringen von Heiligenbildern, sollten Beschädigungen von Bäumen verhindern.[14]

8 »Holzfrevel«, in: Krünitz: *Ökonomisch-technologische Enzyklopädie*, Bd. 24, 1781, S. 960.

9 »Holzfrevel«, in: Heidelberger Akademie der Wissenschaften/Deutsche Akademie der Wissenschaften zu Berlin (Hg.): *Deutsches Rechtswörterbuch*, Bd. 3, 1960, Sp. 1465. Eines der frühesten Belegzitate des Wörterbucheintrags ist »holtzfrävlen« aus den Rechtsquellen des Kantons Aargau von 1547.

10 »Holzfrevler«, in: Heidelberger Akademie der Wissenschaften/Deutsche Akademie der Wissenschaften zu Berlin (Hg.): *Deutsches Rechtswörterbuch*, Bd. 3, 1960, Sp. 1465, zit. n. *Schweizerisches Idiotikon*, Bd. 1, Sp. 1289. Einsehbar unter: digital.idiotikon.ch/idtkn/id1.htm#!page/11289/mode/1up [Stand: 31.1.2025].

11 »Frevel«, in: Krünitz: *Ökonomisch-technologische Enzyklopädie*, Bd. 15, 1778, S. 32.

12 Ebd.

13 Anfang des 19. Jahrhunderts war die Theorie verbreitet, dass sich Bannwälder aus germanischen heiligen Hainen entwickelt hätten, was historisch nicht belegbar ist. Vgl. Falkson, Katharina: »Bannwald«, in: Cordes, Albrecht et al. (Hg.): *Handwörterbuch zur deutschen Rechtsgeschichte*, Bd. 1, Berlin 2004, Sp. 476 f.

14 Schmoll, Friedemann: »Heilige Bäume. Über die Vieldeutigkeit der Natur in der Kulturwissenschaft«, in: Maase, Kaspar/Warneken, Bernd Jürgen (Hg.): *Unterwelten der Kultur. Themen und Theorien der volkskundlichen Kulturwissenschaft*, Köln/Weimar/Wien 2003, S. 45–63.

1562

Ein grusam und erschrokenlich
Exempel von einer frauwen

Abb. 7.2: 1562. *Ein grusam und erschrokenlich Exempel von einer Frauwen*, Text und kolorierte Federzeichnung. Wick, Johann Jakob: *Chronik des Zürcher Chorherrn*, ca. 1563.

Da die Heiligenfiguren als Stellvertreterfiguren für die Schutzwürdigkeit der Bäume stehen, sündigten die Baumfrevler:innen sowohl gegenüber dem Baum als auch gegenüber den Heiligen. Gerade in solchen Glaubensvorstellungen, laut denen »Bäumen magische Kräfte innewohnen«, sie »die Verbindung mit den Toten und zugleich mit dem Himmel herstellen« und »das Wachstum eines Baumes mit dem Leben eines bestimmten Menschen in Verbindung stehe«,[15] sieht der Rechtshistoriker Dieter Werkmüller einen Grund für die hohen Strafen auf Baumfrevel. Beschreibungen von solchen Baumfrevelstrafen finden sich in der von Jacob Grimm kompilierten Sammlung von Weistümern und Rechtsaltertümern. Die Strafpraktik des »Ausdärmens« beispielsweise galt jenen Täter:innen, die unerlaubterweise Rinde von Bäumen abschälten. Diese Form der Baumfrevelbestrafung rekurriert auf eine Analogie zwischen menschlichen Gedärmen und der Rinde von Baumstämmen als Orten des Nährstofftransports. In der Sammlung deutscher Rechtsaltertümer wird detailliert geschildert, wie Därme aus menschlichen Körpern herausgeschnitten und um Bäume gewunden werden sollten.[16] Mit ihrer bildlichen Einprägsamkeit dienten diese Strafrituale vermutlich der Abschreckung, denn Ausführungen sind kaum überliefert.

Von dramatischen Schicksalsschlägen als Strafe für Baumfrevel handelt zudem ein Dialog in dem 1804 uraufgeführten Schauspiel *Wilhelm Tell*, der sich zwischen dem Hauptprotagonisten und seinem Sohn Walther abspielt:

> WALTHER (zeigt nach dem Bannberg).
> Vater, ist's wahr, dass auf dem Berge dort
> Die Bäume bluten, wenn man einen Streich
> drauf führte mit der Axt?
> TELL. Wer sagt das, Knabe?
> WALTHER. der Meister Hirt erzählt's – Die Bäume seien
> gebannt, sagt er, und wer sie schädige,
> dem wachse seine Hand heraus zum Grabe.[17]

15 Werkmüller, Dieter: »Baumfrevel«, in: Cordes, Albrecht (Hg.): *Handwörterbuch zur deutschen Rechtsgeschichte*, Bd. 1, Berlin 2004, Sp. 476–477.

16 »Ausdärmen (extenterare) galt für baumschäler und pflugräuber [...]: man soll ihm den bauch aufschneiden, ihn an eine seule binden u. mit den därmen darum treiben, bis er keinen mehr in sich behält.« Grimm, Jacob: *Deutsche Rechtsalterthümer*, 4. Aufl., Bd. 2, Leipzig 1899, S. 269. Zu den bei Grimm geschilderten Strafpraktiken siehe: Echterhölter, Anna: »Injury and Measurement. Jacob Grimm on Blood Money and Concrete Quantification«, in: *Social Analysis* 61 (4), 2017, S. 31–48.

17 Schiller, Friedrich von (1804): *Wilhelm Tell. Ein Schauspiel,* Husum 2017, S. 57, 3. Aufzug, 3. Szene, Z. 1771–1776. Zum Bannwald siehe: Stöckli, Veronika: »Der Bannwald. Lebensgrundlage und Kultobjekt«, in: Pfister, Christian (Hg.): *Am Tag danach. Zur Bewältigung von Naturkatastrophen in der Schweiz 1500–2000*, Bern/Stuttgart/Wien 2002, S. 101–112; Schuler,

Trotz der hohen Strafandrohungen – und der vielen Schauergeschichten über die Folgen von Vergehen gegen Bäume – zählten Frevelbußen lange zur niederen Gerichtsbarkeit. Frevelgerichte, die in oberdeutschen Gebieten verbreitet waren, verhandelten als rechtliche Institutionen die Delikte an Waldungen. In Straßburg und in einigen Gebieten der Schweiz waren Frevel-Vögte im Namen der Landesherr:innen für Anklagen zuständig.[18] Aber nicht nur die Landesherrschaft setzte Frevelgerichte ein; sie wurden auch von Bauerngemeinden ins Leben gerufen. So ist aus dem nordelsässischen Hattgau urkundlich belegt, dass vier Dorfgemeinden vom 14. bis zum Ende des 18. Jahrhunderts ihre Forste selbst verwalteten. Ein Waldbrief von 1469 sowie eine von den Gemeinden verfasste Waldordnung von 1572 legten fest, dass 20 Bauern zusammen ein Gericht bildeten, das die Mitglieder der Forstverwaltung ernannte und über Forstfrevelvorfälle urteilte.[19] Das *Grimmsche Wörterbuch* überliefert, dass in Frankfurt am Main bereits im 14. Jahrhundert ein sogenanntes Frevelbuch (»frabelbuch«) zur Verzeichnung der Strafen vorlag.[20] Ein vergleichbares »Frevel-Journal« wurde auch in den Haubergsgenossenschaften des Siegerlandes geführt. Noch älter sind mündlich tradierte Rechtsverständnisse. Erst ab circa 1600 liegen systematisch schriftliche Quellen zu Holzfrevelbestrafungen vor.[21] Dass in den Quellen meistens Klöster, Grund- und Landesherr:innen, aber in manchen Fällen auch Dorfgerichte als Urteilsinstanzen auftreten, verweist auf regional unterschiedlich ausgeprägte Traditionen der Frevelverfolgung, wobei bäuerlich organisierte Gerichte ab dem 18. Jahrhundert eine Ausnahme darstellten.

Ab dem 16. Jahrhundert beanspruchten Landesherrschaften und Städte die Rechtsprechung in Bezug auf Wälder und die Frevelverurteilung zunehmend für sich. Die Entwicklung, dass Landesherrschaften sukzessive die sogenannten Forst- und Jagdregalien einforderten und auf diese Weise die Waldnutzungsrechte von Dorfgemeinden beschränkten, spiegelt sich in juristischen Abhandlungen, wie etwa dem *Jag und Forstrecht* des Rechtsgelehrten Noe Meurer, und in den erstmals flächendeckend publizierten Forstordnungen wider.[22] Nach den

Anton: »Bannwald«, in: *Historisches Lexikon der Schweiz*, 20.3.2015. Einsehbar unter: hls-dhs-dss.ch/articles/016355/2015-03-20 [Stand: 31.1.2025].

18 Vgl. »Frevel-Vogt«, in: Krünitz: *Ökonomisch-technologische Enzyklopädie*, Bd. 15, 1778, S. 33.

19 Vgl. Blickle, Peter: »Wem gehörte der Wald? Konflikte zwischen Bauern und Obrigkeiten um Nutzungs- und Eigentumsansprüche«, in: *Zeitschrift für Württembergische Landesgeschichte* 45, 1986, S. 175.

20 Vgl. »Frevelbuch«, in: Grimm/Grimm: *Deutsches Wörterbuch*, Bd. 4, 1878, Sp. 175.

21 Vgl. die Schlussfolgerungen zum Begriff »Holzfrevel«, ausgehend von schweizerischen Rechtsquellen, in: Hürlimann, Katja/Schuler, Anton: »Offences against forest regulations in early modern times in the canton of Zurich: Deviant behaviour or a sublimation of conflict?«, in: *International IUFRO-Conference »Woodlands – Cultural heritage«. News of Forest History* 36/37, 2005, S. 47–56.

22 Meurer, Noe (1576): *Jag und Forstrecht, Das ist: Underricht Chur- und Fürstlicher Lande, auch Graff und Herrschaften / und anderen Obrigkeiten / Gebiet / von verhawung und widerhawung der Wälde unnd Gehöltz [...]*, Marburg 1618; vgl. Röthlin, Niklaus: »Energieträger – Rohstoff –

Bauernkriegen in den 1520er Jahren – und zur Zeit der Verbreitung von Buchdrucktechniken – erließen Königreiche, Bistümer, Herzogtümer und Fürstentümer Forstordnungen: zum Beispiel Speyer (1442), Tirol (1502), Württemberg (1515), Thüringen (1527), Hessen (1532), Braunschweig-Wolfenbüttel (1547), das Siegerland (1553), Kursachsen (1560), Nassau (1562), Bayern (1568) und Baden-Durlach (1574).[23] Die Vorworte nannten als Anlass für die Forstordnungen »Missbräuche« an Wäldern, womit vor allem Plünderungen und übermäßige Waldweide durch Bauern gemeint waren. Dabei waren die holzverbrauchenden Gewerbe der jeweiligen Regionen neben der Jagd ausschlaggebend für ein fürstliches Interesse am Schutz von Wäldern und Holzressourcen.[24] Eine Argumentationsfolge, die angebliche »Verwüstungen« der bäuerlichen Bevölkerung zum Anlass für Waldnutzungseinschränkungen nimmt, findet sich auch in den Forstordnungen der Stadt und des Fürstbistums Basel.

7.3 Die Forstordnungen des Fürstbistums Basel und der Stadt Basel

Für die Rechtsgeschichte der Wälder im Umfeld von Basel spielt eine Urkunde aus dem Jahr 1376 eine entscheidende Rolle. Sie belegt, wie Waldnutzungsrechte der Bäuer:innen eingeschränkt und die Holzfrevelrechtsprechung von den Landesherrschaften übernommen wurde. Dokumentiert ist die Urkunde in der von Daniel Bruckner in der Mitte des 18. Jahrhunderts angelegten Sammlung von Rechtstexten – dem zwölfbändigen *Versuch einer Beschreibung historischer und natürlicher Merkwürdigkeiten der Landschaft Basel* –,

Weide. Die Bedeutung von Wald und Holz im 16. bis 18. Jahrhundert am Beispiel des Basler Forstwesens«, in: *Basler Zeitschrift für Geschichte und Altertumskunde* 93, 1993, S. 192.

23 Vgl. Hasel 1985, S. 110; Endres, Max: *Handbuch der Forstpolitik mit besonderer Berücksichtigung der Gesetzgebung und Statistik*, Berlin 1922, S. 155; Sonnlechner, Christoph: »Waldordnungen und ergänzende Quellen«, in: Pauser, Josef/Scheutz, Martin/Winkelbauer, Thomas (Hg.): *Quellenkunde der Habsburgermonarchie (16.–18. Jahrhundert). Ein exemplarisches Handbuch*, Wien/München 2004, S. 268–277; Warde, Paul: »Cameralist Writing in the Mirror of Practice: The Long Development of Forestry in Germany«, in: Tribe, Keith/Seppel, Marten (Hg.): *Cameralism in Practice: State Administration and Economy in Early Modern Europe*, Woodbridge 2017, S. 114.

24 Zum Holzverbrauch im Umfeld von Salinen siehe: Brandstätter, Klaus/Siegl, Gerhard: »Waldnutzungskonflikte und nachhaltige Waldbewirtschaftung in Tirol vom Mittelalter bis ins 21. Jahrhundert«, in: *Histoire des Alpes – Geschichte der Alpen – Storia delle Alpi* 19, 2014, S. 145–162, sowie Sonnlechner, Christoph/Winiwarter, Verena: »Räumlich konzentrierter Verbrauch von Holz. Das Beispiel der Saline Hallein und Stadt Salzburg vom 16. bis zum 19. Jahrhundert«, in: Siemann, Wolfram/Freytag, Nils/Piereth, Wolfgang (Hg.): *Städtische Holzversorgung. Machtpolitik, Armenfürsorge und Umweltkonflikte in Bayern und Österreich (1750–1850)*, München 2002, S. 55–77.

auf die auch Jacob Grimm im Vorwort der Weistümersammlungen hinwies.[25] 1367 legte die Landgrafschaft Sisgau die Rechte von Landvögten fest, wobei die Entscheidungsgewalt über Rohstoffvorkommen sowie die Holzfrevelbestrafung eine zentrale Rolle spielten. Die Verwaltungseinheit Sisgau bestand seit circa dem Jahr 1000 bis zur Reformation und erstreckte sich von Basel über die Juratäler bis in den heutigen Kanton Solothurn. Laut Urkunde durften die Landesherrschaften fortan über »Hochgebirge, Erzgruben, Steine und Metalle und was sie bringen [also das Bergwerksregal], ferner all funden Gut, ob und unter der Erde, alle gefundenen und verborgenen Schätze«[26] verfügen. Zweitens hatten die Landvögte ein Anrecht auf alle Hochwälder. Das heißt, sie konnten Markgenossen dazu verpflichten, für Bauholz Abgaben, sogenannte »Stammlöse«, zu zahlen. Für die Reutbergwirtschaft, also das Roden von Waldgebieten zur temporären landwirtschaftlichen Nutzung, war eine Bewilligung einzuholen, die zur Zahlung von »Neubruchzehnten« oder »Rütizehnten« verpflichtete. Des Weiteren hatten die Landvögte die Verfügungsgewalt über sämtliche Waldfrüchte, die Schweineweide in Eichenwäldern – in Basel Ackerig genannt – sowie über die Forstpolizei und die »Bestrafung der Frevler«:[27]

> Wer auch in den Wiltbennen fräflet und taglte thut, jagt oder wildnet, ohne Erlaub der Landtgrauen. Der bessert den Lantgrafen Zehen pfundt, und wer ime deß hülffet, bessert ieglicher auch als vyl.[28]

Den Landgrafen und nicht mehr den Dorfgemeinden also sprach diese Urkunde von 1367 die Vollmacht über Holz und Jagd zu. Frevel und Beihilfe dazu sanktionierte sie mit einer Strafgebühr von 10 Pfund. Die Verfasser der Urkunde begründeten ihre Autorität mit dem Verlesen von Briefen während des Landtages, über die sie verlautbaren ließen, dass sie »selbst auch nie anders gehört hettent von ihren Eltern und Vordern«.[29] Diese Rechtfertigungsrhetorik der vermeintlich schon seit langer Zeit existierenden Rechtsansprüche hat Simon

25 Grimm, Jacob: *Weisthümer*, Theil 1, Göttingen 1840, S. III.

26 Röthlin 1993, S. 190. Röthlin zitiert aus einem Aufsatz des Rechtswissenschaftlers und Historikers Ludwig August Burckhardt, der Ausschnitte aus der Textfassung der Urkunde zusammenfasste und paraphrasierte, wie sie in Daniel Bruckners Kompilation von Rechtstexten der Basler Landschaft überliefert ist. Vgl. Burckhardt, Ludwig August: »Die Verfassung der Landgrafschaft Sisgau«, in: *Beiträge zur vaterländischen Geschichte* 2, 1843, S. 275–443. Die Zitate stammen von S. 381 f. Für das Original siehe: Bruckner, Daniel: *Versuch einer Beschreibung historischer und natürlicher Merkwürdigkeiten der Landschaft Basel*, Bd. XVII: *Von der Landgrafschaft Sisgau*, Basel 1757, S. 1968–1977.

27 Burckhardt: »Die Verfassung der Landgrafschaft Sisgau«, 1843, S. 382.

28 Bruckner: *Versuch einer Beschreibung historischer und natürlicher Merkwürdigkeiten der Landschaft Basel*, Bd. XVII, 1757, S. 1971.

29 Ebd., S. 1969 f.

Teuscher anhand frühneuzeitlicher Quellen aus der Schweiz untersucht. Laut Teuscher war es weitverbreitete Praxis, dass Landesherr:innen mit diesem Argument die Unbestrittenheit ihrer Rechtsansprüche unterstrichen.[30] Bei den öffentlichen Verlesungen imitierten die Landesherrschaften den Sprachduktus der einfachen ländlichen Bevölkerung, was Anna Echterhölter als »Fiktion einer oralen Rechtskultur der Sitten und Gebräuche«[31] einordnete und als gouvernementale Strategie markierte. In verschiedensten deutschsprachigen Regionen wurde schriftlich festgehalten und mündlich verlesen, dass den Landesherr:innen und Landvögten die Verfügungsmacht über Wälder sowie die Strafverfolgung zustünden. Welche wirtschaftlichen Beweggründe motivierten das Ringen um die privilegierten Zugriffsrechte auf die Wälder?

Seit dem 14. Jahrhundert gab es in Basel einen Holzmarkt. Die Lieferungen kamen entweder aus Nachbargemeinden oder über Zuflüsse des Rheins aus dem Inland der Schweiz, dem Schwarzwald und Vorderösterreich. Holz war vor der Industrialisierung eine »nahezu alternativlose Universalressource«.[32] Zum Bauen, Heizen, Backen, für Möbel, Geräte und Geschirr wurde es in jedem Haushalt gebraucht. Klein- und Großgewerbe benötigten es zur Herstellung von Werkzeugen und Fässern, in Form von Kohlholz als Brennmaterial oder als Rinde zum Gerben von Leder. Den Großteil des geschlagenen Holzes verbrauchten Erzbergwerke, um Schächte zu bauen und das Erz zu verhütten.[33] Die Holzkohle für die Hochöfen stellten Köhler an meist entlegenen Orten in den Wäldern her, denn Holzkohle ließ sich leicht über größere Strecken transportieren und sollte dem Problem der Waldübernutzung im Umfeld von Bergwerken, Salinen und Städten mit ihrem hohen Energiewert entgegenwirken.[34]

Mit Beginn der Flößerei im 15. Jahrhundert wurde der Rhein zu einem wichtigen Transportweg zum Basler Holzmarkt, zu einer Handelsverbindung nach Holland sowie, nach Fertigstellung des Rhein-Rhône-Kanals 1834, nach Frankreich.[35] Der Handel, die Bergwerke und Salinen beschränkten seit der

30 Vgl. Teuscher, Simon: »Kompilation und Mündlichkeit. Herrschaftskultur und Gebrauch von Weistümern im Raum Zürich (14.–15. Jh.)«, in: *Historische Zeitschrift* 273, 2001, S. 289–333.

31 Echterhölter, Anna: *Infrastrukturen der Asymmetrie. Vom ökonomischen Handwerk des Messens*, Habilitationsschrift Humboldt-Universität zu Berlin 2017, S. 72; vgl. Echterhölter, Anna: *Metrologien. Zur Wissenschaftsgeschichte einer Infrastruktur*, Göttingen 2025 (im Erscheinen).

32 Siemann/Freytag/Piereth 2002, S. 1. In diesem Zusammenhang wird oft Werner Sombarts Epochenbegriff des »hölzernen Zeitalters« angeführt. Vgl. Sombart: *Der moderne Kapitalismus*, Bd. 2, 1924.

33 Laut Burckhardt ist eine Erzabbaubewilligung in Basel aus dem Jahr 1512 überliefert. Jedoch verweisen archäologische Funde auf eine bereits früher einsetzende Förderung von Erzen. Vgl. Burckhardt: »Die Verfassung der Landgrafschaft Sisgau«, 1843, S. 381. Siehe außerdem: Röthlin 1993, S. 176 f.; Meier, Eugen: *Basler Erzgräber, Bergwerksbesitzer und Eisenhändler*, Basel 1965.

34 Eine Zusammenstellung historischer Quellen zur Köhlerei im Fürstbistum Basel findet sich in folgender Broschüre: Gilgen, Christian: *Köhlerei. Die schwarze Kunst russiger Gesellen*, Liestal 2003.

35 Vgl. Museumsverein Laufenburg (Hg.): *Fischer – Flösser – Laufenknechte. Ihre Arbeit am Hoch-*

Frühen Neuzeit schon die Holzmenge, die als Werk- und Heizstoff für den lokalen alltäglichen Bedarf zur Verfügung stand. Die konkurrierenden Nutzungsansprüche von Dorfgemeinden, Städten, Kirchen, Grund- und Landesherrschaften, Zünften, Handelsleuten, Bauernschaft und Einwohner:innen bargen Konfliktpotenzial und waren ein Anlass für die Verabschiedung von Forstordnungen. Die Wald-, Forst-, Holz-, Landes- und Polizeiordnungen bilden eine Quellengattung, in der Holzfrevelpraktiken definiert und deren Bestrafung geregelt wird. Diese ab dem 16. Jahrhundert vermehrt publizierten Rechtstexte geben zwar darüber Aufschluss, welche Praktiken die Obrigkeiten zu verschiedenen Zeiten als Frevel auffassten. Die im Gewohnheitsrecht verankerten Verständnisse von Holzfrevel sowie die Taktiken, die mit Holzfrevel als Protestform in Verbindung standen, sind hingegen nur bedingt oder gar nicht in den Rechtsordnungen erfasst.

Die Stadt Basel erließ 1538 eine *Erkanndtnus der Höltzer, und Geissen halb*.[36] Von einer »bemerkenswert frühe[n] Ordnung zum Schutz der Wälder«[37] spricht der Historiker Niklaus Röthlin. Aber der Waldschutz, den die Rechtsordnung realisieren sollte, zielte vor allem auf die Einschränkung der bäuerlichen Brennholznutzung und der Waldweide ab. Die *Erkanndtnus der Höltzer, und Geissen halb* gilt als erstes Verbot der Ziegenweide in den Rechtsquellen Basels.[38] Einschränkungen des Bezugs von Brennmaterial durch holzverbrauchende Gewerbe oder des Nutzholzverkaufs sah diese Rechtsverordnung dagegen nicht vor. Weiterhin schrieb diese handschriftlich verfasste Ratserkanntnis bereits vor, dass in den stadtnahen Wäldern das Brennholz schlagweise gehauen werden sollte – ein Hinweis, der für die Vorgeschichte der Forsttaxationsverfahren besonders relevant ist. Die Verordnung, dass ein Hau nach dem anderen zu fällen war, wurde 1553 schließlich auf alle Basler Wälder ausgedehnt.[39] Der Stadtrat und die Landvögte sollten fortan die Bewilligungen für Holzungen erteilen. Für unerlaubtes Holzhauen legte diese sogenannte Walderkanntnis Strafen fest. Die Reutbergwirtschaft und die Umwandlung von Waldgebieten in Felder verbot sie vollkommen.

Die frühen Forstordnungen aus dem 16. Jahrhundert und ihre Erweiterungen im 18. Jahrhundert spiegeln zum einen das gestiegene Interesse an Holz für den Handel und die holzverbrauchenden Gewerbe von Seiten der Landesherrschaften wider, und zum anderen verweisen sie auf soziale Proteste angesichts der Einschränkung von dörflichen Waldnutzungsrechten sowie

rhein im Wandel der Zeiten, Laufenburg 1989; Brogle, Felix: *Die Flösserei der oberrheinischen Gebiete Laufenburg-Basel*, Dissertation Universität Basel 1952.

36 Canzley Basel: *Erkanndtnus der Höltzer, und Geissen halb*, 9.4.1537, StABS, Land und Wald H3, 5 und 6.

37 Röthlin 1993, S. 203.

38 Schnell, Johannes: *Rechtsquellen von Basel Stadt und Land*, Bd. 1, Basel 1856, S. 1056, Anm. 10.

39 Canzley Basel: *Ordnung unnd Erkanndtnussen Eines Ehrsammenn Raths, der Hölzern und Wäldern halb*, 27.5.1553, StABS, Land und Wald H3, 6, S. 5–7; vgl. Röthlin 1993, S. 203 f.

auf die Etablierung von Forstverwaltungsinstitutionen, deren Aufgabe es war, Ansprüche auf Waldnutzungen zu verwalten und Holzfrevel zu sanktionieren. Im 18. Jahrhundert initiierten die Räte der Bürgerschaften in vielen Schweizer Städten Holzkammern und Waldämter, in deren Verantwortung auch die Holzfrevelstrafverfolgung lag. Seit 1713 gab es in Bern eine Holzkammer, welche die Nutzung der Wälder der Berner Burgergemeinde zentral regelte. Die Stadt Basel setzte 1744 ein Waldamt ein, das ab 1756 durch die Waldkommission abgelöst wurde.[40] Dieser Institution sind die Land- und Waldakten im Staatsarchiv Basel-Stadt strukturell zugeordnet. Im kantonalen Staatsarchiv sind sechs gedruckte Waldordnungen für den Zeitraum von 1667 bis 1758 überliefert, deren Regeln aus den früheren, handschriftlich verfassten Mandaten und Ordnungen seit dem 16. Jahrhundert übernommen wurden. Der Große Rat der Stadt Basel beriet sie, bevor die Kanzlei sie unterzeichnete.

Parallel zur Stadt Basel, die zur Schweizer Eidgenossenschaft gehörte, erließen die Bischöfe des benachbarten Fürstbistums Basel Forstordnungen. Das Fürstbistum Basel bestand von 999 bis 1803 innerhalb des Heiligen Römischen Reiches deutscher Nation. Im Auftrag des Bischofs richtete es 1726 eine *Commission des Eaux et Forêts* ein.[41] Die Wald- und Wasserkommission setzte sich aus Räten der fürstbistümlichen Finanzkammer sowie einem Oberförster zusammen. Ihr Ziel war es, genau zu ermitteln, »wie viel Holz und (Holz-)Kohle alle Feuer, Gießereien, Öfen, Schmieden, Ziegeleien und andere Gewerbe pro Jahr verzehren konnten«,[42] und diesen »Verbrauch mit dem Zustand der Waldungen und Forste zu konfrontieren«.[43] In der Macht dieser Waldkommission stand es, den Dörfern Vorschriften zur Nutzung ihrer Gemeindewaldungen und Wasserläufe zu machen. Auch hier strebte man einen Überblick über Holzressourcen und Verbrauch an.

Die Ausweitung der Nutzungsansprüche des Fürstbischofs auf die Dorfallmenden provozierte Widerstand in den Landgemeinden. Holzfrevel und

40 Vgl. Simon, Christian: *Untertanenverhalten und obrigkeitliche Moralpolitik. Studien zum Verhältnis zwischen Stadt und Land im ausgehenden 18. Jahrhundert am Beispiel Basels*, Basel 1981, S. 34–38.

41 Knollenberg, P. I.: *Commission des Eaux et Forêts*, Porrentruy, 1726. Signatur: Archives de l'Ancien Evêché de Bâle (AAEB), Forstsachen in genere, 190/4-7, S. 963–974.

42 »elle (la commission des eaux et forêts) doit avoir un but principal de se procurer un Etat que marque et porte exactement tous les feux, fonderies, fourneaux, martinets, forges de quelles qualités [...] demême des fourneaux de boulandien, de Eaux à Chaux, Gibs et tuileries, et combien au Chacun de ses Feux, fourneaux S. S. *peut consumer par an de bois ou de Charbon.*« Ebd., S. 967 [Übersetzung und Hervorhebung durch die Verf.]. Das Dokument erwähnt eine deutsche Übersetzung, jedoch war sie im Archivordner nicht vorhanden.

43 »Afin de pouvoir *confronter cette consumation à l'état des bois et forêts* de cette Principauté pour en pouvoir connaitre si le bois de chauffage et pareil n'est pas suffisant, où s'il est, où excède la quantité de cette consommation [...].« Ebd., S. 97 f.

Angriffe auf fürstbischöfliche Beamte stellten dabei übliche Formen des Sozialprotests dar. Die sogenannten Landestroublen im Fürstbistum Basel (1726–1740) waren eine Reaktion auf die Einberufung der Waldkommission und galten der Verteidigung der Gewohnheitsrechte.[44] Die Fürstbischöfe schlugen die Aufstände nieder – unterstützt von den französischen Truppen Ludwigs XV. – und bestraften die gewählten Vertreter der Landgemeinden mit dem Tod. Auch nach den Landestroublen hielt die fürstbischöfliche Regierung an ihren Reformen fest, die durch anschließend erlassene Forstordnungen bekräftigt wurden.

Die *Hochfürstlich-Baslische Wald- und Forst-Policey Ordnung* von 1756[45] wird oftmals isoliert vom historischen Kontext der Landestroublen betrachtet. Schweizer Forsthistoriker lobten die Wald- und Forstpoliceyordnung für ihre Fortschrittlichkeit, weil sie eine Schlageinteilung ausführlich regelte und detaillierte Hinweise zur Aufforstung gab, ohne die Einschränkungen der Waldnutzungsrechte für die ländlichen Gemeinden in ihren Ausmaßen für die bäuerliche Subsistenzwirtschaft und das Protestgeschehen einzuordnen.[46] Zum Herrschaftsbereich des Fürstbistums Basel gehörten im 18. Jahrhundert die Landvogteien Birseck, Pfeffingen, Laufen, Delsberg (Delémont), Elsgau (Ajoie), St. Ursanne sowie weitere Probsteien und Landvogteien, die sich von Basel bis zur Stadt Biel erstreckten (Abb. 7.3). Der Bischof zu Basel Josef Wilhelm Rinck von Baldenstein erließ diesen Gesetzestext von seiner Residenz im Schloss Pruntrut aus. Das heute französischsprachige Porrentruy befindet

44 Vgl. Bregnard, Damien: »Landestroublen (1726–1740)«, in: *Historisches Lexikon der Schweiz*, 26.10.2009, einsehbar unter: hls-dhs-dss.ch/articles/017205/2009-10-26 [Stand: 31.1.2025]; Suter 1985.

45 Baldenstein Bischoff zu Basel, Joseph Wilhelm Rinck von: *Hochfürstlich-Baslische Wald- und Forst-Policey Ordnung. Worinnen die Vorschrift und Massgab enthalten ist / wie mit den Wäldern und Hölzern umgegangen werden soll / samt nothwendigem Unterricht / das Holz zu hegen und zu fällen*, Pruntrut 1756, ETH-Bibliothek Zürich, Rar 111 q. Einsehbar unter: doi.org/10.3931/e-rara-10040 [Stand: 31.1.2025].

46 Heinrich Grossmann, der an der ETH von 1931 bis 1966 die erste Schweizer Professur für Forstgeschichte innehatte, schrieb in seiner Habilitation: »Dieses Gesetz war nicht nur eines der besten jener Zeit, sondern auch zugleich eines der ersten, die von modernem Geiste beseelt waren. Es mag manchem spätern Erlass als Vorbild gedient haben. Vieles von seinem Inhalt ist nicht Gesetzesbestimmung, sondern lehrmässige Aufklärung und Anleitung.« Grossmann, Heinrich: *Der Einfluss der ökonomischen Gesellschaften auf die Entstehung einer eigentlichen Forstwirtschaft in der Schweiz*, Bern 1932, S. 84. Der Forsthistoriker Anton Schuler teilt diese Einschätzung und hebt die »Vorbildwirkung« der *Hochfürstlich-Baslischen Wald- und Forst-Policey Ordnung* für Zürich und Bern hervor: Schuler, Anton: »Forstgesetze«, in: *Historisches Lexikon der Schweiz*, 17.8.2007. Einsehbar unter: hls-dhs-dss.ch/articles/013802/2007-08-17 [Stand: 31.1.2025]. Leo Weisz sieht die *Hochfürstlich-Baslische Wald- und Policey-Ordnung* als »gemeinsame Quelle« für die in der Folge verfassten Waldordnungen in der Schweizerischen Eidgenossenschaft. Weisz, Leo: »Entstehung und Bedeutung der bischöflich-baselschen Waldordnung vom Jahre 1755«, in: *Zeitschrift für Schweizerische Geschichte* 15, 1935, S. 144.

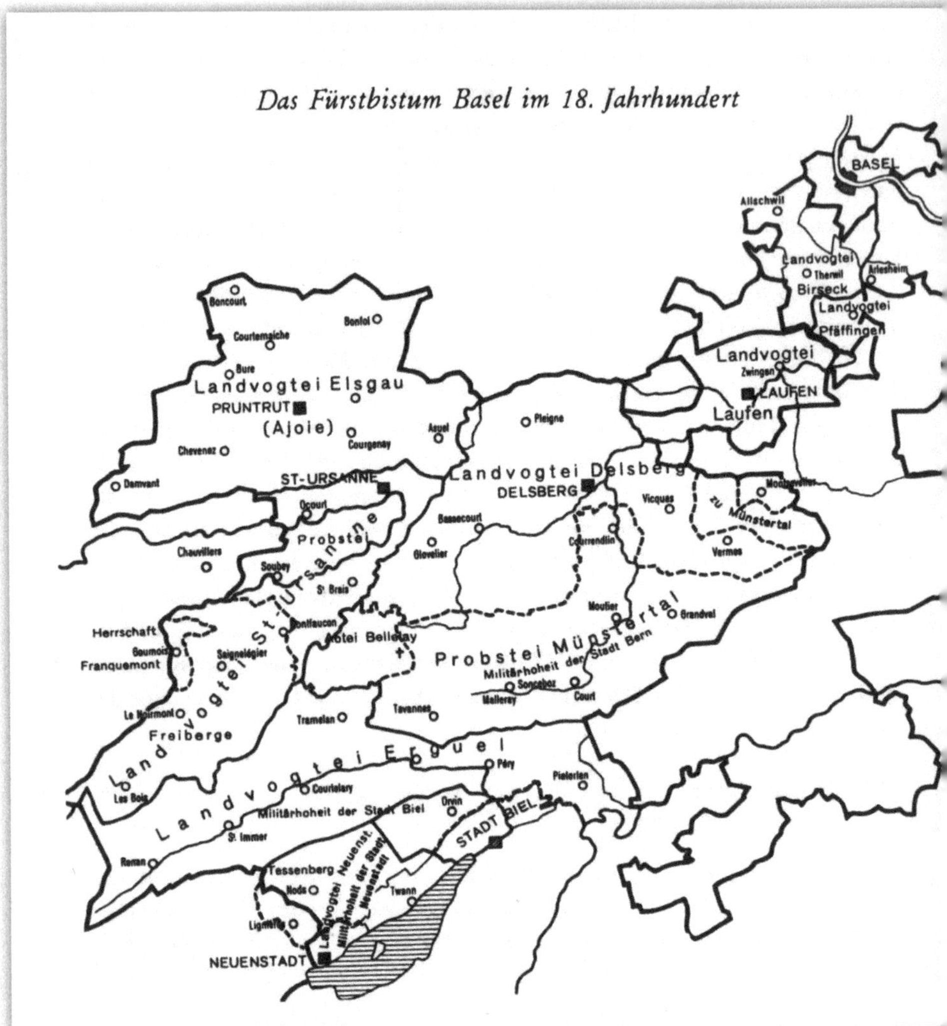

Abb. 7.3: Das Fürstbistum Basel im 18. Jahrhundert. Suter, Martin: *»Troublen« im Fürstbistum Basel (1726–1740)*, Göttingen 1985, S. 14.

sich an den nördlichen Ausläufern des Juras inmitten der Landvogtei Elsgau (Ajoie), die an Frankreich grenzte.

In Bezug auf die Waldordnungen ist also zu beachten, dass sich die in der Stadt Basel erlassenen und im Staatsarchiv aufbewahrten Rechtsquellen ausschließlich auf die Wälder der Stadtrepublik Basel beziehungsweise des Kantons Basel bezogen. Das von Porrentruy aus regierte Fürstbistum Basel hingegen zählte die gesamten Gemeindewälder des nördlichen Juragebirges zu seinem Herrschaftsgebiet, darunter auch das Laufental mit der Landvogtei

Birseck. Aus letzterer Region stammten einige der in den Holzfrevelverzeichnissen der Stadt Basel aufgeführten Straftäter:innen. Das unmittelbar an Basel grenzende Birseck wurde 1792 – nachdem der Fürstbischof im Zuge der Französischen Revolution aus Pruntrut geflohen war – von französischen Truppen besetzt. Von 1793 bis 1800 bildete das ehemalige Fürstbistum Basel ein eigenes Département in der Französischen Republik mit dem Namen Mont-Terrible.[47] Das im Birseck gelegene Reinach, der Herkunftsort Elisabeth Wengers, wurde zwischenzeitlich zum Hauptort von Mont-Terrible ernannt. Im Zeitraum von 1800 bis 1814 gehörte das Birseck zum Département Haut-Rhin, das von Colmar aus regiert wurde. Der Herkunftsort Elisabeth Wengers und der nicht näher definierte »Tatort«, an dem sie laut Basler Strafregister 1822 Holzfrevel beging, waren also innerhalb von 30 Jahren drei verschiedenen staatlich-territorialen Ordnungen unterstellt – erst dem Fürstbistum Basel, dann der Französischen Republik und später, nach dem Wiener Kongress von 1815, dem Kanton Basel. Folglich galten jeweils unterschiedliche Forstgesetzgebungen. Nach der Kantonstrennung im Jahr 1833 wurde das Birseck schließlich in den neu gegründeten Kanton Basel-Land eingegliedert.[48] Für die Lokalgeschichte war die Kantonstrennung ein historischer Moment, da sich mehrere Ortschaften des Umlandes von der Stadt Basel losgesagt hatten, um ihren eigenen Kanton Basel-Landschaft zu bilden.[49] Klagen über die Forstpolizei und eine als ungerecht empfundene Forstverwaltung durch die Stadt zählten zu den Gründen, warum ein Großteil der Dörfer gegen den Verbleib in Basel-Stadt stimmte.

47 Vgl. Simon, Christian: »Die Basler Landschaft und die französische Revolution: Aspekte des Verhältnisses zwischen Obrigkeit und Untertanen 1789–1797«, in: *Basler Zeitschrift für Geschichte und Altertumskunde* 82, 1982, S. 65–96.

48 Zur Kantonstrennung vgl. die kurzen und aus der Perspektive der Stadt verfassten Einträge: »Kantonstrennung«, in: Jenny, Fränzi/Gugger, Chris (Hg.): *Basel-Lexikon*, Basel 2001, S. 165; Habicht, Peter (Hg.): *Basel – Mittendrin am Rande. Eine Stadtgeschichte*, Basel 2008, S. 113–117. Ein sozialgeschichtlicher Blick auf die Kantonstrennung findet sich in: Ewald, Jürg/Marti, Reto (Hg.): *Nah dran, weit weg: Geschichte des Kantons Basel-Landschaft*, Bd. 5: *Armut und Reichtum. 19. und 20. Jahrhundert*, Liestal 2001. Vgl. außerdem: Gilgen, Christian: »Zum Forstwesen des Kantons Basel-Landschaft im 19. Jahrhundert oder der verschwundene Wald im Giebenacher Birch«, in: *Baselbieter Heimatblätter* 63, 1998, S. 115; Rohner, Andreas: »Von der Waldordnung zum Waldgesetz«, in: *Baselbieter Heimatblätter* 63, 1998, S. 111.

49 Vgl. Degen, Bernhard/Tauber, Jürg/Meyer, Werner et al.: »Basel (Kanton)«, in: *Historisches Lexikon der Schweiz*, 13. 1. 2016. Einsehbar unter: hls-dhs-dss.ch/de/articles/007387/2016-01-13 [Stand: 31. 1. 2025].

7.4 Sozialproteste im Fokus: Der Hardwaldstreit (1834–1839) und die Landestroublen (1726–1740)

Nicht weit vom Birseck entfernt erstreckt sich der Hardwald, der sich von Basel aus gesehen rheinaufwärts befindet und dessen Fläche im Verlauf der Zeit immer kleiner geworden war (Abb. 7.4). Hier ereignete sich von 1834 bis 1839 der sogenannte »Hardwaldstreit«. So lautet die Bezeichnung eines Aktenbestandes im Staatsarchiv Basel-Stadt, in dem weitere Strafregister und viele das Waldgebiet betreffende Dokumente zu finden sind.[50] Auffällig ist, dass der Hardwaldstreit unmittelbar nach der Kantonstrennung von 1833 ausbrach. Die offiziell fünf Jahre andauernden Rechtsstreitigkeiten waren das Resultat einer längeren Konfliktgeschichte zwischen der Stadt und den umliegenden Gemeinden, bei der die Nutzung von Waldprodukten und der Zugang zum Wald eine entscheidende Rolle gespielt hatten.[51] Insbesondere das mündlich tradierte Gewohnheitsrecht – die »alten Rechte« auf Weidehaltung im Hardwald – geriet in den Fokus der Auseinandersetzungen.

Der Konflikt zwischen schriftlicher und mündlicher Überlieferung von Rechten ist in vielen Waldstreitigkeiten seit der Frühen Neuzeit präsent.[52] Auch das Argument, dass die Waldweide schädlich für den Wald sei, war in zahlreichen frühen Rechtstexten rund um Basel wiederholt thematisiert worden. Zwischen Basel und den an den Hardwald grenzenden Gemeinden spitzte sich der Konflikt allerdings so sehr zu, dass er auf der Bundesebene ausgetragen werden musste. Die Gemeinde Pratteln verklagte 1834 Basel-Stadt vor dem eidgenössischen Schiedsgericht, dessen Funktion es war, Streitigkeiten zwischen Kantonen zu schlichten. Anklagepunkt war die Missachtung des Gewohnheitsrechts, dem zufolge es Pratteln erlaubt war, im Hardwald Tiere zu weiden und Holz zu

50 Diese Forschungsergebnisse beruhen auf Archivrecherchen, die Mirjam Hähnle und ich 2022 bis 2024 im Rahmen des Forschungsprojekts »Eine Umwelt- und Mediengeschichte des Basler Hardwaldes«, unterstützt von der Vögelin-Bienz-Stiftung, im Staatsarchiv Basel-Stadt durchgeführt haben. Die Inhalte zum Hardwaldstreit wurden in Teilen auf ähnliche Weise veröffentlicht in: Hähnle, Mirjam/Cronjäger, Lisa: »Aushandlungsraum Hardwald – zwischen Stadt und Land, Waldweide und Industrie«, in: Baur, Esther/Gafner, Lina (Hg.): *Stadträume. Offen und begrenzt, gestaltet und umkämpft* (Stadt Geschichte Basel, Bd. 9), Basel 2025, S. 84–100.

51 Vgl. Simon 1981, Röthlin 1993.

52 Einen Überblick über Forschungsdebatten zum Status mündlicher und schriftlicher Rechtsquellen findet sich in: Teuscher, Simon: »Zur Mediengeschichte des ›mündlichen Rechts‹ im späteren Mittelalter«, in: *Zeitschrift der Savigny-Stiftung für Rechtsgeschichte. Germanistische Abteilung* 131 (1), 2014, S. 69–88. Zu Formen des Protests durch Bauerngemeinden, die an das althergebrachte Recht aus »vor zeiten« appellierten: Algazi, Gadi: »Lords Ask, Peasants Answer: Making Traditions in Late-Medieval Village Assemblies«, in: Sider, Gerald/Smith, Gavin (Hg.): *Between History and Histories. The Making of Silences and Commemorations*, Toronto/Buffalo/London 1997, S. 199–229.

nutzen.[53] Letztendlich verlor Pratteln das Gerichtsverfahren und musste die Prozesskosten tragen.[54] Ausschlaggebend für die Niederlage vor Gericht war eine »Dotationsurkunde« aus dem Jahr 1803, in der die Stadt Basel als Eigentümerin des Hardwaldes festgehalten wurde. Die Ansprüche Prattelns wurden also abgelehnt, weil die Nutzungsrechte vor allem mündlich tradiert waren. Um eine Beglaubigung der gewohnheitsrechtlichen Nutzung des Hardwaldes vor dem eidgenössischen Schiedsgericht geltend zu machen, hätten die Vertreter Prattelns gleichwertige schriftliche Unterlagen vorzeigen müssen. Nach diesem Sieg vor Gericht von 1835 hielt die Stadt Basel fest, dass, wenn Bewohner:innen Prattelns und anderer Gemeinden weiterhin im Hardwald Tiere weiden ließen oder Holz sammelten, sie sich »frevle[r] Eingriffe« schuldig machten.[55]

Demungeachtet hielten viele Menschen aus den an den Hardwald grenzenden Gebieten an der gewohnheitsrechtlichen Nutzung des Mischwaldes fest. Ein Fotoalbum der Bürgergemeinde Basel dokumentierte 1913, dass noch in den 1850er Jahren mehrheitlich Hagebuchen, Eichen, Linden und Birken im Hardwald wuchsen.[56] Aufgrund der in der Vergangenheit viel praktizierten Schweineweide befanden sich in diesem Mittelwald einige hochgewachsene Bäume mit großen lichten Flächen und Unterholz in den Zwischenräumen. Nach der gerichtlichen Zusprache des Hardwaldes, der sich geografisch weiterhin innerhalb der Gemeindebänne von Muttenz und Pratteln befand, plante die Stadt Basel, die Gestalt des Waldes »radikal«[57] umzuwandeln. Zu diesem Zweck ließ die Forstverwaltung Taxationskarten für die langfristige Einrichtung eines Buchenhochwaldes anfertigen.[58] 1844, also nur neun Jahre nach dem Gerichtsentscheid, erstellte die Stadt Basel einen Plan mit einem vielsagenden, den Besitzanspruch bekräftigenden Titel: *Geometrischer Plan über die Hardwaldungen, welche der Stadtgemeinde Basel angehören und in den Bännen von Muttenz und Pratteln liegen.* Diese Karte wies eine Schlageinteilung und eine tabellarische Auflistung der Holzvolumina in insgesamt 42 Schlägen auf und bildete die Grundlage für die Forstwirtschaftsplanung der kommenden Jahrzehnte.

53 Zur Art und Weise, wie schiedsgerichtlich festgelegte Urteile zu Waldnutzungsregelungen oft ohne Kontextinformationen in Weistümer eingegangen sind, vgl. Teuscher 2014, S. 84 f.

54 Vgl. o. A.: »Protokoll 1. Juni 1839«, StABS, Gemeindearchive Bürgergemeinde Basel JIII2, Hardt-Acten, Hardwald Streit 1834–1839. Vgl. zudem Manz, Matthias/Salathé, René (Hg.): *Pratteln an der Schwelle zur Moderne. Drei Zeitzeugen berichten (1863–1904). Die Heimatkunden von Johannes Buess (1863) und Johannes Martin (1867–1890) und die Gemeindechronik von Karl Sartorius (1904)*, Liestal 2020, S. 195.

55 o. A.: »Kreisschreiben an sämmtliche eidgenössische Stände vom 27. Mai 1835«, StABS, Land und Wald K1, Hardwald 1835–1837.

56 Bürgergemeinde Basel: *Hardt-Waldungen der Bürgergemeinde Basel*, 1913, StABS, Gemeindearchive Bürgergemeinde Basel JIII1, Forstwesen/Forstverwaltung Basel, Allgemeines und Einzelnes, 1841–1930, S. 2 (unpaginiert).

57 Ebd. S. 3. Wörtlich ist von einer »radikale[n] Umwandlungsmetode« die Rede.

58 Ebd., S. 2.

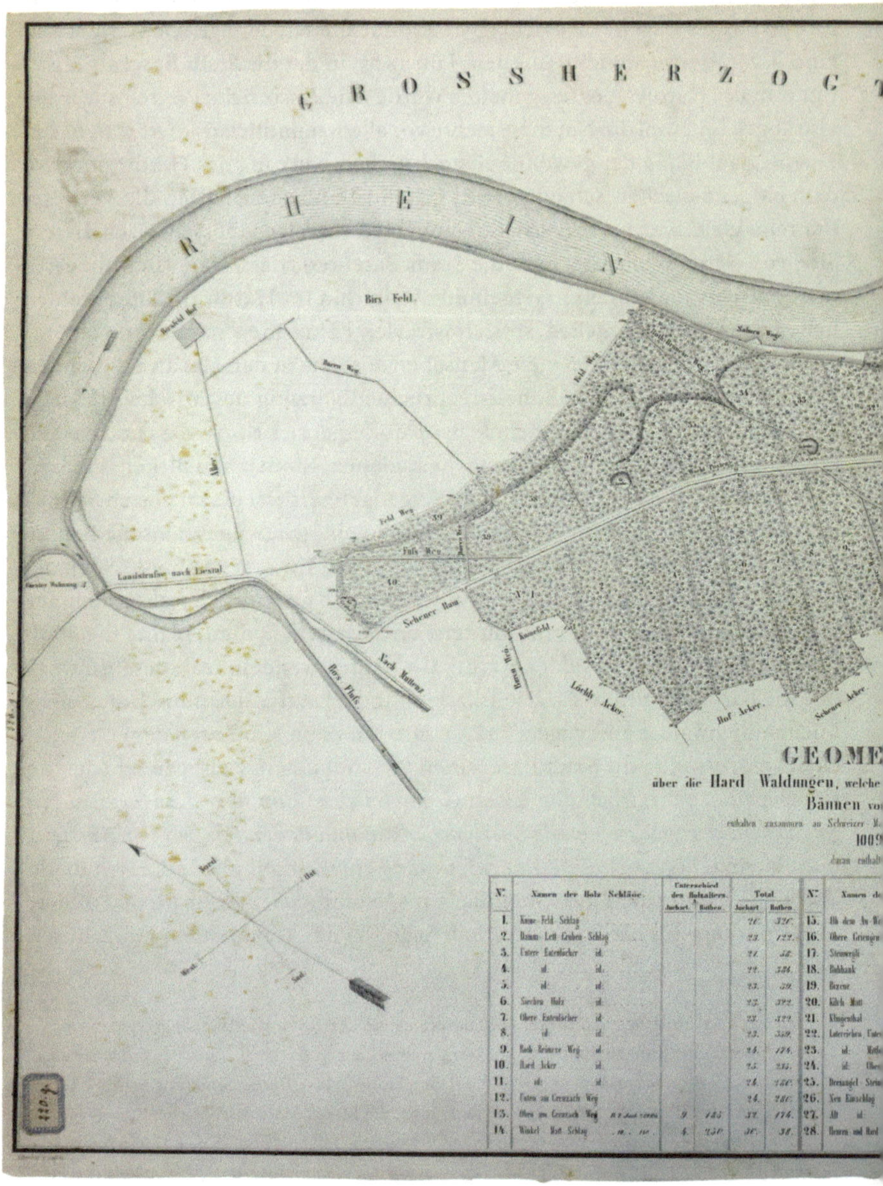
GROSSHERZOGT
RHEIN
Birs Feld.
Landstraße nach Liestal
Schener Baum
Nach Muttenz
Birs Fluß
Löchli Acker
Hof Acker
Schener Acker
GEOME
über die Hard Waldungen, welche
Bännen vo

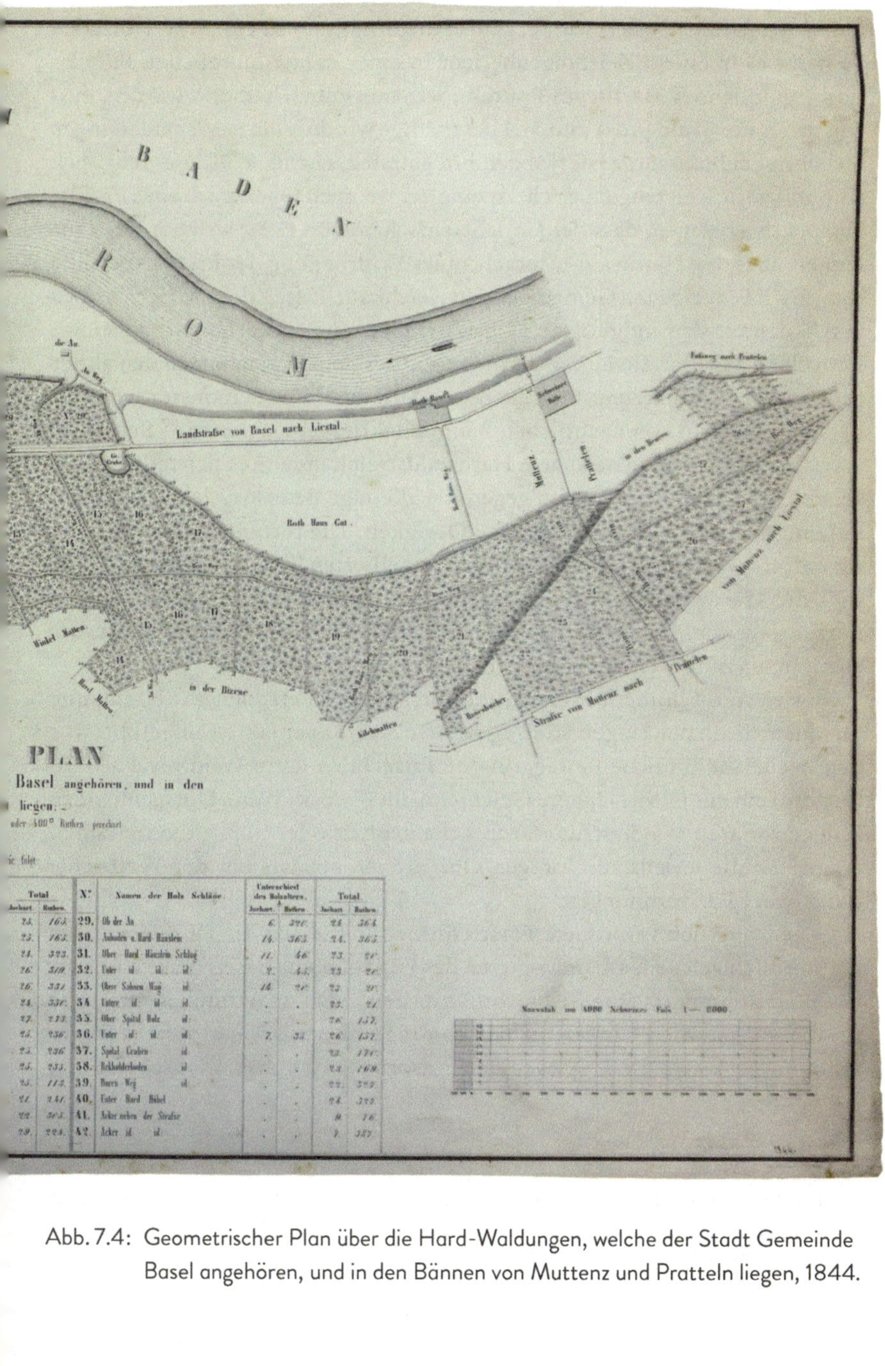

Abb. 7.4: Geometrischer Plan über die Hard-Waldungen, welche der Stadt Gemeinde Basel angehören, und in den Bännen von Muttenz und Pratteln liegen, 1844.

Zeitgleich zu diesem Forstwirtschaftsplan, der in den folgenden Jahrzehnten mehrfach aktualisiert wurde, kam es unaufhaltsam zu Holzfrevelvorfällen. So heißt es in einem Zeitzeugenbericht in einer heimatkundlichen Publikation von Johannes Martin aus Pratteln: »Es muss noch bemerkt werden, dass von da an der Wald gross und viel beschädigt wurde. Ganze Wagenladungen Eichenstekenholz wurde [sic!] abgeführt, gefräfelt, nachts.«[59] Dieser retrospektiv publizierte Zeitzeugenbericht ist eine der wenigen Quellen, die aus Prattler Perspektive belegen, dass der Gerichtsentscheid von 1834, welcher Basel die Hoheit über den Hardwald zusprach, einer Verdrängung der Prattler Bevölkerung aus ihrem eigenen Gemeindebann gleichkam. Der verlorene Gerichtsprozess bedeutete den endgültigen Entzug der Gewohnheitsrechte, worauf einige Betroffene aus Pratteln nun nicht mehr nur mit dem Festhalten an den althergebrachten Waldnutzungspraktiken, sondern auch mit demonstrativem Widerstand in Form von nächtlichen Baumfällaktionen reagierten.[60] Bei Frevelvorfällen während und nach dem Hardwaldstreit handelte es sich teils also um vehemente Protesthandlungen gegen die alleinige Beanspruchung der Waldnutzungsrechte durch die städtische Obrigkeit. Die fortan eingesetzte Forstverwaltung verfolgte mit ihrem streng parzellierten Taxationsplan und dem Ziel, den Hardwald in einen Buchenhochwald umzuwandeln, ein Ressourcennutzungsregime, das die Stadt durchsetzte, ohne Muttenz, Pratteln und andere Gemeinden mit ihren Rechtsansprüchen zu berücksichtigen.

Motivierten Elisabeth Wenger und die anderen Personen aus Nachbargemeinden, die in den langen Strafregistern in den 1820er Jahren aufgeführt wurden, vielleicht ähnliche Beweggründe? Tatsächlich hatte Waldfrevel als Protestform eine noch viel längere Geschichte im Birseck. Wenn Dorfgemeinden ihre gewohnten Waldnutzungsansprüche explizit oder implizit verteidigten, reagierten die jeweils zuständigen Obrigkeiten oftmals mit der Verabschiedung neuer Forstordnungen.

Gegen fürstlich verordnete Forstreformen initiierten die Dorfgemeinden der nördlich gelegenen Landvogteien des Fürstbistums Basels bereits Anfang des 18. Jahrhunderts eine Reihe von Protesten.[61] Die strukturellen Ursachen für die sogenannten Landestroublen von 1726 bis 1740 waren erstens Steuererhöhungen sowie die ausgeweiteten Ansprüche des absolutistischen Fürst-

59 Manz/Salathé 2020, S. 195.

60 Ebd., S. 193 ff., das Zitat auf S. 193.

61 Eine frühe historische Studie zu den »Troubles« aus dem 19. Jahrhundert stammt von dem in Pruntrut geborenen Universalgelehrten, Ingenieur und liberalen Politiker Auguste Quiquerez (1801–1882): Quiquerez, Auguste: *Histoire des Troubles dans l'Evêché de Bâle en 1740*, Delémont 1875. Als Regierungsstatthalter des Amtsbezirks Delsberg (Delémont) und späterer Bergbauingenieur für den Berner Jura setzte er sich gegen eine Übernutzung der Wälder ein: Quiquerez, Auguste: *Notice sur le déboisement des Franches-Montagnes*, Porrentruy 1864. Vgl. Kohler, François: »Quiquerez, Auguste«, in: *Historisches Lexikon der Schweiz*, 15. 3. 2012. Einsehbar unter: hls-dhs-dss.ch/articles/031999/2012-03-15 [Stand: 31. 1. 2025].

bistums auf die Allmendeflächen und deren Wildtiere. Eine zweite Ursache findet sich in der Tendenz, dass Grundherrschaften die Marktproduktion ausbauten, von Ackerwirtschaft auf die lukrativere Viehzucht umstellten und die Privatisierung von Dorfallmenden vorantrieben.[62] Bei gleichzeitigem Bevölkerungswachstum standen den Dorfgemeinden folglich immer weniger Ressourcen zu Verfügung. Die Einrichtung der *Commission des Eaux et Forêts* im Jahr 1726 gilt auch deshalb als einer der Auslöser der Landestroublen, weil sie repräsentativ für viele Landnutzungsreformen und deren Durchsetzung stand. Ein häufiger Anlass zur Verabschiedung von Forstordnungen waren letztendlich Landnutzungskonflikte. Den Hintergrund für die *Hochfürstlich-Baslische Wald- und Forst-Policey Ordnung* von 1756, beispielsweise, bildeten ökonomische Interessen an neuen Eisenschmelzwerken, die wiederum Holz und Holzkohle benötigten.[63] Diese Forstordnung war also eine strategische Maßnahme, zu welcher der Fürstbischof Joseph Wilhelm Rinck von Baldenstein griff, um auf die Holznutzung der Gemeindewälder Einfluss zu nehmen und den Protesten im Zuge der Landestroublen ein Ende zu setzen.

In der Folge kam es zu vielfältigen Formen des bäuerlichen Widerstandes: Sie umfassten das Einreißen von Zäunen, das Abdecken von Dächern, tätliche Angriffe auf Forstbeamte und Zehnteneintreiber, die Bedrohung bischofstreuer Gemeindemitglieder sowie Holz- und Wildfrevel. Die Vorfälle traten während der Landestroublen im ganzen Fürstbistum auf. Der Neuzeithistoriker Andreas Suter interpretierte sie mit Hilfe von Quellen aus dem Archiv des ehemaligen Fürstbistums Basel in Porrentruy als organisierte Sozialproteste.[64] Die Quellen dieses *Archives de L'Ancien Evêché de Bâle* (AAEB) reichen von Darstellungen der Ereignisse aus der Feder von Dorfmeiern, deren Aufgabe es war, dem Bischof Bericht zu erstatten, über Schilderungen von Pfarrern und anderen Augenzeugen bis hin zu schriftlichen Selbstzeugnissen der Aufständischen. Suters Forschungsarbeit ermöglicht damit eine Perspektive auf Holzfrevel als widerständige Praxis, die obrigkeitlich verfasste Quellen nur begrenzt erkennen lassen. Während der Landestroublen kam den Gemeinden eine entscheidende Funktion als Zentren zu, die den Widerstand gegen die Einschränkung der Dorfallmenden organisierten und auch finanzierten. Sie stellten Geld aus

62 Vgl. Suter 1985, S. 103; Suter, Andreas: »Absolutismus als repressive Antwort auf Probleme der Staatsbildung. Das Fürstbistum Basel als Beispiel«, in: Brändli, Sebastian/Gugerli, David/Jaun, Rudolf/Pfister, Ulrich (Hg.): *Schweiz im Wandel. Studien zur neueren Gesellschaftsgeschichte. Festschrift für Rudolf Braun zum 60. Geburtstag*, Basel/Frankfurt a. M. 1990, S. 281–303.

63 Zur Geschichte des Eisenabbaus im Fürstbistum Basel, insbesondere zu den kurzzeitigen Bergbauprojekten und Schmelzwerken des 16. Jahrhunderts in Altdorf (Bassecourt), Charmoille und Bellefontaine (St. Ursanne), siehe: Meier 1965, S. 28–37.

64 Vgl. Suter 1985; Suter, Andreas: »Die Träger bäuerlicher Widerstandsaktionen beim Bauernaufstand im Fürstbistum Basel 1726–1740: Dorfgemeinde – Dorffrauen – Knabenschaften«, in: Schulze, Winfried (Hg.): *Aufstände, Revolten, Prozesse. Beiträge zu bäuerlichen Widerstandsbewegungen im frühneuzeitlichen Europa*, Stuttgart 1983, S. 89–111.

dem Gemeindevermögen zur Verfügung und nutzten Versammlungen zur Planung und Koordination des Widerstands. Dorffrauen und unverheiratete Männer unter 25 Jahren führten die Protestaktionen meistens aus, da sie vor Gericht nicht belangt werden konnten. Der bürgende Ehemann oder Hausvater sowie die Gemeindeversammlung konnten stets behaupten, von der Planung der Proteste nichts gewusst zu haben. Im Nachhinein wurden die Frauengruppen und Knabenschaften oft für die Ausführung der Taten belohnt. Suter rekonstruierte etwa, dass die Gemeindeversammlung von Röschenz Jugendliche auszahlte, damit sie nachts aus den Gärten bischofstreuer Bauern Holz stahlen.[65] Anschließend tauschten die Jugendlichen das Holz im Wirtshaus gegen Brot und Wein ein. Frauengruppen führten gezielt Angriffe auf Forstbeamte und andere Vertreter des Fürstbistums durch.[66] In mehreren Fällen vertrieben Frauen und Knabenschaften zusammen bischöfliche Schafherden von Weiden, die sie weiterhin als Allmendewiesen betrachteten, vermutlich im vollen Bewusstsein, dass sich der Bischof bezüglich seiner verbrieften Weiderechte auf ein landesherrliches Forstregal berief.[67] Landvögte und Meier, die dem Bischof zur Rechenschaft verpflichtet waren, bezeichneten solche widerständigen Handlungen als Holzfrevel und »Mißbräuche« an Wäldern. Damit bedienten sie sich einer Wortwahl und Argumentationsweise, die denen der Ordonnanzen und Forstordnungen nahekamen. Am 8. Mai 1732 informierte ein Meier aus dem Dorf Undervelier den Bischof etwa darüber, dass »die Gemeinde vergangenen Winter im Gemeindewald wie im fürstlichen Hochwald derartigen Mißbrauch getrieben habe, als stünden diese Wälder zu jedermans freien Verfügung. Sie haben gegen 500 Bäume gefällt.«[68] Auch für das Laufental, das unmittelbar an den Bezirk Birseck grenzt, halten einige Quellen Holzfrevelvorfälle fest, die sich in der winterlichen Jahreszeit regelmäßig ereigneten. So beklagte sich ein Landschreiber namens Kern in einem Brief vom 18. Dezember 1737:

> Übrigens muß ferners, gleich wie nun alle Jahr zu dieser Zeit geschehen, wiedermal unterthänigst anzeigen, wie daß Dittingen, Röschenz und Liesberg, aber auch zu Zwingen ziemlich viel und große Rodungen abermalen gemacht und daru das schönste Holz – öfters zu einer Rodung allein bis zehn, zwölf und fünfzehn Wagen Holz – verbrannt worden.[69]

65 Suter 1985, S. 358 f.

66 »Die Dorffrauen sind mit Stöcken bewaffnet herbeigekommen, um die beiden Zehnteneinnehmer zu vertreiben. Ohne Zweifel ist dies auf Anstiftung ihrer Ehemänner geschehen, die sich hinter den Büschen versteckt hielten. Die Frauen schlugen und maltraitierten die Zehnteneinnehmer und nahmen ihnen die Zehntestecken weg.« Bericht, zit. n. Suter 1983, S. 96 f., sowie Suter 1985, S. 353.

67 Suter 1983, S. 95; Suter 1985, S. 350 ff.

68 AAEB, B 230/72, 8. Mai 1732, zit. n.: Suter 1985, S. 228.

69 AAEB, B 230/82, 18. 12. 1737, zit. n. ebd., S. 229.

Obwohl die 1756 erlassene *Hochfürstlich-Baslische Wald- und Forst-Policey Ordnung* die Landestroublen nicht als Anlass nannte, sollten die im Titel angekündigten »Vorschriften und Massgab / wie mit den Wäldern und Hölzern umgegangen werden soll« vor dem Hintergrund des organisierten bäuerlichen Protests gegen die herrschaftlichen Waldnutzungsansprüche interpretiert werden. Bereits seit dem 16. Jahrhundert gestattete ein kaiserliches Dekret, dass Bergwerke nicht nur das Holz aus den Hochwäldern nutzen durften, sondern auch aus den Bannwäldern der Gemeinden.[70] Waldnutzungsrechte führten also auch schon lange Zeit vor den Landestroublen zu Konflikten zwischen Dorfgemeinden, Landes- und Grundherrschaften sowie Bergwerksbesitzenden.

Offensichtlich liegt ein raumzeitlicher Zusammenhang dieser Konflikte um die Waldnutzung mit den Verurteilungen Elisabeth Wengers und anderer Holzfrevler:innen im Birseck in den Jahren 1819 bis 1822 vor. Auch wenn die Quellenbelege aus den städtischen Strafregistern keinen expliziten Bezug zu den circa 80 Jahre zurückliegenden Landestroublen erkennen lassen, sollte die regionale Geschichte von Holzfrevel als Protestform bei der Interpretation der nach 1800 so häufigen Strafanzeigen Berücksichtigung finden. Frauen und unverheiratete Männer hatten Holzfrevel in dieser Region gezielt als Widerstandsform eingesetzt – dies machen die angeführten Zitate aus Andreas Suters Quellenuntersuchung deutlich. Das Stehlen von Holz, die illegale Weide, das Zerstören von Zäunen sowie »Wildfrevel« dienten während der Landestroublen als Praktiken des Widerstands gegen die ausgeweiteten Ressourcennutzungsansprüche des Fürstbistums. Bei Freveln in Waldregionen ging es also keinesfalls nur um die »illegal« angeeigneten Holz-, Gras- und Weideressourcen. Vielmehr setzten Dorfgemeinden diese Gesetzesverstöße gezielt als Provokation und als Protestform ein, sowohl in Ressourcenkonflikten mit der Landesherrschaft als auch in Auseinandersetzungen zwischen und innerhalb von Gemeinden, etwa gegen bischofstreue Anwohner:innen. In einigen Fällen koordinierten die Dorfgemeinden Holzfrevelaktionen und sahen sie somit als legitimes Protestmittel gegen die aufgezwungenen Ressourcennutzungsregime der landesherrlichen Obrigkeit an. Auf ähnliche Weise reagierten Menschen aus den Gemeinden Muttenz und Pratteln in den 1830er Jahren in Folge des verlorenen Gerichtsentscheids und des Hardwaldstreites.

Eine Deutung von Holzfrevel, die sich bemüht, die Perspektive der ländlichen Bevölkerung angesichts der eingeschränkten Ressourcennutzungsrechte zu rekonstruieren, steht in einem eklatanten Widerspruch zu den Argumenten der Forstordnungen, die Holzfrevel als einen grundlosen »Missbrauch« von Wäldern präsentierten. Die Forstordnungen, so wird bei einer näheren Quellenuntersuchung deutlich, sind trotz des wohlgemeinten Zieles, Wälder zu schützen, gekennzeichnet durch eine Missachtung aller Praktiken, die nicht der Ertragssteigerung des Holzes im jeweiligen Wald, sondern der Subsistenz-

70 Vgl. Meier 1965, S. 32.

sicherung der Bevölkerung dienten. Die für Basel vorliegenden Waldordnungen bewerteten folgende Praktiken als Frevel: das Holzhauen während der Wachstumsphase im Sommer sowie auf Waldgebieten von Nachbargemeinden, das Anritzen von Bäumen zur Harzgewinnung, das probeweise Anhauen von Bäumen, wie es die Kübler und Küfer taten, die Weide auf frisch gehauenen Schlägen sowie den Brandfeldbau. Die wiederholte Sanktionierung dieser Praktiken verweist darauf, dass sie im 18. Jahrhundert in der Stadt Basel sowie im Fürstbistum Basel weit verbreitet waren. Im folgenden Unterkapitel wird näher auf die Bedeutung des Holzfrevels im Gemeindealltag eingegangen. Regelungen, die das Anzeigen von Holzfrevel belohnten beziehungsweise das kooperative Verschweigen unter Strafe stellten, zielten offenbar darauf ab, gemeindeinterne Allianzen gegen die Obrigkeiten zu unterbinden.

7.5 Anzeigen, Überwachen und Strafen im Schweizer Alltag

Bußgelder, in Aussicht gestellte Belohnungen für Strafanzeigen sowie patrouillierende Bannwarte erschwerten es, dass Dorfgemeinden, wie während der Landestroublen geschehen, Holzfrevel als ein Mittel des Protests einsetzen konnten. Dass Mitwissende bestraft wurden, wenn sie Holzfrevelvorfälle nicht zur Anzeige brachten, ist in der Region Basel erstmals in *Einer Loblichen Statt Basel Erneuert und verbesserte Ordnung* von 1697 festgehalten.

> Achtens / solle ein jedweder Underthan / wer der auch immer seyn möge / der Jemand anderen in Unseren Gnädigen Herren und Oberen Hochwälden / oder auch auff Zins-Gütteren / so zu Hochwald worden */freveln siehet* / oder aber / daß dergleichen beschehen / sonsten von anderen gehöret / und in erfahrung gebracht / ein solches von stund an bey seinem Eyde zu rügen / und die fehlbahren an behörigem Orth zu verzeigen / schuldig und verbunden / oder wiederigenfahls in underlassung dessen doppelte Straff verfallen seyn.[71]

Dieser Rechtstext definierte auch die Aufgaben des Bannwarts. Bannwarte wurden aus den Reihen der Gemeinden bestimmt und dafür bezahlt, Holzfrevel von Gemeindemitgliedern zu ahnden. Damit war im Inneren der Gemeinde selbst eine Instanz etabliert, die landesherrliche Kontrolle mit dörflicher Selbstkontrolle verschränkte: ein gouvernementaler Schachzug. Die Einrichtung dieses Amtes trug zur Etablierung interner Kontrollmechanismen im Gemeindealltag bei.

71 Canzley Basel: *Einer Loblichen Statt Basel Erneuert und verbesserte Ordnung: Welcher gestalt dero Obrigkeitliche Hoch-Wäld und andere Waldungen auff Ihr Gn. Landschafft künftigs vor schädlicher Schweinung und Abgang geschirmet; Hergegen zu nutzlicher äuffnung gebracht und dabey erhalten werden sollen*, 9.10.1697, StABS, Bf 1 A 6-74.

Mindestens seit dem 18. Jahrhundert war das Amt des Waldaufsehers, Bannwarts oder Waldgäumers in Schweizer Kantonen verbreitet, wobei die Amtsbezeichnung »Bannwart« für alemannische Sprachdialekte bereits seit dem 15. Jahrhundert überliefert ist.[72] Die Gemeinden ernannten oft Hintersassen, also Menschen ohne Gutsbesitz, die kein Bürgerrecht besaßen, zu Bannwarten. In vielen Regionen hatten sie kein Anrecht auf Mitbenutzung von Gemeindegut, das als »dingliches Nutzungsrecht« an den Besitz eines Hauses gebunden war.[73] Erklärten sich Hintersassen bereit, das unbeliebte Amt zu übernehmen, taten sie dies meist aufgrund der in Aussicht gestellten Zahlungen für die Anzeige von Holzfrevler:innen.[74] Die Hauptaufgabe der Bannwarte war es, ein bestimmtes Waldgebiet zu beaufsichtigen und jeglichen Frevel den ihnen übergeordneten Revierförstern, Schultheißen oder Stadtvögten zu melden, die wiederum die Waldkommission beziehungsweise das Forstamt zu benachrichtigen hatten. Dies bedeutete praktisch, dass sie durch die Wälder liefen und Frevler:innen oder deren Spuren verfolgten. Die Waldaufseher prüften zudem vor Ort die Bewilligungen von Holzbezügen, die in Form eines Erlaubnisscheins erstellt wurden. Ihr Tagelohn war niedrig, weshalb sie in vielen Fällen bestechlich waren. Bei der Meldung von Frevel riskierten sie Anfeindungen in der Gemeinde, was die Prekarität ihrer Situation als Hintersassen noch verschlimmerte.

Nicht nur bei der Verfolgung der vermeintlichen Straftäter:innen, sondern auch bei Gerichtsverhandlungen kam den Bannwarten eine entscheidende Rolle zu. Ihnen wurde abverlangt, vor dem Forstamt einen Eid abzulegen, denn bei widersprüchlichen Aussagen sollte vorrangig den Förstern, Bann- und Holzwarten »vor Gericht geglaubet werden«[75] können. Gleichzeitig war die gesamte Bevöl-

72 Vgl. Spinatsch 2006; »Bannwart«, in: *Schweizerisches Idiotikon*, Bd. 16, Sp. 1578–1583. Einsehbar unter: digital.idiotikon.ch/idtkn/id16.htm#!page/161577/mode/1up [Stand: 31. 1. 2025]. Die ältesten Belegzitate stammen aus dem Jahr 1480.

73 Wullschleger, Erwin: *Waldpolitik und Forstwirtschaft im Kanton Aargau von 1803 bis heute*, Aarau 1997, S. 34, 39. Das »dingliche Nutzungsrecht« schloss auch jüdische Menschen aus, denen es im 17. und 18. Jahrhundert beispielsweise in der Grafschaft Baden verboten war, ein Haus käuflich zu erwerben, die folglich auch bei der Verteilung von Holz aus dem Gemeindewald unberücksichtigt blieben und daher das Holz teuer kaufen mussten. Vgl. Binnenkade, Alexandra: *KontaktZonen. Jüdisch-christlicher Alltag in Lengnau*, Köln 2009, S. 199.

74 Ein Zitat des forstwissenschaftlich gebildeten Ökonomen, Politikers und Mitbegründers der ökonomischen Gesellschaft von Bern, Niklaus Emanuel Tscharner, lautet: »Die Armen fräflen aus Noth gedrungen, die Besseren aus Gewohnheit, die Reichen des Rechts nicht verlürstig zu werden. [...] Die Bannwarthen von den Gemeinden gesetzt, sind die ärmsten Leute. Die, da sie selbsten von Fräfel leben müssen, jedermann durch die Finger zu sehen gezwungen sind.« Tscharner, Niklaus Emanuel: *Bericht über den Zustand der Wälder im Amt Schenkenberg*, 30. 7. 1768, zit. n. Wullschleger 1997, S. 59 und 171. Zur sozialen Struktur und zu Ausschlussprinzipien in ländlichen Gemeinden außerhalb der Schweiz siehe allgemein: Mooser, Josef: *Ländliche Klassengesellschaft, 1770–1848. Bauern und Unterschichten, Landwirtschaft und Gewerbe im östlichen Westfalen*, Göttingen 1984a.

75 Art. LV »Glaubwürdigkeit der Forstner und Holzwarten vor Gericht«, in: Baldenstein

kerung aufgerufen, Holzfrevel zur Anzeige zu bringen. Das Belohnen jeglicher Strafanzeigen, die aus der Bevölkerung heraus getätigt wurden, ist charakteristisch für ein Strafregime, das die Bildung von Allianzen gegen die städtische oder landesherrliche Forstverwaltung innerhalb von Dorfgemeinden verhindern sollte.

Die Aufteilung der Strafgebühren regelte der 53. Artikel der *Hochfürstlich-Baslischen Wald- und Forst-Policey Ordnung*: Ein Viertel des Bußgeldes bekam der »Angeber«, der den Frevel meldete, ein weiteres Viertel der »Fiscal Procurator / der den Frevel gerichtlich belangen wird«[76] und die restliche Hälfte der Fisco, also die Staatskasse des Fürstbistums. Fand der Frevel nachts statt, verdoppelte sich die Strafgebühr. Zusätzlich mussten Ersatzleistungen an den Waldeigentümer erbracht werden.[77]

Zu welchen Konfliktdynamiken Holzfreveltaten, Strafanzeigen, Belohnungen und Bußgelder im Alltagsleben der Dorfgemeinden führten, veranschaulichten Katja Hürlimann und Anton Schuler in ihrer Forschungsarbeit am forstgeschichtlichen Lehrstuhl der Eidgenössischen Technischen Hochschule Zürich.[78] Holzfrevel lasse sich weder auf subsistenzwirtschaftliche Not reduzieren, noch könne er in allen Fällen als offenkundiger Protest, etwa gegen die Grund- und Landesherr:innen oder die agrarische Modernisierung generell, gedeutet werden. Vielmehr sei Waldfrevel ein wesentlicher »Bestandteil sozialer Interaktionsformen«,[79] der im Alltag ländlicher Gesellschaften omnipräsent war. Das Konfliktpotenzial beschränkte sich nicht auf die Auseinandersetzungen am Tatort und die gerichtliche Strafverfolgung, sondern entlud sich zum Beispiel auch nach einem Wirtshausbesuch oder bei anderen Anlässen.[80] Allerdings enthalten die Land- und Waldakten des Staatsarchivs Basel, welche von der Waldkommission angelegt und geführt wurden, vor allem Informationen über die institutionalisierten Formen der Holzfrevelsanktionierung, sodass es wichtig ist, bei der Quellenanalyse auch die nicht dokumentierten sozialen Konsequenzen für das Gemeindeleben zu bedenken.

Offiziell war die seit 1756 bestehende Waldkommission für die Verwaltung der Basler Staatswälder und die Bewilligung von Holzbegehren zuständig.[81]

Bischoff zu Basel: *Hochfürstlich-Baslische Wald- und Forst-Policey Ordnung*, 1756, S. 47. Bannwarte und Förster sollten »nicht nur besten Fleißes auf die Gemeindswälder und Hölzer Acht haben / sondern auch die Frevel /die darinnen ausgeübt werden / dem Jäger oder Forstner von der Revier gebührend anzeigen und zu dem Eyd von unserm Forstamt [...] beeydigt werden.« Siehe Artikel LIV, »Bannwärter und Förster«, in: Ebd., S. 47.

76 Ebd.

77 Ebd.

78 Vgl. Hürlimann/Schuler 2005.

79 Spinatsch 2006, S. 408. Zu den drei Einordnungen von Holzfrevel: Mooser, Josef: »›Furcht bewahrt das Holz‹. Holzdiebstahl und sozialer Konflikt 1800–1850 an westfälischen Beispielen«, in: Reif, Heinz (Hg.): *Räuber, Volk und Obrigkeit*, Frankfurt a. M. 1984b, S. 43–99.

80 Vgl. Hürlimann/Schuler 2005.

81 Vgl. Röthlin 1993, S. 203.

Zu ihren Mitgliedern zählten der Mathematiker Johann Euler, der zeitweilige Bürgermeister, Seidenbandfabrikant und Oberzunftmeister Johann de Bary, der in der Kommission für den Feldbau engagiert war, sowie weitere Angehörige des Basler Bürgertums. Keiner von ihnen verfügte über eine spezifisch auf die Forstwirtschaft ausgerichtete Ausbildung.[82] Aus heutiger Perspektive ist auffällig, dass es in der städtischen Waldkommission keine Personen gab, welche die Interessen und Rechte der Einwohnergemeinden der Stadt Basel hätten vertreten können.

In der Anfangszeit initiierte die Kommission Bestimmungen zum Holzsparen und Aufforsten, etwa die Vorschriften »zur Anpflanzung von Weiden und Grünhägen« 1759, sowie zur Anlage von »Eichenpflanzgärten« in allen Basler Gemeinden im Folgejahr.[83] Zusätzlich erließ sie Richtlinien für holzintensive Waldnutzungspraktiken, wie beispielsweise ein »Verbot, im Wald Kohlen zu brennen«, im Jahr 1763.[84] Außerdem argumentierte die Waldkommission gegen die Waldweide. Bei der Erarbeitung von städtischen Waldordnungen beriet die Kommission die Basler Regierung, welche den Ratschlägen jedoch nicht immer nachkam.[85] In den 1820er Jahren lag auch die Dokumentation und Verfolgung von Waldstrafen im Hauptzuständigkeitsbereich der Waldkommission. Sie informierte den Statthalter sowie den Vizepräsidenten des Kantonsparlaments, wenn sie zahlungsunfähige Straftäter:innen zu Arbeitseinsätzen verpflichtete. In folgendem Brief (Abb. 7.5) ging es um abzuleistende Arbeitsstunden im Forstrevier entlang der Wiese – eines Flusses, der im Schwarzwald entspringt und in Basel in den Rhein mündet.

Dem Brief vom 25. Januar 1820 zufolge sollten drei Holzfrevler:innen aus der Basler Gemeinde Kleinhüningen Pflanzgruben entlang der Wiese ausheben und anschließend Weidenruten setzen.[86] Den Umfang der Strafarbeiten beschloss die Waldkommission ein halbes Jahr, nachdem die drei Personen angezeigt worden waren. Der zuständige Bannwart namens Buerer sollte die Strafarbeiten anleiten und den Bau der Pflanzgruben mit einer Länge von 24 Basler Schuh beaufsichtigen. Hätte Elisabeth Wenger aus Reinach ihre im eingangs zitierten Holzfrevelstrafregister festgehaltene Strafe auch »wegen Armuth nicht erlegen können«,[87] wäre vielleicht eine ähnliche Benachrichtigung bei dem Repräsentanten der Kantonsregierung eingegangen.

82 Vgl. Grossmann 1932, S. 74 ff.

83 Ebd., S. 76. Untersuchungsgrundlage bei Grossmann sind ebenfalls die Land- und Waldakten, speziell für die Zeiträume 1759–1815 (StABS, Land und Wald H1), sowie Protokolle der Waldungskommission 1756–1830 (StABS, J 2, 1–24), die für den Zeitraum 1776–1794 fehlen.

84 Grossmann 1932, S. 76.

85 Vgl. zur Geschichte der Waldkommission: Ebd., S. 76 f.

86 Merian, Emanuel Walther: *Brief von dem Präsidenten der Waldkommission Merian an den Statthalter Iselin,* 25.1.1820, StABS, Land- und Waldacten H 13. Holzfrevel 1820 – 1849 – 1899, No. 12.

87 Ebd.

An Herrn Statthalter Iselin in Basel

Hochgeehrter Herr!

Da die beyden unterm 12. Juny vorigen
Jahres gestraften, Feuter alt Kronen-
Wirth, und die Tochter des
Wilhelm Naegelin Weber von Kleinhüningen,
die Strafen wegen Armuth nicht
erlegen können, so haben wir den
22. Jenner erkannt, daß jeder dieser
24 Schuh Pflanzgruben an der Wiese
zum Weidensetzen, wozu ihnen der
Wiesenbannwart Buerer wird biethen
lassen, eröffnen sollen.

Wir sind mit aller Achtung
Die Verordneten zur
Wald Commission
In deren Namen
Der President
Merian

Basel, den 25. Jenner
1820
den 29. erhalten und angez[eigt]

Holzfrevelverurteilungen im Birseck – dem Gebiet, in dem Elisabeth Wenger verhaftet wurde – fielen nach Auflösung des Fürstbistums Basel 1803 und nach Ende der französischen Besatzungszeit 1813 bis zur Kantonstrennung im Jahr 1833 in den Verantwortungsbereich der Stadt Basel. In dieser Zwischenzeit unterstand das Birseck der städtischen Armutspolitik, die aus heutiger Perspektive zwar untersucht, aber bisher selten in einen Zusammenhang mit Waldnutzungspraktiken, Holzfrevelverurteilungen und ihrer Bedeutung für den Lebensunterhalt gebracht worden ist.[88] Die städtische Armutspolitik muss dabei im Zusammenhang mit Richtungsentscheidungen der staatlichen Wirtschaftspolitik betrachtet werden: Während Preußen und weitere Nachbarstaaten angesichts gefallener Getreidepreise im Jahr 1770

88 Vgl. Mooser, Josef/Wenger, Simon (Hg.): *Armut und Fürsorge in Basel. Armutspolitik vom 13. Jahrhundert bis heute*, Basel 2011.

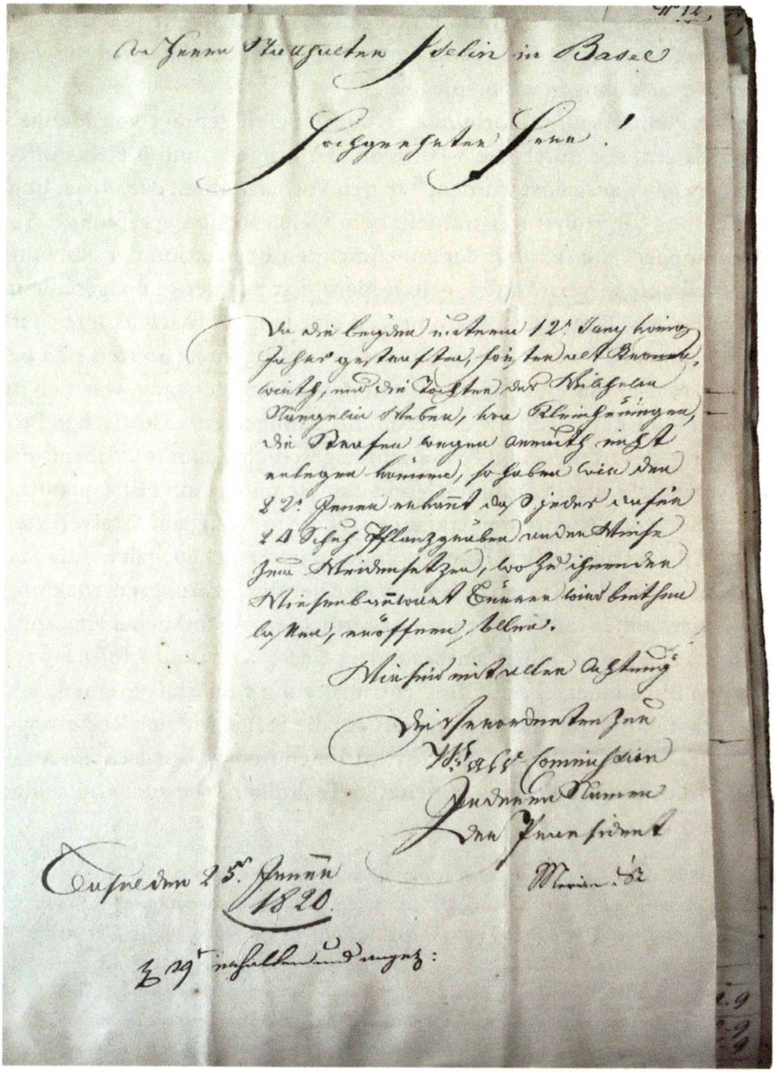

An Herrn Statthalter Iselin in Basel

Hochgeachteter Herr!

1820

Abb. 7.5: Brief des Präsidenten der Waldkommission Merian an den Statthalter Iselin, 25.1.1820.

Handelszölle erlassen hatten, damit die örtlichen Bäuer:innen wieder höhere Preise erzielten, setzte sich der Basler Politiker, Philanthrop und Gelehrte Isaak Iselin als überzeugter Physiokrat dafür ein, Marktbeschränkungen weitestgehend zu vermeiden. Stattdessen sollten Hilfen direkt an die Armutsbetroffenen ausgezahlt werden, verbunden mit der Bedingung, dass staatliche Institutionen, zum Beispiel Waisen- und Frauenhäuser, sie zum

Arbeiten erziehen.[89] Die Disziplinierung durch Arbeit spielte in der Basler Armenpolitik eine große Rolle, was sich auch in der Strafabwicklung von Holzfrevelverurteilungen widerspiegelt.

Die erste Hälfte des 19. Jahrhunderts war generell geprägt von Hunger- und Agrarkrisen, die durch die »Jahre ohne Sommer« und die Kartoffelfäule von 1846/47 ausgelöst wurden.[90] In den Vormärzjahren der 1830er und 1840er nahmen die Holzfrevelstrafdelikte in vielen Regionen rapide zu. Soziale Spannungen, die sich mit der zunehmenden Restriktion der Nutzung von Waldressourcen verstärkten, gelten nicht erst aus der globalgeschichtlichen Perspektive Jürgen Osterhammels als eine lange vernachlässigte Ursache für die 1848er-Proteste.[91] Sozialhistoriker:innen interessierten sich bereits in den 1970er Jahren vermehrt für diesen Zusammenhang, was sich in einer hohen Publikationsdichte an Veröffentlichungen der historischen Protestforschung, der Alltags- und Kriminalitätsgeschichte äußerte.[92] Inspiriert von der Annales-Schule in Frankreich und dem Bemühen, mit Hilfe quantitativer Analysen von Datenreihen lange Zeiträume in Bezug auf Strafverurteilungen und ihre strukturellen Hintergründe zu untersuchen, galt es, die Statistiken kritisch in Relation zu beispielsweise der Bevölkerungsentwicklung oder dem Schwanken des Kornpreises zu betrachten. Auch Michel Foucaults Arbeiten aus den 1970er Jahren, insbesondere *Überwachen und Strafen* (1975), lenkten den Blick einerseits auf die Zentralisierung von Strafsystemen während der Staatenbildung und andererseits auf die Frage, wie sich Regierungsmacht in Praktiken, Diskursen und Institutionen in der Gesellschaft entfaltet.[93] Die von Foucault herausgearbeiteten Techniken, wie sie unmittelbar

89 Vgl. Opitz-Belakhal, Claudia: »›Ueber Armuth, Betteley und Wohlthätigkeit‹. Armut und Armutsbekämpfung im Zeitalter von Aufklärung, Helvetik und Restauration«, in: Mooser, Josef/Wenger, Simon (Hg.): *Armut und Fürsorge in Basel. Armutspolitik vom 13. Jahrhundert bis heute*, Basel 2011, S. 73–100.

90 Vgl. Plumpe, Werner: *Wirtschaftskrisen. Geschichte und Gegenwart*, München 2013, S. 33 f.; Schanbacher, Ansgar: *Kartoffelkrankheit und Nahrungskrise in Nordwestdeutschland 1845–1848*, Göttingen 2016; Hecht, Michael: *Nahrungsmangel und Protest. Teuerungsunruhen in Frankreich und Preußen in den Jahren 1846–47*, Halle (Saale)2004; Collet, Dominik/Lassen, Thore/Schanbacher, Ansgar (Hg.): *Handeln in Hungerkrisen. Neue Perspektiven auf soziale und klimatische Vulnerabilität*, Göttingen 2012.

91 Vgl. Osterhammel, Jürgen: *Die Verwandlung der Welt. Eine Geschichte des 19. Jahrhunderts*, München 2013, S. 779; Sperber, Jonathan: *The European Revolutions, 1848–1851*, Cambridge 1994, S. 124.

92 Zu Holzfrevel und dessen Strafverfolgung zum Beispiel: Blasius 1978; Mooser 1984b. Vgl. Grewe 2004, S. 195–199. Siehe außerdem: Tilly, Richard H.: *Sozialer Protest*, Göttingen 1977; Volkmann, Heinrich/Bergmann, Jürgen (Hg.): *Sozialer Protest. Studien zu traditioneller Resistenz und kollektiver Gewalt in Deutschland vom Vormärz bis zur Reichsgründung*, Opladen 1984; Lipp, Carola/Bechtold-Comforty, Beate (Hg.): *Schimpfende Weiber und patriotische Jungfrauen. Frauen im Vormärz und in der Revolution 1848/49*, Baden-Baden 1998.

93 Foucault, Michel (1975): *Überwachen und Strafen. Die Geburt des Gefängnisses*, übers. v. Walter

im Strafvollzug eingesetzt wurden, sowie die Disziplinierungsverfahren, die in allen gesellschaftlichen Bereichen zum Tragen kamen, wirkten bis in das Innerste des Gemeindelebens hinein. Zwangsarbeit als Strafmaßnahme für zahlungsunfähige Holzfrevler:innen sowie die für alle Dorfgemeindemitglieder geltende Verpflichtung, Holzfrevel zur Anzeige zu bringen, sind typische Regierungstechnologien in diesem auf Holznutzung beruhenden Ressourcenregime.

7.6 Massengerichtsverfahren und die Holzdiebstahlgesetze: Karl Marx zur Legitimität von Holzfrevel

Das überregional verbreitete Strafregime gegenüber Menschen, die frevelten, weil sie nicht über ausreichend Brennholz und Lebensmittel verfügten, geriet in der ersten Hälfte des 19. Jahrhunderts zunehmend in die Kritik. Ein prominenter Kritiker war der junge Karl Marx, der 1842 in seinen ersten Veröffentlichungen die Holzdiebstahlgesetze Preußens analysierte und als Fürsprecher jener Bevölkerungsschichten auftrat, die sich mit einer immer stärkeren Einschränkung lebensnotwendiger Ressourcen konfrontiert sahen. Den Menschen würden keine Kompensationen für die ihnen streitig gemachten Waldnutzungspraktiken auf ehemaligem Allmendeland angeboten; die Strafarbeitseinsätze bei Förstern und Waldbesitzenden aufgrund von Zahlungsunfähigkeit seien daher ungerechtfertigt – so lauten die Hauptkritikpunkte von Karl Marx, der bei den Verhandlungen der Holzdiebstahlgesetze im Rheinischen Landtag vor Ort anwesend war. Aber was waren die Holzdiebstahlgesetze? Und was ist die Geschichte dieser frühen Schriften von Karl Marx? Bisher wurde wenig rezipiert, dass gerade die Auseinandersetzung mit den Gesetzen zur Sanktionierung von Holzdiebstahl den Beginn von Marx' philosophischen Abhandlungen darstellte. Die Fragen, was im Wald wie viel Wert ist – welcher Art von Holz oder welchen Waldnutzungspraktiken welcher Wert zugeschrieben wird und welches Eigentums- und Zugangsrecht dies rechtfertigt, bildeten den Anfang von Marx' kapitalismuskritischen Überlegungen.

Marx' Artikel über die Holzdiebstahlgesetze erschienen in einer Zeit zunehmender sozialer Spannungen, die in den Vormärzjahren durch Hungersnöte, Pauperismus und Industrialisierung geprägt waren. Strafregister in der

Seitter, Frankfurt a. M. 1977. Zur aktivistischen Arbeit der *Groupe d'information sur les prisons* in den 1970er Jahren, welche die Perspektiven und Aussagen von Inhaftierten, Angehörigen und Gefängnismitarbeitenden dokumentierte, und zu dem Prozess, wie sich diese politische Erfahrung in Foucaults Werken niederschlug, siehe: Foucault, Michel/Trombadori, Ducio (1978): *Der Mensch ist ein Erfahrungstier*, übers. v. Horst Brühmann, Frankfurt a. M. 1996, S. 31–34.

bayerischen Oberpfalz beispielsweise verzeichneten für den Winter 1843/44 180.000 Forstdelikte.[94] Im Verhältnis zur Bevölkerungszahl bedeutete dies, dass mindestens jeder vierte Oberpfälzer wegen Holzfrevel angeklagt wurde, darunter viele Frauen und Kinder. Auch in Preußen stiegen die registrierten Holzdiebstahlfälle von 1836 bis 1865 kontinuierlich an.[95] Mit über 200.000 Verurteilungen im Jahr 1843 trat dieses Vergehen sechsmal häufiger auf als die restlichen Deliktarten, die man unter der Kategorie Diebstahl zusammenfasste. Seit 1821 lag in Preußen eine Holzdiebstahlgesetzgebung vor, nach der Holzfrevel ausdrücklich als Diebstahl und nicht mehr als minderschwere Gesetzesübertretung zu behandeln war.[96] Das »Gesetz wegen Untersuchung und Bestrafung des Holzdiebstahls« vereinheitlichte die Strafen, die lokale Forstordnungen zuvor unterschiedlich geregelt hatten. In diesem Zuge wurde die Leibesstrafe abgeschafft. Von nun an galt für alle Verurteilten in den preußischen Provinzen, dass sie den vierfachen Wert des entwendeten Holzes ersetzen mussten. Konnten sie diesen Betrag nicht aufbringen, stand ihnen eine Gefängnisstrafe bevor, die auf Wunsch der Waldeigentümer:innen als Forstarbeit abgegolten werden musste. Wiederholungstäter:innen drohte eine »Einsperrung von vier Wochen bis zu zwei Jahren in einem Arbeits- oder Besserungshause«.[97]

Folgenreiche Neuerungen bestanden zudem darin, dass fortan die beeidigte Aussage von Forstbediensteten zur Überführung des Forstfrevels genügte und dass gegen die Urteile kein Einspruch zulässig war.[98] Aus diesem Grund und da es sich letztlich um Massengerichtsverfahren handelte, überliefern die meis-

94 Siehe dazu: Grewe 2004, S. 200. »Jede Familie hätte demnach jährlich mindestens einen Frevler gestellt.« Bei der Interpretation dieser Daten ist laut Grewe zu beachten, dass der Vergleich von regionalen und landesweiten Statistiken oft widersprüchliche Zahlen offenbart. Es ist möglich, dass Straffälle außergerichtlich geklärt wurden. Die absoluten Zahlen ermöglichen keine Schlussfolgerungen zu den Fragen, wie viele Fälle auf Wiederholungstäter:innen zurückzuführen waren und ob bei Holzverurteilungen zusätzliche Personen, wie Erziehungsberechtigte oder Gläubiger von angezeigten Kindern, Ehefrauen oder Dienstpersonal, einzeln aufgeführt wurden. Siehe außerdem Schmidt 2001.

95 Vgl. Blasius 1978, S. 81 f. Grundlage der Untersuchung sind Statistiken zu Holzfrevelverurteilungen im Verhältnis zur Bevölkerungszahl, den Diebstahlsdelikten sowie dem Roggenpreis. Das *Jahrbuch für die amtliche Statistik des preußischen Staates*, Berlin 1876, S. 122 ff., veröffentlichte die Daten für den Zeitraum 1836–1865. Im Geheimen Staatsarchiv Preußischer Kulturbesitz Berlin-Dahlem befinden sich in den Aktenbeständen des preußischen Justizministeriums Gerichtsprotokolle mit Zeugenaussagen zu Holzfrevel. Blasius untersuchte dort die Berichte des Land- und Stadtgerichts Heiligenstadt (Thüringen) im Hinblick auf die gesellschaftliche Wahrnehmung von Holzfreveldelikten.

96 Siehe Kapitel 2 b (»Entstehung und Novellierung der Holzdiebstahlgesetzgebung«), in: Blasius, Dirk: *Bürgerliche Gesellschaft und Kriminalität. Zur Sozialgeschichte Preußens im Vormärz*, Göttingen 1976, S. 103–110.

97 § 5 »Gesetz wegen Untersuchung und Bestrafung des Holzdiebstahls«, in: *Preußische Gesetzessammlung*, 1821, S. 89–96, zit. n. Blasius 1976, S. 106.

98 Vgl. Grewe 2004, S. 196.

ten Gerichtsakten keine Aussagen der Verurteilten. Daher fehlen nicht nur in den Basler Strafregistern Angaben zur Motivation und den sozialen Umständen der Holzfrevelvorfälle. Die vielerorts mindestens einmal monatlich abgehaltenen Forstgerichte fällten die Urteile anscheinend in Schnellverfahren, die blind gegenüber den sozialen Verwerfungen blieben, welche die Einschränkungen der Waldnutzung im Zuge der Forstreformen verursacht hatten.

In der Vorbereitungsphase der preußischen Holzdiebstahlgesetzgebung hatte es jedoch auch Initiativen gegeben, die sich für die Berücksichtigung sozialer Gesichtspunkte in den Gerichtsverfahren einsetzten. 1819 legte der preußische Staatsrat für Finanzen und Justiz ein Gutachten vor, welches anerkannte, »daß eine große Menge der gewöhnlichen Holzentwendungen, nur der eisernen Not zuzuschreiben, und als unvermeidliches zur Selbsterhaltung ergriffenes, Nothmittel zu betrachten sind«.[99] Aus Gründen der Gerechtigkeit forderte das Gutachten eine gesetzliche Differenzierung zwischen erstens »zum gegenwärtigen dringenden Bedarf«[100] begangenen Holzfreveldelikten, zweitens Holzentwendungen, die ohne Not erfolgten, um das entwendete Holz anschließend zum Verkauf anzubieten, und drittens Vorfällen, in denen sich Holzdiebe bereits gefälltes »Klafter-, Nutz-, Flöß- oder Schwemmholz«[101] aneigneten. Mit diesem Vorschlag forderte der Staatsrat eine Anpassung des Strafmaßes je nach Situation. Das Gutachten wurde jedoch mit der Begründung abgelehnt, dass die Differenzierung der Tatbestände mit einem zu großen Arbeitsaufwand für die Richter einhergehen würde. Um die vielen laufenden Verfahren kurz zu halten, müsse auf eine Unterscheidung der Tatmotive verzichtet werden. Die preußische Holzdiebstahlgesetzgebung setzte stattdessen ein »Paradigma der strafrechtlichen Sozialkontrolle«[102] durch.

Die für die acht preußischen Provinzen – von Sachsen bis Westfalen, von Pommern bis ins Rheinland – geltende Holzdiebstahlgesetzgebung stellte für viele deutschsprachige Regionen eine Referenz dar. Strafarbeiten für zahlungsunfähige Holzfrevler:innen verhängte man dementsprechend auch in Basel, wie der oben zitierte Brief des Leiters der Waldkommission an den Statthalter offenlegt. Das Verkennen sozialer Hintergründe bei den Holzfrevelurteilen ist ein klarer Fall von Gewalt im Rechtssystem. Obwohl die Menschen nicht aus freien Stücken unerlaubt Brennholz und Waldstreu aus dem Wald mitnahmen, sondern sich durch den stark beschränkten Zugang zu lebensnotwendigen Res-

99 »Gutachten über den Gesetzesentwurf, die Untersuchung und Bestrafung des Holzdiebstahls betreffend«, von den Abteilungen des Staatsrates für die Finanzen und die Justiz vom 11. Februar 1819. Signatur: Geheimes Staatsarchiv Preußischer Kulturbesitz Berlin-Dahlem, Rep. 80, Drucksachen, Nr. 24, S. 6 f., zit. n. Blasius 1976, S. 104 f.

100 Ebd.

101 Ebd.

102 Ebd., S. 110.

sourcen sowie aufgrund der Hungerkrisen und Teuerungsjahre dazu gezwungen sahen, konnten sie auf keinerlei Rechtsbeistand hoffen.

Weitere Veränderungen verschärften die sozialen Notstände. In den 1830er Jahren intensivierte sich der Holzhandel nach Holland entlang der Flüsse, über die Holz geflößt wurde, was insbesondere den Rhein betraf. Liberalere Gesetzgebungen, der Eisenbahnausbau und Agrarreformen erleichterten zudem Spekulationen mit Holz und setzten Anreize für Schmuggel. Gleichzeitig kamen die lokal unterschiedlich verlaufenden Allmendeteilungen im 19. Jahrhundert zu einem Abschluss. Die traditionellen Gewohnheitsrechte, nach denen jedes Mitglied einer Landgemeinde das Nutzungsrecht *(dominium utile)* an Wäldern hatte, auch wenn diese den Grundherrschaften gehörten, wurden aufgelöst.[103] In seiner kriminalitäts- und alltagshistorischen Studie auf Grundlage der preußischen Gerichtsakten und Gesetzesentwürfe wies Dirk Blasius aber darauf hin, dass das alte Gewohnheitsrecht in den verschiedenen Provinzen Preußens parallel zu den Agrarreformen fortbestand.[104] Demzufolge war die Ansicht weit verbreitet, dass die ungenehmigte Entnahme von Holz aus Wäldern im grundherrlichen Besitz weder ein Unrecht noch eine »Sünde« sei, sondern vielmehr als legitim im Sinne der alten Rechtsordnung zu gelten habe. Die ursprüngliche wörtliche Bedeutung von (Holz-)Frevel im Sinne eines moralisch verwerflichen Gesetzesbruches – eines religiös begründeten Vergehens an den Wäldern, das einer Sünde gleichkäme – herrschte nicht mehr unter der Landbevölkerung vor. Stattdessen wurden in Folge der Forstreformen und Allmendeteilungen in der ersten Hälfte des 19. Jahrhunderts Holzfrevelakte entweder als legitimiert oder als leichtes Überschreiten der Forstgesetze wahrgenommen, dem ein Streben nach Wiederherstellung der gewohnheitsrechtlichen Ordnung innewohnte, das in der ländlichen Bevölkerung weitestgehend geteilt wurde.

Die Widersprüchlichkeit der zahlreichen Holzfrevelverurteilungen angesichts des nach wie vor präsenten Gewohnheitsrechtes bezeugen Marx' frühe Schriften. Anonym veröffentlichte er im Herbst 1842 als Chefredakteur der *Rheinischen Zeitung* Kommentare zu den Debatten um die Holzdiebstahlgesetze im Rheinischen Landtag.[105] Ein Hauptkritikpunkt des damals 24-jährigen,

103 Zu den Allmendeteilungen in Preußen vgl. das Kapitel 2.3 sowie 6.5 zu den Allmendeteilungen in Spanien und Portugal.

104 Vgl. Blasius 1978.

105 Marx, Karl (1842): »Verhandlungen des 6. rheinischen Landtags. Von einem Rheinländer. Debatten über das Holzdiebstahlgesetz«, in: *Werke/Artikel/Literarische Versuche bis März 1843. Karl Marx Friedrich Engels Gesamtausgabe (MEGA)*, Bd. 1, Berlin (DDR) 1975, S. 199–236. Die aktuelle englische Übersetzung erschien erst 2021: Bensaïd, Daniel: *The Dispossessed. Karl Marx's Debates on Wood Theft and the Right of the Poor*, übers. v. Robert Nichols, Minneapolis/London 2021. Zu einer kulturwissenschaftlichen Einordnung von Marx' Schriften zu den Holzdiebstahlgesetzen und zu Hannah Arendts Auseinandersetzung dazu in den *Denktagebüchern* siehe: Gehrlach, Andreas: *Diebe. Die heimliche Aneignung als Ursprungserzählung in Literatur, Philosophie und Mythos*, Paderborn 2016, S. 81–89.

frisch promovierten Doktors der Philosophie war, dass die Holzdiebstahlgesetze ausschließlich Interessen privater Waldeigentümer:innen dienten. Dies äußere sich unter anderem darin, dass die Gesetzestexte nicht mehr zwischen Frevel und Diebstahl differenzierten, obwohl diese Unterscheidung für das gesellschaftliche Rechtsverständnis relevant gewesen war. Auch für das im Gewohnheitsrecht erlaubte Raffholzsammeln galten keine strafmildernden Umstände. Gleichzeitig differenzierte man sehr wohl im Tathergang, wenn es darum ging, das Strafmaß zu erhöhen: zum Beispiel, wenn die Säge anstatt der Axt zum Einsatz kam oder zu junges Holz geschlagen wurde:

> Der Landtag verwirft zwar den Unterschied zwischen Raffholzsammeln, Holzfrevel und Holzdiebstahl. Er verwirft den Unterschied der Handlung als bestimmend für die Handlung, sobald es sich um das *Interesse des Forstfrevlers*, aber er erkennt ihn an, sobald es sich um das *Interesse des Waldeigentümers* handelt.[106]

Die Befürworter der Holzdiebstahlgesetze argumentierten wiederum, dass Holzfrevel jeglicher Art gerade deshalb so häufig vorkomme, weil er nicht als Diebstahl angesehen werde. Marx' polemische Reaktion darauf war, dass man auch Ohrfeigen nicht als Tötungsdelikt bewerte, nur weil es so viele davon gebe. Marx setzte sich dezidiert dafür ein, die Praktiken des Holzfrevels und die Tathergänge differenziert zu betrachten. Das Strafmaß müsse in einem angemessenen Verhältnis zur Schwere der Tat stehen, um von der Bevölkerung als gerecht akzeptiert zu werden. Mit Nachdruck plädierte er für eine fortgesetzte Gültigkeit des Gewohnheitsrechts. Schließlich sei es ungerecht, Gesetze vorrangig zum Schutz des Privateigentums zu erlassen und als Konsequenz einen Großteil der besitzlosen Bevölkerung zu kriminalisieren, ohne gleichzeitig die ärmeren Klassen für den Entzug ihrer angestammten Nutzungsrechte an den Waldallmenden angemessen zu entschädigen. Nicht nur die Anliegen der Waldbesitzenden müssten vom Staat geschützt werden, sondern auch die der ländlichen Bevölkerung.

Marx' Worte erheben den Holzfrevler aus der Kriminalisierung heraus zu einem staatsbürgerlichen Subjekt, dem gegenüber der Staat eine Fürsorgepflicht habe und das er nicht aufgrund einer verhältnismäßig geringfügigen Handlung zum »Holzfeind« degradieren dürfe:

> Der Staat muß in einem Holzfrevler mehr sehen als den Frevler am Holz, mehr als den *Holzfeind*. Hängt nicht jeder seiner Bürger durch tausend Lebensnerven mit ihm zusammen, und darf er alle diese Nerven zerschneiden, weil jener Bürger selbst *einen* Nerv eigenmächtig zerschnitten hat? Der Staat wird also auch in einem Holzfrevler einen Menschen sehen, ein lebendiges Glied, in dem

106 Marx (1842): »Debatten über das Holzdiebstahlgesetz«, 1975, S. 113 [Hervorhebung im Orig.].

sein Herzblut rollt, einen Soldaten, der das Vaterland verteidigen, einen Zeugen, dessen Stimme vor Gericht gelten, ein Gemeindemitglied, das öffentliche Funktionen bekleiden soll, einen Familienvater, dessen Dasein geheiligt, vor allem einen Staatsbürger, und der Staat wird nicht leichtsinnig eins seiner Glieder von all diesen Bestimmungen ausschließen, denn der Staat amputiert sich selbst, so oft er aus einem Bürger einen Verbrecher macht. Vor allem aber wird es der *sittliche* Gesetzgeber als die ernsteste, schmerzlichste und gefährlichste Arbeit betrachten, eine bisher unbescholtene Handlung unter die Sphäre der verbrecherischen Handlungen zu subsumieren.[107]

Marx hielt an einem Verständnis von Holzfrevel als geringfügigem Tatbestand fest. Es sei sinnlos und illegitim, eine Praktik in ein Verbrechen umzudeuten, obwohl viele Menschen aus subsistenzwirtschaftlichen Gründen nicht auf sie verzichten könnten. Die Argumentation ist in der marxistischen Geschichtsschreibung bis heute präsent. Mit Eric Hobsbawms Konzept der »social crime« beziehungsweise »social banditry« kann Holzfrevel als weltweit verbreitete Protestform gegen Unterdrückung und ungerechte Eigentumsverhältnisse eingeordnet werden.[108] Der ebenfalls von der marxistischen Geschichtsschreibung inspirierte Anthropologe James C. Scott interpretiert zum Beispiel die Ringelung von Bäumen im Kontext von bäuerlichen Protesten in Südostasien als »everyday forms of resistance« und als »weapons of the weak«:[109] Durch das Entfernen von Baumrinde am unteren Bereich des Stammes kann das Absterben eines Baumes gezielt herbeigeführt werden, weil der Nährstofftransport unterbrochen wird. Das Ringeln erinnert an das Anritzen von Bäumen, das Basler Waldordnungen verboten, obwohl diese Praktik für die Berufsgruppe der Harzer unverzichtbar war und daher möglicherweise nicht eindeutig als Widerstand gemeint war – zumindest geben die vorliegenden Quellen keine Hinweise darauf. Zu alltäglichen Widerstandsformen zählt Scott zudem das unauffällige Anhacken von Bäumen im Vorübergehen – zum Beispiel in Schutzgebieten oder Plantagen, wo der lokalen Bevölkerung die Holzentnahme untersagt war. Irgendwann, vielleicht nach einem Windstoß, fällt der mehrfach angehackte Baum um.[110] Die Verursacher:innen sind im Nachhinein nur

107 Ebd., S. 121

108 Hobsbawm, Eric J.: *Bandits*, London 1969.

109 Vgl. Scott 2008.

110 Zum Anhacken von Bäumen im Vorübergehen realisierte Shannon Lee Castleman das Kunstprojekt »Tree Wounds« mit Fotografien aus Teakbaumplantagen von der indonesischen Muna-Insel. »I was told that since felling teak in ›Konservasi‹ forests is illegal, impoverished villagers who pass by large teak trees over a period of months will give a tree one cut with an axe after another … until finally the tree falls or dies and no-one is to blame.« Vgl. Castleman, Shannon Lee: *Tree Wounds*, Muna Island, Sulawesi, Fotografien, Oktober 2010–April 2011. Einsehbar unter: https://www.shannoncastleman.com/#/19-photographs [Stand: 31.1.2025].

schwer zu identifizieren. Gerade diese kollaborativen Praktiken im Alltag von Menschen in Unterdrückungssituationen interessieren James C. Scott und die von ihm mitbegründete Schule der Agrarian Studies.[111] Rechtsbrüche als sozialer Widerstand treten als »Waffen der Schwachen« in Situationen auf, in denen Gesetze den lebensnotwendigen Bedürfnissen von Bevölkerungsgruppen nicht gerecht werden, zum Beispiel unter kolonialen und postkolonialen Herrschaftsstrukturen.[112]

Es stellt sich die Anschlussfrage, ob strukturelle Ähnlichkeiten zwischen den im deutschen Sprachraum verbreiteten Holzdiebstahlverurteilungen und den Kolonialforstgesetzgebungen des 19. und 20. Jahrhunderts bestehen. Letztere zielten ebenfalls darauf ab, lokale Waldnutzungsrechte aufzuheben und ehemals multifunktional genutzte Allmendewälder zu unterteilen. Mögliche Zusammenhänge zwischen den Holzfrevelsanktionierungen in Preußen und Südostasien lassen sich anhand der Wirkungsgeschichte einer Person aufschlüsseln, die nach einer Ausbildung in Europa eine Schlüsselfunktion in der indischen Kolonialforstverwaltung einnahm: Der junge Dietrich Brandis, der Jahrzehnte später einen großen Einfluss auf die Forstgesetzgebung Indiens ausüben sollte, diente der Schriftstellerin Annette von Droste-Hülshoff Anfang der 1840er Jahre als Inspiration für eine Novellenfigur, die in Holzfrevelkonflikte in Westfalen verwickelt war.

7.7 Literarische Perspektiven auf die Bestrafung von Holzfrevel: Annette von Droste-Hülshoffs »Sittengemälde« in Westfalen und William Wordsworths »Goody Blake«

Die Strafverfolgung des Holzfrevels, die Sozialproteste in den bäuerlichen Gemeinden auslöste und die deutschsprachige Öffentlichkeit polarisierte, ging nicht nur in die Wirtschafts- und Sozialgeschichte, sondern auch in die Literaturgeschichte ein. Fast zeitgleich mit Marx' anonymen Kommentaren in der *Rheinischen Zeitung* erschien im Frühjahr 1842 Annette von Droste-Hülshoffs *Die Judenbuche. Ein Sittengemälde aus dem gebirgigen Westfalen* als

111 Wichtige Überblickswerke mit verschiedenen Forschungsbeiträgen aus dem »Agrarian Studies Program« der Yale University sind: Scott/Bhatt 2001, Scott, James C.: *Decoding Subaltern Politics. Ideology, Disguise, and Resistance in Agrarian Politics*, New York 2013.

112 Zu Alltagspraktiken des Widerstands sowie die analytischen Konzepte von James C. Scott und Michel de Certeau siehe: Gabriel, Alina: *Kreative Taktiken und alltäglicher Ungehorsam. Inwiefern lässt sich der Begriff der Alltagspraktik bei Michel de Certeau mit dem der everyday forms of resistance bei James Scott vergleichen?*, Bachelor-Arbeit Humboldt-Universität zu Berlin 2018. Zu einer Theorie des Widerstands, die nicht nur öffentlichkeitswirksame Aktionen, sondern auch niederschwellige Handlungen miteinschließt, siehe außerdem: Därmann, Iris: *Widerstände. Gewaltenteilung in statu nascendi*, Berlin 2021.

Serie mit 16 Fortsetzungen im *Cotta'schen Morgenblatt für gebildete Leser.*[113] Die Holzdiebstahlgerichtsprozesse, die Droste-Hülshoffs adliges Elternhaus in der Nähe von Münster unmittelbar betrafen, bildeten einen wichtigen Erfahrungshorizont für diese Kriminalnovelle. Annette von Droste-Hülshoff beschäftigte sich aktiv mit forstwissenschaftlichen Perspektiven, teils vermittelt über den Ausbildungsweg ihres Bruders Ferdinand. Ihre Ansichten in Bezug auf Holzfrevel unterschieden sich wesentlich von denen ihres Zeitgenossen Karl Marx.

Wie die bäuerliche Bevölkerung über Holzfrevel diskutierte – ob sie ihn als Diebstahl bewertete oder als legitime Aneignung von Holz guthieß –, stellte die Schriftstellerin in folgendem fiktiven Dialog zwischen Mutter und Sohn nach:

> Aber, Mutter, Brandis sagt auch, dass er [Hülsmeyer, der dem jüdischen Jungen Aaron sechs Groschen gestohlen hat und dessen Integrität dieses Gespräch behandelt; L. C.] Holz und Rehe stiehlt.« – »Kind, Brandis ist ein Förster.« – »Mutter, lügen die Förster?«
> Margareth schwieg eine Weile; dann sagte sie: »Höre, Fritz, das Holz lässt unser Herrgott frei wachsen und das Wild wechselt aus eines Herren Lande in das andere; die können Niemand angehören. Doch das verstehst du noch nicht; jetzt geh in den Schoppen und hole mir Reisig.[114]

Die Novelle, die bis heute zur gängigen Schullektüre in Deutschland zählt, wurde von verschiedenen Seiten dafür gelobt, im Rahmen eines Waldnutzungskonfliktes ein komplexes Beziehungsgeflecht zu entfalten.[115] Nicht alle Holzfrevler:innen handelten aus einer absoluten Not oder aus Protest gegen die ungerechten Eigentumsverhältnisse, nicht alle Grundherr:innen verhielten sich ausbeuterisch. Die Konfliktlinie, heißt es anerkennend, verlaufe hier nicht nur zwischen den Klassen, sondern auch innerhalb von ihnen und knüpfe an weitere in bäuerlichen Gesellschaften wirksame Exklusionsmechanismen an.

113 Die Erstausgabe des Buches ist: Droste-Hülshoff, Annette von: »Die Judenbuche«, in: *Deutscher Novellenschatz*, Bd. 24, München 1876, S. 51–129. Im Folgenden wird zitiert aus: Droste-Hülshoff, Annette von: »Die Judenbuche«, in: *Historisch-kritische Ausgabe*, hg. v. Winfried Woesler, Bd. 5.1: *Prosa*, Tübingen 1978, S. 43–76.

114 Droste-Hülshoff (1876): »Die Judenbuche«, 1978, S. 50.

115 Vgl. Schubenz, Klara: *Der Wald in der Literatur des 19. Jahrhunderts. Geschichte einer romantisch-realistischen Ressource*, Konstanz 2020, inbesondere Kapitel 5.1 (»Der Krieg um den Wald«), S. 279–299; Schubenz, Klara: »Tod im Wald. Zu Annette von Droste-Hülshoffs Judenbuche«, in: Bergengruen, Maximilian/Haut, Gideon/Langer, Stephanie (Hg.): *Tötungsarten und Ermittlungspraktiken. Zum literarischen und kriminalistischen Wissen von Mord und Detektion*, Freiburg (Breisgau)/Berlin/Wien 2015, S. 59–76; Detering, Heinrich: *Holzfrevel und Heilsverlust. Die ökologische Dichtung der Annette von Droste-Hülshoff*, Göttingen 2020a.

Im Gegensatz zum jungen Marx thematisiere Droste-Hülshoff nicht nur Rechtsverständnisse und staatliche Gewalt, sondern auch Naturzerstörung.[116] Neben den menschlichen Hauptfiguren träten in ihrer Novelle auch Bäume und andere Entitäten als Akteure mit eigener Handlungsmacht auf.[117] Auch wenn die aktuelle Interpretation des Literaturwissenschaftlers Heinrich Detering die Bedeutung nicht-menschlicher Handlungsmacht in Droste-Hülshoffs Novelle tendenziell überschätzt, ist unbestritten, dass die vielseitig gebildete Schriftstellerin als eine frühe Vertreterin der Naturlyrik und des *nature writing* gelten kann. Ihr naturwissenschaftlich informiertes Gedicht *Die Mergelgrube*, erschienen 1844, wird seit Kurzem innerhalb eines Kanons der *ecopoetry* rezipiert.[118] In der poetischen Beschreibung von Sedimentgesteinsschichten und Fossilien, mitunter Schneckenfunden und versteinerten Medusen aus der Jurazeit, verhandeln erst ein innerer Monolog des lyrischen Ichs und dann ein Dialog mit einem Hirten die Verhältnisse von Gegenwart und Erdgeschichte sowie von Mensch und Natur. Zwischen den Petrefakten tauchen lebendige Totenkäfer auf: ein Bild, das Jahrmillionen an Naturgeschichte, Verfall und Überdauern, mit dem Hier und Jetzt verknüpft. Der strickende Hirte schaut am Rand der Mergelgrube »so seelengleich die Herde an, Daß man nicht weiß, ob Schaf er oder Mann«.[119] An vielen Stellen scheinen in dem Gedicht Reflexionen darüber auf, was den Menschen mit der belebten Natur verbindet, wie er sich von anderen Lebewesen unterscheidet und schließlich welche Bedeutung der Menschheit überhaupt zukommen könne – angesichts der vielen Erdzeitalter vor ihrer Existenz.

Die naturkundlichen Fachbegriffe sowie die Pflanzen-, Tier- und Gesteinsbestimmungen in ihren Werken spiegeln wider, dass sich Annette von Droste-Hülshoff in Agrarwirtschaft, Botanik, Geologie, Mineralogie und Zoologie fortbildete. Über das Selbststudium hinaus besuchte sie den privaten forstwissenschaftlichen Unterricht, der ihrem jüngsten Bruder Ferdinand als Vorbereitung für seinen Hochschulbesuch erteilt wurde.[120] Der »Lieblingsbruder«

116 Vgl. »Ein Förster wird erschlagen: Droste und Marx 1842«, in: Detering 2020a, S. 121–138.

117 »Indem Droste verborgene Interessensverbindungen freilegt zwischen den bei Marx scharf getrennten Seiten, verlagert sie die Hauptlinie des Konflikts vom Klassenkampf auf den Kampf zwischen menschlichen und nicht-menschlichen Akteuren, zwischen dem Wald und seinen Vernichtern.« Ebd., S. 136.

118 Siehe dazu: Zemanek, Evi/Rauscher, Anna: »Das ökologische Potenzial der Naturlyrik. Diskursive, figurative und formsemantische Innovationen«, in: Zemanek, Evi (Hg.): *Ökologische Genres: Naturästhetik – Umweltethik – Wissenspoetik*, Göttingen 2017, S. 94; Goodbody, Alex: »Naturlyrik – Umweltlyrik – Lyrik im Anthropozän. Herausforderungen, Kontinuitäten und Unterschiede«, in: Bayer, Anja/Seel, Daniela (Hg.): *All dies hier, Majestät, ist deins. Lyrik im Anthropozän. Anthologie*, Berlin 2016, S. 287–304.

119 Droste-Hülshoff, Annette von (1844): »Die Mergelgrube«, in: Bode, Dietrich (Hg.): *Deutsche Naturlyrik. Eine Auswahl*, Stuttgart 2012, S. 71.

120 Vgl. Detering 2020a, S. 15.

studierte ab 1826 anderthalb Jahre lang an der Forstakademie in Tharandt.[121] Dem Tharandter Lehrprogramm entsprechend ist zu erwarten, dass Ferdinand von Droste-Hülshoff dort Cottas Verfahren der Forsteinrichtung einübte. Die praktische Ausbildung zum Forstmeister trat er in Herstelle an der Weser an, bevor er bereits 1829 an Tuberkulose starb.

In Herstelle, das sich in der preußischen Provinz Westfalen befand und Schauplatz der Novelle *Die Judenbuche* war, galt ebenso wie im Rheinland das 1821 in Kraft getretene preußische »Gesetz wegen Untersuchung und Bestrafung des Holzdiebstahls«. Als Forstmeisterlehrling beschäftigte sich Ferdinand daher höchstwahrscheinlich auch mit der Holzfrevelthematik. Annette von Droste-Hülshoff hatte ihren Bruder, der nur 27 Jahre alt wurde, in seinen letzten Lebensmonaten gepflegt. Es kann vermutet werden, dass sie ihn zuvor auch in Tharandt besucht hatte. Ohne Zweifel verfolgte die Schriftstellerin die Ausbildung ihres Bruders aufmerksam. Über die Lektüre forstwissenschaftlicher Lehrbücher war sie zudem mit den darin enthaltenen Argumentationen zum Umgang mit Holzfrevel vertraut. In einem Brief von August 1839, den sie in Abbenburg in der Nähe von Herstelle verfasste, schilderte sie ihre eigenen Begegnungen mit Holzfrevler:innen:

> Das Wilddieben und Holzstehlen geht überhaupt noch seinen alten Gang, noch ärger das Contrebandiren über die Lippesche und Braunschweigische Grenze – man kann nach Sonnenuntergang nicht spatzieren gehen, ohne Banditengesichtern mit Säcken zu begegnen, die Einem scheu ansehn, und dann voran traben, was die Beine vermögen – vorgestern in der Nacht hörten wir Geschrey und Schießen vor unserer Pforte, am Morgen waren überall Wege durchs Korn getreten, wo die Schleichhändler geflüchtet, auch niedergestampfte Flecke hier und dort, als ob Zwey gekämpft, weiter haben Wir nichts erfahren, getödtet ist somit wohl Niemand, verwundet wahrscheinlich Einer oder der Andre, aber das bleibt still, Niemand bekümmert sich darum, grade wie vor sechzig Jahren.[122]

Das Briefzitat offenbart Annette von Droste-Hülshoffs Wahrnehmung von Holzfrevel aus einer lebensweltlichen Situation heraus, in der die Beweggründe der Holzfrevler:innen verborgen bleiben. Wahrnehmbar sind lediglich Anzeichen: In ihrem Brief dokumentierte sie Spuren einer nächtlichen Auseinandersetzung im Kornfeld – »durchs Korn getretene« Fluchtwege. Sie klagte über »Banditengesichter mit Säcken«, denen sie auf Spaziergängen begegnete, über die sie und ihr Elternhaus aber nichts Näheres in Erfahrung bringen konnten, außer dass sie wahrscheinlich Holz über die Grenze schmuggelten. Ihre Be-

121 Gödden, Walter: *Tag für Tag im Leben der Annette von Droste-Hülshoff. Daten – Texte – Dokumente*, Paderborn et al. 1996, S. 14.

122 Droste-Hülshoff, Annette von: »Brief an Christoph Bernhard Schlüter«, 24. 8. 1839, in: *Historisch-kritische Ausgabe*, hg. v. Winfried Woesler, Bd. 9: Werke – Briefwechsel, Tübingen 1993, S. 58.

schreibung deutet ein Leben in Parallelgesellschaften an in einer Konfliktkonstellation, die anscheinend seit mindestens 60 Jahren vorlag, ohne sichtbares Bemühen, zu einem Einvernehmen zu gelangen. »Niemand bekümmert sich darum«, lautet die Aussage von Droste-Hülshoff. Über die in dieser Zeit umgesetzten Forsttaxationsverfahren und Rechtsreformen – die umstrittenen Holzdiebstahlgesetze sowie die vorangegangenen Allmendeteilungen, Hungersnöte und Strafprozesse – verlor sie in diesem Brief kein Wort.

Holzfrevel und -diebstahl unterschiedlichen Ausmaßes waren Thema verschiedener literarischer Abhandlungen des 18. und 19. Jahrhunderts: von dem Märchen des Basler Mundartdichters Johann Peter Hebel *Der Mann im Mond*, welcher von der Erde verbannt wird, nachdem er an einem Sonntag junge Buchen gefällt hatte,[123] bis zum satirischen Berliner Volkslied *Im Grunewald, im Grunewald ist Holzauktion*.[124] In der Gründerzeit waren große Teile dieses Forstgebietes im Südwesten von Berlin zur Rodung von Bauholz freigegeben worden, um dort die Villenkolonie Grunewald zu errichten. In einer Version des mehrfach umgedichteten Liedes aus den 1880er Jahren widmen sich die abschließenden Verse jenen Frauen, die »für'n Taler nur« Bäume im Grunewald abtrieben:

> Beim Mondenschein, da kamen alte Weiber für'n Taler, für'n Taler. Die mausten Holz wie echte rechte Räuber für'n Taler, Taler nur.
> Die Polizei kam leise wie auf Strümpfen für'n Taler, für'n Taler. Und arretierte, ach, die alten Nymphen für'n Taler, Taler nur.[125]

Eine ganz anders ausgestaltete Szene von Holzdiebstahl, bei der die Täterin zwar ebenfalls auf frischer Tat ertappt, aber anschließend selbst zur Anklägerin wird, findet sich in dem Gedicht *Goody Blake and Harry Gill*, das 1798 in den lyrischen Balladen des englischen Dichters William Wordsworth erschienen ist.[126] Das Gedicht der britischen Romantik stellt eine Referenz auf eine wahre Begebenheit dar, die Erasmus Darwin in *Zoonomia; or, The Laws of Or-*

123 Hebel, Johann Peter: »Der Mann im Mond«, in: *Alemannische Gedichte. Für Freunde ländlicher Natur und Sitten*, Karlsruhe 1803, S. 72–75. »Ne mol, es isch e Sunntig gsi, so stoht er uf vor Tag, und nimmt e Beil, und tummlet sie, und lauft in Lieler Schlag. Er haut die schönste Büechli um, macht Bohne-Stecke drus, und treit sie furt, und luegt nit um, und scho fast am Hus. Und ebe goht er übere Steg, se ruuscht em öbbis für: ›Jez Dieter gohts en andere Weg! Jez Dieter chumm mit mir!‹ Und uf and furt, und sieder isch kei Dieter wit und breit. Dört obe stoht er im Gebüsch und in der Einsamkeit.«

124 Liedtextversion von: Meißner, Franz: »Im Grunewald, im Grundwald ist Holzauktion«, 1892, wahrscheinlich verbreitet durch das Berliner Adolf-Ernst-Theater. Einsehbar unter: https://www.volksliederarchiv.de/im-grunewald-ist-holzauktion-1892 [Stand: 31.1.2025]. Für diesen Hinweis, die Erzählungen zum Thema Holzfrevel und das Aufsammeln so vieler Schätze im Wald beim Wisserweg danke ich Heinz und Lissy Berckner.

125 Ebd.

126 Wordsworth, William: »Goody Blake and Harry Gill«, in: *Lyrical Ballads with a few Other Poems*, London 1798, S. 85–94.

ganic Life geschildert hatte.[127] Die Allmendeteilungen in England und die dortigen frühen Forstreformen bildeten den historischen Hintergrund.[128] Den Höhepunkt des Gedichtes stellt eine Szene dar, in welcher der junge Großgrundbesitzer Harry Gill die alte Frau Goody Blake in einer frostigen Nacht im Gebüsch auf seinem Landgut beim Sammeln von Zweigen entdeckt, die sie zum Heizen ihrer ärmlichen Behausung benötigt:

And fiercely by the arm he took her,
And by the arm he held her fast,
And fiercely by the arm he shook her,
And cried, ›I've caught you then at last!‹
Then Goody, who had nothing said,
Her bundle from her lap let fall;
And kneeling on the sticks, she pray'd
To God that is the judge of all.

She pray'd, her wither'd hand uprearing,
While Harry held her by the arm –
›God! who art never out of hearing,
O may he never more be warm!‹
The cold, cold moon above her head,
Thus on her knees did Goody pray,
Young Harry heard what she had said,
And icy-cold he turned away.[129]

Der Triumph, die Holzdiebin auf frischer Tat ertappt zu haben, verwandelt sich bei Harry Gill im Verlauf der Szene in das kalte Entsetzen darüber, von der Frau verflucht worden zu sein. Bis an sein Lebensende würde er nun frieren, möge er noch so viele Decken übereinanderlegen und sein Haus noch so sehr heizen. Den göttlichen Richter bittet Goody Blake darum, den wohlhabenden Waldbesitzer mit genau jenem Schicksal zu strafen, das die mittellose Frau schon seit Langem selbst erdulden muss, denn es ist die Armut, die sie zum nächtlichen Holzsammeln zwingt. Die Entscheidung über den auch in England schwelenden Rechtsstreit über die Frage, ob der armen Bevölkerung das Sammeln von Holz und anderer Naturalien in den Wäldern der Grund- und Landesherrschaften weiterhin erlaubt sein sollte, delegiert Goody Blake mit ihrem Fluch an eine göttliche Instanz der Rechtsprechung – ein Ritual, das an das Anbringen von Heiligenbildern an Bäumen und an den als heilig

127 Darwin, Erasmus: *Zoonomia; Or, The Laws of Organic Life*, 2 Bde., London 1794–1796.

128 Zu den Allmendeteilungen in England und den damit einhergehenden Landnahmen, Verschiffungen und Aufständen als eine transnationale Geschichte vgl. Linebaugh/Rediker 2013.

129 Wordsworth: *Lyrical Ballads*, 1798, S. 91.

geltenden Bannwald anknüpft. Gewissermaßen wird die Etymologie von Frevel als Gotteslästerung hier umgedeutet. Die von Gott erbetene Strafe trifft schließlich nicht die Holzfrevler:in, sondern den Großgrundbesitzer, den die tägliche Not der Frau weniger kümmert als der Verlust einiger verdorrter Zweige auf seinem Land.

7.8 Dietrich Brandis' Kolonialforstverwaltung in Indien

Während der Vorname »Goody« aus Wordsworths Ballade ein sprechender Name ist, der möglicherweise entweder eine Charaktereigenschaft der Hauptprotagonistin widerspiegelt oder die Frage nach dem guten Richterspruch im Namen trägt, verweist der Name »Brandis«, den Annette von Droste-Hülshoff einem Protagonisten verleiht, über die fiktive Welt der Novelle *Die Judenbuche* hinaus auf eine historische Persönlichkeit: den Forstwissenschaftler Dietrich Brandis.

Der 1824 in Bonn geborene »reale« Brandis war ab 1856 im Auftrag der englischen Krone für die Kolonialforstverwaltung in Burma zuständig, von 1865 bis 1881 schließlich als Generalforstinspektor für die gesamten Wälder Britisch-Indiens. Dort war er maßgeblich an der Erarbeitung des *Indian Forest Act* von 1878 beteiligt. Dieses Gesetz annullierte dörfliche Gewohnheitsrechte und erklärte einen Großteil der Wälder zum Eigentum der zentral organisierten britischen Kolonialregierung.[130] Zwar hatte Brandis sich zuvor dafür eingesetzt, den Dorfwäldern einen offiziellen Schutzstatus zu verleihen, konnte sich mit dieser Forderung aber nicht durchsetzen. Bekannt wurde Brandis für die Anwendung eines Agroforstsystems namens *Taungya*, das die Brandfeldbaumethoden der Einheimischen zeitweise respektierte.[131] Nach einer Sukzession von Brandrodung und anschließender Ackerwirtschaft sollten die Felder jedoch aufgeforstet und in Staatseigentum überführt werden. Zu diesem Zweck wurden Bäuer:innen, die auf den brandgerodeten Flächen Reis oder Mais anbauten, dafür bezahlt, zwischen den Feldfrüchten bereits Teakbäume auszusäen, welche nach einigen Jahren die Grundlage für Staatswälder darstellen sollten. Dieses temporäre Agroforstsystem präsentierte die deutschsprachige Literatur als Vorzeigebeispiel für nachhaltige Forstwirtschaft.[132] Allerdings führte die

130 Guha, Ramachandra: *Environmentalism. A Global History*, New York 2000, S. 34; Guha 1994, S. 38 f.

131 Vgl. Radkau 2012, S. 207 f.

132 Joachim Radkaus Einschätzung lautet: »Unter seiner [Brandis'] Direktion kam es zeitweise zu einer sozialen und ökologischen Balance zwischen der Subsistenzwirtschaft der Einheimischen und den kommerziellen Interessen der Briten. Diese vom politischen Gesamtklima abhängige Harmonie war allerdings nicht von Dauer.« Radkau 2012, S. 208. Diese positive Einschätzung relativierten und kritisierten Indra Munshi Saldanha und Ramachandra Guha. Zwar mag das *Taungya*-System im Vergleich zur Plantagenwirtschaft

Strategie des kombinierten Wald- und Feldbaus dazu, dass auf diesen Flächen langfristig ausschließlich Teakbäume kultiviert wurden, ehemalige landwirtschaftliche Nutzungsweisen dagegen nach einer einzigen Ernte bereits aufgegeben werden mussten. Eine Überführung in Hochwald zu Lasten dezentraler Praktiken der Feld- und Weidewirtschaft war also ein erklärtes Ziel des von Dietrich Brandis propagierten abgewandelten *Taungya*-Systems.

1879 initiierte Brandis in der nordindischen Stadt Dehra Dun die Gründung einer Forstschule – das spätere *Imperial Forest Research Institute*, wo Prinzipien der deutschen Forstwissenschaft auf indische Wälder übertragen wurden. Brandis setzte sich dafür ein, dass die in der indischen Verwaltung beschäftigten englischen Forstwirte zuvor eine Ausbildung in deutschen und französischen Wäldern erhalten sollten.[133] Um eine dafür geeignete Ausbildungsstätte auszumachen, hatte er verschiedenen Akademien in Deutschland und Frankreich Besuche abgestattet, bevor er 1867 mit der *École Royale Forestière* in Nancy einen Unterrichtsvertrag (»accord d'enseignement«) abschloss.[134] In der Folge durchliefen mehr als 80 Forstwissenschaftler in Nancy ihre Ausbildung für die britischen Kolonialwälder, bevor 1884 im englischen Cooper's Hill eine eigene nationale Forsthochschule gegründet wurde, das *Royal Indian Engineering College*.[135] Von 1884 bis 1905 fand hier die Ausbildung der Forstverwalter Indiens statt. Danach wurde diese keinesfalls nach Indien verlegt, wo ein Studium der Waldwachstumsbedingungen vor Ort möglich gewesen wäre, sondern an die Universitäten Cambridge, Edinburgh und Oxford. Bis zu seinem Tod im Jahr 1907 begleitete Brandis die britische Forstbeamtenausbildung für Indien von England und Bonn aus. Er war Mentor für Forstwissenschaftsprofessoren und leitende Kolonialforstbeamte der nächsten Generation – unter anderem für Wilhelm Schlich, Berthold Ribbentrop und Gifford Pinchot, den Brandis 1905 bei dem Aufbau des US-amerikanischen *forest service* beriet.[136] Als Generalforstbeamter für die britisch-indische

und Sklaverei in anderen Kolonialverwaltungen weniger gewaltsam erscheinen. Dennoch wirkt es zynisch, angesichts des Waldnutzungssystems, das die koloniale Fremdherrschaft den lokalen Bewohner:innen aufzwang, von Harmonie zu sprechen. Vgl. Munshi Saldanha, Indra: »Colonialism and Professionalism: A German Forester in India«, in: *Environment and History* 2 (2), 1996, S. 195–219; Guha 1994.

133 Munshi, Indra: »Sir Dietrich Brandis: ein deutscher Generalforstinspektor in Indien«, in: Flitner, Michael (Hg.): *Der deutsche Tropenwald. Bilder, Mythen, Politik*, Frankfurt a. M./New York 2000, S. 49–60, vor allem S. 54 ff.

134 Vgl. Pardé, Jean: »Un destin peu commun : Dietrich Brandis 1824–1907«, in: *Revue forestière française* 28 (4), 1976, S. 316. Dieser Aufsatz würdigt Brandis' Lebenswerk, insbesondere seine Vermittlungsarbeit zwischen Nancy, Großbritannien und später den USA, ohne jedoch die Konsequenzen für Indien kritisch zu hinterfragen.

135 Vgl. Guyot: *L'Enseignement forestier en France*, 1898, S. 111 f.

136 Vgl. Barton, Gregory: »Empire Forestry and American Environmentalism«, in: *Environment and History* 6 (2), 2000, S. 196 f.

Kolonialverwaltung verantwortete er die wissenschaftliche Adaption der Taxationsverfahren in Indien.

Der Umwelthistoriker Ravi Rajan sprach retrospektiv von einem »framework of resource use modelled along European lines«,[137] womit er nicht zuletzt auf die geraden Linien der Forsteinrichtungsmethoden anspielte. Brandis propagierte nämlich für die subtropischen Teakwälder eine Methode der Bestandsaufnahme, die als Linien- oder Streifentaxation rezipiert wurde und auf Holzvolumen- und Ertragstabellen in der Tradition Hartigs und Cottas aufbaute.[138] Prinzipien der »Nachhaltswirtschaft«[139] bezog er auf die Wälder Burmas und Indiens und forderte auf Basis von Untersuchungen zur Wachstumsdauer eine Umtriebszeit von 30 Jahren.[140] Seine Anordnung, jedes Jahr ein Dreißigstel des Teakholzbestandes zu fällen – mit der Intention, den Baumbestand auf diese Weise stabil zu halten – legitimierte er mit dem Nachhaltigkeitsbegriff. Brandis' forstwissenschaftliche Transferarbeit in der indischen Kolonialforstverwaltung bewerteten viele deutschsprachige forsthistorische Publikationen unkritisch positiv,[141] während Ramachandra Guha, Vandana Shiva, Indra Munshi Saldanha, Ravi Rajan und andere Vertreter:innen der indischen Umweltgeschichte den Entzug der Waldnutzungsrechte als Menschenrechtsverletzungen beurteilten und auf die lange Geschichte der Widerstandsbewegungen in Folge des *Indian Forest Act* von 1878 hinwiesen.

1842, zum Veröffentlichungszeitpunkt von *Die Judenbuche*, war Dietrich Brandis gerade erst 18 Jahre alt und absolvierte in Göttingen und Kopenhagen ein Studium der Physik, Chemie, Zoologie und Botanik. Im Jahr darauf, 1843, begann er eine Promotion in seiner Heimatstadt Bonn und widmete sich fortan der Forstwissenschaft. Annette von Droste-Hülshoff kannte Brandis seit dessen Kindheit – war sie doch mit Sibylle Mertens-Schaaffhausen befreundet, die in Bonn Gastgeberein eines gelehrten Salons war, an dem auch Brandis mit seinen Eltern regelmäßig teilnahm. Es wurde vermutet, dass die Salongespräche Annette von Droste-Hülshoffs Novelle inspiriert haben könn-

137 Rajan, Ravi: »Imperial Environmentalism or Environmental Imperialism? European Forestry, Colonial Foresters and the Agendas of Forest Management in British India 1800–1900«, in: Grove, Richard H./Damodaran, Vinita/Sangwan, Satpal (Hg.): *Nature and the Orient. The Environmental History of South and Southeast Asia*, Delhi 1998, S. 325.

138 Vgl. Hesmer, Herbert: *Leben und Werk von Dietrich Brandis 1824–1907. Begründer der tropischen Forstwirtschaft, Förderer der forstlichen Entwicklung in den USA, Botaniker und Ökologe*, Opladen 1975, S. 19–24.

139 Ebd., S. 19.

140 Vgl. Dargavel/Johann 2018, S. 123 ff.

141 Zum Beispiel: Hesmer 1975; Dargavel/Johann 2018. Auch Joachim Radkau übernahm von dem deutschen Forstwissenschaftler Herbert Hesmer eine positive Bewertung von Brandis' Arbeit, ohne ausführlich auf die Aberkennung der Waldnutzungsrechte durch die indische Kolonialforstverwaltung einzugehen. Guhas Publikationen sowie Mahatma Gandhis Haltung kritisiert Radkau hingegen für eine Romantisierung der indischen Dorfgemeinschaft. Vgl. Radkau 2012, S. 209.

ten.[142] Der Förster Brandis wird in der Novelle als positive Figur gezeichnet: Er setzt sich für Wald und Recht ein, bis er nach anhaltenden Streitigkeiten im westfälischen Dorf Opfer eines Mordes wird. Das Urteil über den realen Dietrich Brandis dagegen fällt heute wesentlich zwiespältiger aus: Einerseits gilt er als Begründer einer nachhaltigen Forstverwaltung in Indien, wie es die unkritische Forstgeschichtsschreibung als Erfolgsgeschichte herausstellt,[143] andererseits steht sein Name für die Aufhebung vieler Waldnutzungsrechte der indischen Bevölkerung. Die Restriktion der Gewohnheitsrechte stellte auch für diese Dorfgemeinden eine existenzielle Bedrohung dar, denn ihre Subsistenzwirtschaft hing von Waldnutzungspraktiken ab, die im Zuge der Einrichtung von Staatsforsten verboten worden waren. Ähnlich wie in Europa – etwa in Basel und anderen Regionen – sahen viele Gemeinden im kolonialen Indien Verstöße gegen Forstordnungen als ein Mittel des Protestes an. Das unbeirrte Festhalten an traditionellen Gewohnheitsrechten, wie der Waldweide, das Ernten von Laub und Brandrodung, spielte eine besondere Rolle bei den indischen Protesten gegen die Einrichtung einer zentralen kolonialen Forstverwaltung.[144] Konflikte in den Wäldern Indiens waren ein nicht intendierter Effekt des von der britischen Kolonialmacht erzwungenen Wissenstransfers: Die in Kontinentaleuropa etablierten forstwissenschaftlichen Strukturen der »ökologischen Aneignung und Kontrolle«[145] wurden auf Britisch-Indien übertragen. Im Zeitraum von 1865 bis 1900 schließlich exportierte der *Imperial Forest Service* – das weltweit größte tropische Forstverwaltungsinstitut –

142 Gaier, Ulrich/Gross, Sabine: *Herausforderung der Literaturwissenschaft. Droste-Hülshoffs ›Judenbuche‹*, Stuttgart 2018, siehe Kapitel V.4 (»Exkurs: Förster Brandis in der historischen Wirklichkeit«), S. 82–84. Auf die Folgen von Dietrich Brandis' Forstverwaltungsarbeit für indigene Gruppen und Ökosysteme geht dieses literaturwissenschaftliche Überblickswerk nicht ein, sondern präsentiert im Rahmen eines Exkurses Brandis' Lebenswerk als eine Erfolgsgeschichte.

143 Zu den in Britisch-Burma eingeführten »nachhaltigen« Taxationsverfahren: Hesmer 1975, S. 19–25.

144 »The mechanisms of protest – the contravention of rules concerning the lopping of trees and grazing, and the burning of the forest floor for a fresh crop of grass – were in effect an assertion of traditional rights whose exercise was now circumscribed by the imperatives of scientific forestry.« Guha 1994, S. 49 sowie Kapitel 4 und 5 zur Geschichte der Widerstände der Dorfgemeinden gegen die Forstverwaltung in der Region Uttarakhand, die im Norden Indiens an Nepal und Tibet grenzt. Zur Geschichte indischer Protestbewegungen gegen die Kolonialmacht und gegen aufgezwungene land- und forstwirtschaftliche Wirtschaftssysteme: Shiva 1991; Guha 1994.

145 Rajan 1998, S. 327. »It [the chapter] thus claims that the nature of colonial forestry, and especially the conflicts it engendered between the state and local resource users on forest use, was not necessarily a product of the economic and political priorities of colonial civil administrators or the colonial state, as contended by some historians. Rather, they were the product of the transfer to the colonial world of the structures of ecological appropriation and control endemic to Continental forestry.«

die Methoden der Forsteinrichtung und Holzfrevelverfolgung von Indien aus nachweislich nach Neuseeland, Mauritius, Zypern, Ceylon, Ghana, Nigeria, Sierra Leone, Kenia, Uganda, Britisch-Malaya, Australien, Honduras, Trinidad und Tobago. Diese Wissenstransferprozesse im kolonialen Kontext erfolgten mittels Auftragsreisen, international vernetzter Forstausbildung und der Einrichtung nachhaltiger Forstverwaltungen im europäischen Stil.[146]

In den verschiedenen Konfliktgeschichten diente die strafrechtliche Verfolgung von Holzdiebstahl als Mittel zur Unterdrückung der Landbevölkerung, ihrer Waldnutzungsformen und -rechte. Im *Indian Forest Act* gab es ähnlich wie in den deutschsprachigen Forstordnungen einen Paragraphen, der alle Menschen dazu verpflichtete, Holzfrevel beziehungsweise *forest offences* bei den örtlichen Behörden zur Anzeige zu bringen.[147] Lokal etablierte Praktiken der multifunktionalen Waldnutzungssysteme, in denen die indigenen Dorfgemeinden nach überlieferten Regeln Früchte ernteten, Tiere weideten, Holz entnahmen, Brandfeldbau betrieben und Waldbereiche als heilig verehrten, schilderte Brandis zwar in Reiseberichten, räumte ihnen in seiner Adaption des *Taungya*-Systems jedoch nur zeitweise Bedeutung ein, bevor sie zugunsten von exklusiven Forstgebieten untersagt wurden.[148]

Das Vorgehen der britischen Kolonialverwaltung in Indien weist also große Ähnlichkeiten auf zu den untersuchten europäischen Regionen, insbesondere im Hinblick auf die Aberkennung der Gewohnheitsrechte sowie die Privilegierung von Hochwäldern über multifunktionale Waldnutzungsweisen. Die unkritische Stilisierung Brandis' zum Begründer der nachhaltigen Forstwirtschaft in Indien führt vor Augen, wie wichtig es ist, bei dem Thema Holzfrevel verschiedene – und gerade auch subalterne – Perspektiven in Betracht zu ziehen. Die Quellenuntersuchungen zu Basel machten deutlich, dass die so unterschiedlichen und nicht immer mit eindeutigen Absichten verknüpften Praktiken des Holzfrevels keineswegs unter der Rechtskategorie Diebstahl zusammengefasst werden können. Stattdessen offenbaren erst die jeweiligen ortsspezifischen Kontexte, in denen es zu Holzfrevel kam, inwiefern es sich dabei um ein gezielt eingesetztes Mittel des Sozialprotests handelte. Im Folgenden wird eine Interpretation der Umweltgeschichte aufgegriffen, derzufolge widerständige Praktiken von Bäuer:innen in vielen Fällen als Umweltproteste zu deuten seien, die sich gegen Unternehmen und (Forst-)Verwaltungen richteten, welche die subsistenzwirtschaftlichen, sozialen und ökologischen Lebensgrundlagen der ländlichen Bevölkerungsgruppen – also ihre lokalen Umwelten – gefährdeten. Mit dem Rahmenkonzept des »environmentalism of the poor« eröffnet dieses Kapitel eine Perspektive, die den Erfahrungen der Betroffenen von Forstverwaltungen gerechter werden kann als die einseitige Interpretation von

146 Vgl. Rajan 1998, S. 325; Guha 2000, S. 34; Hesmer 1975, S. 404–409.

147 Guha 1994, S. 105.

148 Vgl. Munshi 1996, S. 208–210.

Holzfrevel als Waldverwüstung oder Verstoß gegen Waldordnungen. Das seit Ende der 1980er Jahre ausgearbeitete Konzept kann nicht nur zu einer umfassenderen Deutung von Holzfrevelvorfällen im 18. und 19. Jahrhundert beitragen, sondern auch zu einem erweiterten historisch-analytischen Verständnis der gegenwärtigen Umweltbewegungen.

7.9 Die »Umweltproteste der Armen« gegen die Zerstörung der Lebensgrundlagen

Als »environmentalism of the poor« bezeichnen Ramachandra Guha und Joan Martínez-Alier Proteste gegen die Ausbeutung oder Zerstörung von Ressourcen. Die von ihnen untersuchten Umweltproteste der Armen ereigneten sich vor den großen Umweltbewegungen der 1960er Jahre. Diese frühe Varietät der Umweltbewegungen umfasst Widerstände gegen Landnahme, den Entzug von Landnutzungsrechten sowie die Zerstörung von Lebensgrundlagen durch Industrien, Bergwerke und Staudämme.[149] Die Menschen, die die Proteste ausführten, können im globalen Vergleich als von Armut betroffen gelten. Meist benannten sie Umweltschutz – im Sinne von Pflege und Bewahrung einer universell verstandenen Natur – nicht als Hauptgrund für die organisierten Widerstandsaktionen. Vielmehr ist laut Martínez-Alier »ein materielles Interesse an der Umwelt als Quelle und Bedingung für den Lebensunterhalt«[150] in den Argumentationen der Akteur:innen ausschlaggebend. Die Proteste gegen die Kupferproduktion in Andalusien in den 1880er Jahren, gegen den Bergbau in Japan 1907 sowie in Peru in den 1920er Jahren beispielsweise seien darauf zurückzuführen, dass die Verschmutzung des Flusswassers und der Luft gleichermaßen die Gesundheit der dortigen Menschen und Lebewesen wie auch die land- und weidewirtschaftliche Arbeit gefährdete, wenn nicht sogar verunmöglichte.[151] Nichts weniger als die Lebensgrundlagen standen auf dem Spiel.

Mit vielfältigen Fallbeispielen und der theoretischen Differenzierung zwischen Varietäten von Umweltbewegungen reagierten Guha und Martínez-Alier Ende der 1980er Jahre auf das Klischee, dass »environmentalism« angeblich nur Anliegen der Mittelschicht repräsentiere.[152] Sie entkräfteten die in

149 Guha, Ramachandra/Martínez-Alier, Joan: *Varieties of Environmentalism: Essays North and South*, London 1997; Martínez-Alier, Joan: *The Environmentalism of the Poor. A Study of Ecological Conflicts and Valuation*, Cheltenham/Northampton 2002.

150 Martínez-Alier 2002, S. 11. Originalzitat: »However, the main thrust of this third current is not a sacred reverence for Nature but *a material interest in the environment as a source and requirement for livelihood*, not so much a concern with the rights of other species and of future generations of humans as a concern for today's poor humans.«

151 Vgl. ebd., S. 54–62.

152 Vgl. Nixon, Rob: *Slow Violence and the Environmentalism of the Poor*, Cambridge (Mass.)/

der vergleichenden Politikwissenschaft verbreitete Hypothese, dass Umweltbewegungen erst in Gesellschaften auftreten würden, sobald diese ein gewisses Wohlstandsniveau erreicht hätten.[153] Entscheidend für die Begriffsprägung Guhas und Martínez-Aliers war zudem die Beobachtung, dass das Engagement mancher Umweltorganisationen für Nationalparks zu wenig die Perspektiven der dort lebenden Menschen berücksichtige, die von Fischerei, Jagd und anderen subsistenzwirtschaftlichen Praktiken abhängig sind. Auch auf die in diesem Kapitel diskutierten Beispiele von Holzfrevel aus der Neuzeit und beginnenden Moderne lässt sich die Definition von »environmentalism of the poor« anwenden, wie am Beispiel des Holzfrevels in der Region Basel gezeigt werden soll. Zunächst aber wird das Konzept im Entstehungskontext Ende der 1980er Jahre eingeordnet. Dies geschieht unter Berücksichtigung weiterführender umwelthistorischer und aktivistischer Literatur. Dabei werden Bezüge zur gegenwärtigen Umwelt- und Klimagerechtigkeitsbewegung hergestellt, die im Zuge der 2018 begonnenen »Fridays for Future«-Proteste weltweit Aufmerksamkeit erregt hat. Obwohl die gesellschaftlichen Bedingungen der Globalisierung, die Kommunikationsmittel, die politische und wirtschaftliche Ordnung sowie die Umstände der Klimakrise sich vollkommen von den Lebenswelten der Holfrevler:innen unterscheidet, birgt eine diachron erzählte Globalgeschichte des »environmentalism of the poor« das Potenzial für einen differenzierteren, historisch informierten Blick auf Gemeinsamkeiten und Unterschiede von umweltbezogenen, organisierten Protesthandlungen.

Als dritte Varietät der Umweltbewegungen unterscheidet sich »environmentalism of the poor« laut Guha und Martínez-Alier erstens von einer Strömung, die als »wilderness thinking« Natur- und Artenschutz in den Vordergrund stellt, und zweitens von der »gospel of eco-efficiency« – der Öko-Effizienz, die eine Ressourcenverwaltung im Sinne der Nachhaltigkeit anstrebt und mit einem Glauben an technische Innovationen einhergeht.[154] Im Gegensatz zu den letztgenannten Strömungen des Umweltbewusstseins[155] äußere der »en-

London 2011, S. xii. »[H]e [Guha] has arguably done more than any intellectual to dispel the myth that environmentalism is ›a full-stomach phenomenon‹ affordable only to the middle and upper classes of the world's richest societies.« So lautet die Würdigung des Umwelthistorikers Rob Nixon, der auf Guhas und Martínez-Aliers Arbeiten zum »environmentalism of the poor« aufbaute.

153 Einflussreich war die Wertewandel-These des US-amerikanischen Politologen Ronald Inglehart. Mit Rückbezug auf Abraham Maslows Bedürfnispyramide argumentierte Inglehart, dass sich Umweltbewegungen als »postmaterielles Anliegen« erst in Gesellschaften ereignen könnten, in denen die Grundbedürfnisse der Menschen mehrheitlich befriedigt seien. Vgl. Inglehart, Ronald: *The Silent Revolution. Changing Values and Political Styles among Western Publics*, Princeton 2015.

154 Eine Übersicht der drei Varietäten findet sich in: Martínez-Alier 2002, S. 14.

155 »Environmentalism« lässt sich mit Umweltbewegung, -protest, -bewusstsein, Umweltschutz und -aktivismus übersetzen. Dieser im englischen Sprachraum geprägte Begriff hat im Deutschen kein eindeutiges Äquivalent: Nicht alle Strömungen der Umweltbewegungen

vironmentalism of the poor« ausdrücklich Kritik an Wirtschaftswachstum beziehungsweise an Ertragssteigerung als wichtigster Zielsetzung der wissenschaftlich fundierten Forst- und Landwirtschaft. Laut Guha und Martínez-Alier hat die Umweltbewegung der Armen ihren Ursprung in bäuerlichen Widerstandsbewegungen oder, verallgemeinernd gefasst, in »lokalen, regionalen, nationalen und globalen ökologischen Verteilungskonflikten, die von Wirtschaftswachstum und sozialer Ungleichheit verursacht worden sind«.[156] Die Erfahrung, dass das Streben nach Wirtschaftswachstum zwangsläufig zu einem höheren Bedarf an Ressourcen führt, deren Extrahierung hauptsächlich im globalen Süden stattfindet, sei prägend für das Umweltbewusstsein der Armen, die von großflächig organisiertem Ressourcenabbau, Umweltschäden und Landnahme am meisten betroffen sind.[157] »Environmental agrarianism«, »popular environmentalism«, »livelihood ecology«, »liberation ecology« und »environmental justice movement« sind als Synonyme geläufig.[158] Guha und Martínez-Alier ging es in ihren Publikationen um eine historische Verknüpfung von Umweltprotesten im globalen Süden mit jenen urbanen Bewegungen, die seit Ende der 1980er Jahre zuerst im Kontext der Vereinigten Staaten als »Environmental Justice«-Bewegung auftraten.[159] Die beiden Historiker, die Forschungsaufenthalte an der Yale University verbracht hatten und von dem dortigen Studienprogramm der Agrarian Studies unter der Leitung von James C. Scott inspiriert worden waren,[160] verstanden die Umweltgerechtigkeitsbewegung nicht zuletzt als einen Kampf gegen soziale Ungerechtigkeit, die sich in den USA und anderen Regionen als »environmental racism« äu-

greifen zu Protestformen, weshalb die Begriffsbedeutung eine Spannweite von Umweltprotest bis hin zu Umweltbewusstsein aufweist. Das *Oxford English Dictionary* beschreibt »environmentalism« als »concern with the preservation of the natural environment, esp. from damage caused by human influence; the politics or policies associated with this«. Dieser Wörterbucheintrag spricht im Gegensatz zu Guha und Martínez-Alier die Gefährdung der Lebensbedingungen weiter Teile der Weltbevölkerung mit »natural environments« nur implizit an. Die *Encylopedia Britannica* definiert »environmentalism« als »political and ethical movement that seeks to improve and protect the quality of the natural environment through changes to environmentally harmful human activities« und ergänzt, dass »environmentalism« in weniger industrialisierten Ländern mit »Aktivismus zur Bekämpfung von Armut, für Demokratisierung, für Menschenrechte und politische Mitbestimmung, insbesondere für Frauen und indigene Gruppen« einhergeht. Siehe Elliott, Lorraine: »environmentalism«, in: *Encyclopedia Britannica*, 2009. Einsehbar unter: britannica.com/topic/environmentalism [Stand: 31.1.2025].

156 Martínez-Alier 2002, S. 14.

157 Ebd., S. 11.

158 Vgl. ebd., S. 10.

159 Zu einer überblicksartigen Geschichte der »Environmental Justice«-Bewegung, die auch eine Zusammenfassung der zahlreichen Publikationen zu diesem Thema unternimmt, siehe: Sze, Julie: *Environmental Justice in a Moment of Danger*, Oakland 2020.

160 Martínez-Alier 2002, S. x–xi.

ßert. Diese Unterkategorie von Rassismus bezieht sich auf den empirisch belegten Befund, dass People of Color in den USA stärker unter den Folgen von Umweltzerstörung und -verschmutzung leiden, denn die Extraktion und Verarbeitung von Rohstoffen, emissionsstarke Verkehrswege und Altlasten sind überdurchschnittlich oft in ihrer Nachbarschaft zu verorten.[161] Dabei betonen Guha und Martínez-Alier, dass Umweltgerechtigkeit ein Anliegen verschiedener umweltpolitischer Bewegungen weltweit ist, ohne dass Rassismus der ausschlaggebende Faktor in Bezug auf die Ungleichheitsverhältnisse innerhalb des jeweiligen Landes sein muss. Mit dem »environmentalism of the poor« prägten sie ein Rahmenkonzept, das auf viele von marginalisierten Bevölkerungsgruppen getragene Umweltproteste zutrifft.[162]

Das Bestreben, auf die Gemeinsamkeiten von Umweltbewegungen in verschiedenen Regionen und zu verschiedenen Zeiten hinzuweisen, um die Bildung von Allianzen zu ermöglichen und übergenerationelle Zusammenhänge aufzuzeigen, spiegelt sich sowohl in der aktivistischen Praxis als auch in der Umweltgeschichtsschreibung wider.[163] Die historischen Kontinuitäten, die Guha und Martínez-Alier aufzeigen – angefangen bei Protestbewegungen gegen industriellen Ressourcenabbau im Spanien und Japan des ausgehenden 19. Jahrhunderts bis zu zeitgenössischem Umweltaktivismus –, griffen Marco Armiero und Lise Sedrez 2014 in einem Sammelband zu einer Globalgeschichte lokal situierter Umweltbewegungen auf. Dabei ist auffällig, dass Armiero und Sedrez bevorzugt von »subaltern environmentalism« als Synonym zu dieser dritten Varietät der Umweltbewegung sprechen.[164]

Auf Armut im materiellen Sinne liegt in der Wortschöpfung »environmentalism of the poor« eine Akzentuierung, denn als Ergebnis von Verteilungs-

161 Vgl. ebd., S. 11 f. sowie 168–179.

162 Vgl. ebd., S. 168, sowie Guha/Martínez-Alier 1997, S. 16–21.

163 Charakteristisch für die weltweit vernetzte Umweltbewegung ist der viel zitierte Slogan »Think globally, act locally«. Als ein Sprachrohr für die Umweltbewegung in Europa und Nordamerika gilt die kanadische Aktivistin Naomi Klein. In *This Changes Everything*, erschienen 2015, beschreibt sie einige Gruppen der Klimagerechtigkeitsbewegung, die weltweit an verschiedenen Orten Infrastrukturen der Ölindustrie blockierten und daher von ihr »Blockadia« genannt wurde. Klein, Naomi: *This Changes Everything. Capitalism vs. the Climate*, London 2015. Siehe außerdem: Di Chiro, Giovanna: »Acting Globally: Cultivating a thousand community solutions for climate justice«, in: *Development* 54 (2), 2011, S. 232–236. Ein weiteres in mehrere Sprachen übersetztes Buch, das Gemeinsamkeiten zwischen verschiedenen Bürgerrechtsbewegungen der USA über einen langen Zeitraum herstellt und aktivistische Strategien formuliert, ist: Piven, Frances Fox/Cloward, Richard A.: *Poor People's Movements. Why They Succeed, How They Fail*, New York 1977. Die Umweltbewegungen der USA werden in der Historiografie in überdurchschnittlichem Maße repräsentiert.

164 Armiero, Marco/Sedrez, Lise (Hg.): *A History of Environmentalism. Local Struggles, Global Histories*, London et al. 2014. Eine weitere Publikation, die sich auf das Konzept »environmentalism of the poor« bezieht, ist: Nixon, Rob: *Slow Violence and the Environmentalism of the Poor*, Cambridge (Mass.)/London 2011.

konflikten stellt Armut, so Guha und Martínez-Alier, das verbindende Charakteristikum für einen Großteil der Weltbevölkerung dar.[165] Dabei verweisen sie auf ein Interview unter dem Titel »El ecologismo de los pobres«, das die Zeitung *Cambio* aus Lima im Januar 1989 mit Alberto Flores Galindo führte.[166] Der Historiker und marxistische Intellektuelle forschte zu Widerstandsbewegungen gegen peruanische Bergwerke, die sich im Zeitraum von 1900 bis 1930 ereignet hatten, und wurde dabei von den Schriften des indigenen Aktivisten José Carlos Maríategui beeinflusst.[167] Außerdem ist eine Ähnlichkeit zu Edward Palmer Thompsons Konzept der »moral economy of the poor« erkennbar, das Guha und Martínez-Alier aktiv rezipierten.[168] Eine weitere Parallele in der Namensgebung zeigt sich in Bezug auf die *Assembly of the Poor*. Die Massenproteste in Thailand und die gleichnamige Nichtregierungsorganisation formierten sich 1997 als Reaktion auf den Bau des Staudamms Pak Mun. Finanziert von der Weltbank, führte das hydroelektrische Großprojekt zu einem drastischen Rückgang der Fischbestände in den umliegenden Regionen und entzog somit vielen Menschen die Lebensgrundlage. Die *Assembly of the Poor* wollte den demonstrierenden Anwohner:innen mehr politische Einflussnahme auf internationale Entwicklungsprojekte ermöglichen. Als Selbstbeschreibung und politische Ermächtigungsstrategie trug dieser institutionalisierte Protest die Armut im Namen.[169]

In *Für einen Umweltschutz der 99 %. Eine historische Spurensuche*[170] schließt der Historiker und Aktivist Milo Probst an Guhas und Martínez-Aliers Arbeiten an. In dem Kapitel »Umweltschutz der Armen« deutet Probst die andalusischen Widerstandsbewegungen der 1870er Jahre gegen den Abbau des Minerals Pyrit und die anschließende Kupferproduktion als ein Fallbeispiel für

165 Vgl. Martínez-Alier 2002, S. 12.

166 Vgl. ebd., S. 13.

167 Siehe exemplarisch dazu Galindos veröffentlichte Abschlussarbeit: Flores Galindo, Alberto: *Los mineros de la Cerro de Pasco 1900–1930 (Un intento de caracterización social y política)*, Pontificia Universidad Católica del Perú, Lima 1974.

168 Thompson, Edward Palmer: »The Moral Economy of the English Crowd in the Eighteenth Century«, in: *Past and Present* 50 (1), 1971, S. 76–136. »But these grievances operated within a popular consensus as to what were legitimate and what were illegitimate practices in marketing, milling, baking, etc. This in its turn was grounded upon a consistent traditional view of social norms and obligations, of the proper economic functions of several parties within the community, which, taken together, can be said to constitute the *moral economy of the poor*.« Ebd., S. 78 f. [Hervorhebung durch die Verf.]. *Varieties of Environmentalism* wurde E. P. Thompson gewidmet, siehe: Guha/Martínez-Alier 1997, S. x f.; Martínez-Alier 2002, S. 208 f. Vgl. zudem Chandavarkar, Rajnarayan: »›The Making of the Working Class‹: E. P. Thompson and Indian History«, in: *History Workshop Journal* 43, 1997, S. 177–196.

169 Missingham, Bruce: *The Assembly of the Poor in Thailand. From Local Struggles to National Protest Movement*, Chiang Mai/Chesham 2004.

170 Probst, Milo: *Für einen Umweltschutz der 99 %. Eine historische Spurensuche*, Hamburg 2021.

einen Umweltprotest mit Kontinuitätslinien zu Konflikten der Gegenwart.[171] Letztendlich weisen die Forderung nach Klimagerechtigkeit gegenwärtiger Umweltaktivist:innen und das in der Umweltgeschichte angewandte Konzept des »environmentalism of the poor« Gemeinsamkeiten auf, die in die Einsicht münden, dass soziale Anliegen und Umweltschutz unmittelbar miteinander verflochten sind. Ob im 19. Jahrhundert oder heute – eine Kapitalverwertungslogik rechtfertigte oft die Zerstörung von Umwelt und somit der Lebensgrundlagen der Bevölkerung.

Im Verlauf der jüngeren Umweltproteste hat sich Klimagerechtigkeit als zentrale Forderung etabliert, die aus der Umweltgerechtigkeitsbewegung selbst hervorgegangen ist.[172] 2002 erlangte sie mit den *Bali Principles of Climate Justice*, mit denen ein Bündnis aus Nichtregierungsorganisationen und Graswurzelbewegungen auf die unzulänglichen Beschlüsse der Klimakonferenzen reagierte, eine schriftlich fixierte Grundlage.[173] Seither organisieren verschiedene Netzwerke Demonstrationen und Veranstaltungen begleitend zu den Klimakonferenzen der Vereinten Nationen.[174] Grundlegend für den Klimagerechtigkeitsbegriff ist die sogenannte »triple inequality« – erstens der ungleiche Zugang zu klimapolitisch relevanten, internationalen Organisationen und Konferenzen, zweitens Ungleichheit im Hinblick auf die Verletzlichkeit der von Wetterextremen betroffenen Bevölkerung und drittens die ungleiche Verantwortung für die verursachten Treibhausgasemissionen.[175] In der Feststellung, dass bereits jetzt diejenigen Menschen am meisten unter Wetterextremen leiden, die historisch am wenigsten zur Klimakrise beigetragen haben und die zugleich über die geringsten monetären Ressourcen zur Bewältigung der Klimafolgen verfügen, steht in einer Relation zum Bedeutungsinhalt des »environmentalism of the poor«. Die in Folge der Klimakrise gefährdeten Lebensgrundlagen der *global poor* oder treffender der *global majority* – der weltweiten Mehrheit, die nicht ohne Weiteres in geschützte Regionen umziehen oder etwa über Klimaanlagen verfügen kann –, betref-

171 Vgl. ebd., Kapitel 3 (»Umweltschutz der Armen. Oder: Was Umweltschutz mit menschlicher Gesundheit zu tun hat«), S. 82–96.

172 Eine Überblicksdarstellung zur Sekundärliteratur zum Klimagerechtigkeitsbegriff leisten: Jafry, Tahseen/Helwig, Karin/Mikulewicz, Michael (Hg.): *Routledge Handbook of Climate Justice*, London/New York 2019.

173 International Climate Justice Network: *Bali Principles of Climate Justice*, 29. 8. 2002, einsehbar unter: corpwatch.org/article/bali-principles-climate-justice [Stand: 31. 1. 2025].

174 Für eine Historisierung einiger der genannten Netzwerke, zum Beispiel die 2007 in Bali gegründete globale Koalition »Climate Justice Now!« und das 2009 in Kopenhagen initiierte *Climate Justice Action Network*, siehe: Tokar, Brian: »On the evolution and continuing development of the climate justice movement«, in: Jafry, Tahseen/Helwig, Karin/Mikulewicz, Michael (Hg.): *Routledge Handbook of Climate Justice*, London/New York 2019, S. 13–25.

175 Vgl. zudem Roosvall, Anna/Tegelberg, Matthew (Hg.): *Media and Transnational Climate Justice. Indigenous Activism and Climate Politics*, New York/Bern/Berlin/Wien 2018.

fen aus klimaethischen Gesichtspunkten die Weltgemeinschaft. Der Klimagerechtigkeitsbegriff repräsentiert dabei auch die Anliegen der Demonstrierenden in urbanen Zentren des globalen Nordens, die strukturell vom kapitalistischen Wirtschaftssystem profitieren – Menschen also, für die »poor« als charakterisierendes Merkmal größtenteils nicht zutrifft, die sich jedoch mit jenen Menschen solidarisch erklären, die gegenwärtig bereits verstärkt unter der Klimakrise leiden.

Nachdem die Verbindungslinien vom Ende der 1980er Jahre geprägten Konzept des Umweltschutzes der Armen zum Klimagerechtigkeitskonzept der Gegenwart aufgezeigt worden sind, erfolgt nun der Transfer zu den Holzfrevelkonflikten im Umfeld von Basel, denn diese lassen sich als ein frühes Fallbeispiel in einer Geschichte des »environmentalism of the poor« verorten. Viele der in diesem Kapitel geschilderten Holzfrevelvorfälle aus dem 18. und 19. Jahrhundert ereigneten sich im Kontext von Wald- und Landnutzungskonflikten angesichts des ausgeweiteten Holzbedarfs von Bergwerken, Salinen oder anderen Gewerben oder in Zeiten der Intensivierung des Holzhandels. Damit erfüllen sie ein Charakteristikum des »environmentalism of the poor«, dessen Ursachen oft in einer asymmetrischen Verteilung von Ressourcen, in Momenten der Landnahme oder -verschmutzung sowie der Annullierung von Gewohnheitsrechten zu finden sind. Dorfgemeinden im Fürstbistum Basel beispielsweise initiierten während der Landestroublen (1726–1740) Protestakte gegen Repräsentanten des Bischofs, der seine Nutzungsrechte sukzessive auf die Dorfallmenden ausweitete, um den steigenden Holz- und Holzkohlebedarf der Erzbergwerke zu decken. Infolgedessen standen den Dörfern bei gleichzeitigem Bevölkerungswachstum weniger Weideland und Holz zum Lebensunterhalt zur Verfügung. Mit Rückbezug auf Andreas Suters Studien hat die Quellenauswertung gezeigt, auf welche Widerstandspraktiken Dorfgemeinden und Einzelgruppen zurückgriffen: illegale Weidehaltung auf Gebieten, die den Dörfern abgesprochen worden waren, das Einreißen von Zäunen, Diebstahl von Holz bei bischofstreuen Personen sowie handgreifliche Auseinandersetzungen. Bei den von den Gemeindeversammlungen koordinierten, von unverheirateten Dorffrauen und Knabenschaften getragenen Protesten stand die Sorge um die eigenen Lebensgrundlagen in ihren sozionaturalen Umwelten im Mittelpunkt: die Waldweiden und Wiesen sowie die gewohnheitsrechtlich zugesicherten Zugangs- und Nutzungsansprüche. Deshalb lässt sich Holzfrevel in diesem Fall nicht nur als Sozialprotest deuten, sondern auch als Umweltprotest im Sinne des »environmentalism of the poor«.

Ein grundlegender Unterschied zwischen Holzfrevel und Umweltprotestformen des 20. Jahrhunderts besteht in der Tradition des gewaltfreien, zivilen Ungehorsams, die in Anlehnung an Mahatma Gandhi, Rosa Parks und Martin Luther King in der Klimagerechtigkeitsbewegung stark ausgeprägt ist. Internationale Aufmerksamkeit erhielten die Baumumarmungen während des *Chipko Movement* in der indischen Region Uttarakhand ab 1973 sowie die 1977 begonnenen Baumschulgründungen und Pflanzungen im Rahmen des *Green Belt Movement* in Kenia. Die Wissenschaftlerinnen und Aktivistinnen Wangari Maathai und Vandana Shiva begleiteten diese mehrheitlich von Frauen initiierten Umweltbewegungen und wurden dafür mit dem Nobelpreis und dem Alternativen Nobelpreis ausgezeichnet. Ihre politische Arbeit, die Gründung von Nichtregierungsorganisationen sowie die Veröffentlichung von Berichten und Büchern beeinflussten die Konzepttraditionen der Umweltgerechtigkeit und des »environmentalism of the poor«.[176] Ramachandra Guha beschäftigte sich beispielsweise in *The Unquiet Woods* mit der Umweltprotestgeschichte Indiens mit Bezug auf das *Chipko Movement*.[177] Außerdem griff der Umwelthistoriker Rob Nixon die Anliegen dieser Protestbewegungen in seinem 2011 erschienenen Buch *Slow Violence and the Environmentalism of the Poor* auf. Der Gewalt von Regierungen, die mit Abholzung und Plantagenwirtschaft Geld verdienen und mit Monokulturen die Lebensgrundlagen der Menschen vollkommen verändern, wenn nicht sogar zerstören, stellten die demonstrierenden Frauen gewaltfreie Proteststrategien entgegen. In Kenia pflanzten »citizen foresters« Jungbäume. In Indien umarmten die Aktivist:innen des *Chipko Movement* zur Fällung freigegebene Bäume. Sie erreichten auf diese Weise, dass die indische Regierung unter Indira Gandhi 1980 ein 15 Jahre andauerndes Baumfällverbot für die Himalayaregion verhängte. In der Lesart Nixons verringerten die Aktivist:innen durch ihr gewaltloses Handeln die menschliche wie nicht-menschliche Folgegewalt, die sich in Form von Dürreperioden und Bodenerosion sukzessiv verstärken würde.[178] Auf die Gewalt, welche die ausführenden Unternehmen sowie die Auftraggeber:innen gegen Menschen und andere Lebewesen, ihre sozionaturalen Umwelten und Wissenssysteme ausübten, sowie auf die »slow violence« der Klimakrise reagierten die bäumepflanzenden und -umarmenden Frauen also mit Praktiken, die für die Aufrechterhaltung ihrer Umwelten notwendig sind. Mit ihren Körpern setzten sie sich möglichen Konfrontationen aus. Auch bei sogenannten »direct actions« – den Blockadeaktionen gegen Ölpipelines und andere Infrastrukturen der fossilen Industrie – berufen sich Protestierende der Gegenwart auf zivilen Ungehorsam.

Die während der Landestroublen und des Hardwaldstreits eingesetzten Protestformen in Basel unterscheiden sich grundsätzlich von dieser erst im 20. Jahrhundert ausgeprägten Tradition des zivilen Ungehorsams, die Gewalt gegen Menschen, Tiere und andere Lebewesen dezidiert ausschließt. Die historischen Protestkulturen weisen eigene Dynamiken auf, die sich in Archiven

176 Maathai, Wangari: *The Green Belt Movement. Sharing the Approach and the Experience*, 2. Aufl., New York 2003, sowie die Autobiografie: Maathai, Wangari: *Unbowed. A Memoir*, New York 2006. Zu Umweltgerechtigkeit siehe u. a.: Shiva, Vandana: *Soil Not Oil. Environmental Justice in a Time of Climate Crisis*, Cambridge (Mass.) 2008.

177 Guha 1994.

178 Vgl. Nixon 2011, S. 128–137.

aufspüren lassen, wenn man die jeweiligen Ausführungen zum Holzfrevel quellenkritisch auf den Sinn befragt, den die Protestierenden ihren Handlungen beigelegt haben. Ein Ziel müsste es also sein, die zur Anwendung gebrachten Taktiken auf Grundlage von überlieferten Selbstaussagen und Vorgehensbeschreibungen der Frevelnden selbst zu analysieren. Richard Hölzl etwa hat eine entsprechende Studie vorgelegt, in der er anhand von Gerichtsprotokollen aus dem Spessart und dem Bayerischen Wald widerständige Praktiken rekonstruierte. Er spricht von »kreativen Taktiken des Umgehens, Unterlaufens, Verzögerns und Vermeidens«,[179] die sich während der Gerichtsprozesse und der Ausführung von Strafarbeiten ereigneten. James C. Scott ging Protesttaktiken im Kontext von Umweltkonflikten in Südostasien nach und stellt Wild- und Holzfrevel als eine Widerstandsform der Armen heraus. In Anbetracht der disparat wirkenden Forschungsliteratur wäre es aufschlussreich, Fallstudien zu Frevel als Umweltprotestform, die sich in Holz-, Streu-, Weid-, Feld- und Wildfrevel ausdifferenzieren lässt, überregional und transepochal zu vergleichen.

Erkenntnisfördernd wären weitergehende Untersuchungen zur Rolle von Frauen in den Protesten, welche die Geschlechterverhältnisse innerhalb der jeweiligen bäuerlichen Gemeinschaft erhellen könnten. Peter Sahlins beleuchtete am Beispiel der *Guerre des Demoiselles* im Département Ariège in den Pyrenäen, wie sich bewaffnete Männer bei Widerständen gegen Forstbedienstete als Frauen verkleideten – eine Rebellion gegen das französische Forstgesetz von 1827.[180] Die Bedeutung von ausgestellter Weiblichkeit mit Hilfe von Verkleidungen müsste dabei systematischer untersucht werden. Hier bietet sich ein Vergleich zu den circa 100 Jahre früher stattfindenden Landestroublen im Fürstbistum Basel an, bei denen Dorffrauen und unverheiratete Männer eine zentrale Rolle bei der Ausführung von Protestaktionen einnahmen, insbesondere bei Angriffen auf Vertreter des Fürstbistums. Weitere überregionale Fallbeispiele finden sich in Streufrevelvorfällen. Das Sammeln von Laubstreu war eine Subsistenzarbeit, die in den Aufgabenbereich von Frauen und Kindern fiel, weshalb vor allem sie in Auseinandersetzungen mit Forstbeamten auftraten.

Für welche Praktiken Elisabeth Wenger aus Reinach in den 1820er Jahren wiederholt bestraft wurde, ließ sich nicht rekonstruieren, da die standardisierten Tabellen der Holzfrevelstrafregister nicht den Tatkontext erfassten. Bei den Gerichtsverfahren handelte es sich um Massenprozesse, die in den meisten Fällen weder nach detaillierten Tathergängen noch nach individuellen Motiven fragten. Fakt ist, dass das Holzfrevelstrafregime rigoros war und das Leben der Menschen stark betraf. Die Holzdiebstahlgesetze, die in der ersten

179 Hölzl 2010, S. 493. Vgl. das Unterkapitel »Forstfrevel im Gerichtssaal«, in dem Hölzl Gerichtsprotokolle interpretiert, indem er sich auf Michel de Certeaus Unterscheidung zwischen Strategie und Taktik stützt: Ebd., S. 232–248; Certeau, Michel de: *Kunst des Handelns*, übers. v. Ronald Voullié, Berlin 1988, S. 77–97.

180 Sahlins 1994. Vgl. außerdem Kapitel 5.6 dieser Arbeit.

Hälfte des 19. Jahrhunderts viele Regionen von Preußen übernahmen, schlossen zwar im Gegensatz zur Gesetzgebung des 18. Jahrhunderts die Todesstrafe aus, Strafgebühren und Ersatzleistungen fielen in Anbetracht der Lebensumstände und der großen Anzahl der verurteilten Täter:innen jedoch unverhältnismäßig hoch aus. Konnten die Verurteilten für die Strafen nicht aufkommen, mussten sie Arbeitsstrafen ableisten.

Die Verteilungs- und Landnutzungskonflikte im Kontext von Wäldern können trotz aller Unterschiede in einer gemeinsamen Geschichte mit aktuellen Umweltbewegungen stehen – wobei die historischen Akteur:innen ihre Anliegen wahrscheinlich nicht als Umweltprotest, sondern vielmehr als Kampf um ihre Lebensgrundlagen beschrieben hätten. Laut Ramachandra Guha und Joan Martínez-Alier ist gerade dies ein verbindendes Charakteristikum des »environmentalism of the poor«. Wie Elisabeth Wenger und ihre Mitfrevler:innen die kriminalisierte Tat gerechtfertigt hätten – ob sie den Holzfrevel als Protest, als eine durch das Gewohnheitsrecht erlaubte, dem Lebensunterhalt dienende Praktik, ein durch Armut und Hungerkrise erzwungenes Mittel der Not oder als stolze Wiederaneignung der Umwelt ihrer Dorfgemeinde gesehen hätten –, bleibt rätselhaft.

8 Zum Schluss: Wälder anders denken

8.1 Nachhaltig eingerichtet?

Was bedeutet es, wenn aus Wäldern Forste werden? Was braucht es, um ihren Wert zu bestimmen oder mit ihnen zu kalkulieren? Und was wäre der Wert von Wäldern jenseits ihrer Nutzbarmachung für Holz- und Emissionsmärkte? Techniken der Forsttaxation beziehungsweise Forsteinrichtung werfen Fragen auf, die über ihre Fachdisziplin hinaus relevant sind. Die im 18. und 19. Jahrhundert in Europa standardisierten Kartierungsverfahren prägten Vorstellungen vom nachhaltigen Haushalten und von strikt unterteilten Landschaften. Diese machten aus dem Wald nicht nur einen Forst, sondern auch einen Wirtschaftsraum mit möglichst konstanten Nutzholzerträgen: einen durchmessenen Raum der nachhaltigen Forstwirtschaft, in dem Abholzung durch Aufforstung ausbalanciert wird. Konzeptionen des Waldes als Vorratskammer, in der jeder Fläche jeweils eine Bewirtschaftungsform, eine Baumart und eine Altersklasse zugeteilt ist, wirken bis heute fort. Die vorliegende Studie verfolgte anhand der Taxationskarten, wie die Kulturtechniken der Forsteinrichtung visualisiert und angeleitet wurden – und wie die »operativen« Kartenbilder letztendlich Monokulturen hervorbrachten.

Als eine Geschichte des Umweltwissens hat diese Studie an verschiedenen Stationen in Preußen, Sachsen, der Schweiz, Frankreich und Portugal Halt gemacht: bei privat geführten Forstmeisterschulen und etablierten Forst- und Bergakademien. Sie widmete sich zunächst den dort erarbeiteten Forsteinrichtungskarten und ihren Notationsverfahren, indem sie analysierte, wie die Karten gestaltend und reglementierend auf Wälder einwirkten. Die Untersuchung der Forsteinrichtung führte von Nachhaltigkeits- und Ausgleichsvorstellungen in der Verwaltungspraxis zu bäuerlichen Praktiken, die dem vermeintlich rationalen Umgang mit der Ressource »Wald« zuwiderliefen. Neben der Analyse der forstwirtschaftlichen Legitimation für Monokulturen wandte sich die Forschungsarbeit also gerade jenen Praktiken zu, welche die Einhaltung langer Umtriebszeiten störten und in Forstordnungen daher restriktiv behandelt wurden. Sie begab sich auf Waldweiden und Baumfelder, denn gerade die dort eingeübten Praktiken standen dem Ideal nachhaltiger Nutzholzerträge offenbar im Wege. Die Koexistenz von Wald, Feld und Weide gefährdete den kartografischen Überblick über Holzressourcen ebenso wie die damit angestrebte ausschließliche Optimierung der Holzerträge. Dennoch schätzten vereinzelte Forstexperten des 19. Jahrhunderts den Waldfeldbau als aussichtsreich für »mehr Brod«[1] und die Verbesserung des Kli-

1 Cotta: *Die Verbindung des Feldbaues mit dem Waldbau*, 1819, S. 1.

mas[2] ein. Dies zeigt sich in Teilen in Georg Ludwig Hartigs Bewertung der Hauberge im Siegerland oder auch in Heinrich Cottas Versuchen mit Baumfeldern. Ihre Publikationen zu agrosilvopastoralen Nutzungssystemen mit kurzen Umtriebszeiten wurden jedoch – anders als die einschlägigen Monografien zu den Forsteinrichtungsverfahren, die vor allem Hochwälder mit hohen Umtriebszeiten als Ideal propagierten – kaum rezipiert. Paradoxerweise wurde gerade die multifunktionale Waldnutzung abgewertet, obwohl sie einen frühen Anwendungskontext des Umtriebszeitenprinzips darstellte und die Fachexperten sie durchaus ambivalent beurteilten.

Die durch die Lehre der Forsteinrichtung angeleitete Transformation von Nieder- und Mischwäldern in Hochwälder, die schlussendlich kameralistisch-ökonomischen Imperativen der Landesherrschaften folgte, kulminierte in Landnutzungskonflikten und fand ihren Niederschlag in dem Tatbestand »Holzdiebstahl«, wie er ab den 1830er Jahren überregional in Strafregistern dokumentiert wurde. Liest man diese Deliktform gegen den Strich, finden sich in den Quellen Hinweise auf organisierten kleinbäuerlichen Sozialprotest. Ausgehend von Holz-, Weide- und Waldstreufrevelvorfällen an verschiedenen Orten lässt sich eine transepochale Geschichte von umweltbezogenen Protesten entfalten. Damit wechselte die Perspektive also von einer (Forst-)Wissenschaftsgeschichte, die auf der Quellengrundlage der Taxatoren, der ehemaligen »holzgerechten« Jäger,[3] geschrieben wurde, zu einer Protestgeschichte der Armen, die vor Ort um den Erhalt ihrer Lebensgrundlagen kämpften und sich somit aus heutiger Perspektive für Umweltgerechtigkeit einsetzten. Diese multiperspektivische Geschichte, die diese Studie Kapitel für Kapitel aus verschiedenen Positionen nachvollzogen hat, soll an dieser Stelle rekapituliert werden, um die beiden zentralen Argumentationsstränge des Buches abschließend zu beleuchten: erstens die Visualisierungen eines auf Nachhaltigkeit angelegten Kreislaufprinzips und zweitens die Agroforstkulturtechniken sowie die auf sie bezogene Protestpraxis.

Den Kulturtechniken in Akademie und Verwaltung ging die Studie in Form einer Mediengeschichte auf den Grund. Den Ausgangspunkt für die Argumentation bildeten Taxationsverfahren, die in forstwissenschaftlichen Lehrbüchern beschrieben wurden, sowie Lehrkarten. Das Kapitel 2 »Karte und Kalkül« entwickelte die These, dass die auch als Forsteinrichtung bezeichnete Forsttaxation eine Kulturtechnik darstellt, die Vorstellungen von einer Ertragsnachhaltigkeit in der Forstwirtschaft vermittelte. In Georg Ludwig Hartigs Lehrbuch *Anweisung zur Taxation der Forste* (1805) heißt es, die Taxation diene der »genaue[n] Bestimmung des gegenwärtigen und künftigen nachhaltigen Holzertrages der Waldungen«. Holzgewinne sollten von Jahr zu Jahr gleich groß ausfallen, nicht zuletzt, um Holznot zu vermeiden und um – die zeitgenössische

2 Ebd., S. 20.

3 Vgl. Lowood 1990.

kameralwissenschaftliche Wortwahl aufgreifend – eine Vervollkommnung der »Cultur des Landes«[4] anzustreben. Mittels Taxationskarten und Erfahrungstabellen unterteilten Geometer und Forsttaxatoren den Wald fortan in Parzellen und ermittelten in Abhängigkeit von der Topografie, den Baumarten, dem Boden und anderen Einflussfaktoren, wann welche Parzelle gefällt und wieder aufgeforstet werden sollte. Die Umtriebszeit als optimal berechneter Zeitraum zwischen »Kulturbegründung« und Fällung der Bäume wurde dabei zu einer Leitgröße. Die in diesem Zusammenhang erstellten Erfahrungstabellen präsentierten Ergebnisse aus Versuchswäldern der Forstakademien. Homogene Baumgruppen einer Spezies und gleichen Alters dienten als Ideal, von dem ausgehend sich auch Hochrechnungen für Baumbestände mit leicht veränderten Eigenschaften anfertigen ließen. Die Idealvorstellungen möglichst gleichmäßig bestandener Waldabschnitte fanden ihren Ausdruck in Forsttaxationskarten, die zwar einerseits den jeweiligen Wald repräsentierten, andererseits aber auch als Planungsmedium auf die Gestaltung des Waldes zurückwirkten. Die Taxationskarte lässt sich folglich in Anlehnung an Bruno Latours Arbeiten als eine »Inskription«[5] interpretieren, die den Wald in eine kontrollierbare Ressourcenübersicht übersetzt, dabei zwangsläufig komplexitätsreduzierend vorgeht und letztendlich als papiernes Medium eine »Amplifikation« schafft, also einen neuen Überschuss an kondensierten Anweisungen zur Forsteinrichtung. Die Untersuchung der Lehrkarte und ihrer Übersetzungsschritte zwischen Wald, Karte, Erfahrungstabelle und Taxationsmanual führte am Ende dieses zweiten Kapitels zu dem Ergebnis, dass die Standardisierung von Forsteinrichtungskarten mit einem Ideal von »vollkommenen« Beständen, also mit einer Privilegierung von Monokulturen, einherging. Kleinbäuerliche Waldnutzungspraktiken, die im Gegensatz zur kameralistischen Fortwirtschaft nicht auf regelmäßige Nutzholzerträge ausgerichtet waren und daher den auf Forsttaxationen generierten Überblick sowie die Kontrolle über die Holzressourcen störten, wurden tendenziell als Holzfrevel abqualifiziert.

Auf den Spuren dieser widerständigen Praktiken, der »umtriebigen Epistemologien«, widmete sich das Kapitel 3 einer vergessenen Erfolgsgeschichte der Agroforstkulturtechniken: Noch bevor die Forstwirtschaft als akademische Disziplin in Erscheinung trat, war das Konzept der Umtriebszeit handlungsleitend in der bäuerlichen Waldbewirtschaftung. Die Umtriebszeit organisierte einen Zyklus aufeinanderfolgender Nutzungen von Wäldern als Feld und Weideland. Daher stehen die kurzen Umtriebszeiten, nach der Waldweide, Baumfelder und Brandfeldbau organisiert waren, am Anfang dieser forstwissenschaftlichen Genealogie, wie die Beispiele aus der Siegerländer Haubergwirtschaft und anderen Waldallmenden eindrücklich belegen können.

4 Justi: *Die Grundfeste zu der Macht und Glückseeligkeit der Staaten*, 1760, Bd. 1, S. 32.

5 Vgl. Latour 1996; Latour 2002.

Die These, dass Forsteinrichtungsverfahren im Zuge der Standardisierung langer Umtriebszeiten im 19. Jahrhundert Monokulturen begünstigten, bestätigte sich im Verlauf dieser Geschichte des Umweltwissens anhand von mehreren Fallstudien: Das Kapitel 4 »Orte der Wissensvermittlung« begann im preußischen Eberswalde und im sächsischen Tharandt. Im 19. Jahrhundert suchten Studenten aus ganz Europa diese Forstakademiestandorte auf, nicht zuletzt, um die dort erlernten Taxationstechniken in den Forstverwaltungen ihrer Herkunftsländer zu etablieren. Dieses Kapitel vermittelte erstmals einen Überblick über die Leistungen, die in der Lehre, Standardisierung und internationalen Verbreitung der Techniken an diesen Orten erbracht worden sind. Parallel zu Georg Ludwig Hartig und anderen forstwissenschaftlichen Kollegen erarbeitete Heinrich Cotta und das Kollegium in Tharandt ein Notationssystem für Forsteinrichtungskarten.

Dass diese Notationssysteme von Kartenwerken aus dem Bergbau und von Gemeindewäldern in Berglagen inspiriert worden waren, belegte das Kapitel 5, »Umweltwissen kartieren«, anhand von Bildvergleichen. In der Nachbarschaft von Tharandt – an der nahegelegenen Bergakademie in Freiberg – hatte Alexander von Humboldt als junger Student die Methoden der vertikalen Kartografie erlernt, die er später in seinen pflanzenkartografischen Werken zur Umsetzung brachte. Die von ihm und Aimé Bonpland signierten Naturgemälde weisen weiterhin Ähnlichkeiten mit den Aufsichtszeichnungen von Bergwäldern auf. Dieser Bilddiskurs, der unterschiedlichste Kartengattungen miteinander verbindet, ist insofern interessant, weil er einen gewissen Alleinstellungsstatus von Alexander von Humboldts Karten in der Geschichte der Klimabilder und Umweltdatenverzeichnung hinterfragt. Es konnte gezeigt werden, dass die praktischen Kontexte der Ressourcen(aus)nutzung im Bergbau und auf Allmendewäldern weitaus prägender für die Bilddiskurse der thematischen Karten war als der Erfindergeist von Einzelpersonen. Die Legitimationsfunktion, die den Karten in diesem holzbasierten Ressourcenregime zukam, sollte in zukünftigen Studien zur Bildgenealogie von Umwelt- und Klimabildern noch stärker im Vordergrund stehen.

Die Einrichtung von Forstverwaltungen ging zumeist auf die Initiative von Landesherr:innen zurück, die prioritär die Versorgung von Bergwerken, Salinen und anderen holzverbrauchenden Gewerben mit Bauholz und Brennmaterial sicherstellen wollten. Gleichzeitig kam es in den taxierten Wäldern zu Auseinandersetzungen zwischen der Forstverwaltung und der bäuerlichen Bevölkerung, die sich am Sammeln von Waldstreu entzündeten. In den 1790er Jahren etwa wurden im schweizerischen Chur die Waldstreusammelrechte eingeschränkt. Dabei wurde die schriftlich fixierte Forstordnung von einer nach dem Umtriebszeitenprinzip strukturierten Karte vervollständigt. Zu ähnlichen Konflikten um Zugangs- und Nutzungsrechte des Waldes kam es im Zuge der Forsttaxationsarbeiten in Tharandt, ohne dass diese »Waldstreukämpfe« Eingang in die Institutionsgeschichte der Forstakademie oder in die Kartografiegeschichte gefunden hätten. Gerade weil die Forsteinrichtungskarten und andere thematische Karten als frühe Visualisierungsformen von Umwelt- und Klimawissen so eindrücklich sind, sollten sowohl die Ähnlichkeiten zwischen der Kartenproduktion in Bergbau und Forstwirtschaft beachtet werden als auch die Landnutzungskonflikte, die sich parallel zur Verbreitung der Forsttaxationsverfahren ereigneten. Diese Kartenformate sind nie neutrale Medien des Umweltwissens, sondern entstammen unterschiedlichen Kontexten der Ressourcenverwaltung und -ausbeutung. Als »operative Kartenbilder« trugen sie wesentlich zur Durchsetzung von zentral kontrollierten Forstnutzungen bei.

Anhand eines Briefes sowie einer in Tharandt gezeichneten Karte verfolgte das 6. Kapitel »O Periódo da Revolução« den internationalen Transfer von Forsteinrichtungsverfahren aus dem sächsischen Tharandt und dem französischen Nancy auf die Iberische Halbinsel. Der Urheber der Schrift- und Bildquellen, Bernardino Barros Gomes, taxierte mehrere Nationalwälder an der Atlantikküste, gemeinsam mit dem in Nancy ausgebildeten Kollegen João Maria Magalhães. Die Forsttaxationskarten, die in den 1880er Jahren nach sächsischem Vorbild angefertigt wurden, bezeichneten die Portugiesen unter anderem als *plantas de cortes e culturas*. Sie tragen den Kreislauf aus Fällungen und Aufforstungen im Namen. Im Norden Portugals teilten Taxatoren Seekiefernwälder entsprechend der festgelegten Umtriebszeit – *período da revolução* – ein, genau zu jener Zeit, als in verschiedenen Regionen Portugals Dorfallmenden zunächst verstaatlicht und dann privatisiert wurden.

Der Frage, wie Dorfgemeinschaften, insbesondere Frauen und Kinder, auf die sukzessive Auflösung von Waldallmenden sowie die Einschränkung der bisher gewohnheitsrechtlich gestatteten Waldweide und anderen Waldnutzungspraktiken reagierten, widmete sich das Kapitel 7: »Das Recht im vermessenen Wald. Holzfrevel, Frauen, Protest«. Anhand des sogenannten Hardwaldstreits und der Landestroublen im schweizerischen Fürstbistum Basel konnte aufgezeigt werden, inwiefern mündlich überliefertes Gewohnheitsrecht gegen neue schriftlich verbriefte Rechtssetzungen ausgespielt wurde. Dorfgemeinschaften nutzten als Frevel disqualifizierte Praktiken als koordinierte Form des Sozialprotests, um sich gegen Forstordnungen zu wehren. Dabei stellte diese Analyse aus Basel kein Einzelfall dar. Die Analyse von zwei im Jahr 1842 erschienenen, prominenten Reaktionen auf die Holzfrevelthematik – Karl Marx' Ausführungen zu den preußischen Holzdiebstahlgesetzen und Annette von Droste-Hülshoffs Novelle *Die Judenbuche* – führte uns zu Waldnutzungskonflikten nach Westfalen und schließlich über die Novellenfigur Brandis bis nach Indien. Im Dienst der britischen Kolonialverwaltung initiierte der deutsche Forstwissenschaftler Dietrich Brandis – ein Jugendfreund Droste-Hülshoffs – in den 1870er Jahren die Gründung des *Imperial Forest Research Institute* in Dehradun. Er führte Streifentaxationsmethoden nach europäischem Vorbild ein und erließ den *Indian Forest Act*, um eine restriktive Politik gegenüber agrarischen Waldnutzungsformen durchzusetzen.

Ob in Sachsen oder der Schweiz, in Portugal, Spanien, Preußen oder Indien – während dieser ersten Gründungsphase von Forstakademien und -verwaltungen zwischen 1760 und 1860 wurden ehemals multifunktional genutzte Wälder in Forste umgestaltet, die prioritär der Nutzholzproduktion dienten und nach dem Konzept der Umtriebszeiten eingeteilt wurden. Die Durchsetzung von Forsttaxationsverfahren ging mit der Unterdrückung von Subsistenzpraktiken der lokalen Bevölkerungsgruppen einher: seien es das Sammeln von Laubstreu und Leseholz, die Weide von Schweinen und Ziegen im Wald, das Harzen, das Schälen von Rinde oder andere hier nicht weiter untersuchte Waldbewirtschaftungsformen. Die zunehmende Sanktionierung dieser Praktiken provozierte Reaktionen, die vom unbeirrten Festhalten an Gewohnheitsrechten bis zu Akten der Zerstörung und gewaltsamen Protesten reichten. Die Analyse von Holzfrevelvorfällen machte deutlich, dass Holzfrevel nicht nur als Sozialprotest, sondern auch als Protestkultur im Sinne eines »environmentalism of the poor« gelesen werden kann. Die ländliche Bevölkerung verteidigte ihr Recht auf Waldnutzungspraktiken, die für den Lebenserhalt unabdingbar waren und mit denen sie Engpässe in der Versorgung ausgleichen konnten. Historische Konflikte um Forsttaxationen und Holzfrevel aus dem 18. und 19. Jahrhundert können in gegenwärtige Diskussionen über Umwelt- und Klimagerechtigkeit eingebracht werden.

8.2 Fällen und Aufforsten im Kreislaufprinzip

Insgesamt bündeln sich die Thesen dieser Studie zu zwei Hauptargumentationslinien, die über den gesteckten Zeitrahmen von 1760 bis 1860 hinausgehen und in die Gegenwart verweisen. Die erste Argumentationslinie verfolgt die Geschichte der Forsttaxation als europaweite Einrichtung von Monokulturen, die sich mit der Bestimmung von Umtriebszeiten dem Prinzip der Nachhaltigkeit verschreibt. Forsteinrichtungstechniken und ihre Visualisierungsstrategien weisen dabei Ähnlichkeiten zu Konzepten auf, die heute das Nachdenken über Handlungsmöglichkeiten in Zeiten der Klimakrise strukturieren. Diese Kontinuitäten im Denken zeigen sich vor allem in Konzepten des Kreislaufs, des Gleichgewichts und der Selbstregulation.

Im Totalitätsanspruch des Kreislaufprinzips liegt ein Versprechen. Die am Anfang der Studie formulierte Beobachtung, dass Forsteinrichtungskarten den Eindruck eines selbsterhaltenden Systems vermitteln, bekräftigten die Bildanalysen der Kapitel 2, 3, 5 und 6. Auf den Forsttaxationskarten sollte theoretisch jederzeit erkennbar sein, wann welche Parzellen gefällt werden und welche gleichzeitig nachwachsen. Mit den Worten Cottas sollte »in jedem Zeitpunkt der Umtriebsperioden immer ein getreues Bild vom Zustande des

Waldes«[6] gegeben werden. Cotta sah Forsttaxationskarten daher als ein Mittel der »sehr instruktive[n] Controlle«[7] an. Die Sammlung der in regelmäßigen Abständen erneuerten Karten schätzte auch Barros Gomes als »die interessanteste Illustration der wesentlichen Veränderungen, die ein Wald durchlaufen hat«.[8] Letzten Endes waren die Karten der Fällung und Neuanpflanzung mehr als schlichte Illustrationen. Die auf ihnen realisierte Ästhetik der geraden Linien – der klar voneinander getrennten Flächen mit ihren Ziffern, die den Zeitpunkt der Fällung und Neuaufforstung bezeichnen – wirkte auf die Gestaltung der Wälder zurück. Die lokal adaptierten Notationssysteme und das Umtriebszeitenprinzip kreierten auf dem Papier eine Vision von Kreisläufen, die scheinbar wie von selbst fortlaufen konnten. Die Utopie eines unendlichen und dennoch stets ausgeglichenen Wachstums für den Wirtschaftssektor der Holzwirtschaft wurde damit glaubhaft dargestellt.

Diese frühen Darstellungsformen eines sich selbst stabilisierenden, auf geschlossenen Kreisläufen basierenden Forstwirtschaftssystems waren also in der Forstwirtschaft etabliert, lange bevor Kybernetiker:innen und Systemtheoretiker:innen Stabilitätskonzepte für das Denken von Ökosystemen und Wirtschaftssystemen nutzbar machten und auf Grafiken visualisierten.[9] Die detaillierten Analysen der Notationsverfahren sollen an dieser Stelle rekapituliert werden, um anschließend auf eine bis in die Gegenwart reichende Bildgeschichte der Kreislaufkonzepte und Waldvorstellungen hinzuweisen.

Auf allen untersuchten Taxationskarten ist zunächst die farbliche Repräsentation von Baumbeständen und Bodenarten ein auffälliges Charakteristikum. Während die Farben die jeweils häufigste Baumart anzeigten, wurde die zweithäufigste Baumart in manchen Fällen in Form von Piktogrammen verzeichnet. Ähnliche Notationssysteme finden sich auch im Bergbau, etwa auf Charpentiers petrografischer Karte, mit bunten Flächeneinfärbungen je nach dominierender Gesteinsart und Piktogrammen für die zweithäufigsten Mineralienvorkommen. Cottas Generalkarte nimmt zudem eine farbliche Differenzierung zwischen Hochwäldern mit längeren Umtriebszeiten und Nieder- und Mittelwäldern mit kürzeren Umtriebszeiten vor. Für Letztere wurde eine schwächere Farbintensität gewählt als für die anzustrebenden Hochwälder. Veränderte sich der Baumbestand, zum Beispiel, wenn Niederwälder im Verlauf der Taxation in Hochwälder überführt wurden, so konnte der helle Gelbton für Eichenniederwälder auf der Karte so übermalt werden, dass er in ein sattes Gelb für Hochwälder überging. Das Farbverweissystem impliziert also Wertungen im Hinblick auf das anzustrebende Waldnutzungssystem, die in

6 Cotta: *Systematische Anleitung zur Taxation der Waldungen*, 1804, S. 80.

7 Ebd., S. 79.

8 Barros Gomes: »Estudos Florestaes«, 1862, S. 515.

9 Vgl. Höhler, Sabine: *Spaceship Earth in the Environmental Age, 1960–1990*, London 2016; Sprenger 2024.

engem Zusammenhang mit der Verwertung des Holzes und der Kalkulation der hierbei zu erzielenden Erträge stehen.

Auch auf den portugiesischen Taxationskarten finden sich farbliche Differenzierungen zur Visualisierung der Umtriebszeiten und Waldbestände. Die Notationssysteme wurden an die lokalen Gegebenheiten angepasst. Eine farbliche Repräsentation der Baumarten war hier unnötig, da es sich bei den taxierten Forsten um Seekiefernmonokulturen handelte. Stattdessen färbte man die Parzellen entsprechend ihren Altersklassen ein – gestaffelt von einem hellen Farbton für die zehn Jahre alten Bestände bis zu einem tiefen Blauschwarz, repräsentativ für die Flächen, auf denen Bäume die fünfte Altersklasse erreichten und zeitnah durch Fällung und Aufforstung die erste Altersklasse neu konstituiert werden konnte. Die Kartenlegenden halten schlussendlich nur das fest, was in den Augen der Taxatoren abbildungswürdig war. Indirekt verdeutlichen sie, was kein eigenes Bildzeichen oder Notationssystem verdiente. So entwerfen Barros Gomes' Karten, indem sie ausschließlich Kiefernmonokulturen in verschiedenen Altersklassen darstellen, Wald als eine *tabula rasa*, so als sei er frei von bäuerlichen Nutzungsweisen – ein repräsentationspolitischer Kahlschlag. So enthalten die Karten etwa, abgesehen von einem Ortsnamen, keinerlei Hinweise auf die in Portugal weit verbreiteten Agroforstsysteme der Eichenwälder, die *montados*. Bei Cottas Karten ist wiederum auffällig, dass agrarisch genutzte Flächen fast gänzlich aus dem Blickfeld verschwinden, weil sie häufig nur an den Bildrändern durch Feldmarkbezeichnungen angedeutet wurden. Auf Hartigs Karte findet sich zwar, in einen abgetrennten Bereich auf der linken Bildseite verbannt, eine *Terrain-Karte von dem Niederwalde* mit Schlageinteilung. Auf welche Weise aber der Niederwald in diesem bergigen Gebiet bewirtschaftet wurde, möglicherweise in Form von Haubergen, vermittelt diese Karte nicht – und dies obwohl Hartig zur Haubergwirtschaft und Cotta zur Baumfeldwirtschaft publiziert hatten. Letzten Endes privilegierten die Forsttaxationskarten nur eine einzige Ressourcennutzungsform, nämlich einen möglichst gleichförmig eingerichteten Hochwald. Es waren diese nach sächsischem und preußischem Vorbild gezeichneten Taxationskarten, die bei internationalen Landwirtschaftsausstellungen in Portugal und anderenorts als visionäre Darstellungen einer Forstökonomie der Zukunft präsentiert wurden. Das Ideal der Monokulturen fand Eingang in forstwissenschaftliche Lehrbücher, deren Karten die Praxis der Forstwirtschaft und alsbald auch die Gestalt des Waldes veränderten – als »Inskriptionen« im Sinne Bruno Latours, die zwischen den internationalen Ausbildungsinstitutionen zirkulierten.

Diese Operationsketten, die seit der zweiten Hälfte des 18. Jahrhunderts die Einrichtung von Hochwäldern herbeiführten, wirken im 20. Jahrhundert weiter fort. In Portugal gingen die Forsteinrichtungen in den 1980er Jahren zu Eukalyptus über, eine Baumart, die heute das Landschaftsbild dominiert und die Ausbreitung von Waldbränden begünstigt. Als »monocultures of the mind« bezeichnet Vandana Shiva die Eukalyptusplantagen, die vor allem der Holz-

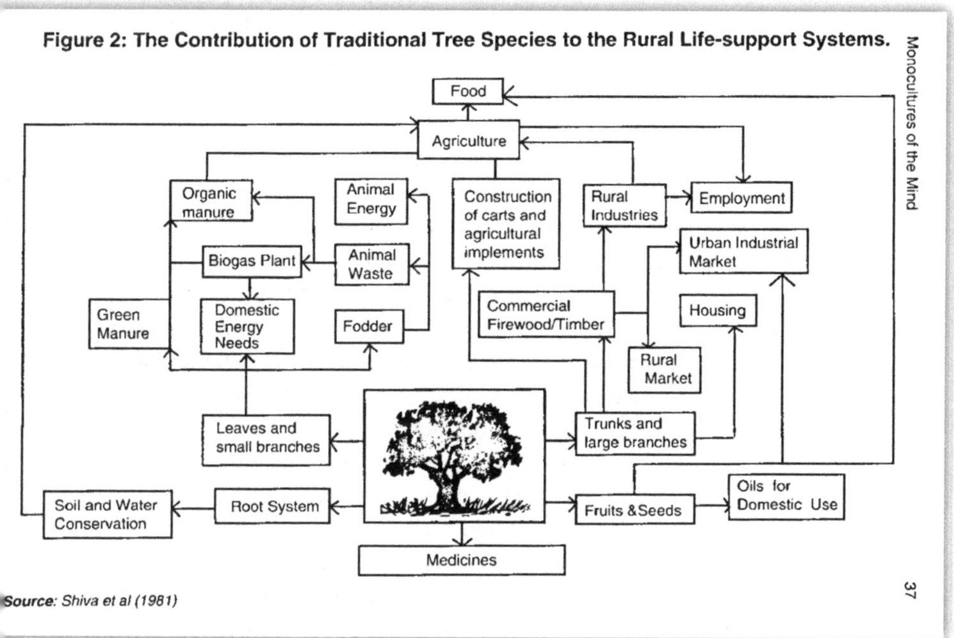

Abb. 8.1: Vandana Shiva: Der Beitrag traditioneller Baumarten zu ländlichen Lebenserhaltungssystemen, 1981; Shiva, Vandana: *Monocultures of the Mind. Perspectives on Biodiversity and Biotechnology*, London 1993, S. 37.

und Papierproduktion dienen und seit den 1960er Jahren erst in Brasilien, später in vielen Ländern des globalen Südens subventioniert wurden.[10] Die Wissenschaftstheoretikerin und Aktivistin stellt Eukalyptusmonokulturen in einen Gegensatz zu multifunktionalen Mischwäldern. Die traditionell bewirtschafteten Wälder Indiens beschreibt sie als »rural life-support systems« – als ländliche Systeme zur Erhaltung von Leben. Die ökologische Diversität der Mischwälder resultiert ihr zufolge aus einer Vielfalt an Waldnutzungsformen, für die auch die protestierenden Frauen des *Chipko Movements* eintraten.

Vandana Shivas Schaubild unterscheidet sich grundlegend von den so einflussreichen Bilddiskursen der Forsttaxationskarten, auf denen Wälder getrennt von Feldern, Weiden und anderen Landnutzungssystemen präsentiert werden. Auf diesem Diagramm eines »ländlichen Lebenserhaltungssystems« aus den 1980er Jahren, das sich an den seinerzeit in der Ökologie üblichen Darstellungsformaten der Schaltkreise orientiert, stehen Nahrungsmittel und Landwirtschaft ganz oben. Die Weide und der Ackerbau erscheinen – wie in

10 Shiva, Vandana: *Monocultures of the Mind. Perspectives on Biodiversity and Biotechnology*, London 1993.

der Haubergwirtschaft – als integrale Bestandteile des Waldnutzungssystems, das zudem die Ernte von Früchten, Samen und Brennholz und die Nutzung von Tierexkrementen als Dünger sowie von Laub als Einstreu umfasst. Die Beiträge von Eukalyptusmonokulturen zu solch einem Lebenserhaltungssystem wären hingegen auf die Herstellung von Waren wie Holz, Zellstofffasern für die Papierindustrie sowie von Eukalyptusöl beschränkt – Produkte, die als *cash crops* für den weltweiten Absatzmarkt bestimmt sind. Vorgeschichten der Eukalyptusplantagen des 20. Jahrhunderts führen einerseits zur Plantagenwirtschaft und dem transatlantischen Sklav:innenhandel,[11] andererseits in die in diesem Buch erzählte Geschichte der europäischen Forsteinrichtungsverfahren des 18. und 19. Jahrhunderts, deren Kartierungen von Wäldern als Monokulturen, die von Feld und Weide strikt abgegrenzt sind, Vorstellungen eines diversen Versorgungswaldes verunmöglichten.

Die ökonomisch motivierte Privilegierung der Hochwälder in der ersten Hälfte des 19. Jahrhunderts machte es anscheinend unmöglich, Agroforste gleichberechtigt zu veranschaulichen und die integralen bäuerlichen Subsistenzpraktiken nicht als Frevel abzuwerten. Verbunden damit war ein Diskurs um die »Vervollkommnung der Kultur«: Forsteinrichtungen sollten vollkommen gleichmäßige Baumbestände und über Jahrzehnte hinweg konstante Holzerträge schaffen. Das Kreislaufprinzip der Umtriebszeit wurde zur Bedingung für die Kontrolle und Optimierung der Holzerträge und stabilisierte somit letztendlich ein lineares Fortschrittsdenken.

Die Forsteinrichtungskarten etablierten eine uns heute wohlvertraute, aber umso gefährlichere Utopie. Sie befördern die Illusion, der Kreislauf aus Fällungen und Aufforstungen werde ewig fortbestehen und könne ohne Verluste ablaufen. Für die jüngere Geschichte des Recyclings und der Wiederverwertung auf populären Schaubildern macht die Technik- und Umwelthistorikerin Heike Weber eine ähnliche Beobachtung: Die Inszenierung geschlossener Kreisläufe täusche über die Energie- und Materialverluste hinweg, mit denen Stoffrecycling zwangsläufig einhergeht. Dabei müsse Recycling – allein schon gemäß dem Entropiegesetz – immer als »downcycling« interpretiert werden. Denn selbst

11 Zur Plantagenwirtschaft und ihrem Nachleben siehe speziell: McKittrick, Katherine: »Plantation Futures«, in: *Small Axe. A Caribbean Journal of Criticism* 17 (3 (42)), 2013, S. 1–15. In Auseinandersetzung mit George L. Beckfords Plantation-Economy-These, die besagt, dass Plantagen ein integraler Teil einer globalen Wirtschaftsordnung sind, die zur fortdauernden Armut schwarzer Menschen führt, untersucht McKittrick, wie »Plantagen Gewalt regulierten und normalisierten und Widerstände veranlassten«. Ebd., S. 4. Eine wichtige Referenz bildet dabei Sylvia Wynters Essay *Novel and History, Plot and Plantation* von 1971, in dem sie die rassistische Gewalt analysierte, mit der jeweils nur ein Teilbereich der Plantagen Sklav:innen zur Selbstversorgung zugeteilt wurden. Wynter, Sylvia: »Novel and History, Plot and Plantation«, in: *Savacou. A Journal of the Caribbean Artists Movement* 5, 1971, S. 95–102. Siehe zudem: McKittrick, Katherine: *Demonic Grounds. Black Women and the Cartographies of Struggle*, Minneapolis 2006.

wenn man die zusätzliche Energiezufuhr und die benötigte Arbeit außer Acht lasse, könnten die Materialien nicht unendlich oft recycelt werden. Obgleich die Etymologie von Ressourcen (*resurgere*) die Vorstellung eines mühelosen Hervorquellens und Nachwachsens von natürlichen Stoffen nahelegt, erfordert die Extraktion von Ressourcen stets arbeitsintensive Eingriffe in Lebensräume. Die von Weber untersuchten Bilddiskurse und Rhetoriken des Recyclings – von den Lehrbildern der Kreislaufwirtschaft und dem Sprachbild des immer neu erblühenden Kirschbaumes im »Cradle to Cradle«-Design bis zurück zu den Lehrtafeln eines möglichst »restlosen« Müllverwertungssystems aus der Zeit der Kriegswirtschaft im Ersten Weltkrieg und des Nationalsozialismus – bedienen sich allesamt der Vorstellung von perfekt geschlossenen Kreisläufen.[12] Weber kritisiert in Bezug auf gegenwärtige Kreislaufbilder des Recyclings, dass das Moment der Ressourcenextraktion, die Ausbeutung von Arbeiter:innen sowie die Energieintensität des Reproduktionsprozesses visuell ausgeblendet würden. Anstatt ausschließlich die Bevölkerung zu einer Optimierung der Recyclingpraktiken zu motivieren, gelte es vielmehr, die Industrie zu einer Produktionsweise zu verpflichten, die kompatibel mit der Umwelt- und Klimakrise wäre.

In einer Genealogie der vermeintlich ungestörten, lang anhaltenden Ressourcenkreisläufe bildet das Umtriebszeitenprinzip auf Forsteinrichtungskarten ein exemplarisches Beispiel für das 18. und 19. Jahrhundert. In diesem Buch ging es nicht zuletzt darum, das Phantasma der Kontrollierbarkeit innerhalb dieser als Kreislauf konzipierten Holzressourcenverwaltung zu enttarnen und die Aufmerksamkeit auf die verdrängten Waldnutzungsformen der Subsistenzwirtschaft zu lenken.

8.3 Agroforstkulturtechniken: Das lebenserhaltende Praxiswissen

Der zweite Argumentationsstrang dieser Arbeit folgte der Frage, inwiefern Umweltwissen über Wälder rekonstruiert werden kann, angesichts einer Quellenlage, die primär Herrschaftswissen überliefert und bäuerliche Selbstzeugnisse lediglich unter dem Vorzeichen von Gesetzesverstößen betrachtet. Viele Wissensformen, insbesondere das bei der praktischen Ausführung wirksame implizite Wissen, wurden nur selten schriftlich fixiert.[13] Aus der kulturtechnisch

12 Vgl. Weber, Heike: »Zeit- und verlustlos? Der Recycling-Kreislauf als ewiges Heilsversprechen«, in: *Zeitschrift für Medienwissenschaft* 12 (2), 2020, S. 20–32; Weber 2014. Siehe außerdem: Schramm, Engelbert: *Im Namen des Kreislaufs. Ideengeschichte der Modelle vom ökologischen Kreislauf*, Frankfurt a. M. 1997.

13 Zum Konzept des impliziten Wissens: Polanyi, Michael (1966): *Implizites Wissen*, übers. v. Horst Brühmann, Frankfurt a. M. 1990; Ladewig, Rebekka: *Schwindel. Eine Epistemologie der Orientierung*, Tübingen 2016. Zum situierten Wissen siehe Haraway 1991; Hoppe, Katharina: *Die Kraft der Revision. Epistemologie, Politik und Ethik*, Frankfurt a. M./New York 2021,

geprägten Analyse der Forsteinrichtungsverfahren resultiert eine Grundsatzfrage: Inwiefern ist die historische Erforschung alltäglicher, zumeist körperlicher Subsistenzpraktiken und des damit verbundenen Erfahrungswissens möglich? Wie lassen sich historische Kulturtechniken der lokalen Bevölkerung erforschen, die nicht verschriftlicht worden sind?

Lehrbücher und Karten der Forsttaxation schaffen explizites Wissen: Sie verschriftlichen, formalisieren und standardisieren Kulturtechniken, die somit unabhängig vom Entstehungskontext weitergegeben werden können. Forstakademien wurden seit der zweiten Hälfte des 18. Jahrhunderts zu Institutionen, die der Vermittlung solcherart explizierter Kulturtechniken dienten. Forstakademien und die dort praktizierten Techniken der Wissensproduktion waren bisher selten Thema wissenschaftshistorischer Arbeiten, obwohl sie für die Geschichte der Umweltwissenschaften relevant sind. Zu den Forstwissenschaften des 19. Jahrhunderts zählen verschiedene, keinesfalls strikt voneinander abgegrenzte Teildisziplinen mit diversen Praktiken, von denen sich diese Studie ausschließlich den Taxationsverfahren gewidmet hat. Während sich das explizite Wissen der Forsteinrichtung anhand von Büchern und Lehrkarten rekonstruieren lässt, lohnt es sich zu fragen, ob und wie implizites Praxiswissen von Förstern Eingang in die Überlieferung gefunden hat, etwa Erfahrungswissen über Wildwechsel, das sie erwarben, indem sie sich auf das Gespür ihrer Hunde verließen, oder Wissen über die Wechselwirkungen in Pflanzengesellschaften. Schwierig bis unmöglich erscheint es weiterhin, das Wissen über den Wald so zu rekonstruieren, wie es in den bäuerlichen Waldnutzungssystemen situiert war. Die Beispiele der portugiesischen *montados,* der Siegerländer Haubergwirtschaft sowie der Reutberge im Schwarzwald und Jura gaben einen Einblick in die Dynamiken von Agroforsten und Waldweiden. Das zugrundeliegende ökologische Wissen, die Interaktionen mit den Schweinen und Weidetieren und die sozialen Organisationsformen innerhalb der Waldgenossenschaften konnten in dieser Studie nur angedeutet werden. Da gerade Kulturtechniken herrschaftsferner Bevölkerungsgruppen nur selten schriftlich fixiert wurden, könnte sich eine stärkere Berücksichtigung der Kulturanthropologie sowie der *oral history* bei Recherchen zu historischen Kulturtechniken als hilfreich erweisen.[14] Des Weiteren gilt es, die Potenziale des Dialogs

insbes. Kapitel 1 (»Von der Wissenschaftsgeschichte zur Situierung des Wissens«), S. 29–95, sowie den Sammelband: Deuber-Mankowsky, Astrid/Holzhey, Christoph F. E. (Hg.): *Situiertes Wissen und regionale Epistemologie. Zur Aktualität Georges Canguilhems und Donna J. Haraways,* Wien/Berlin 2013.

14 Für die Schweiz ist ein wichtiges Übersichtswerk: Stuber/Bürgi 2011. Das Forschungsprojekt »Sustainable Commons Adaptations to Landscape Ecosystems in Switzerland« (SCALES) verband historische Untersuchungen zu Waldallmenden mit Interviews in Allmendekorporationen. Vgl. Haller, Tobias/Liechti, Karina/Stuber, Martin et al. (Hg.): *Balancing the Commons in Switzerland. Institutional Transformations and Sustainable Innovations,* London 2021.

zwischen Vegetationsökologie und historischer Landesforschung auszuloten, der sich seit einiger Zeit intensiviert, um ausgehend von dem aktuellen Waldzustand Rückschlüsse auf die Bewirtschaftung ehemaliger Mittel- und Niederwälder und die dabei wirksamen Kulturtechniken zu ziehen.[15] Ende 2023 wurde zudem das »Netzwerk Soziologische Waldforschung« gegründet, um sozial- und kulturwissenschaftlichen Perspektiven auf Waldkonflikte in Vergangenheit und Gegenwart mehr Sichtbarkeit zu geben.[16]

Vielversprechend wäre zudem, die Arbeiten im Nutzwald, welche im Rahmen von Forsttaxationen ausgeschlossen wurden, aus geschlechtergeschichtlicher Perspektive zu erforschen. Das Sammeln von Waldstreu in Körben war traditionell Frauen und Kindern vorbehalten, wie viele zeitgenössische Gemälde belegen, etwa Ferdinand Georg Waldmüllers *Reisigsammler im Wiener Wald* von 1855, das auf dem Buchumschlag abgedruckt ist. Beim Betrachten des Ölgemäldes drängen sich unterschiedlichste Fragen auf: Wie sammelten und transportierten die Frauen und Kinder Reisig auf ihrem Rücken? Wie hatten sie vorher die Körbe geflochten? Welche Nadeln und welches Laub eigneten sich gut für welche Tiere? Informationen darüber, nach welcher Systematik Gruppen kooperierten und welche Werkzeuge sie nutzten – angefangen bei der Auflese und Trocknung über die Handhabung der Einstreu im Stall bis hin zum Ausbringen des Dung-Laub-Gemisches auf Feldern –, wären notwendig, um das Sammeln von Reisig und anderen Waldprodukten als Kulturtechniken nachvollziehen zu können.[17] Hinweise auf die verdrängten Subsistenzpraktiken ließen sich anhand von Rechtsquellen und den Publikationen von Forstwissenschaftler:innen für Sachsen, Preußen, die Schweiz und Portugal jedoch nur ansatzweise rekonstruieren. Die Grenzen in der genutzten Methodik und Quellenauswahl spiegeln sich in dem epistemischen Problem, dass Reproduktionsarbeit in schriftlichen Quellen generell unterrepräsentiert ist und die komplexen Wissensformen der reproduktiven Arbeit kaum auf Forsteinrichtungskarten und in Lehrbüchern dokumentiert sind.

Eine dezidiert geschlechtergeschichtliche Perspektive auf die europäische Forstwissenschaft und Waldnutzung würde weiteren Aufschluss über die Handlungsspielräume von Frauen* sowohl in akademischen als auch in bäuerlichen Lebenswelten des 18. und 19. Jahrhunderts geben. An verschiedenen Stellen

15 Vgl. Vollmuth 2021, S. 417–422.

16 Mikoleit, Ronja/Holz, Jana/Saave, Anna/Schröder, Ronja: »Soziologische Waldforschung im Aufbruch. Tagungsbericht zum ersten Soziologischen Waldsymposium am 1. Dezember 2023 an der Friedrich-Schiller-Universität Jena«, in: *SuN. Soziologie und Nachhaltigkeit. Beiträge zur sozial-ökologischen Transformationsforschung*, 2023. Einsehbar unter: https://sun-blog.org/tagungsbericht-soziologische-waldforschung-im-aufbruch-2023 [Stand: 11.12.2024].

17 Zum Wissen über den Umgang mit Moosen, das an dieser Stelle nur unter »Waldstreu« subsumiert wird, spezifisch aus der Perspektive der indigenen Gruppe der Potawatomi und allgemein aus pflanzenökologischer Perspektive, siehe: Kimmerer, Robin Wall: *Gathering Moss. A Natural and Cultural History of Mosses*, Corvallis 2003.

machte diese Studie deutlich, dass Frauen an Forstmeisterschulen verantwortungsvolle Aufgaben übernahmen. Da bis in das 20. Jahrhundert nur Männer an forstwissenschaftlichen Hochschulen zugelassen waren, ist der Anteil von Frauen an forstwissenschaftlichen Arbeiten schwer zu fassen und selten schriftlich belegt. Theodora Hartigs Lebensbeschreibung ist ein seltenes Zeugnis dafür, dass Frauen in den seit Mitte des 18. Jahrhunderts gegründeten Forstmeisterschulen die Haushaltsführung leiteten.[18] So begleitete Sophie Hartig ihren Bruder Fritz nach Pommern, um ihn dort bei der Gründung eines Forstlehrinstituts zu unterstützen. Hauswirtschaftliches Wissen war eine Voraussetzung für den Lehrbetrieb, denn die Studenten wohnten in den Forstmeisterschulen.[19] Es deutet aber vieles darauf hin, dass Frauen auch in der Lehre, Wissenschaft und Kartenproduktion mitwirkten. Im 19. Jahrhundert etablierte sich beispielsweise das Berufsfeld der Kolorist:innen, welche die farbliche Gestaltung der Karten übernahmen.[20] Von der Malerin Katharina Brandis ist bekannt, dass sie Aquarelle und botanische Zeichnungen anfertigte, auf die ihr Ehemann Dietrich Brandis in seinen Büchern über die Wälder Indiens zurückgriff.[21] Die epistemischen Praktiken der nicht-männlichen Wissenschaftsakteur:innen sind in der Forstgeschichtsschreibung bisher unterrepräsentiert und in Archivdokumenten eher implizit überliefert.

In das Protestwissen der Gruppen, die sich gegen Landnahme oder das Verbot ihrer Subsistenzpraktiken auflehnten, ermöglichten die untersuchten Fallbeispiele – trotz der angestrebten Perspektivenvielfalt in der Quellenauswahl – lediglich einen begrenzten Einblick. Die Streufrevelkonflikte in Tharandt und Chur, die Verstöße gegen Waldordnungen angesichts von Privatisierungen der *montes* in Spanien und der *montados* in Portugal sowie die Strafregister in Basel ließen Fragen nach den Lebensumständen und Motiven der Frevelnden aufkommen. Bei allen aufgezählten Fallbeispielen wurden ehemals erlaubte Subsistenzpraktiken im Wald gesetzeswidrig fortgeführt. Es stand schlussendlich der Lebensunterhalt der Akteur:innen auf dem Spiel: der Zugang zum Wald als Sphäre des alltäglichen Lebens mit gewohnheitsmäßigen Nutzungsrechten, die ihnen fortan vorenthalten wurden angesichts von exklusiven Besitzrechten und einer prioritär auf Nutzholzerträge ausgerichteten Zweckbestimmung des Waldes. Holz-, Streu- und Weidfrevel können insofern zum von Guha und Martínez-Alier konzipierten »environmentalism of the poor« gezählt werden, da es sich bei dem kriminalisierten Verhalten um den gemeinsam organisierten Einsatz für den Erhalt der Lebensgrundlagen handelte. Auf diese Weise

18 Hartig, Theodora (1826): *Georg Ludwig Hartig im Kreise seiner Familie*, 1976.

19 Vgl. ebd., S. 85.

20 Vgl. Güttler 2013.

21 Bodsch, Ingrid/Brandis, Ursula: *Lady Katharina Brandis 1841–1927. Das Leben einer außergewöhnlichen Bonner Bürgerin und Malerin*, Bonn 2010; Schmidt-Liebich, Jochen: *Lexikon der Künstlerinnen 1700–1900. Deutschland, Österreich, Schweiz*, München 2005, S. 62.

erscheint der in den 1970er Jahren etablierte Leitbegriff des Umweltschutzes auch für historische Analysen plausibel.

Über die Beweggründe zu gesetzeswidrigen Handlungen – etwa der vorgestellten Elisabeth Wenger – schweigen die Quellen. An ihrem Beispiel stellt sich die Frage, wie man wiederholte Einzel- und Gruppendelikte einordnen sollte, die gegen die Nutzungseinschränkung ehemaliger Waldallmenden gerichtet waren, wenn die Quellenlage dürftig bleibt. Als Sozialprotest bewertete Andreas Suter den durch Dorfgemeinden organisierten Holzfrevel im Rahmen der Landestroublen, die sich von 1726 bis 1740 auf dem Gebiet der heutigen Kantone Basel-Landschaft und Jura ereigneten. In einem überlieferten Dokument zum Hardwaldstreit (1834–1839) fiel die Bemerkung, dass nach der Niederlage bei einem entscheidenden Gerichtsverfahren »erst recht« gefrevelt worden sei. Eine eingehendere Betrachtung von Quellen aus der Perspektive der beteiligten Holzfrevler:innen würden über die von Forstwissenschaftlern geprägte Geschichtsschreibung hinausweisen. Verfolgt man Umweltgeschichte in einer asynchronen Perspektive zurück bis in das »hölzerne Zeitalter«, lassen sich in den Quellen der von Forsttaxationen betroffenen Bevölkerung Umweltprotestgeschichten erspüren. Das Festhalten an Praktiken, die vormals in Agroforstsystemen oder anderen lokalspezifischen Waldnutzungssystemen integriert gewesen waren und im Zuge der forstwirtschaftlichen Rationalisierung zunehmend kriminalisiert wurden, erweist sich jedenfalls als aufschlussreich für eine Vorgeschichte der Umweltbewegungen der Gegenwart und jüngeren Vergangenheit.

Inwiefern Praktiken des Waldfeldbaus und der Waldweide das Anwendungsfeld der medienwissenschaftlichen Kulturtechnikforschung erweitern können, wurde in der vorliegenden Arbeit gedanklich ausgelotet. Ich schlage vor, für diesen Untersuchungsbereich den Begriff der Agroforstkulturtechniken in Betracht zu ziehen. Die medien- und wissensgeschichtlich informierte Analyse von Landnutzungssystemen mit den ihnen zugrundeliegenden Kulturvorstellungen und Ausschlussmechanismen stellt bisher eine Forschungslücke dar: insbesondere im Hinblick auf die zentraleuropäischen Diskurse der »Melioration« und »Vervollkommnung« durch Kulturtechniken, die letztendlich Monokulturen, Kanalisierungen und andere homogene Kulturflächen begünstigten. In der Umwelt- und Agrargeschichte fehlt es wiederum an Studien, die greifbar machen, wie »operative Bilder« in der Gestaltung und Verwaltung sozionaturaler Räume wirken. Schlussendlich wäre eine geisteswissenschaftliche Perspektive auf Agroforstkulturtechniken auch hilfreich im Dialog mit Erdsystemwissenschaftler:innen. Es macht einen Unterschied, ob Agroforste und andere multifunktionale Landnutzungssysteme auf klimawissenschaftlichen Schaubildern visualisiert werden oder nicht. Wichtiger denn je ist es zu untersuchen, wie Unterscheidungen zwischen Wald, Feld, Weide sowie zwischen nachhaltig und nicht-nachhaltig kulturell hervorgebracht und durch wissenschaftliche Bilder vermittelt werden. Schließlich wird auf Bilddiskursen ausgehandelt, welche Kulturtechniken in Zeiten der Klimakrise für möglich und erstrebenswert gehalten werden und welche nicht. Es wäre aus diesen Gründen eine Bereicherung für aktuelle Diskussionen, wenn Modi der Nutzung von Natur, die nicht auf die Ausbeutung von Menschen und Ökosystemen hinauslaufen, stärker in der wissens- und medienhistorischen Forschung Berücksichtigung fänden.

Die Analysen der Forsteinrichtungskarten, ihrer visuellen Strategien und sozioökologischen Auswirkungen ermöglichen Schlussfolgerungen für eine Epistemologie von nachhaltigen Ressourcenverwaltungen. Die Forsteinrichtungskarten sind Teil einer Genealogie von wissenschaftlichen Bildern, die zwischen Waldflächen, Feldern und Weiden strikt unterscheiden, eine Vielfalt an Lebewesen und Praktiken in eine überschaubare Anzahl von Kategorien unterteilen und schließlich Ressourcen- und Zeitregime etablieren, die einem Imperativ des wirtschaftlichen Wachstums unterliegen – und damit eine auf Dauer angelegte, kapitalistische Ausbeutung von Waldressourcen zum Hauptziel einer »nachhaltigen« Forstwirtschaft machen. Die so exakten und übersichtlichen Forsteinrichtungskarten stellten eine Legitimation für die Repression agrarischer Waldnutzungsweisen zugunsten einer monokulturellen Holzproduktion dar – sowie für die Transformation von allmendewirtschaftlich genutzten Wäldern in Staatswälder und Privatbesitz.

Darüber hinaus eröffnen die Analysen Perspektiven auf eine Geschichte von Umweltprotesten im transnationalen und -epochalen Vergleich. Die in diesem Buch geleisteten Fallstudien weiten den Blick auf historische Kulturtechniken in Agroforstsystemen, die nicht auf Monokulturen basierten, nur selten eine Repräsentation auf Forsteinrichtungskarten fanden, im 18. und 19. Jahrhundert zunehmend als Frevel verdrängt wurden und heute in Zeiten der Klimakrise aufgrund ihrer Resilienz gegenüber Wetterextremen hohe Wertschätzung erfahren. Im Hinblick auf weitere medienkulturwissenschaftlich informierte Geschichten des Umweltwissens sind Agroforstkulturtechniken deshalb vielversprechend.

9 Verfließende Grenzen

Ein Nachwort aus der Gegenwart

Jetzt ist die Zeit, in der einige der um 1850 gezeichneten Taxationskarten enden.
Jetzt ist die Zeit, in der die meisten Parzellen mindestens einmal ihre bis zu 200 Jahre andauernde Umtriebszeit durchlaufen haben.
Jetzt ist die Zeit, in der Fällungen und Neuanpflanzungen stets vollkommen ausgeglichen sein sollten.
Jetzt aber gibt es Trockenstress und Überflutungen im Wechsel.
Jetzt gibt es immer mehr Wetterextreme.
Jetzt gibt es Bemühungen, sich von Monokulturen abzuwenden und die Forstwirtschaft an die Klimaerhitzung anzupassen.

Während der Arbeit an diesem Buch begannen die »Fridays for Future«-Proteste, gefolgt von öffentlichkeitswirksamen Waldbesetzungen wie der des Hambacher Forsts. Unter dem Motto »By 2020 we rise up« hatte eine europäische Allianz von Klimaaktivist:innen mehrere direkte Aktionen organisiert.[1] Die Kampagne startete mit einer Winterwanderung für Klimagerechtigkeit zum Weltwirtschaftsforum in Davos, stellte Forderungen bei der Generalversammlung des Mineralöl- und Erdgasunternehmens Shell, wurde von der Coronapandemie zwar unterbrochen, aber entwickelte sich weiter: Im Rahmen einer mehrtägigen Besetzung des Bundesplatzes in Bern im Herbst 2020 richtete sie ihre Forderungen an die Schweizer Regierung. Der Slogan lautete: »Rise up for Change«.[2] Hauptkritikpunkte waren die fortlaufenden Investitionen in fossile Brennstoffe sowie die unzureichende Klimapolitik der Schweiz und vieler anderer Staaten. Das Bündnis »Klima-Allianz Schweiz« forscht weiter zu diesen Themen und entwickelt mit ihren über 70 Mitgliedsorganisationen Strategien zur Umsetzung einer ambitionierteren Klimapolitik. Es gibt zahlreiche erfolgreiche Beispiele für die Institutionalisierung von Gruppen und Initiativen, die ihren Anfang in Klimaprotesten genommen hatten.

Zwischen 2017 und 2020 gab es in der Schweiz vier überdurchschnittlich heiße Sommer. Den verregneten Sommer von 2021 wiederum bezeichneten manche als Jahr ohne Sommer. In Norddeutschland hingegen brachte die Trockenheit viele Bäume zum Absterben, zum Beispiel in Brandenburg

1 Website von »By 2020 We Rise Up«. Einsehbar unter: https://by2020weriseup.net/de [Stand: 31.1.2025].

2 Klimastreik Schweiz: *Wir haben den Bundesplatz besetzt*, 21.9.2020. Einsehbar unter: https://www.climatestrike.ch/de/posts/rise-up-for-change [Stand: 31.1.2025].

und im Harz: in Nadelwäldern, die in der Geschichte der Forsttaxation eine Vorreiterrolle spielten.

Es gab – und gibt weiterhin – zahlreiche Waldbrände. Ob in Spanien, Portugal, Brasilien, Sibirien, Skandinavien, Kanada und den USA, Australien und unzähligen anderen Regionen – die Meldungen von Waldbränden sind aus der Tagespresse nicht mehr wegzudenken. Ende 2024 gab das Erdbeobachtungsprogramm Copernicus bekannt, dass aufgrund von Waldbränden bisher unbekannten Ausmaßes die Kohlenstoffdioxidemissionen vieler Länder so hoch wie noch nie waren. Besonders betroffen sind das Amazonasgebiet und das in Bolivien, Paraguay und Brasilien gelegene Feuchtgebiet Pantanal – mit unvorhersehbaren Folgen für die Ökosysteme, die Artenvielfalt und die Bevölkerung.[3]

Es gibt den physikalischen Fachterminus der optischen Dichte. Er beschreibt die Durchlässigkeit von Strahlung im »Medium« der Atmosphäre – als Indikator für die dortige Konzentration von Aerosolpartikeln, die zum Beispiel bei Waldbränden ansteigt. Ein Schaubild, das im Rahmen der Copernicus-Studie erstellt wurde, visualisiert die Dichte der Aerosolpartikel auf der Höhe der nördlichen Iberischen Halbinsel im September 2024, als die dortige Waldbrandaktivität einen neuen Negativrekord verzeichnete (Abb. 9.1).[4] Der dunkelrote Farbton gibt uns Betrachter:innen zu verstehen, dass ein Ende der Farbskala erreicht worden ist.

Es gibt Alarmiertheit und es gibt Verdrängung. So hat etwa der Schweizer Künstler Julian Charrière mit seiner Videoarbeit *Invitation to Disappear* von 2018 Aufnahmen von brennenden Palmölplantagen aus Indonesien in Galerien und Kunstmuseen des globalen Nordens gebracht. Die Aufnahmen von dem erst abgeholzten und dann abgebrannten ehemaligen Regenwaldgebiet sind mit Technomusik unterlegt und laufen in Endlosschleife.[5]

Umtriebszeiten – im Kreis laufen, um einen Mittelpunkt herum rotieren. Ein Wort, das an die Umlaufbahn von Planeten denken lässt, ebenso wie an politische Umtriebe. Umtriebszeiten etablierten streng geordnete Zeit- und Ressourcennutzungsregime. Mit ihrer langen Laufzeit stehen die Forstwirtschaftspläne in einer merkwürdigen Resonanz zu gegenwärtigen Versuchen, Zeitpunkte zu definieren, bis zu denen die Einsparung von Treibhausgasemissionen allerspätestens realisiert sein sollte. »Netto-Null«, also eine ausgeglichene Bilanz von ausgestoßenen und eingelagerten Treibhausgas-

3 Copernicus Atmosphere Monitoring Service (CAMS): *Copernicus: The Americas saw exceptional wildfire activity in 2024*, 5.12.2024. Einsehbar unter: https://atmosphere.copernicus.eu/copernicus-americas-saw-exceptional-wildfire-activity-2024 [Stand: 31.1.2025].

4 Copernicus Atmosphere Monitoring Service (CAMS): *Copernicus: Record wildfires emissions in Portugal*, 18.9.2024. Einsehbar unter: https://atmosphere.copernicus.eu/copernicus-record-wildfires-emissions-portugal [Stand: 31.1.2025].

5 Charrière, Julian: Websitedarstellung von *An Invitation to Disappear*, 2018. Einsehbar unter: https://www.julian-charriere.net/projects/an-invitation-to-disappear [Stand: 31.1.2025].

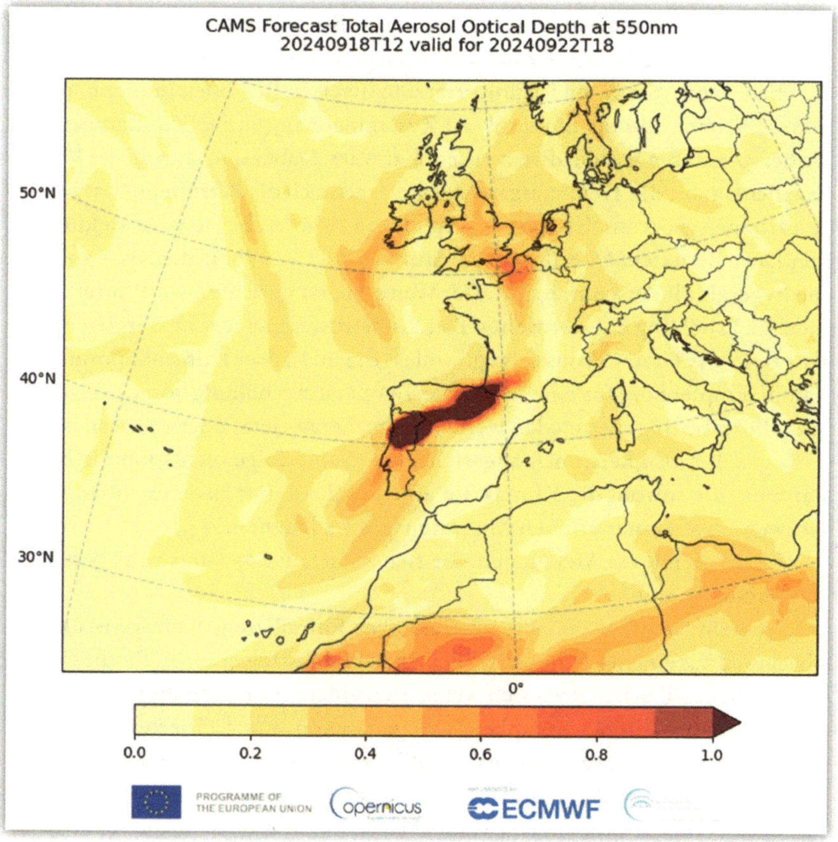

Abb. 9.1: Screenshot aus der Simulation der Verteilung der Aerosolkonzentration in der Atmosphäre für den 21.9.2024, mit einem Fokus auf die Iberische Halbinsel, die in der Zeit viele Waldbrände verzeichnete. Copernicus Atmosphere Monitoring Service/European Centre for Medium-Range Weather Forecasts.

emissionen, sollte laut Pariser Klimaabkommen im globalen Norden am besten schon 2030 erreicht werden, um die weltweite Temperaturerhöhung so gering wie möglich zu halten und somit unkontrollierbare Effekte in den Erdsystemen zu vermeiden. Anstelle von Bemühungen um eine umfassende Vermeidung von Treibhausgasemissionen erleben wir aber ein Spiel auf Zeit, ein Aufschieben jener Handlungen, die angesichts der Klima- und Umweltkrise wirklich angemessen wären – ein Aufschieben von politischen Richtungsentscheidungen in Koinzidenz mit dem verzögerten Auftreten von Folgeschäden.

Es gibt offenbar Kausalitätsketten, die außerhalb des gewohnten Raum-Zeit-Kontinuums operieren. Noch Anfang der 2000er Jahre sprach der Umwelthistoriker Rob Nixon von »slow violence«. Er meinte damit, dass Umweltschäden und Wetterextreme meistens nicht als plötzliche allumfassende Katastrophe oder als wahrnehmbare Folge der Treibhausgasemissionen an Ort und Stelle geschehen, sondern zeit- und raumversetzt in diversen Regionen immer häufiger auftreten, ohne dass der unmittelbare Zusammenhang zu den Handlungen, die sie hervorgerufen hatten, direkt erkennbar wäre. Dabei sind sowohl die Verantwortlichkeit für die Treibhausgasemissionen als auch die Betroffenheit von Wetterextremen geografisch ungleich verteilt. 2024 gab es aber so viele Meldungen von Dürreperioden, Überflutungen, Stürmen und Waldbränden, dass sie eher die Regel als die Ausnahme sind. Der Weltklimarat berichtete im Winter 2024, dass die Erhöhung der weltweiten Durchschnittstemperatur im Vergleich zum Jahr 1990 1,55 Grad Celsius beträgt, sodass die im Pariser Klimaabkommen genannte Empfehlung für eine maximale Temperaturerhöhung von 1,5 Grad Celsius, die unbedingt vermieden werden sollte, bereits jetzt überschritten ist.

Es gibt Ratlosigkeit, auch angesichts der Wahlerfolge rechtspopulistischer Parteien, die sowohl die Klimakrise als auch die damit zusammenhängende Notwendigkeit einer offenen Migrationspolitik leugnen.

Was machen diese Meldungen, die sich zwischen 2017 und 2025 geradezu überschlugen, mit uns?

In diesem Nachwort möchte ich Gedanken formulieren, die fragend und beobachtend aus einem bestimmten Blickwinkel Schlussfolgerungen für die Gegenwart ziehen. Sie orientieren sich weniger an einem im Nachhaltigkeitsdiskurs popularisierten Ausgleichsdenken, weniger an konsumorientierten individuellen Verhaltensänderungen, weniger an Bilanzrechnungen und Zäunen als an tastenden Visionen, wie land- und forstwirtschaftlich genutzte Umgebungen auch aussehen könnten. Utopien von waldnahen Kulturlandschaften, die Agrarökologie und Kulturwissenschaft verbinden, die noch gesellschaftlich diskutiert und politisch ausgehandelt werden müssen, die sich aber an manchen Orten schon in Realisierung befinden. In diesem Sinne freue ich mich, wenn dieses Nachwort Vorstellungsräume öffnet und zum Gespräch einlädt, denn:

Es ist relevant, welche Vorstellungen wir uns von Wäldern machen.
Es ist relevant, auf welche Weise Schaubilder, Karten und Simulationen Waldlandschaften darstellen.

Ob Baumfelder oder Waldweiden, Kirschbäume inmitten von Feldern oder Schweine zwischen Korkeichen – es ist fatal, dass agrosilvopastorale Waldnutzungssysteme so selten visualisiert werden.

Es ist an der Zeit, die Diversität an Kulturlandschaften und Kulturtechniken, die es einmal gab, in unser Bewusstsein zu rücken.
Es ist an der Zeit, die vielfältigen Kombinationen von Lebensräumen jenseits von Monokulturen in den Blick zu nehmen und in raumplanerische Prozesse einzubringen.

Abb. 9.2: Kaffeepflanzen in einem Wiederaufforstungsgebiet der *Fazenda Ambiental Fortaleza* in Brasilien.

Es ist an der Zeit, dass die Vorstellungen von Wäldern wieder eine größere Diversität umfassen – mitsamt landwirtschaftlicher Nutzungsweisen. Wenn wir dies schaffen, wäre ein Schritt getan, um Waldlandschaften insgesamt mehr Platz in städtischen wie ländlichen Umgebungen einzuräumen und somit einen Beitrag zur Milderung der Klimakrise zu leisten.

Januar 2015. In der Nähe von Campinas, im Bundesstaat São Paulo an der Grenze zu Minas Gerais. Hier erstreckte sich früher der Mata Atlântica-Regenwald, bevor im 19. Jahrhundert große Flächen für den Kaffeeanbau und die Viehwirtschaft gerodet wurden. Heute befindet sich hier ein Wiederaufforstungsprojekt der Farm *Fazenda Ambiental Fortaleza*.[6] Es gibt Passivkaffeeplantagen und Aktivkaffeeplantagen. Passivkaffee bedeutet, dass Kaffeepflanzen am Boden des aufgeforsteten Regenwaldes wachsen (Abb. 9.2). Die Bäume spenden Schatten und Feuchtigkeit. Die Kaffeesträucher bedecken den Boden und tragen zur Verbesserung des Mikroklimas und zur Humusbildung bei. Die Kaffeebäuer:innen können ernten, ohne allzu viel Arbeitszeit in den Passivkaffeeplantagen zu verbringen. Allerdings ist der Ernteertrag eher gering.

6 Website der *Fazenda Ambiental Fortaleza*: http://fafbrazil.com [Stand: 31.1.2025].

Abb. 9.3: Bananenstauden und Kaffeepflanzen auf einem Aktivkaffeefeld der *Fazenda Ambiental Fortaleza*, Brasilien.

Sobald der wiederaufgeforstete Wald diverser wird, werden die Kaffeepflanzen nach und nach verdrängt.

Auf Aktivkaffeeplantagen wächst der Kaffee im Schatten der Bananenblätter (Abb. 9.3). Reihenweise wechseln sich Kaffeepflanzen und Bananenstauden ab. Diese Kombination von zwei Feldfrüchten verlangt den Mitarbeiter:innen einen hohen Arbeitseinsatz ab. Dafür sind die Ernteerträge aber so gut, dass sie international als High-Quality-Kaffeeprodukte vertrieben werden können. Auf manchen älteren Aktivkaffeeplantagen finden sich vereinzelt hochgewachsene Bäume (Abb. 9.4). Langfristig ist es das Ziel, dass auch die Aktivkaffeefelder zu durchmischten Baumgärten werden.

Bis zu dem Zeitpunkt, ab dem auch Bäume auf den Feldern wachsen, benötigen Aktivkaffeeplantagen im Vergleich zum Passivkaffee in den Wäldern zwar viel Bewässerung, aber weniger als reine Kaffeemonokulturen – ein Umstand, der gerade in diesem Januar 2015 einen großen Unterschied machte, denn »falta de chuva« (Regenmangel) war das Hauptgesprächsthema. Im Januarmonat hatte es bislang in dieser Region jeden Tag Gewitter gegeben. In diesem Jahr blieb der Regen über Wochen aus, ergoss sich dann jedoch in umso stärkeren Regenfällen, die in der Megacity São Paulo zu Elektrizitätsausfällen führten. Der Mata Atlântica-Regenwald spielt für die Bildung von Wolken und die Regulierung von Niederschlägen eine zentrale Rolle. Die

Abb. 9.4: Ein Aktivkaffeefeld mit Bäumen auf der *Fazenda Ambiental Fortaleza*, Brasilien.

Rechnung ist einfacher als die der CO_2-Bilanzen: Je mehr Bäume und je diverser der Bodenbewuchs, desto mehr Wasser kann gespeichert werden, kondensieren und zur Wolkenbildung führen. Als Praktikantin auf der *Fazenda Ambiental Fortaleza* beobachtete ich manchmal, wie sich über dem noch existierenden Primärregenwald Wolken bildeten, aber über dem Grasland nicht.

Silvia Barretto, die Besitzerin der Farm, erzählte mir von den Schwierigkeiten bei der Wiederaufforstung. Oft dauerte es Jahrzehnte, bis die Aufforstungen gelingen. Auf den zuvor für die Viehwirtschaft oder den Sojaanbau genutzten Flächen sei der Boden ausgelaugt. Es brauche eine Kombination aus Erfahrungswissen vor Ort und wissenschaftlichen Herangehensweisen, um das Zusammenspiel der Ökosysteme, des Bodens und des Wassers zu verstehen und günstige Bedingungen für die Wiederaufforstung herzustellen. Sie zeigte mir eine bestimmte Stelle in der an den Regenwald angrenzenden Aufforstungsfläche. Hier sei lange Zeit nichts gewachsen, und niemand wisse so recht warum. Ein Mitarbeiter, der ebenfalls in der Region aufgewachsen ist, empfahl ihr, Jabuticaba anzubauen. Warum? Er meinte, Jabuticaba, die Baumstammkirsche, würde gedeihen. Und so war es dann auch.

Besonders eindrücklich blieb mir als teilnehmende Beobachterin in Erinnerung, wie Silvia Barretto erklärte: An den Lehrinstituten in Brasilien, die sich an internationalen Wissenschaftsstandards, also vorwiegend an Europa und den USA orientieren, seien Forschung und Lehre lange auf tropische Monokulturen ausgerichtet gewesen. Als sie die Farm 2001 geerbt und gemeinsam mit ihrem Partner und Freund:innen entschieden hatte, den Agrarbetrieb auf biologische Land- und Forstwirtschaft umzustellen, mussten sie umfassend recherchieren, verschiedene Expert:innen einladen und erfahrene Nachbar:innen befragen. Als »WWOOFer«, also als Praktikantin des Netzwerkes *World Wide Opportunities on Organic Farms,*[7] fragte ich mich schlicht, wie das denn sein könne. Warum stellten gerade Monokulturen die Grundlage für eine wissenschaftlich begründete Forst- und Landwirtschaft dar? Wieso ist dies bis heute der Fall, obwohl in den Tropen und Subtropen doch immer wieder so schmerzlich deutlich wird, dass Regenwälder nicht als Hochwälder bewirtschaftet werden können und obendrein oft der illegalen Brandrodung zum Opfer fallen, um Sojamonokulturen und Viehwirtschaft den Weg zu ebnen?

Eine der Antworten findet sich im internationalen Transfer der europäischen Forsteinrichtungsverfahren des 19. Jahrhunderts. Fatal ist, dass die nachhaltige Forstwirtschaft unmittelbar mit Vorstellungen einer langfristigen Kontrolle über Holzerträge verbunden war, deren Realisierung – wie die Analyse der Lehrkarten zeigte – mit Hilfe von homogen gestalteten Waldflächen einer Baumart und einer Altersklasse erreicht werden sollte. Sowohl für Kontexte der Kolonisierung als auch für die Agrar- und Forstpolitik der Entwicklungszusammenarbeit sollte anhand weiterer Fallstudien erforscht werden, auf welche Weise Forsteinrichtungsverfahren als wissenschaftliche Legitimation für Monokulturen außerhalb Europas genutzt wurden.

Um die Kontinuitäten in der imperialen Durchsetzung von Monokulturen zu begreifen, ist es zentral, in die Geschichte der europäischen Forstwissenschaft zu schauen und zu erkunden, welche wissenschaftlichen Instrumente, Visionen und Narrative eine abwertende Haltung gegenüber vermeintlich unregelmäßigen Waldnutzungsweisen begründeten: von der Forstkarte und anderen Bildgebungsverfahren über das Versprechen einer vollkommenen Landeskultur mit stetigem Wachstum bis zu Utopien eines perfekten Ausgleichs von Fällungen und Neupflanzungen in forstwirtschaftlichen Bilanzrechnungen.

Heutzutage dominieren in der Umgebung der *Fazenda Ambiental Fortaleza* Eukalyptusplantagen, lange gefördert von der *Food and Agriculture Organization,* der Weltbank sowie anderen Institutionen der Entwicklungszusammenarbeit. Brasilien gehört zu den zehn Ländern, die weltweit am meisten Papier herstellen, wobei ein Großteil nicht aus Altpapier, sondern aus Eukalyptusbäumen auf ehemaligen Regenwaldgebieten gewonnen wird. Die Aufarbeitung der Globalgeschichte der Monokulturen ist heute ebenso wichtig wie der Austausch mit forstwissenschaftlichen und landwirtschaftlichen Instituten

7 Website der Non-Profit-Organisation *Worldwide Opportunities on Organic Farms* (WWOOF): https://wwoof.net/about [Stand: 31.1.2025].

Abb. 9.5: Apfelbäume und Weizen in einem Agroforst des *Schumacher College*, Dartington Trust, England.

über Fachgrenzen hinweg. Es gibt zahlreiche Projekte, an denen lokale Bevölkerungsgruppen partizipieren oder die sie selbst initiiert haben, um Landnutzungssysteme zu erproben, die den Bedürfnissen der Menschen und Ökosysteme vor Ort gerechter werden und Wetterextremen besser standhalten als agrarindustrielle Monokulturen.[8]

8 Siehe dazu die Arbeit des 2011 gegründeten *Agroecology Fund*, der eine Finanzierungsstruktur für die Unterstützung der agrarökologischen Arbeit von Graswurzelbewegungen und zivil-

Sommer 2022, auf dem Gelände des *Schumacher College* im südenglischen Dartington Trust: England erlebt eine bis dato nicht gekannte Hitzewelle, mit ausgesprochen wenig Niederschlag zwischen Juni und Ende August. Auf *Henri's Field* sind Reihen von Holunderbüschen neben Apfelbäumen und Weizen gepflanzt (Abb. 9.5), daneben ein nach Idealen der Permakultur angelegter Garten.[9] Benannt wurde das Feld nach Henri Bortoft: Physiker, Wissenschaftsphilosoph und ehemaliger Lehrer für Holistic Science am *Schumacher College*. Inspiriert von den Schriften Johann Wolfgang von Goethes arbeitete Bortoft an einem holistischen Landwirtschaftsverständnis.[10] Vielleicht hätte sich Heinrich Cotta ja darüber gefreut, dass seine zeitlebens nur wenig rezipierte Baumfeldwirtschaft, indirekt vermittelt über ästhetische Diskussionen in den Schriften seines damaligen Gesprächspartners Goethe, auch im 21. Jahrhundert das Potenzial entfalten würde, künstlerische, landschaftsgestalterische, philosophische und waldbauliche Interessen zusammenzuführen. Wir bewegen uns auf einem Terrain, durch das Traktoren nur mit Mühe fahren können. Dafür ist diese Versuchsfläche des *Schumacher College* und der britischen Non-Profit-Organisation *Agroforestry Research Trust* in dieser Dürreperiode sichtbar grüner als die ausgedorrten Wiesen in der Umgebung.[11] Die Kombination von Bäumen, Büschen und Feldfrüchten wirkt sich positiv auf den Wasserhaushalt und die Artenvielfalt des Areals aus. Der Einsatz von Pestiziden kann reduziert werden, denn es ergeben sich Synergieeffekte zwischen den verschiedenen Pflanzen- und Tierarten. Mit der Zeit verbessert sich die Bodenqualität, und es entwickeln sich neue Habitate für Vögel und Insekten. Seltene Schmetterlingsarten haben hier ihr Zuhause.[12] Eine lokale Bäckerei bezieht den Weizen, ein Cider-Unternehmen die Äpfel und Holunderbeeren, die auf dem Feld wachsen. Darüber hinaus experimentierten hier Kunststudierende mit dem Anbau von Strohblumen, die länger halten als gewöhnliche Schnittblumen und in England leicht lokal angebaut werden können. Das *Schumacher College*, das von 1991 bis 2024 Studiengänge in *Arts and Ecology* sowie *Engaged Ecology* an-

gesellschaftlichen Organisationen erarbeitet hat. Website: https://agroecologyfund.org/who-we-are [Stand: 31. 1. 2025].

9 Dartington Trust: »Henri's Field at Schumacher College«, 4. 4. 2023. Einsehbar unter: https://www.dartington.org/henris-field-at-schumacher-college [Stand: 31. 1. 2025].

10 Bortoft, Henri: *The Wholeness of Nature. Goethe's Way of Science*, Edinburgh 1996; Bortoft, Henri: *Taking Appearance Seriously. The Dynamic Way of Seeing in Goethe and European Thought*, Edinburgh 2012. Für eine kritische Auseinandersetzung mit den Rahmenkonzepten von Ernst Friedrich Schumacher, dem Namensgeber des Instituts, siehe: Cronjäger, Lisa: »Sanft ist schön. Die bewegten Bilder der angepassten Technologie in den 1970er- und 80er-Jahren«, in: *Schweizerische Zeitschrift für Geschichte* 75, 2025 (im Erscheinen).

11 Website des *Agroforestry Research Trust*: Einsehbar unter: https://www.dartington.org/about/our-land/agroforestry [Stand: 31. 1. 2025].

12 Turner, Steve: *Broadlears Field Agroforestry Project – Dartington Estate, Devon. 2019 Butterfly Survey – Final Summary Report*, 2019. Einsehbar unter: http://www.dartington.org/wp-content/uploads/2019/12/Broadlears-Field-Butterfly-Report-2019.pdf [Stand: 31. 1. 2025].

bot, förderte diese Baumfelder, den Waldgarten und den Permakulturgarten als regenerative agrarökologische Landwirtschaft, bevor es 2024 aus finanziellen Gründen schließen musste.

Welche Landnutzungsweisen sind uns heute wie viel wert? Wie sollten Gesellschaften organisiert sein, damit Stadt und Land, Wälder, Weiden und Felder in Zeiten der Klimakrise belebt und bewohnbar bleiben – oder es dank neuer Synergien wieder werden? Sollte es anstelle von marktwirtschaftlich organisierten CO_2-Kompensationsmaßnahmen nicht um das Unterstützen lokal informierter Bottom-up-Bewegungen gehen, die ein Wissen über die lokal spezifischen Aufforstungen schon mitbringen? Weltweit organisieren sich immer mehr Gruppen und Netzwerke, um sich für agrarökologische und soziale Anbaumethoden einzusetzen. Eine Veränderung der kollektiven Vorstellung dessen, was ein Wald und was ein Feld ist, kann Impulse für die Landwirtschafts-, Forst-, Umwelt- und Klimagesetzgebung setzen – sowie für Kulturschaffende und die Gestalter:innen jener operativen Bilder, die Waldvorstellungen in der Gesellschaft vermitteln. Für Landwirt:innen etwa hat es immense Konsequenzen, ob eine Gegend im Raumentwicklungsplan als Landwirtschaftsfläche, Wald, Moor, Naturschutzgebiet oder Bauland ausgewiesen ist. Wäre es nicht möglich, Rechtssystem und Subventionen so zu ändern, dass sie Kulturtechniken, die verschiedene Nutzungen miteinander verbinden, prioritär berücksichtigen? Jetzt kommt es darauf an, Agroforste und andere agrosilvopastorale Nutzungsformen, die nach aktuellen Forschungsergebnissen einen resilienteren Umgang mit der Umwelt- und Klimakrise ermöglichen, gezielt zu fördern – unter Einbezug jener Gruppen, die schon jetzt zu Agroforsten arbeiten. Generell ist es notwendig, die Perspektiven von Landwirt:innen, Forstwissenschaftler:innen, Ökolog:innen, Anwohnenden und den zwischen den Disziplinen vermittelnden Geistes- und Sozialwissenschaftler:innen stärker in Reformprozesse einzubeziehen. Immer mehr Menschen an verschiedensten Orten denken Landnutzungspraktiken neu. Sie schaffen damit neue Wertesysteme, die nicht mehr Holz- und Gelderträgen die größte Wichtigkeit einräumen. Die zukunftsweisenden Visionen einer möglichst klimagerechten Umwelt orientieren sich weniger an umgrenzten Monokulturen als an kombinierten Formen des Zusammenlebens – an lebenserhaltenden Kulturtechniken in Zeiten der Klima- und Umweltkrise.

10 Bibliografie

10.1 Archive und Archivbestände

AAEB	Archives de L'Ancien Evêché de Bâle, Porrentruy – Archive des ehemaligen Fürstbistums Basel, Pruntrut
AgroParis Tech	Centre de documentation forestière, Nancy – Forstwissenschaftliches Dokumentationszentrum, Nancy Bestände der École Nationale des Eaux et Forêts (ENEF)
ETH Zürich	Hochschularchiv der Eidgenössischen Technischen Hochschule, Zürich
FAO-Archiv	Archiv der Food and Agriculture Organization of the United Nations, Rom Historische Buchsammlung des Centre International de Sylviculture (CIS), Sektion »Lehre«
SLUB	Sächsische Landes- und Universitäts-Bibliothek, Dresden Zweigbibliothek Forstwissenschaft in Tharandt
StABS	Staatsarchiv Basel-Stadt Gemeindearchive Bürgergemeinde Basel JIII1, Forstwesen/Forstverwaltung Basel 1841–1930 Gemeindearchive Bürgergemeinde Basel JIII2, Hardt-Acten, Hardwald Streit 1834–1839 Land und Wald H13, Holzfrevel 1753–1899 Land und Wald K1–K3, Hardwald, Forstfrevelregister Land und Wald B8, Hardvogt, Hardförster, Stadtförster, Bannwarte und Waldhüter in der Hardt Planarchiv
StABL	Staatsarchiv Basel-Land, Liestal
SWA	Schweizerisches Wirtschaftsarchiv, Basel
TU Dresden	Universitätsarchiv der Technischen Universität Dresden Archivbestand der Forstakademie Tharandt bis 1945
Universität Freiburg	Institut für Wald- und Forstgeschichte historische Sammlungen

10.2 Ungedruckte Quellen

Baldenstein Bischoff zu Basel, Joseph Wilhelm Rinck von: *Hochfürstlich-Baslische Wald- und Forst-Policey Ordnung Worinnen die Vorschrift und Maßgab enthalten ist /wie mit den Wälder und Hölzeren umgegangen werden soll /samtnothwndigem Unterricht /das Holz zu hegen und zu fällen*, Pruntrut 1756. Signatur: ETH-Bibliothek Zürich, Rar 111 q. Einsehbar unter: doi.org/10.3931/e-rara-10040 [Stand: 31.1.2025].

Barros Gomes, Bernardino: *Brief an Carl Heinrich Edmund von Berg*, Lissabon, 10.6.1865,

3 Seiten (nicht paginiert); beigelegt dem Buch: Barros Gomes, Bernardino: *Relatorio Florestal Sobre as Matas da Machada e Valle de Zebro Apresentado à Direcção do Commercio no Ministerio das Obras Publicas em 3 de setembro de 1864*, Lissabon 1865. Signatur: SLUB, Zweigbibliothek Forstwissenschaften Tharandt, Por 1.

Bürgergemeinde Basel: *Hardt-Waldungen der Bürgergemeinde Basel*, 1913. Signatur: StABS, Gemeindearchive Bürgergemeinde Basel JIII1, Forstwesen/Forstverwaltung Basel, Allgemeines und Einzelnes, 1841–1930.

Canzley Basel: *Einer Loblichen Statt Basel Erneuert und verbesserte Ordnung: Welcher gestalt dero Obrigkeitliche Hoch-Wäld und andere Waldungen auff Ihr Gn. Landschafft künftigs vor schädlicher Schweinung und Abgang geschirmet; Hergegen zu nutzlicher äuffnung gebracht und dabey erhalten werden sollen*, 9.10.1697. Signatur: StABS, STA Bf 1 A 6–74. Einsehbar unter: dokumente.stabs.ch/view/2015/STA_Bf_1_A_6-74> [Stand: 31.1.2025].

Canzley Basel: *Ordnung unnd Erkanndtnussen Eines Ehrsammenn Raths*, der Hölzern und Wäldern halb, 27.5.1553. Signatur: StABS, Land und Wald H3, 6, S. 5–7.

Canzley Basel: *Erkanndtnus der Höltzer*, und Geissen halb, 9.4.1537. Signatur: StABS, Land und Wald H3, 5 u. 6.

Cotta, Wilhelm: *Allgemeine Beschreibung vom Tharanter Walde*, 1830. Signatur: Universitätsarchiv der Technischen Universität Dresden, Archivbestand der Forstakademie Tharandt, 753.

Friedrich August von Sachsen: *Mandat über die Bestrafung der Holzdiebstähle und Baumfrevel*, 22.11.1822. Signatur: Universitätsarchiv der Technischen Universität Dresden, Institut für Waldpolitik, Forstgesetzgebung Sachsen (Abschriften 1821–1898), 270.

Knollenberg, P. I.: *Commission des Eaux et Forêts*, Porrentruy, 1726. Signatur: AAEB, Forstsachen in genere, 190/4-7, S. 963–974.

Langen, Johann Georg von: *Atlas der Unteren Forste im Fürstentum Blankenburg*, 1732. 1 Übersichtskarte und 5 Einzelkarten. Papier, 71,80 × 50,50 cm. Niedersächsisches Landesarchiv Wolfenbüttel. STAWO K 20025. Einsehbar unter: https://kulturerbe.niedersachsen.de/objekt/isil_DE-1811-HA_STAWO_K_20025/8/#topDocAnchor [Stand: 31.1.2025].

Merian, Emanuel Walther: *Brief von dem Präsidenten der Waldkommission Merian an den Statthalter Iselin*, 25.1.1820. Signatur: StABS, Land- und Waldacten H 13. Holzfrevel 1820 – 1849 – 1899, No. 12.

o. A: *Programm der K. K. Forst-Akademie in Mariabrunn für das Studienjahr 1873/74*, Wien 1873. Signatur: FAO-Archiv Rom, Historische Buchsammlung des *Centre International de Silviculture*, D 43.

o. A.: *Allgemeiner Plan der Königl. Sächs. Forstakademie zu Tharand*, Dresden 1872. Signatur: FAO-Archiv Rom, Historische Buchsammlung des Centre International de Silviculture, D 34.

o. A.: »Protokoll 1. Juni 1839«. Signatur: StABS, Gemeindearchive Bürgergemeinde Basel JIII2, Hardt-Acten, Hardwald Streit 1834–1839.

o. A.: »Kreisschreiben an sämmtliche eidgenössische Stände vom 27. Mai 1835«. Signatur: StABS, Land und Wald K1, Hardwald 1835–1837.

o. A.: »Verzeichniße derer vom 1er Juli 1819 bis IIIème Juni 1820 eingezogenen Wald Strafen im Bezirk Birseck«. Signatur: StABS, Land und Wald H 13, Holzfrevel 1753–1899, No. 13.

o. A.: »Gutachten über den Gesetzesentwurf, die Untersuchung und Bestrafung des Holzdiebstahls betreffend«, von den Abteilungen des Staatsrates für die Finanzen und die Justiz vom 11. Februar 1819. Signatur: Geheimes Staatsarchiv Preußischer Kulturbesitz, Berlin-Dahlem, Rep. 80, Drucksachen, Nr. 24.
o. A.: »Anna Maria Wenger, Näherin von Reinach, gegen Elisabeth Glaser, ebenda, wegen Lehrgeld 1790«. Signatur: StABL, Zivilprozesse AA 1010, 0629.
Wick, Johann Jakob: *Chronik des Zürcher Chorherrn*, ca. 1563. Signatur: Zentralbibliothek Zürich, Handschriftenabteilung, Wickiana, Ms F 14, Bl 193v.

10.3 Gedruckte Quellen und Literatur

Vor 1900

Adelung, Johann Christoph: *Grammatisch-kritisches Wörterbuch der Hochdeutschen Mundart*, 2. Aufl., 4 Bd., Leipzig 1793–1801.
Andrada e Silva, José Bonifacio de: *Memoria sobre a necessidade e utilidades do plantio de novos bosques em Portugal*, Lissabon 1815.
Arrhenius, Svante: *Über den Einfluss des atmosphärischen Kohlensäuregehalts auf die Temperatur der Erdoberfläche*, Stockholm 1896.
Barros Gomes, Bernadino de: »A Mata de Leiria na Tapada da Ajuda em 1884«, in: *Revista da Exposição Agricola de Lisboa* (1), 1884, S. 349–353.
Barros Gomes, Bernardino: »Notice sur les arbres forestiers du Portugal«, Sonderdruck aus: *Extracto de Jornal de Sciencias Mathematicas, Physicas e Naturaes*, Lissabon 1878.
Barros Gomes, Bernardino: *Relatorio Florestal Sobre as Matas da Machada e Valle de Zebro Apresentado à Direcção do Commercio no Ministerio das Obras Publicas em 3 de setembro de 1864*, Lissabon 1865.
Barros Gomes, Bernardino: »Estudos Florestaes«, in: *O Archivo Rural. Jornal de Agricultura. Artes e Sciencias Correlativas* V, Lissabon 1862, S. 462–465, 513–516, 541–545, 570–577, 599–605.
Bayrhammer, Josef Carl: *Erinnerungen an nahrhafte Pflanzen, welche im Brode genossen, einen Theil des Brodkorns ergänzen und in ganz Europa theils wild wachsen, theils als Gemüse und Futterkräuter in großer Anzahl gebaut werden*, Nürnberg 1817.
Baudrillart, Jacques-Joseph: *Instruction sur la culture du bois, à l'usage des forestiers. Ouvrage traduit de l'allemand de G. L. Hartig*, 2. Aufl., Paris 1805.
Bérenger, Adolfo di: *Sulla fondazione primitiva e condizione attuale del R. Istituto forestale di Vallombrosa [Über die ursprüngliche Gründung und den aktuellen Zustand des Königlichen Forstinstituts von Vallombrosa]*, Florenz 1871.
Bérenger, Adolfo di: *Saggio storico della legislazione veneta forestale dal sec VII al XIX [Historischer Aufsatz zur venezianischen Forstgesetzgebung vom 7. bis 19. Jahrhundert]*, Venedig 1863.
Berg, Carl Heinrich Edmund von: *Geschichte der deutschen Wälder bis zum Schlusse des Mittelalters. Ein Beitrag zur Culturgeschichte*, Dresden 1871.
Berg, Carl Heinrich Edmund von: *Berättelse om Finlands skogar. An den hohen kaiserlichen Senat des Großfürstenthumes Finnland in Helsingfors. Unterthänigstes Memorial des*

königlich sächsischen Oberforstrathes Freiherrn von Berg, die Forste im Großfürstenthum Finnland betreffend, Helsinki 1859.
Bernhardt, August: *Geschichte des Waldeigenthums, der Waldwirthschaft und Forstwissenschaft in Deutschland. Von den Ältesten Zeiten bis zum Jahre 1750*, Bd. 1, Berlin 1872.
Borkhausen, Moritz Balthasar/Lichthammer, Ernst Friedrich/Bekker, Georg (Hg.): *Teutsche Ornithologie oder Naturgeschichte aller Vögel Teutschlands in naturgetreuen Abbildungen und Beschreibungen*, Darmstadt 1817.
Brown, John Croumbie: *School of Forest Engineers in Spain, Indicative of a Type for a British National School of Forestry*, Edinburgh/London 1886.
Bruckner, Daniel: *Versuch einer Beschreibung historischer und natürlicher Merkwürdigkeiten der Landschaft Basel*, Bd. XVII: *Von der Landgrafschaft Sisgau*, Basel 1757.
Burckhardt, Ludwig August: »Die Verfassung der Landgrafschaft Sisgau«, in: *Beiträge zur vaterländischen Geschichte* 2, 1843, S. 275–443.
Carlowitz, Hans Carl von: *Sylvicultura oeconomica oder Haußwirthliche Nachricht und Naturmäßige Anweisung zur Wilden Baum-Zucht*, Leipzig 1713.
Charpentier, Johann Friedrich Wilhelm von: *Mineralogische Geographie der Chursächsischen Lande*, Leipzig 1778.
Codigo Civil Portuguez, approvado por Carta de Lei de 1 de Julho de 1867, 2. Aufl., Lissabon 1868.
Cotta, Bernhard von: *A Treatise on Ore Deposits*, übers. v. Frederick Prime, New York 1870.
Cotta, Bernhard von: *Die Lehre von den Erzlagerstätten*, Freiberg 1855.
Cotta, Bernhard von: *Geologische Bilder*, Leipzig 1852.
Cotta, Heinrich: *Die Verbindung des Feldbaues mit dem Waldbau, oder die Baumfeldwirthschaft*, Dresden 1819.
Cotta, Heinrich: *Systematische Anleitung zur Taxation der Waldungen*, 2 Bde., Berlin 1804.
Cotta, Wilhelm: »Ueber die Entwickelung des Forst-Taxationswesens in Sachsen«, in: Pannewitz, Julius von (Hg.): *Forstliches Cotta-Album*, Breslau/Oppeln 1844, S. 85–99.
Darwin, Erasmus: *Zoonomia; Or, The Laws of Organic Life*, 2 Bde., London 1794–1796.
Diderot, Denis: *Enzyklopädie. Philosophische und politische Texte aus der »Encyclopédie« sowie Prospekt und Ankündigung der letzten Bände*, mit einem Vorwort von Ralph-Rainer Wuthenow, München 1969.
Droste-Hülshoff, Annette von: *Brief an Christoph Bernhard Schlüter*, 24.8.1839, in: *Historisch-kritische Ausgabe*, hg. v. Winfried Woesler, Bd. 9: *Werke – Briefwechsel*, Tübingen 1993, S. 58.
Droste-Hülshoff, Annette von (1844): »Die Mergelgrube«, in: Bode, Dietrich (Hg.): *Deutsche Naturlyrik. Eine Auswahl*, Stuttgart 2012, S. 68–72.
Droste-Hülshoff, Annette von: »Die Judenbuche«, in: *Historisch-kritische Ausgabe*, hg. v. Winfried Woesler, Bd. 5.1: *Prosa*, Tübingen 1978, S. 43–76.
Droste-Hülshoff, Annette von: »Die Judenbuche«, in: *Deutscher Novellenschatz*, Bd. 24, München 1876, S. 51–129.
Duhamel du Monceau, Henri Louis: *Von der Holz-Saat und Pflanzung der Wald-Bäume, auch derselben fernerer Wart; oder Arten, Bäume zu vermehren und zu erziehen*, Nürnberg 1763.
Duhamel du Monceau, Henri Louis: *Eléments d'Agriculture*, 2 Bde., Paris 1762.

Duhamel du Monceau, Henri Louis: *Des Semis et Plantations des Arbres, et de leur Culture, ou méthodes pour multiplier et élever les arbres, les plantes*, Paris 1760.
Dünkelberg, Friedrich Wilhelm: *Encyclopädie und Methodologie der Culturtechnik. Zum Gebrauch an landwirtschaftlichen und technischen Lehranstalten*, 2 Bde., Braunschweig 1883.
Fischbach, Carl von: *Die Beseitigung der Waldstreunutzung für Land- und Forstwirthe, insbesondere auch für die Gesetzgeber*, Frankfurt a. M. 1864.
Foote, Eunice: »Circumstances affecting the Heat of the Sun's Rays«, in: *The American Journal of Science and Arts* 22, 1856, S. 382–383.
Fraas, Carl: *Wie wird Waldstreu entbehrlich?*, München 1857.
Giraud-Soulavie, Jean Louis: *Histoire Naturelle de la France Méridionale*, 2 Bde., Paris 1780–1784.
Goethe, Johann Wolfgang von: *Goethes Poetische Werke. Achter Band. Erster Teil. Autobiographische Schriften*, Bd. 8, Stuttgart 1952.
Goethe, Johann Wolfgang von: *Schriften zur Kunst*, Abt. I, Bd. 48, 1800–1816.
Grimm, Jacob/Grimm, Wilhelm: *Deutsches Wörterbuch*, 33 Bde., Leipzig 1854–1971.
Grimm, Jacob: *Deutsche Rechtsalterthümer*, 4. Aufl., 2 Bde., Leipzig 1899.
Grimm, Jacob: *Weisthümer*, hg. v. Ernst Dronke/Heinrich Beyer, 7 Theile, Göttingen 1840–1878.
Grünberger, Johann Georg/Däzel, Georg Anton: *Lehrbuch für die pfalzbaierischen Förster*, 2 Bde., München 1788.
Guyot, Charles: *L'Enseignement forestier en France. L'École de Nancy*, Nancy 1898.
Gwinner, Wilhelm Heinrich von: *Der Schwarzwald in forstwirthschaftlicher Beziehung. Ein Bericht über die von den Forstcandidaten zu Hohenheim, unter der Leitung des Prof. Dr. Gwinner im Sommer 1832 unternommene Reise auf einen Theil des württembergischen und badischen Schwarzwaldes*, Stuttgart 1833.
Gyldén, Claës Wilhelm (1853): *Suomalaisen Metsänhoidon Opas [Anleitung zum finnischen Waldbau]*, übers. u. hg. v. Matti Leikola, Helsinki 1998.
Haeckel, Ernst Heinrich Philipp August: *Generelle Morphologie der Organismen*, 2 Bde., Berlin 1866.
Hartig, Georg Ludwig: *Beitrag zur Lehre von Ablösung der Holz-, Streu-, und Weidservituten*, Berlin 1829.
Hartig, Georg Ludwig: »Kurze Beschreibung der Hauberge im Fürstenthum Siegen, mit Hinsicht auf die neuesten Verordnungen und Vorschriften zur Bewirthschaftung derselben«, in: *Forst- und Jagd-Archiv von und für Preußen* 2 (1), 1817, S. 79–100.
Hartig, Georg Ludwig (1795): *Anweisung zur Taxation und Beschreibung der Forste*, 2. Aufl., Bd. 1, Gießen/Darmstadt 1804.
Hartig, Georg Ludwig: *Anweisung zur Taxation der Forste, oder zur Bestimmung des Holzertrags der Wälder. Ein Beytrag zur höheren Forstwissenschaft*, Gießen 1795.
Hartig, Georg Ludwig/Hartig, Theodor (Hg.): *Forstliches und forstnaturwissenschaftliches Conversations-Lexikon. Ein Handbuch für Jeden, der sich für das Forstwesen und die dazu gehörigen Naturwissenschaften interessirt*, Berlin 1834.
Hartig, Georg Ludwig/Löwenstein, Friedrich Carl/Eichel, Wilhelm: *Anweisung zur Taxation und Beschreibung der Forste. Zweyter oder practischer Theil. Nebst einer illuminirten Forstkarte und mehreren Tabellen*, 2. Aufl., Bd. 2, Gießen/Darmstadt 1805.

Hartig, Theodora (1826): *Georg Ludwig Hartig im Kreise seiner Familie. Kurze Lebens- und Familiengeschichte des Staatsrats und Oberlandforstmeisters Georg Ludwig Hartig*, hg. v. Karl Hasel und Wilhelm Mantel, Göttingen 1976.

Hebel, Johann Peter: *Alemannische Gedichte. Für Freunde ländlicher Natur und Sitten*, Karlsruhe 1803.

Heß, Richard: »Hartig, Georg Ludwig«, in: *Allgemeine Deutsche Biographie*, Bd. 10, Leipzig 1879, S. 659–665.

Hobbes, Thomas (1668): *Behemoth or the Long Parliament*, hg. v. Ferdinand Tönnies, London 1969.

Humboldt, Alexander von: *Ansichten der Natur, mit wissenschaftlichen Erläuterungen*, 3. Aufl., Bd. 1, Stuttgart/Tübingen 1849.

Humboldt, Alexander von/Bonpland, Aimé: *Essai sur la géographie des plantes. Accompagné d'un tableau physique des régions équinoxiales*, Paris 1805.

Hundeshagen, Johann Christian: *Die Waldweide und Waldstreu in ihrer ganzen Bedeutung für Forst-, Landwirthschaft und National-Wohlfahrt*, Tübingen 1830.

Justi, Johann Heinrich Gottlob von (Hg.): *Schauplatz der Künste und Handwerke, oder vollständige Beschreibung derselben*, Berlin 1762.

Justi, Johann Heinrich Gottlob von: *Die Grundfeste zu der Macht und Glückseeligkeit der Staaten; oder ausführliche Vorstellung der gesamten Policey-Wissenschaft. Erster Band, welcher die vollkommene Cultur des Bodens, die Bevölkerung, den Anbau, Wachstum und Zierde der Städte, desgleichen die Manufacturen, Fabriken und Commercien, und den Zusammenhang des gesamten Nahrungsstandes abhandelt*, Königsberg/Leipzig 1760.

Justi, Johann Heinrich Gottlob von (1756): *Grundsätze der Policey-Wissenschaft in einem vernünftigen, auf den Endzweck der Policey gegründeten, Zusammenhange und zum Gebrauch Academischer Vorlesungen abgefasset*, 2. Aufl., Göttingen 1759.

Kanzlei Chur: *Forst- und Waldordnung, Löbl. Stadt Chur, 1791*, Chur 1791.

Kasthofer, Karl: *Bemerkungen über die Wälder und Alpen des Bernerischen Hochgebirgs*, Aarau 1818.

Krünitz, Johann Georg: *Ökonomisch-technologische Enzyklopädie, oder allgemeines System der Staats-, Stadt-, Haus- und Landwirthschaft*, 242 Bde., Brünn 1773–1858.

Landolt, Elias: *Kurze Lebensbeschreibung des Elias Landolt von Kleinandelfingen und Zürich*, Zürich 1894.

Landolt, Elias/Hertenstein, Wilhelm Friedrich/Weinmann, Caspar: *Beschreibung und Wirthschaftsplan über die Stadtwaldungen von Winterthur*, Winterthur 1862.

Landolt, Elias: *Ueber forstliche Taxation u. Betriebsregulirung. Referat an die Versammlung des schweizerischen Forstvereins in Frauenfeld im Juli 1856*, Zürich 1856.

Leibniz, Gottfried Wilhelm (1680): »Entwurff gewisser Staatstafeln«, in: *Sämtliche Schriften und Briefe*, hg. v. der Akademie der Wissenschaften der DDR, Bd. 3, Berlin 1986, S. 340–349.

Leibniz, Gottfried Wilhelm: »Scientia generalis. Caracteristica«, in: Leibniz, Gottfried Wilhelm: *Die philosophischen Schriften*, hg. v. Carl Immanuel Gerhardt, Bd. 7, Hildesheim 1960, S. 43–247.

Lorentz, Bernard/Parade, Adolphe: *Cours élémentaire de culture des bois, créé à l'École royale forestière de Nancy*, Paris/Nancy 1837.

Ludwig XIV.: *Ordonnance de Louis XIV. Roy de France et de Navarre. Sur le fait des Eaux & Forests*, Paris 1669.
Machiavel, Maria: *Der vollkommene Kameraliste*, übers. aus dem Italienischen von U., Frankfurt a. M./Leipzig 1763.
Marsh, George Perkins: *Man and Nature; Or, Physical Geography as Modified by Human Action*, New York 1864.
Marx, Karl (1842): »Verhandlungen des 6. rheinischen Landtags. Von einem Rheinländer. Debatten über das Holzdiebstahlgesetz«, in: *Werke/Artikel/Literarische Versuche bis März 1843. Karl Marx Friedrich Engels Gesamtausgabe (MEGA)*, Bd. 1, Berlin (DDR) 1975, S. 199–236.
Meißner, Franz: »Im Grunewald, im Grundwald ist Holzauktion«, 1892, wahrscheinlich verbreitet durch das Berliner Adolf-Ernst-Theater. Einsehbar unter: https://www.volksliederarchiv.de/im-grunewald-ist-holzauktion-1892 [Stand: 31. 1. 2025].
Meyers Konversationslexikon, 4. Aufl., 16 Bde., Leipzig/Wien 1885–1890.
Meurer, Noe (1576): *Jag und Forstrecht, Das ist: Underricht Chur- und Fürstlicher Lande, auch Graff und Herrschaften / und anderen Obrigkeiten / Gebiet / von verhawung und widerhawung der Wälde unnd Gehöltz [...]*, Marburg 1618.
Nagler, Georg Kaspar (Hg.): *Neues allgemeines Künstler-Lexicon oder Nachrichten von dem Leben und den Werken der Maler, Bildhauer, Baumeister, Kupferstecher, Formschneider, Lithographen, Zeichner, Medailleure, Elfenbeinarbeiter, etc.*, 22 Bde., München 1835–1852.
Nördlinger, Hermann: »Der neuentbrannte Waldstreukampf«, in: *Kritische Blätter für Forst- und Jagdwissenschaft* 51 (II), 1869, S. 51–95.
o. A.: »Bekanntmachung, die Einrichtung der königl. Sächs. Forstacademie zu Tharandt betr.«, in: *Allgemeiner Anzeiger der Deutschen der öffentlichen Unterhaltung über gemeinnützige Gegenstände aller Art gewidmet, zugleich allgemeines Intelligenz-Blatt zum Behuf der Justiz, der Polizey und der bürgerlichen Gewerbe*, Gotha, 17. 6. 1816, Sp. 1654 f.
Oppel, Friedrich Wilhelm von: *Die Abtheilung derer Gehölze in jährliche Gehaue. Eine Rechnungs-Aufgabe*, Freyberg 1760.
Oppel, Friedrich Wilhelm von: *Anleitung zur Markscheidekunst, nach ihren Anfangsgruenden und Ausuebungen kuertzlich entworfen*, Dresden 1749.
Oppel, Friedrich Wilhelm von: *Analysis Triangulorum*, Dresden/Leipzig 1746.
Pascual, Agustín: »El bosque de Tharand«, in: *La Concordia. Revista Moral, Política y Literaria* 26, 1863, S. 410–414.
Pascual, Agustín: »Instrucción agronómica en Alemania«, in: *El Amigo del País* 1 (4), 1844, S. 116–120.
Pascual, Agustín: »Viaje en Alemania. Escuelas de Agricultura«, in: *El Amigo del País* 1 (1), 1844, S. 9 f.
Perels, Emil: *Abhandlungen über Kulturtechnik*, Jena 1889.
Quiquerez, Auguste: *Histoire des Troubles dans l'Evêché de Bâle en 1740*, Delémont 1875.
Quiquerez, Auguste: *Notice sur le déboisement des Franches-Montagnes*, Porrentruy 1864.
Reinhard, Johann Jacob: »Abhandlung von verschiedenen Arten deren Brenfelder in Teutschland«, in: Reinhard, Johann Jacob: *Vermischte Schriften*, Bd. 6, Frankfurt a. M./Leipzig 1767, S. 852–896.
Rousseau, Jean-Jacques (1755): *Über den Ursprung der Ungleichheit unter den Menschen*

[Discours sur l'origine de l'inégalité parmi les hommes], in: Rousseau, Jean-Jacques: *Schriften zur Kulturkritik*, hg. v. Kurt Weigand, Hamburg 1995, S. 62–267.
Rühle von Lilienstern, August Friedemann: *Weisthum der Gesetze, Ordnungen und Vorschriften, welche in die Nassauische Teutsche Länder, Ottoischer Linie, von den ältesten Zeiten bis hierhin ergangen sind*, Bd. 2, Dillenburg 1803.
Schenck, Johann Henrich: *Juristisch-Oeconomische Abhandlung von den Haubergen des Fürstenthums Nassau Siegen*, Siegen 1774.
Schiller, Friedrich von (1804): *Wilhelm Tell. Ein Schauspiel*, Husum 2017.
Schlenkert, Friedrich: *Tharand. Ein historisch-romantisches Gemählde nach der Natur, Urkunden und Sagen*, Dresden 1804.
Schmidt, H.: »Brief von Professor Landolt an seinen Schüler, den nachmaligen Stadtforstmeister Oberst U. Meister, 17. April 1859«, in: *Schweizerische Zeitschrift für Forstwesen* 73 (12), 1922, S. 321–325.
Schneider, Friedrich Wilhelm (Hg.): »Anzustellende Versuche mit dem Anbau der *Pinus maritima* betreffend. Cirkular-Verfügung des Finanzministers an die Königl. Regierungen zu Königsberg, Danzig, Magdeburg, Merseburg, Münster, Minden, Köln und Trier, vom 21. April 1865«, in: *Forst- und Jagdkalender für Preußen*, Bd. 16, Berlin 1866, S. 71–72.
Schnell, Johannes: *Rechtsquellen von Basel Stadt und Land*, 2 Bde., Basel 1856.
Schwappach, Adam: *Handbuch der Forst- und Jagdgeschichte Deutschlands*, Berlin 1886.
Tassy, Louis: *Lorentz et Parade*, Paris 1866.
Vasari, Giorgio (1568): *Kunstgeschichte und Kunsttheorie. Eine Einführung in die Lebensbeschreibungen berühmter Künstler*, hg. v. Matteo Burioni/Sabine Feser, übers. v. Victoria Lorini, Berlin 2010.
Vierenklee, Johann Ehrenfried (1767): *Anfangsgründe der theoretisch-praktischen Arithmetik und Geometrie für diejenigen, welche sich dem Forstwesen widmen*, hg. v. Friedrich Meinert, 2. Aufl., Leipzig 1797.
Vierenklee, Johann Ehrenfried: *Mathematische Anfangsgründe der Arithmetik und Geometrie, in so fern solche denjenigen, die sich dem höchstnöthigen Forstwesen auf eine vernünftige und gründliche Weise widmen wollen, zu wissen nöthig sind*, Leipzig 1767.
Vogler, Christian August: *Grundlehren der Kulturtechnik*, Berlin 1896.
Willkomm, Heinrich Moritz/Lange, Johan Martin Christian: *Prodromus Florae Hispanicae, seu Synopsis Methodica omnium Plantarum in Hispania*, 3 Bde., Stuttgart 1861–1880.
Wordsworth, William: »Goody Blake and Harry Gill«, in: *Lyrical Ballads with a few Other Poems*, London 1798, S. 85–94.
Wunschmann, Ernst: »Willkomm, Moritz«, in: *Allgemeine Deutsche Biographie*, Bd. 43, 1898, S. 298–300. Einsehbar unter: www.deutsche-biographie.de/sfz85698.html#adbcontent [Stand: 31.1.2025].
Zedler, Johann Heinrich: *Grosses vollständiges Universal-Lexicon aller Wissenschafften und Künste*, 64 Bd., Halle (Saale)/Leipzig 1731–1754.
Zimmermann, Carl Friedrich: »Vorrede von den Bergwercks-Wissenschafften zur Vermehrung der Cammeral-Nutzungen«, in: Henkel, Johann Friedrich: *Kleine Mineralogische und Chymische Schrifften*, 2. Aufl., Dresden/Leipzig 1756 (unpaginiert).

Nach 1900

Adloff, Frank/Fladvad, Benno/Hasenfratz, Martina et al. (Hg.): *Imaginationen von Nachhaltigkeit. Katastrophe. Krise. Normalisierung*, Frankfurt a. M. 2020.

Aguilera, Eduardo/Sanz-Cobena, Alberto/Infante-Amate, Juan et al.: »Long-term trajectories of the C footprint of N fertilization in Mediterranean agriculture (Spain, 1860–2018)«, in: *Environmental Research Letters* 16 (8), 2021, S. 1–12.

Albritton Jonsson, Fredrik: »Island, Nation, Planet. Malthus in the Enlightenment«, in: Robert J. Mayhew (Hg.): *New Perspectives on Malthus*, Cambridge 2016, S. 128–152.

Algazi, Gadi: »Lords Ask, Peasants Answer: Making Traditions in Late-Medieval Village Assemblies«, in: Sider, Gerald/Smith, Gavin (Hg.): *Between History and Histories. The Making of Silences and Commemorations*, Toronto/Buffalo/London 1997, S. 199–229.

Allemeyer, Marie Luisa: »Rezension: Kulturgeschichte des Klimas. Von der Eiszeit bis zur globalen Erwärmung«, in: *Zeitschrift für Historische Forschung* 36 (1), 2009, S. 95–97.

Anthony, Patrick: »Mining as the Working World of Alexander von Humboldt's Plant Geography and Vertical Cartography«, in: *Isis* 109 (1), 2018, S. 28–55.

Arendt, Hannah (1963): *Über die Revolution*, München/Zürich 1974.

Armiero, Marco/Sedrez, Lise (Hg.): *A History of Environmentalism. Local Struggles, Global Histories*, London et al. 2014.

Arndt, Melanie: »Umweltgeschichte. Version 3.0«, in: *Docupedia-Zeitgeschichte. Begriffe, Methoden und Debatten der zeithistorischen Forschung*, 10. 11. 2015. Einsehbar unter: docupedia.de/zg/Arndt_umweltgeschichte_v3_de_2015 [Stand: 31. 1. 2025].

Aronova, Elena/Oertzen, Christine von/Sepkoski, David: »Introduction: Historicizing Big Data«, in: *Osiris* 32, 2017, S. 1–17.

Audring, Gert/Brodersen, Kai (Hg.): *Oikonomika. Quellen zur Wirtschaftstheorie der griechischen Antike*, Darmstadt 2008.

Bachelard, Gaston: *Psychoanalyse des Feuers*, übers. v. Simon Werle, München 1985.

Ball, Jim/Kollert, Walter: »The Centre International de Sylviculture and its historic book collection«, in: *Unasylva* 64, 2013, S. 19–25.

Baron, Konstanze/Soboth, Christian (Hg.): *Perfektionismus und Perfektibilität. Streben nach Vollkommenheit in Aufklärung und Pietismus*, Hamburg 2018.

Bartels, Christoph: »Vermessungswesen, Karten und Pläne im Montanwesen an der Wende zwischen Mittelalter und Neuzeit – Kontinuitätslinien und Entwicklungstendenzen«, in: Michalsky, Tanja/Schmieder, Felicitas/Engel, Gisela (Hg.): *Aufsicht – Ansicht – Einsicht. Neue Perspektiven auf die Kartographie an der Schwelle zur Frühen Neuzeit*, Berlin 2009, S. 329–350.

Barton, Gregory: »Empire Forestry and American Environmentalism«, in: *Environment and History* 6 (2), 2000, S. 187–203.

Beck, Hanno/Hein, Wolfgang-Hagen (Hg.): *Humboldts Naturgemälde der Tropenländer und Goethes ideale Landschaft. Zur ersten Darstellung der Ideen zu einer Geographie der Pflanzen. Erläuterungen zu fünf Profil-Tafeln in natürlicher Größe*, Stuttgart 1989.

Becker, Alfred: *Haubergs-Lexikon*, Kreuztal 2002.

Becker, Gero/Unrau, Alicia: »Coppice Forests in Europe – A Traditional Landuse with New Perspectives«, in: Unrau, A./Becker, G./Spinelli, R./Lazdina, D./Magagnotti, N./

Nicolescu, V. N./Buckley, P./Bartlett, D./Kofman, P. D. (Hg.): *Coppice Forests in Europe*, Freiburg (Breisgau) 2018, S. 18–21.
Becker, Peter (Hg.): *Little Tools of Knowledge. Historical Essays on Academic and Bureaucratic Practices*, Ann Arbor 2004.
Beekman, Willem Boerhave (Hg.): *Elseviers Wörterbuch der Holzwirtschaft in sieben Sprachen*, 3 Bde., München/Basel/Wien 1968.
Behringer, Wolfgang: *Tambora und das Jahr ohne Sommer. Wie ein Vulkan die Welt in die Krise stürzte*, München 2015.
Behringer, Wolfgang: »Wir Menschen profitieren von der Erderwärmung«, in: *Die Welt*, 3. 9. 2012. Einsehbar unter: welt.de/wissenschaft/article108940013/Wir-Menschen-profitieren-von-der-Erderwaermung.html [Stand: 31. 1. 2025].
Behringer, Wolfgang: *Kulturgeschichte des Klimas. Von der Eiszeit bis zur globalen Erwärmung*, München 2010.
Bennett, Brett M.: *Plantations and Protected Areas. A Global History of Forest Management*, Cambridge/London 2015.
Bensaïd, Daniel: *The Dispossessed. Karl Marx's Debates on Wood Theft and the Right of the Poor*, Minneapolis/London 2021.
Berndt, Iris/Börsch-Supan, Helmut: *Carl Blechen. Innenansichten eines Genies*, Berlin 2017.
Bernhard, Robert Julius: »Oberforstmeister Krumbiegel«, in: *Tharandter Forstliches Jahrbuch* 77 (1), 1926, Sonderabdruck.
Bibliothèques de Nancy: *Collection Takashima*. Einsehbar unter: flickr.com/photos/bmnstanislas/albums/72157640111860775/page1 [Stand: 31. 1. 2025].
Bieling, Mona: *Landscape and Power in Mandate Palestine, 1917–1948*, Dissertation, Graduate Institute of International and Development Studies, Genf 2024.
Bieling, Mona: »British Environmental Orientalism and the Palestinian Goat, 1917–1948«, in: *DIYÂR – Zeitschrift für Osmanistik, Türkei- und Nahostforschung* 3 (1), 2022, S. 67–84.
Bies, Michael: »Naturgemälde von Humboldt, Wilbrand, Rütgen und Martius«, in: Bies, Michael/Gamper, Michael/Kleeberg, Ingrid (Hg.): *Gattungs-Wissen. Wissenspoetologie und literarische Form*, Göttingen 2013, S. 162–189.
Bies, Michael: *Im Grunde ein Bild. Die Darstellung der Naturforschung bei Kant, Goethe und Alexander von Humboldt*, Göttingen 2012.
Bigg, Charlotte: »Das Panorama, oder La Nature A Coup d'Œil«, in: *Nach Feierabend. Zürcher Jahrbuch für Wissensgeschichte*, 2005, S. 33–55.
Binnenkade, Alexandra: *KontaktZonen. Jüdisch-christlicher Alltag in Lengnau*, Köln 2009.
Blakemore, Michael J./Harley, John Brian: »The Search For Accuracy«, in: *Cartographica. The International Journal for Geographic Information and Geovisualization* 17 (4), 1980, S. 54–75.
Blasius, Dirk: *Kriminalität und Alltag. Zur Konfliktgeschichte des Alltagslebens im 19. Jahrhundert*, Göttingen 1978.
Blasius, Dirk: *Bürgerliche Gesellschaft und Kriminalität. Zur Sozialgeschichte Preußens im Vormärz*, Göttingen 1976.
Blickle, Peter: »Wem gehörte der Wald? Konflikte zwischen Bauern und Obrigkeiten um Nutzungs- und Eigentumsansprüche«, in: *Zeitschrift für Württembergische Landesgeschichte* 45, 1986, S. 167–178.

Bodsch, Ingrid/Brandis, Ursula: *Lady Katharina Brandis 1841–1927. Das Leben einer außergewöhnlichen Bonner Bürgerin und Malerin*, Bonn 2010.

Böhme, Hartmut: »Vom Cultus zur Kultur(wissenschaft). Zur historischen Semantik des Kulturbegriffs«, in: Glaser, Renate/Luserke, Matthias (Hg.): *Literaturwissenschaft – Kulturwissenschaft. Positionen, Themen, Perspektiven*, Opladen 1996, S. 48–68.

Böhme, Katrin: »Im Tempel der Natur. Naturgeschichte, Esoterik und Traditionen in der Gesellschaft Naturforschender Freunde zu Berlin«, in: Zaunstöck, Holger/Meumann, Markus (Hg.): *Sozietäten, Netzwerke, Kommunikation*, Berlin/Boston 2003, S. 57–83.

Bonan, Giacomo: *The State in the Forest. Contested Commons in the Nineteenth Century Venetian Alps*, Winwick/Cambridgeshire 2019.

Bonan, Giacomo: »Natural Time and Bureaucratic Time: State Building, Forests and Environmental Conflicts in the 1800s«, in: *Environment and History* 25 (3), 2019, S. 421–450.

Bonan, Giacomo: »The communities and the comuni: The implementation of administrative reforms in the Fiemme Valley (Trentino, Italy) during the first half of the 19th century«, in: *International Journal of the Commons* 10 (2), 2016, S. 593–596.

Bonneuil, Christophe/Fressoz, Jean-Baptiste: *The Shock of the Anthropocene. The Earth, History and Us*, London/New York 2016.

Borgmann, Wilhelm: »Die Königlich Preußische Forstakademie Eberswalde«, in: Lexis, Wilhelm (Hg.): *Die Hochschulen für besondere Fachgebiete im Deutschen Reich*, Berlin 1904, S. 47–57.

Bortoft, Henri: *The Wholeness of Nature. Goethe's Way of Science*, Edinburgh 1996.

Bortoft, Henri: *Taking Appearance Seriously. The Dynamic Way of Seeing in Goethe and European Thought*, Edinburgh 2012.

Brakensiek, Stefan: *Gemeinheitsteilungen in Europa. Die Privatisierung der kollektiven Nutzung des Bodens im 18. und 19. Jahrhundert*, Berlin 2000.

Brandstätter, Klaus/Siegl, Gerhard: »Waldnutzungskonflikte und nachhaltige Waldbewirtschaftung in Tirol vom Mittelalter bis ins 21. Jahrhundert«, in: *Histoire des Alpes – Geschichte der Alpen – Storia delle Alpi* 19, 2014, S. 145–162.

Bredekamp, Horst/Dünkel, Vera/Schneider, Birgit (Hg.): *The Technical Image. A History of Styles in Scientific Imagery*, Chicago 2015.

Bregnard, Damien: »Landestroublen (1726–1740)«, in: *Historisches Lexikon der Schweiz*, 26.10.2009. Einsehbar unter: hls-dhs-dss.ch/articles/017205/2009-10-26 [Stand: 31.1.2025].

Breidbach, Olaf (Hg.): *Physik um 1800. Kunst, Naturwissenschaft oder Philosophie?*, Paderborn 2012.

Breljak, Anja: *Sensible Medien. Eine Mediengeschichte der Empfindlichkeit (1750–2020)*, Dissertation Universität Potsdam 2025.

Brock, Emily K.: »New Patterns in Old Places. Forest History for the Global Present«, in: Isenberg, Andrew (Hg.): *The Oxford Handbook of Environmental History*, New York 2013, S. 154–177.

Brockhaus' Kleines Konversations-Lexikon, 5. Aufl., 2 Bde., Leipzig 1911.

Brogle, Felix: *Die Flösserei der oberrheinischen Gebiete Laufenburg-Basel*, Dissertation Universität Basel 1952.

Brouwer, Roland: *Planting Power. The Afforestation of the Commons and State Formation in Portugal*, Delft 1995.

Brouwer, Roland: »Between Policy and Politics. The Forestry Services and the Commons in Portugal«, in: *Forest & Conservation History* 37 (4), 1993, S. 160–168.

Browne, Janet: *The Secular Ark. Studies in the History of Biogeography*, New Haven/London 1983.

Bruning, Jens, »Forstakademie«, in: *Enzyklopädie der Neuzeit Online*, hg. v. Friedrich Jaeger, 2014. Einsehbar unter: dx.doi.org/10.1163/2352-0248_edn_a1125000 [Stand: 31.1.2025].

Brunner, Claudia: *Epistemische Gewalt. Wissen und Herrschaft in der kolonialen Moderne*, Bielefeld 2020.

Brunold, Martin: »Das Astrolabium«, in: *Cartographica Helvetica. Fachzeitschrift für Kartengeschichte* 23, 2001, S. 19–25.

Buchholz, Amrei: »Karten miteinander. Alternative Wege der Rezeption in Alexander von Humboldts Atlanten des Reisewerks«, in: Bloch, Sarah Kviat/Lubrich, Oliver/Steinke, Hubert (Hg.): *Alexander von Humboldt – Wissenschaften zusammendenken*, Bern 2021, S. 95–125.

Buchholz, Amrei: *Zwischen Karten. Alexander von Humboldts »Atlas géographique et physique des régions équinoxiales du Nouveau Continent«*, Berlin/Boston 2020.

Bunke, Simon/Roselli, Antonio: *Kleines Lexikon der Aufrichtigkeit im 18. Jahrhundert*, Hannover 2014.

Bürgi, Andreas: *Europa Miniature. Die kulturelle Bedeutung des Reliefs, 16.–21. Jahrhundert*, Zürich 2007.

Bürgi, Andreas: »Relief als Vorlage, Relief als Ziel. Vermessung und Landschaftsdarstellung in der Aufklärung«, in: Gugerli, David (Hg.): *Vermessene Landschaften. Kulturgeschichte und technische Praxis im 19. und 20. Jahrhundert*, Zürich 1999, S. 125–136.

Cannon, Susan Faye: *Science in Culture. The Early Victorian Period*, New York 1978.

Caradonna, Jeremy L. (Hg.): *Routledge Handbook of the History of Sustainability*, London/New York 2018.

Casals Costa, Vicente: *Los Ingenieros de Montes en la España contemporánea (1848–1939)*, Barcelona 1996.

Castleman, Shannon Lee: *Tree Wounds*, Muna Island, Sulawesi, Fotografien, Oktober 2010–April 2011. Einsehbar unter: https://www.shannoncastleman.com/#/19-photographs [Stand: 31.1.2025].

Certeau, Michel de: *Kunst des Handelns*, übers. v. Ronald Voullié, Berlin 1988.

Chandavarkar, Rajnarayan: »›The Making of the Working Class‹: E. P. Thompson and Indian History«, in: *History Workshop Journal* (43), 1997, S. 177–196.

Clément, Vincent: »Spanish Wood Pasture. Origin and Durability of an Historical Wooded Landscape in Mediterranean Europe«, in: *Environment and History* 14 (1), 2008, S. 67–87.

Cohen, Jeffrey Jerome/Foote, Stephanie (Hg.): *The Cambridge Companion to Environmental Humanities*, Cambridge 2021.

Cohen, Ierome Bernard: *Revolution in Science*, Cambridge (Mass.)/London 1985.

Collet, Dominik/Lassen, Thore/Schanbacher, Ansgar (Hg.): *Handeln in Hungerkrisen. Neue Perspektiven auf soziale und klimatische Vulnerabilität*, Göttingen 2012.

Corsi, Pietro: Jean-Baptiste Lamarck: »From Myth to History«, in: Gissis, Snait B./

Jablonka, Eva/Zeligowski, Anna (Hg.): *Transformations of Lamarckism: From Subtle Fluids to Molecular Biology*, Cambridge (Mass.) 2011, S. 9–18.
Cronjäger, Lisa: »Sanft ist schön. Die bewegten Bilder der angepassten Technologie in den 1970er- und 80er-Jahren«, in: *Schweizerische Zeitschrift für Geschichte* 75, 2025 (im Erscheinen).
Cronjäger, Lisa: »Bäume für das neue Jahrtausend. Die Vorstellung einer genauen Ressourcenverwaltung im Kreislaufprinzip«, in: Dätwyler, Larissa/Klarskov, Aurea/Knierzinger, Lucas (Hg.): *Imagination und Genauigkeit. Verschränkungen in Künsten und Wissenschaften*, Berlin 2021, S. 137–154.
Cronjäger, Lisa: »The Curated Forest: Seeing Aesthetically and Scientifically«, in: *Basel Media Culture and Cultural Techniques Working Papers* 5, 2021, S. 1–21.
Cronjäger, Lisa: *Nachhaltigkeit in forstwissenschaftlichen Reiseberichten. Edmund von Bergs »Die Wälder in Finnland« (1859)*, Master-Arbeit Humboldt-Universität zu Berlin 2017.
Cronjäger, Lisa/Sandoz, Marie: »Review of: Jussi Parikka, Operational Images. From the Visual to the Invisual«, 2023, in: *Transbordeur. Photographie Histoire Société* 8, 2024, S. 202–203.
Cronjäger, Lisa/Schöning, Antonia von: »Auf einen Blick«, in: Krajewski, Markus/Schöning, Antonia von/Wimmer, Mario (Hg.): *Enzyklopädie der Genauigkeit*, Konstanz 2021, S. 16–29.
Cronjäger, Lisa/Stuber, Martin: »Forstkarten als Praktiken der Nachhaltigkeit. Zu den Anfängen forstwissenschaftlicher Planung in der Schweiz (1800–1870)«, in: *Schweizerische Zeitschrift für Forstwesen* 174 (6), 2023, S. 330–337.
Cubitt, Sean: *Finite Media. Environmental Implications of Digital Technology*, Durham 2017.
Cubitt, Sean/Monani, Salma/Rust, Stephen (Hg.): *Ecomedia: Key Issues*, London 2016.
Curry, Helen Anne/Jardine, Nicholas/Secord, James A./Spary, Emma C. (Hg.): *Worlds of Natural History*, Cambridge 2018.
Cushman, Gregory T.: »Humboldtian Science, Creole Meteorology, and the Discovery of Human-Caused Climate Change in South America«, in: *Osiris* 26 (1), 2011, S. 19–44.
Damaschun, Ferdinand/Schmitt, Ralf Thomas (Hg.): *Alexander von Humboldt. Minerale und Gesteine im Museum für Naturkunde Berlin*, Göttingen 2019.
Dargavel, John/Johann, Elisabeth: *Die Geschichte der Forstwissenschaft – eine Geschichte der Hoffnung*, Remagen 2018.
Därmann, Iris: *Widerstände. Gewaltenteilung in statu nascendi*, Berlin 2021.
Daston, Lorraine: »The Humboldtian Gaze«, in: Epple, Moritz/Zittel, Claus (Hg.): *Science as Cultural Practice. Cultures and Politics of Research from the Early Modern Period to the Age of Extremes*, Berlin 2010, S. 45–60.
Daston, Lorraine: »On Scientific Observation«, in: *Isis* 99 (1), 2008, S. 97–110.
Daston, Lorraine: *Eine kurze Geschichte der wissenschaftlichen Aufmerksamkeit*, München 2000.
Daston, Lorraine/Galison, Peter: *Objectivity*, New York 2007.
Davis, Diana K.: *Resurrecting the Granary of Rome. Environmental History and French Colonial Expansion in North Africa*, Athens (Ohio) 2007.
Degen, Bernhard/Tauber, Jürg/Meyer, Werner et al.: »Basel (Kanton)«, in: *Historisches Lexikon der Schweiz*, 13.1.2016. Einsehbar unter: https://hls-dhs-dss.ch/de/articles/007387/2016-01-13 [Stand: 31.1.2025].

DeLoughrey, Elizabeth M/Didur, Jill/Carrigan, Anthony (Hg.): *Global Ecologies and the Environmental Humanities. Postcolonial Approaches*, New York/London 2015.

Demélas, Marie-Danielle/Vivier, Nadine (Hg.): *Les propriétés collectives face aux attaques libérales (1750–1914). Europe occidentale et Amérique latine*, Rennes 2003.

Detering, Heinrich: *Holzfrevel und Heilsverlust. Die ökologische Dichtung der Annette von Droste-Hülshoff*, Göttingen 2020a.

Detering, Heinrich: »Was heißt *Ecocriticism*? Theoretische Fragen und deutsche Debatten«, in: Lützeler, Paul Michael/Kniesche, Thomas W. (Hg.): *Gegenwartsliteratur. Ein germanistisches Jahrbuch. Schwerpunkt: Ecocriticism/Environmental Humanities*, Nr. 19, Tübingen 2020b, S. 23–46.

Dettelbach, Michael: »Humboldtian Science«, in: Jardine, Nicholas/Secord, James A./Spary, Emma C. (Hg.): *Cultures of Natural History*, Cambridge/New York 1996, S. 287–304.

Deuber-Mankowsky, Astrid/Holzhey, Christoph F. E. (Hg.): *Situiertes Wissen und regionale Epistemologie. Zur Aktualität Georges Canguilhems und Donna J. Haraways*, Wien/Berlin 2013.

Dévy-Vareta, Nicole: »Gomes, Bernardino Barros«, in: Centro Interuniversitário de História das Ciências e da Tecnologia (CIUHCT) (Hg.): *O Dicionário Biográfico de Cientistas, Engenheiros e Médicos em Portugal*, Lissabon 2022. Einsehbar unter: doi.org/10.58277/CQEH5201 [Stand: 31.1.2025].

Dévy-Vareta, Nicole: »Les voyages de savants en Europe et le développment des idées géographiques dans le Portugal du XIXe siècle«, in: *Finisterra* 33 (65), 1998, S. 175–183.

Dévy-Vareta, Nicole/Garcia, João Carlos: »Bernardino Barros Gomes e a silvicultura no desenvolvimento da geografia portuguesa oitocentista«, in: *Revista da Faculdade de Letras (Universidade de Lisboa)* 12, 1989, S. 139–148.

Di Chiro, Giovanna: »Acting Globally: Cultivating a thousand community solutions for climate justice«, in: *Developmen*t 54, (2) 2011, S. 232–236.

Dietz, Burkhard: *Erich Philipp Ploennies (1672–1751). Leben und Werk eines mathematischen Praktikers der Frühaufklärung*, Neustadt (Aisch) 1996.

Dilcher, Gerhard: *Die Germanisten und die Historische Rechtsschule. Bürgerliche Wissenschaft zwischen Romantik, Realismus und Rationalisierung*, Frankfurt a. M. 2017.

Dister, Sarah: »Chapter 3: The Foundation of the FAO Library«, in: Food and Agriculture Organization of the United Nations (Hg.): *The Story of the FAO Library – 65th Anniversary 1952–2017*, Rom 2017, S. 45–64.

Dolz, Wolfram/Schillinger, Klaus: »Standorte über Tage/unter Tage: Markscheidekunst und bergbauliches Risswesen«, in: Ernsting, Bernd (Hg.): *Georgius Agricola. Bergwelten 1494–1994*, Essen 1994, S. 169–171.

Dommann, Monika/Suter, Mischa/Speich Chassé, Daniel: »Einleitung: Wissensgeschichte ökonomischer Praktiken«, in: *Berichte zur Wissenschaftsgeschichte* 37 (2), 2014, S. 107–111.

Echterhölter, Anna: *Metrologien. Zur Wissenschaftsgeschichte einer Infrastruktur*, Göttingen 2025 (im Erscheinen).

Echterhölter, Anna: »History«, in: Wallenhorst, Nathanaël/Wulf, Christoph (Hg.) *Handbook of the Anthropocene*, Cham 2023, S. 419–425.

Echterhölter, Anna: »Quantifizierungsdenken im Westpazifik. Für eine Epistemologie der Ressourcen«, in: *Nach Feierabend. Zürcher Jahrbuch für Wissensgeschichte* 15, 2020, S. 125–144.

Echterhölter, Anna: *Infrastrukturen der Asymmetrie. Vom ökonomischen Handwerk des Messens*, Habilitationsschrift Humboldt-Universität zu Berlin 2017.

Echterhölter, Anna: »Injury and Measurement. Jacob Grimm on Blood Money and Concrete Quantification«, in: *Social Analysis* 61, (4) 2017, S. 31–48.

Echterhölter, Anna: »Ökonomische Praktiken«, in: Echterhölter, Anna/Ladewig, Rebekka/Kammerer, Dietmar (Hg.): *ilinx – Berliner Beiträge zur Kulturwissenschaft*, Bd. 3: *Ökonomische Praktiken*, Hamburg 2013, S. VII–XXIV.

Echterhölter, Anna: *Schattengefechte. Genealogische Praktiken in Nachrufen auf Naturwissenschaftler (1710–1860)*, Göttingen 2012.

Edney, Matthew H./Pedley, Mary Sponberg (Hg.): *Cartography in the European Enlightenment*, 2 Bde., Chicago/London 2020.

Edwards, Paul N.: *A Vast Machine. Computer Models, Climate Data, and the Politics of Global Warming*, Cambridge (Mass.) 2010.

Eichhorn, M. P./Paris, P./Herzog, F. et al.: »Silvoarable Systems in Europe – Past, Present and Future Prospects«, in: *Agroforestry Systems* 67 (1), 2006, S. 29–50.

Elias, Friederike/Murmann, Henning/Franz, Albrecht et al. (Hg.): *Praxeologie. Beiträge zur interdisziplinären Reichweite praxistheoretischer Ansätze in den Geistes- und Sozialwissenschaften*, Berlin/Boston 2014.

Elliott, Lorraine: »environmentalism«, in: *Encyclopedia Britannica*, 2009. Einsehbar unter: britannica.com/topic/environmentalism [Stand: 31.1.2025].

Emmett, Robert S./Nye, David E.: *The Environmental Humanities. A Critical Introduction*, Cambridge (Mass.) 2017.

Endres, Max: *Handbuch der Forstpolitik mit besonderer Berücksichtigung der Gesetzgebung und Statistik*, Berlin 1922.

Ernst, Christoph: *Den Wald entwickeln. Ein Politik- und Konfliktfeld in Hunsrück und Eifel im 18. Jahrhundert*, München 2000.

Etkind, Alexander: *Nature's Evil. A Cultural History of Natural Resources*, übers. v. Sara Jolly, Cambridge/Medford 2021.

Ewald, Jürg/Marti, Reto (Hg.): *Nah dran, weit weg: Geschichte des Kantons Basel-Landschaft*, Bd. 5: *Armut und Reichtum. 19. und 20. Jahrhundert*, Liestal 2001.

Falkson, Katharina: »Bannwald«, in: Cordes, Albrecht et al. (Hg.): *Handwörterbuch zur deutschen Rechtsgeschichte*, Bd. I, Berlin 2004, Sp. 476–477.

Farocki, Harun: »Phantom Images«, in: *Public* 29, 2004, S. 12–24.

Fedotova, Anastasia/Korchmina, Elena: »Cattle Pasturing as a Traditional Form of Forest Use and Conflicts between Peasants and Forestry Administration in the Long Nineteenth Century (the Case of Bialowieza Primeval Forest)«, in: *Global Environment* 13 (3), 2020, S. 525–554.

Fedotova, Anastasia A./Loskutova, Marina V.: »Forests, Climate, and the Rise of Scientific Forestry in Russia. From Local Knowledge and Natural History to Modern Experiments (1840s–early 1890s)«, in: Phillips, Denise/Kingsland, Sharon (Hg.): *New Perspectives on the History of Life Sciences and Agriculture*, Dordrecht 2015, S. 113–137.

Fedotova, Anastasia: »Forestry Experimental Stations. Russian Proposals of the 1870s«, in: *Centaurus. International Magazine of the History of Mathematics, Science, and Technology* 56, 2014, S. 254–274.

Felten, Sebastian: »Sustainable Gains: Dutch Investment and Bureaucratic Rationality in

Eighteenth-Century Saxon Mines«, in: *Journal for the History of Knowledge* 1 (1), 2020, Art. 14, S. 1–15.
Felten, Sebastian: »Wie fest ist das Gestein? Extraktion von Arbeiterwissen im Bergbau des 18. Jahrhunderts«, in: *WerkstattGeschichte* 81, 2020, S. 15–35.
Felten, Sebastian/Oertzen, Christine von (Hg.): Special Issue: »Histories of Bureaucratic Knowledge«, in: *Journal for the History of Knowledge* 1 (1), 2020.
Felten, Sebastian/Oertzen, Christine von: »Bureaucracy as Knowledge«, in: *Journal for the History of Knowledge* 1 (1), 2020, S. 1–16.
Felten, Sebastian: »The History of Science and the History of Bureaucratic Knowledge. Saxon Mining, circa 1770«, in: *History of Science* 56 (4), 2018, S. 403–431.
Flitner, Michael (Hg.): *Der deutsche Tropenwald. Bilder, Mythen, Politik*, Frankfurt a. M./New York 2000.
Flores Galindo, Alberto: *Los mineros de la Cerro de Pasco 1900–1930 (Un intento de caracterización social y política)*, Pontificia Universidad Católica del Perú, Lima 1974.
Ford, Caroline: »Reforestation, Landscape Conservation, and the Anxieties of Empire in French Colonial Algeria«, in: *The American Historical Review* 113 (2), 2008, S. 341–362.
Foucault, Michel/Trombadori, Ducio (1978): *Der Mensch ist ein Erfahrungstier*, übers. v. Horst Brühmann, Frankfurt a. M. 1996.
Foucault, Michel (1975): *Überwachen und Strafen. Die Geburt des Gefängnisses*, übers. v. Walter Seitter, Frankfurt a. M. 1977.
Freitas, Joana Gaspar de: »Making a Case for an Environmental History of Dunes«, in: *Anthropocenes – Human, Inhuman, Posthuman* 1 (1), 2020, S. 1–5.
Freytag, Nils/Piereth, Wolfgang: »Städtische Holzversorgung im 18. und 19. Jahrhundert. Dimensionen und Perspektiven eines Forschungsfeldes«, in: Siemann, Wolfram/Freytag, Nils/Piereth, Wolfgang (Hg.): *Städtische Holzversorgung. Machtpolitik, Armenfürsorge und Umweltkonflikte in Bayern und Österreich (1750–1850)*, München 2002, S. 1–8.
Füssel, Marian/Schürmann, Inga/Rexroth, Frank (Hg.): *Praktiken und Räume des Wissens. Expertenkulturen in Geschichte und Gegenwart*, Göttingen 2019.
Füssel, Marian: »Praktiken historisieren. Geschichtswissenschaft und Praxistheorie im Dialog«, in: Daniel, Anna/Hillebrandt, Frank/Schäfer, Franka (Hg.): *Methoden einer Soziologie der Praxis*, Bielefeld 2015, S. 267–287.
Füssel, Marian: *Gelehrtenkultur als symbolische Praxis. Rang, Ritual und Konflikt an der Universität der Frühen Neuzeit*, Darmstadt 2012.
Gabriel, Alina: *Kreative Taktiken und alltäglicher Ungehorsam. Inwiefern lässt sich der Begriff der Alltagspraktik bei Michel de Certeau mit dem der everyday forms of resistance bei James Scott vergleichen?*, Bachelor-Arbeit Humboldt-Universität zu Berlin 2018.
Gabrys, Jennifer/Westerlaken, Michelle/Fatimah, Yuti Ariani: Actually existing smart forests: A proposal for pluralizing eco-technical worlds, in: *Environment and Planning F*, 2024. Einsehbar unter: doi.org/10.1177/26349825241264393 [Stand: 31.1.2025].
Gabrys, Jennifer: »Smart Forests and Data Practices: From the Internet of Trees to Planetary Governance«, in: *Big Data & Society* 7 (1), 2020, S. 1–10.
Gabrys, Jennifer: *Program Earth. Environmental Sensing Technology and the Making of a Computational Planet*, Minneapolis 2016.

Gaier, Ulrich/Gross, Sabine: *Herausforderung der Literaturwissenschaft. Droste-Hülshoffs ›Judenbuche‹*, Stuttgart 2018.
Gänger, Stefanie: »Circulation. Reflections on Circularity, Entity, and Liquidity in the Language of Global History«, in: *Journal of Global History* 12 (3), 2017, S. 303–318.
García Pereda, Ignacio: »Agustín Pascual González, 1818–1884, Biografía«, in: González-Doncel, Inés/Gil-Sánchez, Luis (Hg.): *Primeros pasos de la política forestal en España: Agustín Pascual (1818–1884)*, 2018, S. 41–115.
García Pereda, Ignacio: »Creando el bosque matemático en la década de 1860. Barros Gomes en la Mata Nacional da Machada (Barreiro, Portugal): testigos cartográficos«, in: *Estudos de Paisagem* II, 2017a, S. 223–241.
García Pereda, Ignacio: *Encontros florestais. A criação da Sociedade Portuguesa de Ciencias Florestais*, Lissabon 2017b.
García Pereda, Ignacio/González-Doncel, Inés/Gil-Sánchez, Luis: »La casa de Chinchón y la ciencia de montes«, in: *Cuadernos de la Sociedad Española de Ciencias Forestales* 38, 2013, S. 79–86.
Gehrlach, Andreas: *Diebe. Die heimliche Aneignung als Ursprungserzählung in Literatur, Philosophie und Mythos*, Paderborn 2016.
Gießmann, Sebastian: *Netze und Netzwerke. Archäologie einer Kulturtechnik, 1740–1840*, Bielefeld 2015.
Gilgen, Christian: *Köhlerei. Die schwarze Kunst russiger Gesellen*, Liestal 2003.
Gilgen, Christian: »Zum Forstwesen des Kantons Basel-Landschaft im 19. Jahrhundert oder der verschwundene Wald im Giebenacher Birch«, in: *Baselbieter Heimatblätter* 63, 1998, S. 113–128.
Gitelman, Lisa: *Paper Knowledge. Toward a Media History of Documents*, Durham 2014.
Gödden, Walter: *Tag für Tag im Leben der Annette von Droste-Hülshoff. Daten – Texte – Dokumente*, Paderborn et al. 1996.
González de Molina, Manuel/Petersen, Paulo/Garrido Peña, Francisco et al.: *Political Agroecology. Advancing the Transition to Sustainable Food Systems*, Boca Raton (FL) 2020.
González de Molina, Manuel (Hg.): *La cuestión agraria en la historia de Andalucía*, Sevilla 2014.
Goodbody, Alex: »Naturlyrik – Umweltlyrik – Lyrik im Anthropozän. Herausforderungen, Kontinuitäten und Unterschiede«, in: Bayer, Anja/Seel, Daniela (Hg.): *All dies hier, Majestät, ist deins. Lyrik im Anthropozän. Anthologie*, Berlin 2016, S. 287–304.
Graczyk, Annette: *Das literarische Tableau zwischen Kunst und Wissenschaft*, München 2004.
Grewe, Bernd-Stefan: *Der versperrte Wald. Ressourcenmangel in der bayerischen Pfalz (1814–1870)*, Köln/Weimar/Wien 2004.
Grieder, Fritz: *Glanz und Niedergang der Baselbieter Heimposamenterei im 19. und 20. Jahrhundert. Ein Beitrag zur wirtschaftlichen, sozialen, kulturellen und politischen Geschichte von Baselland*, Liestal 1985.
Grober, Ulrich: *Die Entdeckung der Nachhaltigkeit. Kulturgeschichte eines Begriffs*, München 2013a.
Grober, Ulrich: »Carlowitz und die Quellen unseres Nachhaltigkeitsbegriffs«, in: *Natur und Landschaft* 88 (2), 2013b, S. 46–51.

Grossmann, Heinrich: *Der Einfluss der ökonomischen Gesellschaften auf die Entstehung einer eigentlichen Forstwirtschaft in der Schweiz*, Bern 1932.

Grove, Richard H.: *Green Imperialism. Colonial Expansion, Tropical Island Edens and the Origins of Environmentalism, 1600–1860*, Cambridge 1996.

Grüne, Niels/Hübner, Jonas/Siegl, Gerhard (Hg.): Ländliche Gemeingüter – Rural Commons. Kollektive Ressourcennutzung in der europäischen Agrarwirtschaft, Innsbruck 2016.

Gugerli, David/Orland, Barbara (Hg.): *Ganz normale Bilder. Historische Beiträge zur visuellen Herstellung von Selbstverständlichkeit*, Zürich 2002.

Guha, Ramachandra: *Environmentalism. A Global History*, New York 2000.

Guha, Ramachandra/Martínez-Alier, Joan: *Varieties of Environmentalism: Essays North and South*, London 1997.

Guha, Ramachandra: *The Unquiet Woods. Ecological Change and Peasant Resistance in the Himalaya*, 2. Aufl., Delhi 1994.

Guimarães, Bráulio: *Padre Barros-Gomes. Victima da República. Morto a tiro a 4 de Outubro de 1910 no Palácio de Arroios*, Lissabon 2006.

Güttler, Nils: »›Hungry for Knowledge‹: Towards a Meso-History of the Environmental Sciences«, in: *Berichte zur Wissenschaftsgeschichte* 42 (2–3), 2019, S. 235–258.

Güttler, Nils: »Drawing the Line: Mapping Cultivated Plants and Seeing Nature in Nineteenth-Century Plant Geography«, in: Phillips, Denise/Kingsland, Sharon (Hg.): *New Perspectives on the History of Life Sciences and Agriculture*, Cham 2015, S. 27–52.

Güttler, Nils: *Das Kosmoskop. Karten und ihre Benutzer in der Pflanzengeographie des 19. Jahrhunderts*, Göttingen 2014.

Güttler, Nils: »Unsichtbare Hände. Die Koloristinnen des Perthes Verlags und die Verwissenschaftlichung der Kartographie im 19. Jahrhundert«, in: *Archiv für Geschichte des Buchwesens* 68, 2013, S. 133–153.

Habicht, Peter (Hg.): *Basel – Mittendrin am Rande. Eine Stadtgeschichte*, Basel 2008.

Hacking, Ian: »Biopower and the Avalanche of Printed Numbers«, in: *Humanities in Society* 5, 1982, S. 279–295.

Haese, Klaus: »Blechens Zeichnungen von seiner Sachsenreise«, in: Vogel, Gerd-Helge/Baumüller, Barbara (Hg.): *Carl Blechen (1798–1840). Grenzerfahrungen – Grenzüberschreitungen*, Greifswald 2000, S. 23–30.

Hagen, Clemens: »Die Entwicklung der forstlichen Zustandserfassung in einigen Waldgebieten der Ostschweiz und ihre Beziehung zur allgemeinen Entwicklung. Ein Beitrag zur Geschichte der Forsteinrichtung und Waldwertschätzung«, in: *Mitteilungen der Schweizerischen Anstalt für das forstliche Versuchswesen* 36 (3), 1960, S. 195–199.

Hahn, Roger: *The Anatomy of a Scientific Institution. The Paris Academy of Sciences, 1666–1803*, Berkeley 1971.

Hähnle, Mirjam/Cronjäger, Lisa: »Aushandlungsraum Hardwald – zwischen Stadt und Land, Waldweide und Industrie«, in: Baur, Esther/Gafner, Lina (Hg.): *Stadträume. Offen und begrenzt, gestaltet und umkämpft* (Stadt Geschichte Basel, Bd. 9), Basel 2025, S. 84–100.

Hähnle, Mirjam: »Carolyn Merchants ›Death of Nature‹ und die sozio-ökologischen Utopien der Frühen Neuzeit. Eine Relektüre in Zeiten der Klimakrise«, in: *L'Homme. European Journal of Feminist History* 34 (2), 2023, S. 33–48.

Haller, Lea/Höhler, Sabine/Westermann, Andrea: »Einleitung: Rechnen mit der Natur: Ökonomische Kalküle um Ressourcen«, in: *Berichte zur Wissenschaftsgeschichte* 37 (1), 2014, S. 8–19.

Haller, Tobias/Liechti, Karina/Stuber, Martin et al. (Hg.): *Balancing the Commons in Switzerland. Institutional Transformations and Sustainable Innovations*, London 2021.

Hapla, František: »Umtrieb, Umtriebszeit«, in: Lohmann, Ulf (Hg.): *Holzlexikon*, Bd. 2, 4. Aufl., Leinfelden-Echterdingen 2003, S. 543.

Haraway, Donna J.: »Situated Knowledges. The Science Question in Feminism and the Privilege of Partial Perspective«, in: Haraway, Donna J.: *Simians, Cyborgs, and Women. The Reinvention of Nature*, New York 1991, S. 183–201.

Hardenberg, Wilko Graf von/Mahony, Martin: »Introduction – Up, down, round and round: Verticalities in the history of science«, in: *Centaurus* 62 (4), 2020, S. 595–611.

Hardin, Garret: »Tragedy of the Commons«, in: *Science* 163, 1968, S. 1243–1248.

Harrasser, Karin/Solhdju, Katrin: »Wirksamkeit verpflichtet. Herausforderungen einer Ökologie der Praktiken«, in: *Zeitschrift für Medienwissenschaft* 8 (1), 2016, S. 72–86.

Hasel, Karl: *Forstgeschichte. Ein Grundriss für Studium und Praxis*, Hamburg/Berlin 1985.

Haude, Rüdiger: »›Keep calm‹? A critique of Wolfgang Behringer's ›A Cultural History of Climate‹«, in: *Journal of Environmental Studies and Science* 9, 2019, S. 397–408.

Hausen, Karin: »Häuslicher Herd und Wissenschaft. Zur frühneuzeitlichen Debatte über Holznot und Holzsparkunst in Deutschland«, in: Hausen, Karin (Hg.): *Geschlechtergeschichte als Gesellschaftsgeschichte*, Göttingen 2013, S. 161–185.

Head-König, Anne-Lise/Lorenzetti, Luigi/Stuber, Martin et al. (Hg.): *Kollektive Weiden und Wälder. Ökonomie, Partizipation, Nachhaltigkeit/Pâturages et forêts collectifs. Economie, participation, durabilité*, Zürich 2019.

Hecht, Michael: *Nahrungsmangel und Protest. Teuerungsunruhen in Frankreich und Preußen in den Jahren 1846–47*, Halle (Saale) 2004.

Heesen, Anke te: »Accounting for the Natural World. Double-Entry Bookkeeping in the Field«, in: Schiebinger, Londa/Swan, Claudia (Hg.): *Colonial Botany. Science, Commerce, and Politics in the Early Modern World*, Philadelphia 2005, S. 237–251.

Heesen, Anke te: »Die doppelte Verzeichnung. Schriftliche und räumliche Aneignungsweisen von Natur im 18. Jahrhundert«, in: Tausch, Harald (Hg.): *Gehäuse der Mnemosyne. Architektur als Schriftform der Erinnerung*, Göttingen 2003, S. 263–286.

Heidelberger Akademie der Wissenschaften/Deutsche Akademie der Wissenschaften zu Berlin (Hg.): *Deutsches Rechtswörterbuch. Wörterbuch der älteren deutschen Rechtssprache*, bisher 14 Bde., Weimar/Stuttgart 1912–2022. Einsehbar unter: drw-www.adw.uni-heidelberg.de/drw-cgi/zeige [Stand: 31. 1. 2025].

Heilmann, Till A.: »Zur Vorgängigkeit der Operationskette in der Medienwissenschaft und bei Leroi-Gourhan«, in: *Internationales Jahrbuch für Medienphilosophie* 2 (1), 2016, S. 7–30.

Heinitz, Wolfgang: *Tharandt. Auf Wegen durch Vergangenheit und Gegenwart*, Dresden 2016.

Heise, Ursula K./Christensen, Jon/Niemann, Michelle et al. (Hg.): *The Routledge Companion to the Environmental Humanities*, London/New York 2017.

Helander, Anders Benjamin: *Anton Gabriel Blomqvist ja hänen aikalaisensa [Anton Gabriel Blomqvist und seine Zeit]*, Helsinki 1936.

Hesmer, Herbert: *Leben und Werk von Dietrich Brandis 1824–1907. Begründer der tropischen Forstwirtschaft, Förderer der forstlichen Entwicklung in den USA, Botaniker und Ökologe,* Opladen 1975.

Hilf, Richard B.: »Berenger, Adolf von«, in: *Neue Deutsche Biographie*, Bd. 2, 1955, S. 70. Einsehbar unter: deutsche-biographie.de/sfz3818.html [Stand: 31.1.2025].

Hirschi, Caspar: »Akademie«, in: Sommer, Marianne/Müller-Wille, Staffan/Reinhardt, Carsten (Hg.): *Handbuch Wissenschaftsgeschichte*, Stuttgart 2017, S. 211–224.

Ho, Shu Ching: »Heinrich Cotta«, in: Wenzel, Manfred (Hg.): *Goethe-Handbuch. Supplemente.* Bd. 2: *Naturwissenschaften*, Stuttgart/Weimar 2012, S. 357–358.

Hobsbawm, Eric J.: *Bandits*, London 1969.

Hoel, Aud Sissel: »Operative Images. Inroads to a New Paradigm of Media Theory«, in: Friedrich, Kathrin/Feiersinger, Luisa/Queisner, Moritz (Hg.): *Image – Action – Space. Situating the Screen in Visual Practice*, Berlin 2018, S. 11–28.

Hoenig, Bianca: *Geteilte Berge. Eine Konfliktgeschichte der Naturnutzung in der Tatra*, Göttingen 2018.

Höhler, Sabine: *Spaceship Earth in the Environmental Age, 1960–1990*, London 2016.

Höhler, Sabine: »Resilienz: Mensch – Umwelt – System. Eine Geschichte der Stressbewältigung von der Erholung zur Selbstoptimierung«, in: *Zeithistorische Forschungen – Studies in Contemporary History* 11 (3), 2015, S. 425–443.

Hölzl, Richard: »Der ›deutsche Wald‹ als Produkt eines transnationalen Wissenstransfers?: Forstreform in Deutschland im 18. und 19. Jahrhundert«, in: Dauser, Regina/Schilling, Lothar (Hg.): *Grenzen und Kontaktzonen: Rekonfigurationen von Wissensräumen zwischen Frankreich und den deutschen Ländern 1700–1850*, Paris 2012, S. 1–29. Einsehbar unter: perspectivia.net/receive/ploneimport_mods_00000472 [31.1.2025].

Hölzl, Richard: »Historicizing Sustainability. German Scientific Forestry in the Eighteenth and Nineteenth Centuries«, in: *Science as Culture* 19 (4), 2010a, S. 431–460.

Hölzl, Richard: *Umkämpfte Wälder. Die Geschichte einer ökologischen Reform in Deutschland, 1760–1860*, Frankfurt a. M./New York 2010b.

Hoppe, Katharina: *Die Kraft der Revision. Epistemologie, Politik und Ethik*, Frankfurt a. M./New York 2021.

Hopwood, Nick/Müller-Wille, Staffan/Browne, Janet et al.: »Cycles and Circulation: a Theme in the History of Biology and Medicine«, in: *History and Philosophy of the Life Sciences* 43 (89), 2021, S. 1–39.

Horn, Eva/Schnyder, Peter (Hg.): Themenheft: »Romantische Klimatologie«, in: *Zeitschrift für Kulturwissenschaften* (1), 2016.

Hürlimann, Katja/Schuler, Anton: »Offences against forest regulations in early modern times in the canton of Zurich: Deviant behaviour or a sublimation of conflict?«, in: *International IUFRO-Conference »Woodlands – Cultural heritage«. News of Forest History* 36/37, 2005, S. 47–56.

Inglehart, Ronald: *The Silent Revolution. Changing Values and Political Styles among Western Publics*, Princeton 2015.

Intergovernmental Panel on Climate Change (Hg.): *Climate Change 2022. Mitigation of Climate Change. Working Group III Contribution to the IPCC Sixth Assessment Report (AR6). Summary for Policymakers*, 4.4.2022. Einsehbar unter: ipcc.ch/report/ar6/wg3 [Stand: 31.1.2025].

International Climate Justice Network: *Bali Principles of Climate Justice*, 29.8.2002. Einsehbar unter: corpwatch.org/article/bali-principles-climate-justice [Stand: 31.1.2025].
Jackson, Roland: »Eunice Foote, John Tyndall and a question of priority«, in: *Notes and Records: the Royal Society Journal of the History of Science* 74 (1), 2020, S. 105–118.
Jacoby, Karl: *Crimes against Nature. Squatters, Poachers, Thieves, and the Hidden History of American Conservation*, Berkeley/Los Angeles/London 2001.
Jacoby, Karl: »Class and Environmental History. Lessons from ›The War in the Adirondacks‹«, in: *Environmental History* 2 (3), 1997, S. 324–342.
Jafry, Tahseen/Helwig, Karin/Mikulewicz, Michael (Hg.): *Routledge Handbook of Climate Justice*, London/New York 2019.
Jäger, Cornelie: *Klimaschutz braucht Moorschutz. Warum Moorböden unsere besondere Aufmerksamkeit verdienen und was wir für sie tun können*, München 2020.
Jakubowski-Tiessen, Manfred: »Umweltgeschichte als geschichtswissenschaftliche Disziplin in Deutschland«, in: Düselder, Heike/Schmitt, Annika/Westphal, Siegrid (Hg.): *Umweltgeschichte. Forschung und Vermittlung in Universität, Museum und Schule*, Köln/Weimar/Wien 2014, S. 23–36.
Jenny, Fränzi/Gugger, Chris (Hg.): *Basel-Lexikon*, Basel 2001.
Jentsch, Fritz/Büsgen, Moritz: »Forstwirtschaftliche und forstbotanische Expedition nach Kamerun und Togo«, in: *Beihefte zum Tropenpflanzer. Wissenschaftliche und praktische Abhandlungen über tropische Landwirtschaft* XIII (9), 1909, S. 185–310.
Johann, Elisabeth: *Aufgaben und Tätigkeiten des Centre International de Sylviculture (C.I.S) bzw. der Internationalen Forstzentrale (IFZ) in Berlin 1939 bis 1945. Unveröffentlichter Arbeitsbericht*, Rom 2007.
Jörg, Kilian/Schulz, Jorinde: *Die Clubmaschine (Berghain)*, 3. Aufl., Hamburg 2019.
Kaden, Herbert: »Zur ›Erfindung‹ des Begriffs ›Nachhaltigkeit‹ – eine Quellenanalyse«, in: *Sächsische Heimatblätter. Zeitschrift für Sächsische Geschichte, Denkmalpflege, Natur und Umwelt* 4, 2012, S. 384–391.
Kaminski, Sophie: *Die Idee der Nachhaltigkeit und die Landschaft des 18. und 19. Jahrhunderts am Beispiel des südlichen Raums Hildesheim*, Göttingen 2020.
Kern, Ralf: *Wissenschaftliche Instrumente in ihrer Zeit*, 4 Bde., Köln 2010.
Killian, Herbert: *Mariabrunner Trilogie*, hg. v. der Forstlichen Bundesversuchsanstalt in Wien, 3 Bde., Wien 1968.
Kimmerer, Robin Wall: *Gathering Moss. A Natural and Cultural History of Mosses*, Corvallis 2003.
Klein, Naomi: *This Changes Everything. Capitalism vs. the Climate*, London 2015.
Klein, Ursula: *Nützliches Wissen. Die Erfindung der Technikwissenschaften*, Göttingen 2016.
Kneer, Georg/Schroer, Markus/Schüttpelz, Erhard: *Bruno Latours Kollektive. Kontroversen zur Entgrenzung des Sozialen*, Frankfurt a. M. 2008.
Kohler, François: »Quiquerez, Auguste«, in: *Historisches Lexikon der Schweiz*, 15.3.2012. Einsehbar unter: hls-dhs-dss.ch/articles/031999/2012-03-15 [Stand: 31.1.2025].
Kohler, Robert E.: *Landscapes & Labscapes. Exploring the Lab-Field Border in Biology*, Chicago 2002.
Krajewski, Markus: »Genauigkeit. Zur Ausbildung einer epistemischen Tugend im ›langen 19. Jahrhundert‹«, in: *Berichte zur Wissenschaftsgeschichte* 39 (3), 2016, S. 211–229.

Krajewski, Markus: *Zettelwirtschaft. Die Geburt der Kartei aus dem Geiste der Bibliothek*, Berlin 2015.

Krämer, Daniel: *»Menschen grasten nun mit dem Vieh.« Die letzte grosse Hungerkrise der Schweiz 1816/17. Mit einer theoretischen und methodischen Einführung in die historische Hungerforschung*, Basel 2015.

Krämer, Sybille: *Figuration, Anschauung, Erkenntnis. Grundlinien einer Diagrammatologie*, Berlin 2016.

Krämer, Sybille: »Karten – Kartenlesen – Kartographie. Kulturtechnisch inspirierte Überlegungen«, in: Helas, Philine/Polte, Maren/Rückert, Claudia et al. (Hg.): *BILD/GESCHICHTE*, Berlin 2007, S. 73–82.

Krämer, Sybille/Bredekamp, Horst: »Kultur, Technik, Kulturtechnik: Wider die Diskursivierung der Kultur«, in: Krämer, Sybille/Bredekamp, Horst (Hg.): *Bild, Schrift, Zahl*, München 2003, S. 11–20.

Krasnodębski, Marcin: »The Social Construction of Pine Forest Wastes in Southwestern France During the Nineteenth and Twentieth Centuries«, in: *Environment and History* 28 (1), 2022, S. 155–183.

Krenkel, Erich: »Cotta, Bernhard von«, in: *Neue Deutsche Biographie*, Bd. 3, 1957, S. 381. Einsehbar unter: deutsche-biographie.de/pnd118522396.html#ndbcontent [Stand: 31.1.2025].

Kreye, Lars: *»Deutscher Wald« in Afrika. Koloniale Konflikte um regenerative Ressourcen, Tansania 1892–1916*, Göttingen 2021.

Küster, Hansjörg: *Der Wald. Natur und Geschichte*, München 2019.

Küster, Hansjörg: *Geschichte des Waldes. Von der Urzeit bis zur Gegenwart*, München 2008.

Ladewig, Rebekka: *Schwindel. Eine Epistemologie der Orientierung*, Tübingen 2016.

Latour, Bruno: *Die Hoffnung der Pandora. Untersuchungen zur Wirklichkeit der Wissenschaft*, Frankfurt a. M. 2002.

Latour, Bruno: »Der ›Pedologen-Faden‹ von Boa Vista – eine photo-philosophische Montage«, in: Latour, Bruno: *Der Berliner Schlüssel. Erkundungen eines Liebhabers der Wissenschaften,* übers. v. Gustav Roßler, Berlin 1996, S. 191–248.

Latour, Bruno: *Science in Action. How to Follow Scientists and Engineers Through Society*, Cambridge (Mass.) 1987.

Linares, Antonio M.: »Forest planning and traditional knowledge in collective woodlands of Spain: The dehesa system«, in: *Forest Ecology and Management* 249 (1), 2007, S. 71–79.

Linebaugh, Peter/Rediker, Marcus: *The Many-Headed Hydra. Sailors, Slaves, Commoners, and the Hidden History of the Revolutionary Atlantic*, Boston 2013.

Linne, Karsten: *Von Witzenhausen in die Welt. Ausbildung und Arbeit von Tropenlandwirten 1898 bis 1971*, Göttingen 2017.

Lionnet, Marie-Jeanne: »La sylviculture à la conquête de la planète: ›Imiter la nature, hâter son œuvre‹«, in: *Responsabilité & Environnement* 53, 2009, S. 56–63.

Lipp, Carola/Bechtold-Comforty, Beate (Hg.): *Schimpfende Weiber und patriotische Jungfrauen. Frauen im Vormärz und in der Revolution 1848/49*, Baden-Baden 1998.

Löffler, Petra/Sprenger, Florian: »Medienökologien. Einleitung in den Schwerpunkt«, in: *Zeitschrift für Medienwissenschaft* 8 (1), 2016, S. 10–18.

Lorsbach, Josef: *Hauberge und Hauberggenossenschaften des Siegerlandes*, Karlsruhe 1956.

Lotz, Christian: *Nachhaltigkeit neu skalieren. Internationale forstwissenschaftliche Kongresse und Debatten um die Ressourcenversorgung der Zukunft im Nord- und Ostseeraum (1870–1914)*, Wien/Köln/Weimar 2018.

Lowenthal, David: »Origins of Anthropocene Awareness«, in: *The Anthropocene Review* 3 (1), 2016, S. 52–63.

Lowenthal, David: *George Perkins Marsh. Prophet of Conservation*, Seattle (Wash.) 2003.

Lowood, Henry E.: *Patriotism, Profit and the Promotion of Science in the German Enlightenment. The Economic and Scientific Societies, 1760–1815*, New York/London 1991.

Lowood, Henry E.: »The Calculating Forester: Quantification, Cameral Science, and the Emergence of Scientific Forestry Management in Germany«, in: Frängsmyr, Tore/Heilbron, J. L./Rider, Robin E. (Hg.): *The Quantifying Spirit in the Eighteenth Century*, Berkeley 1990, S. 315–342.

Lüttge, Felix: *Auf den Spuren des Wals. Geographien des Lebens im 19. Jahrhundert*, Göttingen 2020.

Maathai, Wangari: *Unbowed. A Memoir*, New York 2006.

Maathai, Wangari: *The Green Belt Movement. Sharing the Approach and the Experience*, 2. Aufl., New York 2003.

Macho, Thomas: »Tiere zweiter Ordnung. Kulturtechniken der Identität und Identifikation«, in: Baecker, Dirk/Kettner, Matthias/Rustemeyer, Dirk (Hg.): *Über Kultur. Theorie und Praxis der Kulturreflexion*, Bielefeld 2015, S. 99–118.

Maclaren, Piers: »Rotations«, in: Burley, Jeffery/Evans, Julian/Youngquist John (Hg.): *Encyclopedia of Forest Sciences*, Bd. 2, Amsterdam/Oxford 2004, S. 855–859.

Mantel, Kurt: *Wald und Forst in der Geschichte. Ein Lehr- und Handbuch*, Alfeld 1990.

Manz, Matthias/Salathé, René (Hg.): *Pratteln an der Schwelle zur Moderne. Drei Zeitzeugen berichten (1863–1904). Die Heimatkunden von Johannes Buess (1863) und Johannes Martin (1867–1890) und die Gemeindechronik von Karl Sartorius (1904)*, Liestal 2020.

Marchi, Enrico: »A Vallombrosa 150 anni fa la prima scuola forestale italiana [In Vallombrosa war vor 150 Jahren die erste italienische Forstschule]«, *Unifimagazine – La testata online dell'Ateneo fiorentino [Die Onlinezeitung der Universität in Florenz]*, 2.8.2019. Einsehbar unter: unifimagazine.it/vallombrosa-150-anni-la-scuola-forestale-italiana [31.1.2025].

Martínez-Alier, Joan: *The Environmentalism of the Poor. A Study of Ecological Conflicts and Valuation*, Cheltenham/Northampton 2002.

Maxwell, Richard/Miller, Toby (Hg.): *Greening the Media*, Oxford 2012.

Maye, Harun, »Was ist eine Kulturtechnik?«, in: *Zeitschrift für Medien- und Kulturforschung* 1, 2010, S. 121–135.

McKittrick, Katherine: »Plantation Futures«, in: *Small Axe. A Caribbean Journal of Criticism* 17 (3 (42)), 2013, S. 1–15.

McKittrick, Katherine: *Demonic Grounds. Black Women and the Cartographies of Struggle*, Minneapolis 2006.

Meerhoff, Jasmin: *Read me! Eine Kultur- und Mediengeschichte der Bedienungsanleitung*, Bielefeld 2011.

Meier, Eugen: *Basler Erzgräber, Bergwerksbesitzer und Eisenhändler*, Basel 1965.

Meyers Großes Konversations-Lexikon, 6. Aufl., 20 Bde., Leipzig 1905–1909. Einsehbar unter: zeno.org/Meyers-1905 [31.1.2025].

Merchant, Carolyn: *The Death of Nature. Women, Ecology, and the Scientific Revolution*, San Francisco 1980.

Mikoleit, Ronja/Holz, Jana/Saave, Anna/Schröder, Ronja: »Soziologische Waldforschung im Aufbruch. Tagungsbericht zum ersten Soziologischen Waldsymposium am 1. Dezember 2023 an der Friedrich-Schiller-Universität Jena«, in: *SuN. Soziologie und Nachhaltigkeit. Beiträge zur sozial-ökologischen Transformationsforschung*, 2023. Einsehbar unter: https://sun-blog.org/tagungsbericht-soziologische-waldforschung-im-aufbruch-2023 [Stand: 11.12.2024].

Missingham, Bruce: *The Assembly of the Poor in Thailand. From Local Struggles to National Protest Movement*, Chiang Mai/Chesham 2004.

Monmonier, Mark S.: *Coast Lines. How Mapmakers Frame the World and Chart Environmental Change*, Chicago/London 2008.

Moore, Jason W.: »›Amsterdam is Standing on Norway‹ Part II: The Global North Atlantic in the Ecological Revolution of the Long Seventeenth Century«, in: *Journal of Agrarian Change* 10 (2), 2010, S. 188–227.

Mooser, Josef/Wenger, Simon (Hg.): *Armut und Fürsorge in Basel. Armutspolitik vom 13. Jahrhundert bis heute*, Basel 2011.

Mooser, Josef: *Ländliche Klassengesellschaft, 1770–1848. Bauern und Unterschichten, Landwirtschaft und Gewerbe im östlichen Westfalen*, Göttingen 1984a.

Mooser, Josef: »›Furcht bewahrt das Holz‹. Holzdiebstahl und sozialer Konflikt 1800–1850 an westfälischen Beispielen«, in: Reif, Heinz (Hg.): *Räuber, Volk und Obrigkeit*, Frankfurt a. M. 1984b, S. 43–99.

Mukerji, Chandra: »The Great Forestry Survey of 1669–1671: The Use of Archives for Political Reform«, in: *Social Studies of Science* 37 (2), 2007, S. 227–253.

Müller-Scheeßel, Karsten: *Jürgen Christian Findorff und die kurhannoversche Moorkolonisation im 18. Jahrhundert*, Fischerhude 2020.

Müller-Wille, Staffan: »Linnaean Paper Tools«, in: Curry, Helen Anne/Jardine, Nicholas/Secord, James A. et al. (Hg.): *Worlds of Natural History*, Cambridge 2018, S. 205–220.

Müller-Wille, Staffan: »Names and Numbers: ›Data‹ in Classical Natural History, 1758–1859«, in: *Osiris* 32 (1), 2017, S. 109–128.

Munshi, Indra: »Sir Dietrich Brandis: ein deutscher Generalforstinspektor in Indien«, in: Flitner, Michael (Hg.): *Der deutsche Tropenwald. Bilder, Mythen, Politik*, Frankfurt a. M./New York 2000, S. 49–60.

Munshi Saldanha, Indra: »Colonialism and Professionalism: A German Forester in India«, in: *Environment and History* 2 (2), 1996, S. 195–219.

Museumsverein Laufenburg (Hg.): *Fischer – Flösser – Laufenknechte. Ihre Arbeit am Hochrhein im Wandel der Zeiten*, Laufenburg 1989.

Netting, Robert: *Balancing on an Alp. Ecological Change and Continuity in a Swiss Mountain Community*, Cambridge 1981.

Netting, Robert: »What Alpine Peasants have in Common. Observations on Communal Tenure in a Swiss village«, in: *Human Ecology* 4, 1976, S. 135–146.

Neuhaus, Markus Matthias: *Forstliche Wissenschaftsgeschichte des langen 19. Jahrhunderts –*

Institutionalisierung forstlicher Ausbildung in Baden und Württemberg, Dissertation Albert-Ludwigs-Universität Freiburg 2014.

Nixon, Rob: *Slow Violence and the Environmentalism of the Poor*, Cambridge (Mass.)/London 2011.

Nokkala, Ere: »From Fatherly Government to an Economic State: Late Cameralists on Natural Rights, Freedom, and Pursuit of Happiness«, in: *History of Political Economy* 53 (3), 2021, S. 479–495.

Nokkala, Ere/Miller, Nicholas B. (Hg.): *Cameralism and the Enlightenment. Happiness, Governance and Reform in Transnational Perspective*, New York 2020.

Nokkala, Ere: *From Natural Law to Political Economy. J. H. G. von Justi on State, Commerce and International Order*, Zürich 2019.

Nordblad, Julia: »Forest Time and the Passions of Economic Man«, in: Ekström, Anders/Bergwik, Staffan (Hg.): *Times of History, Times of Nature. Temporalization and the Limits of Modern Knowledge*, New York 2022, S. 105–127.

Nordblad, Julia: »Time for Politics. How a Conceptual History of Forests can help us Politicize the Long Term«, in: *European Journal of Social Theory* 20 (1), 2017, S. 1–19.

Oertzen, Christine von: »Die Historizität der Verdatung: Konzepte, Werkzeuge und Praktiken im 19. Jahrhundert«, in: *N. T. M. Zeitschrift für Geschichte der Wissenschaften, Technik und Medizin* 25 (4), 2017, S. 407–434.

Olesko, Kathryn: »The Indaganda Survey of the Prussian Frontier: The Built World, Logistical Power, and Bureaucratic Knowledge in the Polish Partitions, 1772–1806«, in: *Journal for the History of Knowledge* 1 (1), 2020, S. 1–17.

Olesko, Kathryn: »Cameralism«, in: Heilbron, John L. (Hg.): *The Oxford Companion to the History of Modern Science*, Oxford 2003. Einsehbar unter: oxfordreference.com/view/10.1093/acref/9780195112290.001.0001/acref-9780195112290-e-0102 [Stand: 31.1.2025].

Oosthoek, K. Jan/Hölzl, Richard (Hg.): *Managing Northern Europe's Forests. Histories from the Age of Improvement to the Age of Ecology*, New York/Oxford 2018.

Opitz-Belakhal, Claudia: »›Ueber Armuth, Betteley und Wohlthätigkeit‹. Armut und Armutsbekämpfung im Zeitalter von Aufklärung, Helvetik und Restauration«, in: Mooser, Josef/Wenger, Simon (Hg.): *Armut und Fürsorge in Basel. Armutspolitik vom 13. Jahrhundert bis heute*, Basel 2011, S. 73–100.

Oppermann, Serpil/Iovino, Serenella (Hg.): *Environmental Humanities. Voices from the Anthropocene*, London/New York 2017.

Ortega Santos, Antonio: »Über die historische Nachhaltigkeit kollektiver bäuerlicher Aktionsformen. Sozio-ökologische Konflikte in Ost-Andalusien (18. bis 20. Jahrhundert)«, in: Allemeyer, Marie Luisa/Jakubowski-Tiessen, Manfred/Rufino, Salvador Rus (Hg.): *Von der Gottesgabe zur Ressource. Konflikte um Wald, Wasser und Land in Spanien und Deutschland seit der Frühen Neuzeit (De la Conservación a la Ecología. Estudios históricos sobre el uso de los recursos naturales y la sostenibilidad)*, Essen 2007, S. 239–261.

Osterhammel, Jürgen: *Die Verwandlung der Welt. Eine Geschichte des 19. Jahrhunderts*, München 2013.

Ostrom, Elinor (1990): *Die Verfassung der Allmende. Jenseits von Staat und Markt*, übers. v. Ekkehard Schöller, Tübingen 1999.

Pagenstert, Gottfried: »Adolphe Parade. Direktor der Forsthochschule Nancy 1802–1864. Zum 100jährigen Todestag des großen französischen Forstwissenschaftlers«, in: *Der Forst- und Holzwirt* 19 (24), 1964.

Pagenstert, Gottfried: *Forstliche Beziehungen zwischen Frankreich und Deutschland im XIX. Jahrhundert. Unter besonderer Betrachtung der napoleonischen Forstverwaltung*, Dissertation Albert-Ludwigs-Universität Freiburg 1961.

Pardé, Jean: »Un destin peu commun : Dietrich Brandis 1824–1907«, in: *Revue forestière française* 28 (4), 1976, S. 315–317.

Parikka, Jussi: *Operational Images: From the Visual to the Invisual*, Minneapolis 2023.

Parikka, Jussi: »Afterword: Cultural Techniques and Media Studies«, in: *Theory, Culture & Society* 30 (6), 2013, S. 147–159.

Pérez Picazo, Maria Teresa: »Propriété collective et ›désamortissement‹ en Espagne (1750–1900)«, in: Demélas, Marie-Danielle/Vivier, Nadine (Hg.): *Les propriétés collectives face aux attaques libérales (1750–1914). Europe occidentale et Amérique latine*, Rennes 2003, S. 197–215.

Perpeet, Wilhelm: »Kultur, Kulturphilosophie«, in: Ritter, Joachim/Gründer, Karlfried (Hg.): *Historisches Wörterbuch der Philosophie*, Bd. 4, Basel 1976, Sp. 1309.

Perrot, Michelle: »Rebellische Weiber. Die Frau in der französischen Stadt des 19. Jahrhunderts«, in: Honegger, Claudia/Heintz, Bettina (Hg.): *Listen der Ohnmacht. Zur Sozialgeschichte weiblicher Widerstandsformen*, Frankfurt a. M. 1981, S. 71–98.

Pfeifer, Wolfgang et al. (Hg.): *Etymologisches Wörterbuch des Deutschen*, Berlin 1993, einsehbar unter: https://www.dwds.de/wb/etymwb/operativ [Stand: 31.1.2025].

Pfister, Christian/Studer, Roman: *Swistoval. The Swiss Historical Monetary Value Converter*. Einsehbar unter: swistoval.ch/content/einzelwerte.de.html [Stand: 31.1.2025].

Pfister, Christian: »Überschwemmungen und Niedrigwasser im Einzugsgebiet des Rheins 1500–2000«, in: Klötzli, Frank/Capaul, Urs/Hilfiker, Helen et al. (Hg.): *Der Rhein. Lebensader einer Region*, Zürich 2005, S. 265–273.

Philipp, Karl: *Deutsch-englisches und englisch-deutsches Forstwörterbuch*, Neudamm 1900.

Phillips, Denise: »Academies and Societies«, in: Lightman, Bernard (Hg.): *A Companion to the History of Science*, Hoboken (NJ)/Chichester (West Sussex) 2016, S. 224–237.

Phillips, Denise: »Plants and Places: Agricultural Knowledge and Plant Geography in Germany, 1750–1810«, in: Phillips, Denise/Kingsland, Sharon (Hg.): *New Perspectives on the History of Life Sciences and Agriculture*, Cham 2015, S. 9–26.

Phillips, Denise: »Friends of Nature. Urban Sociability and Regional Natural History in Dresden, 1800–1850«, in: *Osiris* 18 (1), 2003, S. 43–59.

Piven, Frances Fox/Cloward, Richard A.: *Poor People's Movements. Why They Succeed, How They Fail*, New York 1977.

Plumpe, Werner: *Wirtschaftskrisen. Geschichte und Gegenwart*, München 2013.

Polanyi, Michael (1966): *Implizites Wissen*, übers. v. Horst Brühmann, Frankfurt a. M. 1990.

Popplow, Marcus: *Landschaften agrarisch-ökonomischen Wissens. Strategien innovativer Ressourcennutzung in Zeitschriften und Sozietäten des 18. Jahrhunderts*, Münster 2010.

Pritchard, Sara B.: »Toward an Environmental History of Technology«, in: *The Oxford Handbook of Environmental History*, New York 2014, S. 227–258.

Probst, Milo: *Für einen Umweltschutz der 99 %. Eine historische Spurensuche*, Hamburg 2021.

Radkau, Joachim: *Holz. Wie ein Naturstoff Geschichte schreibt*, München 2018.

Radkau, Joachim: *Natur und Macht. Eine Weltgeschichte der Umwelt*, 2. Aufl., München 2012.

Radkau, Joachim: »Holzverknappung und Krisenbewusstsein im 18. Jahrhundert«, in: *Geschichte und Gesellschaft* 9 (4), 1983, S. 513–543.

Rajan, Ravi: »Imperial Environmentalism or Environmental Imperialism? European Forestry, Colonial Foresters and the Agendas of Forest Management in British India 1800–1900«, in: Grove, Richard H./Damodaran, Vinita/Sangwan, Satpal (Hg.): *Nature and the Orient. The Environmental History of South and Southeast Asia*, Delhi 1998, S. 324–371.

Ranke, Winfried/Korff, Gottfried: *Hauberg und Eisen. Landwirtschaft und Industrie im Siegerland um 1900*, München 1980.

Rankin, William: *After the Map. Cartography, Navigation, and the Transformation of Territory in the Twentieth Century*, Chicago 2016.

Raphael, Renée: »In Pursuit of ›Useful‹ Knowledge: Documenting Technical Innovation in Sixteenth-Century Potosí«, in: *Journal for the History of Knowledge* 1 (1), 2020, S. 1–14.

Reckwitz, Andreas: »Grundelemente einer Theorie sozialer Praktiken. Eine sozialtheoretische Perspektive«, in: *Zeitschrift für Soziologie* 32 (4), 2003, S. 282–301.

Reichardt, Rolf: »Revolution«, in: Jaeger, Friedrich (Hg.): *Enzyklopädie der Neuzeit Online*, 2019. Einsehbar unter: referenceworks.brillonline.com/entries/enzyklopaedie-der-neuzeit/revolution-COM_339983#a3638000_000_54 [Stand: 31.1.2025].

Reitemeyer, Ursula: *Perfektibilität gegen Perfektion. Rousseaus Theorie gesellschaftlicher Praxis*, 2. Aufl., Münster 2013.

Reith, Reinhold: *Umweltgeschichte der frühen Neuzeit*, München 2011.

Relly, Eduardo: »A agricultura e floresta dos alemães no Brasil: mobilidade, conhecimentos e transfers no Urwald (século XIX)«, in: *Estudos Ibero-Americanos* 46 (1), 2020, S. 1–16.

Relly, Eduardo: »A proposal for the understanding of German forest colonization in Southern Brazil through property rights and (de)regulation«, in: Isaia, Artur César/Gomes Graebin, Cleusa Maria/Eidt, Douglas et al. (Hg.): *História, Cultura e Religiosidades Afro-Brasileiras*, Bd. 2, Porto Alegre 2018, S. 71–78.

Renn, Jürgen: *The Evolution of Knowledge. Rethinking Science for the Anthropocene*, Princeton/Oxford 2020.

Rheinberger, Hans-Jörg/Hagner, Michael/Wahrig-Schmidt, Bettina (Hg.): *Räume des Wissens. Repräsentation, Codierung, Spur*, Berlin 1997.

Robinson, Arthur Howard: *Early Thematic Mapping in the History of Cartography*, Chicago/London 1982.

Rohner, Andreas: »Von der Waldordnung zum Waldgesetz«, in: *Baselbieter Heimatblätter* 63, 1998, S. 108–112.

Röhrig, Ernst/Bartsch, Norbert/Lüpke, Burghard von (Hg.): *Waldbau auf ökologischer Grundlage*, 7. Aufl., Stuttgart 2006.

Roosvall, Anna/Tegelberg, Matthew (Hg.): *Media and Transnational Climate Justice. Indigenous Activism and Climate Politics*, New York/Bern/Berlin/Wien 2018.

Röthlin, Niklaus: »Energieträger – Rohstoff – Weide. Die Bedeutung von Wald und Holz im 16. bis 18. Jahrhundert am Beispiel des Basler Forstwesens«, in: *Basler Zeitschrift für Geschichte und Altertumskunde* 93, 1993, S. 175–214.

Rubner, Heinrich: *Forstgeschichte im Zeitalter der industriellen Revolution*, Berlin 1967.

Rudwick, Martin J. S.: *Bursting the Limits of Time. The Reconstruction of Geohistory in the Age of Revolution*, Chicago/London 2005.

Rueckert, William: »Literature and Ecology: An Experiment in Ecocriticism«, in: *Iowa Review* 9 (1), 1978, S. 71–86.

Ruppel, Sophie: *Botanophilie. Mensch und Pflanze in der aufklärerisch-bürgerlichen Gesellschaft um 1800*, Köln 2019.

Sächsische Hans-Carl-von-Carlowitz-Gesellschaft (Hg.): *Die Erfindung der Nachhaltigkeit. Leben, Werk und Wirkung des Hans Carl von Carlowitz*, München 2013.

Sahlins, Peter: *Forest Rites. The War of the Demoiselles in Nineteenth-Century France*, Cambridge/London 1994.

Sales, Fátima/Cabral, Célia/Gonzaga, Nuno et al.: »Herbarium mediterraneum pyrenaicum et canariense: a colecção de Heinrich Moritz Willkomm em COI«, in: *Boletín de la AHIM* 11, 2009, S. 23–25.

Salomon-Bayet, Claire (1978): *L'institution de la science et l'expérience du vivant. Méthode et expérience à l'Académie royale des sciences, 1666–1793*, Paris 2008.

Sandl, Marcus: *Ökonomie des Raumes. Der kameralwissenschaftliche Entwurf der Staatswirtschaft im 18. Jahrhundert*, Köln 1999.

Sandoz, Marie/Weber, Anne-Katrin: »Introduction. Pour une histoire matérielle et intermédiatique de l'image verticale«, in: *Transbordeur photographie histoire société*, Bd. 6: *L'image verticale. Politiques de la vue aérienne*, Paris 2022, S. 6–17.

Santos, Boaventura de Sousa: *Epistemologies of the South. Justice Against Epistemicide*, London/New York 2014.

Schanbacher, Ansgar: *Kartoffelkrankheit und Nahrungskrise in Nordwestdeutschland 1845–1848*, Göttingen 2016.

Schatzki, Theodore R.: »Nature and Technology in History«, in: *History and Theory* 42 (4), 2003, S. 82–93.

Schatzki, Theodore R./Knorr-Cetina, Karin/Savigny, Eike von (Hg.): *The Practice Turn in Contemporary Theory*, London/New York 2001.

Schenk, Winfried: »Holznöte im 18. Jahrhundert? – Ein Forschungsbericht zur ›Holznotdebatte‹ der 1990er Jahre«, in: *Schweizerische Zeitschrift für Forstwesen* 157 (9), 2006, S. 377–383.

Schindling, Anton: *Bildung und Wissenschaft in der frühen Neuzeit, 1650–1800*, München 1999.

Schleiff, Hartmut: »Aufstieg und Ausbildung im Sächsischen Bergstaat zwischen 1765 und 1868«, in: Schleiff, Hartmut/Konečný, Peter (Hg.): *Staat, Bergbau und Bergakademie. Montanexperten im 18. und frühen 19. Jahrhundert*, Stuttgart 2013, S. 125–159.

Schleiff, Hartmut/Konečný, Peter (Hg.): *Staat, Bergbau und Bergakademie. Montanexperten im 18. und frühen 19. Jahrhundert*, Stuttgart 2013.

Schmidt, Harald/Sandl, Marcus (Hg.): *Gedächtnis und Zirkulation. Der Diskurs des Kreislaufs im 18. und frühen 19. Jahrhundert*, Göttingen/Bristol 2002.

Schmidt, Matthias/Zapf, Hubert (Hg.): *Environmental Humanities. Beiträge zur geistes- und sozialwissenschaftlichen Umweltforschung*, Göttingen 2021.

Schmidt, Rudolf: *Der Finowkanal. Zur Geschichte seiner Entwicklung*, Eberswalde 1938.

Schmidt, Uwe Eduard: »Die Fichte in der Wald- und Forstgeschichte – eine soziokulturelle Betrachtung«, in: Bayerische Landesanstalt für Wald und Forstwirtschaft (Hg.): *LWF-Wissen* 80, 2017, S. 35–43.

Schmidt, Uwe Eduard: *Der Wald in Deutschland im 18. und 19. Jahrhundert. Das Problem der Ressourcenknappheit*, Saarbrücken 2002.

Schmidt, Uwe Eduard: »Waldfrevel contra staatliche Interessen. Die sozialgeschichtliche Bedeutung des Waldes im 18. und 19. Jahrhundert«, in: *Der Bürger im Staat* 51, 2001, S. 17–23.

Schmidt-Liebich, Jochen: *Lexikon der Künstlerinnen 1700–1900. Deutschland, Österreich, Schweiz*, München 2005.

Schmitt, Annika: *Naturnutzung und Nachhaltigkeit. Osnabrücker Markenwirtschaft im Wandel (1765–1820)*, Münster 2015.

Schmoll, Friedemann: »Heilige Bäume. Über die Vieldeutigkeit der Natur in der Kulturwissenschaft«, in: Maase, Kaspar/Warneken, Bernd Jürgen (Hg.): *Unterwelten der Kultur. Themen und Theorien der volkskundlichen Kulturwissenschaft*, Köln/Weimar/Wien 2003, S. 45–63.

Schneider, Birgit/Olman, Lynda: *Global Forest Visualization. From Green Marbles to Storyworlds*, London 2024.

Schneider, Birgit/Olman, Lynda: »The Geopolitics of Environmental Global Mapping Services: An Analysis of Global Forest Watch«, in: O'Lear, Shannon (Hg.): *A Research Agenda for Environmental Geopolitics*, Cheltenham (UK) 2020, S. 44–57.

Schneider, Birgit: *Klimabilder. Eine Genealogie globaler Bildpolitiken von Klima und Klimawandel*, Berlin 2018a.

Schneider, Birgit: »Prägnanz als Kriterium für die Präzision diagrammatischer Bilder«, in: Bruhn, Matthias/Hillnhütter, Sara (Hg.): *Bilder der Präzision. Praktiken der Verfeinerung in Technik, Kunst und Wissenschaft*, Berlin/Boston 2018b, S. 259–267.

Schöning, Antonia von: *Die Administration der Dinge. Technik und Imagination im Paris des 19. Jahrhunderts*, Zürich 2018.

Schramm, Engelbert: *Im Namen des Kreislaufs. Ideengeschichte der Modelle vom ökologischen Kreislauf*, Frankfurt a. M. 1997.

Schröder, Iris/Schürmann, Felix/Struck, Wolfgang (Hg.): *Jenseits des Terrazentrismus. Kartographien der Meere und die Herausbildung der globalen Welt*, Göttingen 2022.

Schubenz, Klara: *Der Wald in der Literatur des 19. Jahrhunderts. Geschichte einer romantisch-realistischen Ressource*, Konstanz 2020.

Schubenz, Klara: »Tod im Wald. Zu Annette von Droste-Hülshoffs Judenbuche«, in: Bergengruen, Maximilian/Haut, Gideon/Langer, Stephanie (Hg.): *Tötungsarten und Ermittlungspraktiken. Zum literarischen und kriminalistischen Wissen von Mord und Detektion*, Freiburg (Breisgau)/Berlin/Wien 2015, S. 59–76.

Schuler, Anton: »Bannwald«, in: *Historisches Lexikon der Schweiz*, 20. 3. 2015. Einsehbar unter: hls-dhs-dss.ch/articles/016355/2015-03-20 [Stand: 31. 1. 2025].

Schuler, Anton: »Forstgesetze«, in: *Historisches Lexikon der Schweiz*, 17. 8. 2007. Einsehbar unter: hls-dhs-dss.ch/articles/013802/2007-08-17 [Stand: 31. 1. 2025].

Schüttpelz, Erhard/Bergermann, Ulrike/Dommann, Monika/Stolow, Jeremy/Taha, Nadine (Hg.): *Connect and Divide. The Practice Turn in Media Studies*, Zürich 2021.

Schüttpelz, Erhard/Thielmann, Tristan (Hg.): *Akteur-Medien-Theorie*, Bielefeld 2013.
Schüttpelz, Erhard: »Der Punkt des Archimedes. Einige Schwierigkeiten des Denkens in Operationsketten«, in: Kneer, Georg/Schroer, Markus/Schüttpelz, Erhard (Hg.): *Bruno Latours Kollektive. Kontroversen zur Entgrenzung des Sozialen*, Frankfurt a. M. 2008, S. 234–258.
Schüttpelz, Erhard: »Die medienanthropologische Kehre der Kulturtechniken«, in: *Archiv für Mediengeschichte* 6, 2006, S. 87–110.
Schwartz, Paul: *Die Gelehrtenschulen Preußens unter dem Oberschulkollegium (1787–1806) und das Abiturientenexamen*, 3 Bde., Berlin 1910–1912.
Schweitzer, Robert: »›In Tappes Tapfen‹ oder ›von Berg zu Berg‹? Verbindungen zwischen Finnland und der Forstakademie Tharandt (Sachsen) im 19. Jh.«, in: Schweitzer, Robert: *Finnland, das Zarenreich und die Deutschen. Gesammelte Studien zum europäischen Nordosten*, hg. v. Uta-Maria Liertz, Helsinki/Lübeck 2008, S. 327–348.
Schweizerisches Idiotikon, bisher 16 Bde., 1881–2022. Einsehbar unter: digital.idiotikon.ch [Stand: 31. 1. 2025].
Scott, James C.: *Decoding Subaltern Politics. Ideology, Disguise, and Resistance in Agrarian Politics*, New York 2013.
Scott, James C: *Weapons of the Weak. Everyday Forms of Peasant Resistance*, New Haven/ London 2008.
Scott, James C./Bhatt, Nina: *Agrarian Studies. Synthetic Work at the Cutting Edge*, New Haven 2001.
Scott, James C.: *Seeing like a State. How Certain Schemes to Improve the Human Condition Have Failed*, New Haven/London 1998.
Selter, Bernward: *Waldnutzung und ländliche Gesellschaft. Landwirtschaftlicher »Nährwald« und neue Holzökonomie im Sauerland des 18. und 19. Jahrhunderts*, Paderborn 1995.
Shapin, Steven/Schaffer, Simon (1985): *Leviathan and the Air-Pump. Hobbes, Boyle, and the Experimental Life*, Princeton 2011.
Shioya, Tsutomu: »History of Forestry in East Asia«, in: Romberger, John A./Mikola, Peitsa (Hg.): *International Review of Forestry Research* 2, New York/London 1967, S. 1–42.
Shiva, Vandana: *Soil Not Oil. Environmental Justice in a Time of Climate Crisis*, Cambridge (Mass.) 2008.
Shiva, Vandana: *Monocultures of the Mind. Perspectives on Biodiversity and Biotechnology*, London 1993.
Shiva, Vandana: *Ecology and the Politics of Survival. Conflicts over Natural Resources in India*, Neu-Delhi/Newbury Park/London 1991.
Sieferle, Rolf Peter: *Der unterirdische Wald. Energiekrise und industrielle Revolution*, München 1982.
Siegert, Bernhard: *Cultural Techniques. Grids, Filters, Doors, and Other Articulations of the Real*, übers. v. Geoffrey Winthrop-Young, New York 2015.
Siegert, Bernhard: *Passagiere und Papiere. Schreibakte auf der Schwelle zwischen Spanien und Amerika*, Paderborn/München 2006.
Siegert, Bernhard: »(Nicht) Am Ort. Zum Raster als Kulturtechnik«, in: *Thesis, Wissenschaftliche Zeitschrift der Bauhaus-Universität-Weimar* 3, 2003, S. 93–104.

Siemann, Wolfram/Freytag, Nils: »Umwelt – eine geschichtswissenschaftliche Grundkategorie«, in: Siemann, Wolfram (Hg.): *Umweltgeschichte. Themen und Perspektiven*, München 2003, S. 7–20.

Sigaut, François: *L'agriculture et le feu. Rôle et place du feu dans les techniques de préparation du champ de l'ancienne agriculture européenne*, Paris 1975.

Simon, Christian: »Die Basler Landschaft und die französische Revolution: Aspekte des Verhältnisses zwischen Obrigkeit und Untertanen 1789–1797«, in: *Basler Zeitschrift für Geschichte und Altertumskunde* 82, 1982, S. 65–96.

Simon, Christian: *Untertanenverhalten und obrigkeitliche Moralpolitik. Studien zum Verhältnis zwischen Stadt und Land im ausgehenden 18. Jahrhundert am Beispiel Basels*, Basel 1981, S. 34–38.

Sistola, Kalle: *Evolla ensimmäisenä. Ewoisten metsänhoito-opistosta osaksi ammattikorkeakoulua 1862–2002 [Zuerst in Evo. Von der Evoer Forstschule zu einem Teil der Fachhochschule 1862–2002]*, Hämeenlinna 2002.

Sobral Neto, Margarida: »Biens et usages communaux au Portugal (1750–1950)«, in: Demélas, Marie-Danielle/Vivier, Nadine (Hg.): *Les propriétés collectives face aux attaques libérales (1750–1914). Europe occidentale et Amérique latine*, Rennes 2003, S. 175–195.

Sombart, Werner (1902): *Der moderne Kapitalismus*, Bd. 2: *Das europäische Wirtschaftsleben im Zeitalter des Frühkapitalismus, vornehmlich im 16., 17. und 18. Jahrhundert*, 6. Aufl., München/Leipzig 1924.

Sommer, Marianne/Müller-Wille, Staffan/Reinhardt, Carsten (Hg.): *Handbuch Wissenschaftsgeschichte*, Stuttgart 2017.

Sonnlechner, Christoph: »Waldordnungen und ergänzende Quellen«, in: Pauser, Josef/Scheutz, Martin/Winkelbauer, Thomas (Hg.): *Quellenkunde der Habsburgermonarchie (16.–18. Jahrhundert). Ein exemplarisches Handbuch*, Wien/München 2004, S. 268–277.

Sonnlechner, Christoph/Winiwarter, Verena: »Räumlich konzentrierter Verbrauch von Holz. Das Beispiel der Saline Hallein und Stadt Salzburg vom 16. bis zum 19. Jahrhundert«, in: Siemann, Wolfram/Freytag, Nils/Piereth, Wolfgang (Hg.): *Städtische Holzversorgung. Machtpolitik, Armenfürsorge und Umweltkonflikte in Bayern und Österreich (1750–1850)*, München 2002, S. 55–77.

Sörlin, Sverker/Wormbs, Nina: »Environing Technologies. A Theory of Making Environment«, in: *History and Technology* 34 (2), 2018, S. 101–125.

Sörlin, Sverker/Warde, Paul: *Nature's End. History and the Environment*, London 2009.

Sperber, Jonathan: *The European Revolutions, 1848–1851,* Cambridge 1994.

Spinatsch, Jörg: »Waldaufseher und Waldfrevler in Chur zwischen 1750 und 1840«, in: *Schweizerische Zeitschrift für Forstwesen* 157 (9), 2006, S. 408–412.

Sprenger, Florian: »Figures of Closure: Circles and Cycles in the History of Ecological Knowledge«, in: *Grey Room* 97, 2024, S. 118–139.

Sprenger, Florian: »Zirkulationen des Kreises. Von der Regulation zur Adaption«, in: *Zeitschrift für Medienwissenschaft* 12, 2020, S. 41–54.

Sprenger, Florian: *Epistemologien des Umgebens. Zur Geschichte, Ökologie und Biopolitik künstlicher environments*, Bielefeld 2019.

Starosielski, Nicole/Walker, Janet (Hg.): *Sustainable Media. Critical Approaches to Media and Environment*, New York 2016.

Steigerwald, Jörn: *Räume des Subjekts um 1800. Zur imaginativen Selbstverortung des Individuums zwischen Spätaufklärung und Romantik*, Wiesbaden 2010.

Stengers, Isabelle: »Introductory Notes on an Ecology of Practices«, in: *Cultural Studies Review* 11 (1), 2005, S. 183–196.

Stinglwagner, Gerhard K. F./Haseder, Ilse E./Erlbeck, Reinhold (Hg.): *Das Kosmos Wald- und Forst-Lexikon*, 3. Aufl., Stuttgart 2005.

Stöckli, Veronika: »Der Bannwald. Lebensgrundlage und Kultobjekt«, in: Pfister, Christian (Hg.): *Am Tag danach. Zur Bewältigung von Naturkatastrophen in der Schweiz 1500–2000*, Bern/Stuttgart/Wien 2002, S. 101–112.

Stuber, Martin: »Versorgung, Rendite, Schutz: die Wälder der Bürgergemeinde Chur seit dem Spätmittelalter«, in: *Schweizerische Zeitschrift für Forstwesen* 172 (1), 2021, S. 32–41.

Stuber, Martin: »Kollektive Ressourcen und Nachhaltigkeit in der longue durée. Die burgerlichen Wälder der Stadt Bern vom Ancien Régime bis in die Gegenwart«, in: Schläppi, Daniel/Gruber, Malte-Christian (Hg.): *Von der Allmende zur Share Economy. Gemeinbesitz und kollektive Ressourcen in historischer und rechtlicher Perspektive*, Berlin 2018, S. 173–190.

Stuber, Martin/Bürgi, Matthias: *Hüeterbueb und Heitisträhl. Traditionelle Formen der Waldnutzung in der Schweiz 1800 bis 2000*, Bern 2011.

Stuber, Martin: *Wälder für Generationen. Konzeptionen der Nachhaltigkeit im Kanton Bern (1750–1880)*, Köln 2008.

Sunseri, Thaddeus Raymond: *Wielding the Ax. State Forestry and Social Conflict in Tanzania, 1820–2000*, Athens 2009.

Suter, Andreas: »Absolutismus als repressive Antwort auf Probleme der Staatsbildung. Das Fürstbistum Basel als Beispiel«, in: Brändli, Sebastian/Gugerli, David/Jaun, Rudolf/Pfister, Ulrich (Hg.): *Schweiz im Wandel. Studien zur neueren Gesellschaftsgeschichte. Festschrift für Rudolf Braun zum 60. Geburtstag*, Basel/Frankfurt a. M. 1990, S. 281–303.

Suter, Andreas: *»Troublen« im Fürstbistum Basel (1726–1740). Eine Fallstudie zum bäuerlichen Widerstand im 18. Jahrhundert*, Göttingen 1985.

Suter, Andreas: »Die Träger bäuerlicher Widerstandsaktionen beim Bauernaufstand im Fürstbistum Basel 1726–1740: Dorfgemeinde – Dorffrauen – Knabenschaften«, in: Schulze, Winfried (Hg.): *Aufstände, Revolten, Prozesse. Beiträge zu bäuerlichen Widerstandsbewegungen im frühneuzeitlichen Europa*, Stuttgart 1983, S. 89–111.

Sze, Julie: *Environmental Justice in a Moment of Danger*, Oakland 2020.

Technische Universität Dresden: *Website der Professur für Tropische und Internationale Forstwirtschaft*. Einsehbar unter: tu-dresden.de/bu/umwelt/forst/inter/tropen/startseite [Stand: 31. 1. 2025].

Teuscher, Simon: »Zur Mediengeschichte des ›mündlichen Rechts‹ im späteren Mittelalter«, in: *Zeitschrift der Savigny-Stiftung für Rechtsgeschichte. Germanistische Abteilung* 131 (1), 2014, S. 69–88.

Teuscher, Simon: *Erzähltes Recht. Lokale Herrschaft*, Verschriftlichung und Traditionsbildung im Spätmittelalter, Frankfurt a. M./New York 2007.

Teuscher, Simon: »Kompilation und Mündlichkeit. Herrschaftskultur und Gebrauch von Weistümern im Raum Zürich (14.–15. Jh.)«, in: *Historische Zeitschrift* 273, 2001, S. 289–333.

Thompson, Edward Palmer: »The Moral Economy of the English Crowd in the Eighteenth Century«, in: *Past and Present* 50 (1), 1971, S. 76–136.

Tilly, Richard H.: *Sozialer Protest*, Göttingen 1977.

Tokar, Brian: »On the evolution and continuing development of the climate justice movement«, in: Jafry, Tahseen/Helwig, Karin/Mikulewicz, Michael (Hg.): *Routledge Handbook of Climate Justice,* London/New York 2019, S. 13–25.

Totman, Conrad D.: *The Green Archipelago. Forestry in Preindustrial Japan*, Berkeley/Los Angeles/London 1989.

Tremmel, Jörg: »›Nachhaltigkeit‹ – definiert nach einem kriteriengebundenen Verfahren«, in: *GAIA – Ecological Perspectives for Science and Society* 13 (1), 2004, S. 26–34.

Tribe, Keith: »cameralism«, in: *The Encyclopedia of Enlightenment*, 2002. Einsehbar unter: oxfordindex.oup.com/view/10.1093/acref/9780195104301.013.0102 [Stand: 31.1.2025].

Trier, Jost: *Holz. Etymologien aus dem Niederwald*, Münster/Köln 1952.

Trischler, Helmuth: »Recycling als Kulturtechnik«, in: Kersten, Jens (Hg.): *Inwastement – Abfall in Umwelt und Gesellschaft*, Bielefeld 2016, S. 227–243.

Troßbach, Werner/Zimmermann, Clemens: *Die Geschichte des Dorfes. Von den Anfängen im Frankenreich zur bundesdeutschen Gegenwart*, Stuttgart 2006.

Tufte, Edward R.: *The Visual Display of Quantitative Information*, Cheshire 2001.

Uekötter, Frank: *Die Wahrheit ist auf dem Feld. Eine Wissensgeschichte der deutschen Landwirtschaft*, Göttingen 2012.

Uekötter, Frank: *Umweltgeschichte im 19. und 20. Jahrhundert*, München 2007.

United Nations World Commission on Environment and Development: *Report of the World Commission on Environment and Development: Our Common Future (Brundtland Report)*, Oxford/New York 1987. Einsehbar unter: un-documents.net/our-common-future.pdf [Stand: 31.1.2025].

Universidade de Coimbra: *Willkomm Herbarium: Historical Collection Online.* Einsehbar unter: uc.pt/en/herbario_digital/willkomm_herbarium [Stand: 31.1.2025].

Viitala, Esa-Jussi: »Timber, science and statecraft: the emergence of modern forest resource economic thought in Germany«, in: *European Journal of Forest Research* 135 (6), 2016, S. 1037–1054.

Vismann, Cornelia: *Das Recht und seine Mittel*, hg. v. Markus Krajewski und Fabian Steinhauer, Frankfurt a. M. 2012.

Vismann, Cornelia: »Kulturtechniken und Souveränität«, in: *Zeitschrift für Medien- und Kulturforschung* 1, 2010, S. 171–182.

Vismann, Cornelia: *Akten. Medientechnik und Recht*, Frankfurt a. M. 2001.

Vivier, Nadine: »Les biens communaux en France«, in: Demélas, Marie-Danielle/ Vivier, Nadine (Hg.): *Les propriétés collectives face aux attaques libérales (1750–1914). Europe occidentale et Amérique latine*, Rennes 2003, S. 139–156.

Vogl, Joseph: »Kreisläufe«, in: Lauper, Anja (Hg.): *Transfusionen. Blutbilder und Biopolitik in der Neuzeit*, Berlin 2005, S. 99–117.

Volkmann, Heinrich/Bergmann, Jürgen (Hg.): *Sozialer Protest. Studien zu traditioneller Resistenz und kollektiver Gewalt in Deutschland vom Vormärz bis zur Reichsgründung*, Opladen 1984.

Vollmuth, David: *Die Nachhaltigkeit und der Mittelwald. Eine interdisziplinäre vegetations-*

kundlich-forsthistorische Analyse oder: Die pflanzensoziologisch-naturschutzfachlichen Folgen von Mythen, Macht und Diffamierungen, Göttingen 2021.

Wagner, Maria: *Goethe und die Forstwirtschaft*, Remagen 2011.

Wakefield, Andre: »Abraham Gottlob Werner: Geld, Romantik, Klassifikation«, in: Breidbach, Olaf/Burwick, Roswitha (Hg.): *Physik um 1800 – Kunst, Wissenschaft oder Philosophie?*, Paderborn 2012, S. 139–160.

Wakefield, Andre: *The Disordered Police State. German Cameralism as Science and Practice*, Chicago/London 2009.

Warde, Paul: *The Invention of Sustainability. Nature and Destiny, c. 1500–1870*, New York 2018.

Warde, Paul: »Cameralist Writing in the Mirror of Practice: The Long Development of Forestry in Germany«, in: Tribe, Keith/Seppel, Marten (Hg.): *Cameralism in Practice: State Administration and Economy in Early Modern Europe*, Woodbridge 2017, S. 111–132.

Warde, Paul: »Imposition, Emulation and Adaptation. Regulatory Regimes in the Commons of Early Modern Germany«, in: *Environment and History* 19 (3), 2013, S. 313–337.

Warde, Paul: »The Invention of Sustainability«, in: *Modern Intellectual History* 8 (1), 2011, S. 153–170.

Warde, Paul: »The Environmental History of Pre-Industrial Agriculture in Europe«, in: Sörlin, Sverker/Warde, Paul (Hg.): *Nature's End. History and the Environment,* London 2009, S. 70–92.

Wassmund, Hans: *Revolutionstheorien. Eine Einführung*, München 1978.

Weber, Heike: »Zeit- und verlustlos? Der Recycling-Kreislauf als ewiges Heilsversprechen«, in: *Zeitschrift für Medienwissenschaft* 12 (2), 2020, S. 20–32.

Weber, Heike: »Den Stoffkreislauf am Laufen halten. Restearbeit und Resteökonomien des 20. Jahrhunderts«, in: Espahangizi, Kijan/Orland, Barbara (Hg.): *Stoffe in Bewegung. Beiträge zu einer Wissensgeschichte der materiellen Welt*, Zürich/Berlin 2014, S. 145–172.

Weber, Walter: »Wolff, Christian«, in: Lutz, Bernd (Hg.): *Metzler Philosophen-Lexikon. Von den Vorsokratikern zu den neuen Philosophen*, 2. Aufl., Stuttgart/Weimar 1995, S. 930.

Weinmann, Hans Joachim: »Hartig, Georg Ludwig (1764–1837)«, in: Georg-Ludwig-Hartig-Stiftung (Hg.): *Biographien bedeutender hessischer Forstleute*, Frankfurt a. M. 1990, S. 263–270.

Weisz, Leo: »Entstehung und Bedeutung der bischöflich-baselschen Waldordnung vom Jahre 1755«, in: *Zeitschrift für Schweizerische Geschichte* 15, 1935, S. 144–166.

Werkmüller, Dieter: »Baumfrevel«, in: Cordes, Albrecht (Hg.): *Handwörterbuch zur deutschen Rechtsgeschichte*, Bd. 1, Berlin 2004, Sp. 476 f.

Westermarck, Helena: *Elisabeth Blomqvist, hennes liv och gärning. En biografisk studie, enligt brev och dagboksanteckningar [Elisabeth Blomqvist, ihr Leben und ihre Taten. Eine biographische Studie nach Briefen und Tagebuchnotizen]*, 2 Bde., Helsinki 1917.

Wichtmann, Wendelin/Schröder, Christian/Joosten, Hans (Hg.): *Paludikultur – Bewirtschaftung nasser Moore. Klimaschutz – Biodiversität – regionale Wertschöpfung*, Stuttgart 2016.

Wickberg, Adam: »Environing Media and Cultural Techniques: From the History of Agriculture to AI-driven Smart Farming«, in: *International Journal of Cultural Studies* 26 (4), 2023, S. 392–409.

Wickberg, Adam/Gärdebo, Johan (Hg.): *Environing Media*, London/New York 2023.
Wimmer, Mario: »The Afterlives of Scholarship: Warburg and Cassirer«, in: *History of Humanities* 2 (1), 2017, S. 245–270.
Winiwarter, Verena/Schmid, Martin: »Socio-Natural Sites«, in: Haumann, Sebastian/Knoll, Martin/Mares, Detlev (Hg.): *Concepts of Urban-Environmental History*, Bielefeld 2020, S. 33–50.
Winiwarter, Verena/Bork, Hans-Rudolf: *Geschichte unserer Umwelt. 66 Reisen durch die Zeit*, Darmstadt 2019.
Winiwarter, Verena/Schmid, Martin: »Umweltgeschichte als Untersuchung sozionaturaler Schauplätze? Ein Versuch, Johannes Colers ›Oeconomia‹ umwelthistorisch zu interpretieren«, in: Knopf, Thomas (Hg.): *Umweltverhalten in Geschichte und Gegenwart. Vergleichende Ansätze*, Tübingen 2008, S. 158–173.
Winthrop-Young, Geoffrey: »The Kultur of Cultural Techniques. Conceptual Inertia and the Parasitic Materialities of Ontologization«, in: *Cultural Politics* 10 (3), 2014, S. 376–388.
Winthrop-Young, Geoffrey: »Cultural Techniques: Preliminary Remarks«, in: *Theory, Culture & Society* 30 (6), 2013, S. 3–19.
Wirth, Uwe (Hg.): *Impfen, Pfropfen, Transplantieren*, Berlin 2011.
Wullschleger, Erwin: *Waldpolitik und Forstwirtschaft im Kanton Aargau von 1803 bis heute*, Aarau 1997.
Wynter, Sylvia: »Novel and History, Plot and Plantation«, in: *Savacou. A Journal of the Caribbean Artists Movement* 5, 1971, S. 95–102.
Zemanek, Evi: »Medienwissenschaft«, in: Kluwick, Ursula/Zemanek, Evi (Hg.): *Nachhaltigkeit interdisziplinär. Konzepte, Diskurse, Praktiken*, Wien/Köln/Weimar 2019, S. 396–420.
Zemanek, Evi/Rauscher, Anna: »Das ökologische Potenzial der Naturlyrik. Diskursive, figurative und formsemantische Innovationen«, in: Zemanek, Evi (Hg.): *Ökologische Genres: Naturästhetik – Umweltethik – Wissenspoetik*, Göttingen 2017, S. 91–118.
Zittel, Karl von: »Cotta, Bernhard von«, in: *Allgemeine Deutsche Biographie*, Bd. 47, 1903, S. 538–539. Einsehbar unter: www.deutsche-biographie.de/sfz8811.html?language=de [Stand: 31. 1. 2025].
Zückert, Hartmut, »Allmende«, in: Jaeger, Friedrich (Hg.): *Enzyklopädie der Neuzeit Online*, 2019. Einsehbar unter: dx.doi.org/10.1163/2352-0248_edn_a0101000 [Stand: 31. 1. 2025].
Zückert, Hartmut: *Allmende und Allmendaufhebung. Vergleichende Studien zum Spätmittelalter bis zu den Agrarreformen des 18./19. Jahrhunderts*, Stuttgart 2003.
Zürcher, Ulrich: *Die Idee der Nachhaltigkeit unter spezieller Berücksichtigung der Gesichtspunkte der Forsteinrichtung*, Zürich 1965.

11 Bildnachweise

Abb. 1.1: Johann Ehrenfried Vierenklee: Das Revier Freudenberg in ein 100 Jähriges Gehau vertheilet, Kupferstich, 1767. Scan: Vierenklee, Johann Ehrenfried (1767): *Anfangsgründe der theoretisch-praktischen Arithmetik und Geometrie für diejenigen, welche sich dem Forstwesen widmen*, hg. v. Friedrich Meinert, 2. Aufl., Leipzig 1797, Bildanhang, Practischer Theil V, unpaginiert.

Abb. 2.1, 2.2, 2.3, 2.5: Georg Ludwig Hartig, Friedrich Carl Löwenstein, Wilhelm Eichel: Die Herrschaftlichen Waldungen im Dianenburger Forste, 1804. Kupferstich, signiert von Johann Conrad Susemihl. Scan: Hartig, Georg Ludwig: *Anweisung zur Taxation und Beschreibung der Forste*, Bd. 2, 2. Aufl., Gießen/Darmstadt 1805, gegenüber der Titelseite.

Abb. 2.4: Vorschrift zur Zeichnung der Forstkarten. Scan: Hartig, Georg Ludwig: *Anweisung zur Taxation und Beschreibung der Forste*, Bd. 1, 2. Aufl., Gießen/Darmstadt 1804, gegenüber der Titelseite.

Abb. 2.6: Der Diebswald im Taxations-Manual. Scan: Hartig, Georg Ludwig: *Anweisung zur Taxation und Beschreibung der Forste*, 2. Aufl., Bd. 2, Gießen/Darmstadt 1805, S. 165.

Abb. 2.7: Erfahrungstabelle. Scan: Hartig, Georg Ludwig: *Anweisung zur Taxation und Beschreibung der Forste*, Bd. 2, 2. Aufl., Gießen/Darmstadt 1805, Anhang, Seite D.

Abb. 3.1: Eine Buche, die am Stamm mehrfach neu ausgetrieben ist, in der Nähe von St. Ursanne am Fluss Doubs, Kanton Jura, Schweiz. Fotografiert von Christoph Minneker.

Abb. 3.2: Der Ablauf der historischen Haubergsnutzung im Jahreslauf. Schematische Zeichnung. Scan: Förderverein Historischer Hauberg Fellinghausen e. V. (Hg.): *Historische Haubergswirtschaft in Kreuztal-Fellinghausen*, Kreuztal 2019, S. 10–11.

Abb. 3.3: Haubergszeichen. Scan: Förderverein Historischer Hauberg Fellinghausen e. V. (Hg.): *Historische Haubergswirtschaft in Kreuztal-Fellinghausen*, Kreuztal 2019, S. 6–7.

Abb. 3.4, 3.5: Spezialkarte der Gemarkungen Fellinghausen, Dornsiefen und Wieden, kolorierte Karte der Ploennieschen Generallandmessung des Fürstentums Nassau-Siegen, 1718. Landesarchiv Nordrhein-Westfalen, Abteilung Westfalen. Signatur: W 051/ Karten A Nr. 5403.

Abb. 4.1: Lehrplan der Königlich Sächsischen Forst-Akademie zu Tharand, 1872. Scan: o. A.: *Allgemeiner Plan der Königl. Sächs. Forstakademie zu Tharand*, Dresden 1872, S. 17. Signatur: FAO-Archiv Rom, Historische Buchsammlung des Centre International de Silviculture, D 34.

Abb. 4.2: J. G. Lehmann: Plan von Tharand und der Umgegend, 1818, Kupferstich, signiert von: J. Bach in Dresden, vergrößerter Bildausschnitt. Scan: Cotta, Bernhard: *Tharand und seine Umgebungen*, Leipzig/Dresden 1834, S. 119.

Abb. 4.3: Johan Christian Clausen Dahl: Die Schlossruine in Tharandt, 1819, Öl auf Leinwand, Statens Museum for Kunst, Kopenhagen.

Abb. 5.1: Heinrich Cotta: General Karte des ersten Abschnitts vom Buchenauer Forstrevier unter dem Oberforstamt Tanneberg, 1802. Scan: Cotta, Heinrich: *Systematische Anleitung zur Taxation der Waldungen*, Berlin 1804, zwischen S. 83 und S. 83.

Abb. 5.2, 5.3: Heinrich Cotta: Special Karte des Buchenauer Forst-Reviers Abschnitt Nr. I von 3096 Morgen 50 Ruthen unter dem Oberforstamt Tanneberg vermessen im Jahr 1802 durch N. N. Scan: Cotta, Heinrich: *Systematische Anleitung zur Taxation der Waldungen*, Berlin 1804, vor der Titelseite.

Abb. 5.4: Alexander von Humboldt und Aimé Bonpland: Geographie des Plantes Équinoxiales. Tableau physique des Andes et Pays voisins, 1805. Scan: Humboldt, Alexander von/Bonpland, Aimé: *Essai sur la géographie des plantes. Accompagné d'un tableau physique des régions équinoxiales*, Paris 1805.

Abb. 5.5, 5.7, 5.8: Johann Friedrich Wilhelm von Charpentier: Petrographische Karte des Churfürstentums Sachsen und der Incoporirten Lande, Kupferstich, 1778. Scan: Charpentier, Johann Friedrich Wilhelm von: *Mineralogische Geographie der Chursächsischen Lande*, Leipzig 1778, Bildanhang.

Abb. 5.6: Kupferstich auf der Titelseite. Scan: Charpentier, Johann Friedrich Wilhelm von: *Mineralogische Geographie der Chursächsischen Lande*, Leipzig 1778, Titelseite.

Abb. 5.9: Grund-Riß der Underthorer Waldung Löbl. Stadt Chur, 1788. Handkolorierte Zeichnung und Tabelle. Stadtarchiv Chur, Signatur: E-0655.

Abb. 5.10: Eintheilung und Grösse. Löbl. Gemeiner Stadt-Wälder. Beim untern Thor. Tabelle. Scan: Kanzlei Chur: *Forst- und Waldordnung, Löbl. Stadt Chur, 1791*, Chur 1791, S. II im Anhang.

Abb. 6.1, 6.2, 6.3: Barros Gomes, Bernardino: Planta Parcellar da Mata Nacional do Vallado [Die Taxationskarte vom Nationalwald von Vallado], 1882, gezeichnet von E. Krumbiegel, G. Reeder, L. Theothar nach den Instruktionen des ehemaligen Leiters der Forsteinteilung B. Barros Gomes. Scan: García Pereda, Ignacio: *Encontros florestais. A criação da Sociedade Portuguesa de Ciencias Florestais*, Lissabon 2017, S. 18 f. Privatarchiv von Herrn Neiva Vieira.

Abb. 6.4: Mata Nacional do Valado. Área de Produção – Idade em 2010 [Produktionsfläche – Alter im Jahr 2010]. Bildquelle: Autoridade Florestal Nacional, Direção Regional das Florestas de Lisboa e Vale do Tejo.

Abb. 6.5: Mata Nacional do Valado, Google Earth Projektion mit Nummerierungen, 2010. Quelle: Autoridade Florestal Nacional, Direção Regional das Florestas de Lisboa e Vale do Tejo.

Abb. 6.6: Barros Gomes, Bernardino: Pinhal de Leiria, 1881. Scan: Biblioteca Digital Euronatura.

Abb. 7.1: Verzeichniß Derer vom 1 er July 1822 bis III ème Juny 1823 eingezognen Wald Strafen im Bezirk Birseck. Signatur: StABS, Land und Wald H 13, Holzfrevel 1820 – 1849 – 1899, No. 11.

Abb. 7.2: 1562. Ein grusam und erschrokenlich Exempel von einer Frauwen, Text und kolorierte Federzeichnung. Wick, Johann Jakob: *Chronik des Zürcher Chorherrn*, ca. 1563. Signatur: Zentralbibliothek Zürich, Handschriftenabteilung, Wickiana, Ms F 14, Bl. 193v.

Abb. 7.3: Das Fürstbistum Basel im 18. Jahrhundert. Scan: Suter, Martin: *›Troublen‹ im Fürstbistum Basel (1726–1740)*, Göttingen 1985, S. 14.

Abb. 7.4: Geometrischer Plan über die Hard-Waldungen, welche der Stadt Gemeinde Basel angehören, und in den Bännen von Muttenz und Pratteln liegen, 1844. Signatur: StABS, Planarchiv Q 6,5.

Abb. 7.5: Brief des Präsidenten der Waldkommission Merian an den Statthalter Iselin, 25.1.1820. Signatur: StABS, Land- und Wald H 13, Holzfrevel 1820 – 1849 – 1899, No. 12.

Abb. 8.1: Vandana Shiva: Der Beitrag traditioneller Baumàrten zu ländlichen Lebenserhaltungssystemen, 1981. Scan: Shiva, Vandana: *Monocultures of the Mind. Perspectives on Biodiversity and Biotechnology*, London 1993, S. 37.

Abb. 9.1: Aerosol Optical Depth 5-day forecast initialised on 18 September at 12 UTC and valid for 18–23 September. European Centre for Medium-Range Weather Forecasts/Copernicus Atmosphere Monitoring Service (CAMS): *Copernicus: Record wildfires emissions in Portugal*, 18.9.2024. Einsehbar unter: https://atmosphere.copernicus.eu/copernicus-record-wildfires-emissions-portugal [Stand: 31.1.2025].

Abb. 9.2: Kaffeepflanzen in einem Wiederaufforstungsgebiet der *Fazenda Ambiental Fortaleza* in Brasilien. Fotografiert von Lisa Cronjäger.

Abb. 9.3: Bananenstauden und Kaffeepflanzen auf einem Aktivkaffeefeld der *Fazenda Ambiental Fortaleza*, Brasilien. Fotografiert von Lisa Cronjäger.

Abb. 9.4: Ein Aktivkaffeefeld mit Bäumen auf der *Fazenda Ambiental Fortaleza*, Brasilien. Fotografiert von Lisa Cronjäger.

Abb. 9.5: Apfelbäume und Weizen in einem Agroforst des *Schumacher College*, Dartington Trust, England. Fotografiert von Lisa Cronjäger.

12 Transkription des Briefes von Bernardino Barros Gomes

Barros Gomes, Bernardino: Brief an Carl Heinrich Edmund von Berg, Lissabon, 10.6.1865, 3 Seiten (nicht paginiert); beigelegt dem Buch: Barros Gomes, Bernardino: *Relatorio Florestal Sobre as Matas da Machada e Valle de Zebro Apresentado à Direcção do Commercio no Ministerio das Obras Publicas em 3 de setembro de 1864*, Lissabon 1865. Signatur: SLUB Dresden, Zweigbibliothek Forstwissenschaften Tharandt, Por 1.

Lisbonne le 10 Juin 1865

M. Le Baron

J'ai l'honneur de vous envoyer
une brochure où j'essaie de mettre à un
fit les idées saxonnes sur les forêts
à propos d'un revier portugais qui
m'a été donné comme object d'une première
étude pratique. Malheureusement
pour moi le portugais vous est inter-
dit et je ne sais trouver aucun
moyen de vous donner un afiereu
de cet essai qu'en priant M. le Dr.
Willkomm d'avoir l'extrème bonté
de vous en donner une idée. Vous
vous expliquerez facilement mon
très grand désir que cette brochure
soit non seulement connue par les
maîtres, mais encore jugée par eux,
autant qu'elle peut l'être à destance
avec toute cette indépendance que le
elame, non pas mon interêt, mais

Seite 2
l'intérêt de la chose, le seul que
mon esprit se plait à reconnaître.
Ce travail m'a été très difficile à
faire car j'y est mis 15 mois et

demi. Il m'a valu à coté de
Magalhães, l'élève de Nancy, la place
de sous-ingénieur de 2eme classe et l'on
m'accorda l'impression aux frais de
l'état. Je suis, il faut le dire,
peu satisfait de cet essai, qui est né
peut être avant le temps, cependant
il était naturel, dans l'état des choses
forestières ici, que je commençasse
par un travail comme celui d'un
»Forst-candidaten« en Prusse, et une
fois achevé j'ai pensé qu'il y aurait
quelque avantage à le faire paraître
malgré ce qu'il révèle de tâtonnements
et d'inexpérience. L'on a été assez

Seite 3
bienveillant pour moi pour autor-
riser de suite cette publication.
Elle se distingue d'ailleurs par toute
sa tournure de ce qu'on a écrit jus-
qu'ici sur des forêts, chez vous. Elle
a été inséré au bulletin des Travaux
Publics, accueil officiel.
Avant de procéder à l'exécution
d'un premier aménagement en Por-
tugal il serait extrémement utile
pour nous de savoir ce que la sage
critique d'une école spéciale et
tellement distingué que la votre, M.
le Baron, peut juger convenable de
faire observer, apropos du travail d'un
de ses élèves, qui pour le moment se
trouve seul sur ce chemin-là.
Une affaire toute nouvelle et d'un
autre redu me fournit une excellente

Seite 4
occasion d'aller jusqu'à Berlin ; je
compte sone avoir enfin l'honneur
et le grand plaisir de vous revoir. Je
sais de le baron que le bonheur et le
malheur sont venu visiter votre famille

l'un après l'autre ; vous agréerez l'hommage de mes meilleurs sentiments à cet égard ainsi que celui de ma haute considération envers un maître qui réunit touts les titres à mon plus profond respect.

Votre élève portugais
Bernardino Barros Gomes

13 Dank

»Es ist von Gewicht, welche Gedanken Gedanken denken.
Es ist von Gewicht, welche Wissensformen Wissen wissen.
Es ist von Gewicht, welche Beziehungen Beziehungen knüpfen.«
Donna J. Haraway

Der Gedankenaustausch in verschiedenen Gruppen, Forschungsverbünden und Lebenszusammenhängen hat dieses Buch geprägt und wie ein Mosaik geformt. Die Doktorarbeit, auf deren Grundlage dieses Buch entstanden ist, wurde 2022 an der Philosophisch-Historischen Fakultät der Universität Basel angenommen. Für die Möglichkeit, ein forsthistorisches Doktoratsvorhaben in den Geisteswissenschaften – in der Medienwissenschaft und Wissenschaftsgeschichte – zu realisieren, danke ich Markus Krajewski, dem Seminar für Medienwissenschaft an der Universität Basel und dem vom Schweizerischen Nationalfonds geförderten Forschungsprojekt »Medien der Genauigkeit«, das von 2017 bis 2021 einen inspirierenden, interdisziplinären Gesprächskontext zwischen Medien-, Kultur- und Literaturwissenschaft, Kunst-, Wissenschafts- und Wirtschaftsgeschichte eröffnete. Für die konstante Zweitbetreuung danke ich Anna Echterhölter und dem Institut für Wissenschaftsgeschichte in Wien. Im Verlauf der Zeit lasen und kommentierten außerdem folgende Personen frühere Kapitelversionen: Anja Breljak, David Bucheli, Larissa Dätwyler, Monika Dommann, Maria Eriksson, Alina Gabriel, Ignacio García Pereda, Nils Güttler, Mirjam Hähnle, Bianca Hoenig, Ute Holl, Alexander Honold, Aurea Klarskov, Lucas Knierzinger, Reinier Langelaar, Felix Lüttge, Jasmin Meerhoff, Pascal Noirjean, Milo Probst, Marion Ronca, Marie Sandoz, Jonas Schädler, Marc Schaffner, Birgit Schneider, Martin Stuber, Silvia Tauchelt, Carol Ann Thielsen, Ralph Ubl, David Vollmuth sowie Antonia von Schöning und Mario Wimmer, die im Rahmen des SNF-Sinergia-Projektes »Medien der Genauigkeit« viele Austauschformate für Doktorierende koordinierten. Mein großer Dank gilt außerdem Barbara Hufft, Daniela Steinebrunner, Susanne Zacherl und Friederike Zenker für die beherzte Hilfe bei administrativen Fragen. Die gesamte Arbeit lektorierten zu verschiedenen Zeitpunkten Thomas Funk, Silvia Tauchelt und Doris Tranter. Vielen Dank für die so wertvollen inhaltlichen und stilistischen Hinweise!

Alina, Anja, Anna, Carol Ann und Silvia, seit Studienbeginn habt ihr viele Abschlussarbeiten wie auch die Doktorarbeit unmittelbar im Entstehen mit Begeisterung und Kritik unterstützt. Für die so tiefgehenden Diskussionen und Gedankenaustausche danke ich euch sehr, gerade auch in den Momenten, in denen ich absolut nicht weiterwusste. Stefanie Bräuer, Mirjam Hähnle, Jasmin Meerhoff und Martin Schotten, ihr habt seit der Zeit in Basel weit über Forschen, Kunst, politische Praxis, Texten, Bildgestaltung und Layout hinaus geholfen. Aus der Nähe und Ferne begleitet wurden die Umtriebszeiten außerdem von Stella Altmann, Christina Besmer, Michele Castanheira-Moris, Mercédesz Czimbalmos, Sarah Diner, Netty Fabian, Linh Fründt, Anja Gally-Fritz, Nicole Gisler, Janne Harma, Pia Lachmann, Laura Leubner, Marjo Mäkinen, Hilkka Oikarinen, Gwen Pollack, Friederike Rapp, Helena Rohne, Sarah Schmid, Tim Schöps, Christina Stier und anderen lieb gewonnenen Menschen.

Dem Wallstein Verlag, insbesondere Jonas Haas, danke ich für die Betreuung der Publikation, Christoph Roolf für das abschließende Korrektorat, Thomas Funk für die Erstellung der Register sowie den Herausgeber:innen für die Aufnahme in die Reihe »Historische Wissensforschung«. Die Arbeit an diesem Buch ist finanziell gefördert worden durch den Schweizerischen Nationalfonds, den Forschungsfonds der Universität Basel für Nachwuchsforschende sowie das Karriereprogramm Antelope. Nach Abschluss der Dissertation unterstützte die Vögelin-Bienz-Stiftung des Staatsarchivs Basel-Stadt das Forschungsgesuch »Eine Medien- und Umweltgeschichte des Basler Hardwaldes«, das aus den so bereichernden gemeinsamen Forschungsprozessen mit Mirjam Hähnle entsprungen ist. Die Vorbereitungstreffen für den Sammelband »Stadträume. Offen und begrenzt, gestaltet und umkämpft«, herausgegeben von Esther Baur und Lina Gafner, gaben der Analyse der Basler Quellen einen unterstützenden Rahmen ebenso wie der frühe Rat von Martin Stuber, sich doch an die Stadt.Geschichte.Basel zu wenden. Die anschließende Anstellung in Anne-Katrin Webers fernsehhistorischem Forschungskollektiv »Operative TV« ermöglichte es mir, die Reflexionen über die Mediengeschichte geschlossener Kreisläufe von den Forstwissenschaften über die Ökologie bis zur Operativität des Fernsehens auszuweiten. Für das Willkommenheißen und die Zusammenarbeit in Lausanne danke ich auch Mireille Berton, Nathalia Capellini, Roxane Gray, Olivier Lugon, Lucas Müller, Marie Sandoz, Sébastien Scheiwiller und François Vallotton. Von Anfang an sehr unterstützend waren zudem die Förderung des wissenschaftlichen Mittelbaus sowie die Rückmeldungen von verschiedensten Seiten im Rahmen der European Society for Environmental History, der Gesellschaft für Wissenschafts-, Medizin- und Technikgeschichte, der Gesellschaft für Medienwissenschaft, von History of Science Switzerland, des Netzwerks Topographische Bildmedien sowie der Schweizerischen Gesellschaft für Geschichte. Darüber hinaus danke ich besonders dem Denkkollektiv: Klima und Geschichte für das große Engagement und die kontinuierliche Leseinspiration – für den Raum zum Träumen und Nachdenken zwischen Academia und Aktivismus.

Mein Dank gilt allen Forschungs- und Schreibgruppen, Kolleg:innen, Archivar:innen, Bibliothekar:innen, Sekretariaten und engagierten Menschen, die die Forschung an verschiedenen Orten möglich gemacht haben: Angefangen mit dem Studium der Kulturwissenschaft und Kunst-/Bildgeschichte an der Humboldt-Universität zu Berlin, dem Praktikum auf der *Fazenda Ambiental*

Fortaleza, dem Erasmus-Auslandsaufenthalt in Helsinki über das Seminar für Medienwissenschaft und *Eikones* – das Zentrum für die Theorie und Geschichte des Bildes in Basel, den Lehrstuhl für Wissenschaftsgeschichte in Wien – bis zu der *Section d'histoire et esthétique du cinéma* an der Université de Lausanne und dem Internationalen Forschungszentrum Kulturwissenschaften (ifk) der Kunstuniversität Linz in Wien. Ich bin sehr dankbar für die Möglichkeit und die großzügigen Ressourcen, mit Hilfe derer ich an diesen vielen Orten forschen konnte. Forstakademien, ihre Lehrwälder und Bibliotheken besuchte ich in Dresden, insbesondere in Tharandt, in Eberswalde bei Berlin, in Viikki bei Helsinki und im südfinnischen Evo, in Freiburg (Breisgau), Karlsruhe, Nancy, Rom, Totnes/Dartington Trust, Vallombrosa, Wien und Zürich. Frühe Unterstützung für eine Arbeitspraxis, die nicht nur in die Bücher, sondern unmittelbar zu den Orten der Wissensproduktion, den Anliegen der Betroffenen und ihren Aushandlungsprozessen führt – sei es in der Stadt oder im ländlichen Raum, im Wald, im Moor oder am Wasser, in politischen Bewegungen oder bei Künstler*innen –, erhielt ich von Heinz Berckner, Bernd Cronjäger, Dieter Kettler, Annette Dorgerloh und Anna Echterhölter.

An und bei vielen dieser Lebensstationen unterstützten mich Familie und Freund*innen. Ihr seid es, die den Gedanken, von den Entscheidungsprozessen im Kleinen bis zu den größeren Gesellschaftsvisionen, Raum und Konturen gebt – zusammen mit der unaufhaltbaren Hoffnung der Aktivist*innengruppen für Klimagerechtigkeit, dem Naschgarten in Wien, der Jugendgeschichtswerkstatt in Berlin-Spandau und der Klimagerechtigkeitsinitiative Basel 2030. Mika Mäkinen, deine Musik hat all dies umarmend begleitet.

14 Register

Personenregister

Seitenzahlen, die sich auf Namens- und Ortsnennungen in den Abbildungsunterschriften und in den Fußnoten beziehen, sind kursiv ausgezeichnet. Lebensdaten von Personen, die nicht öffentlich zugänglich sind, wurden nicht erfasst.

Ortsregister

Forst-, Berg- und Landwirtschaftsschulen

Akademien, Hochschulen, Mittelschulen, Forstmeisterschulen sowie Universitätslehrstühle, die in dieser Forschungsarbeit genannt wurden, sind in diesem Register erfasst.

Institutionen, Kollektive und Bewegungen